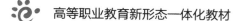高等职业教育新形态一体化教材

高等数学

主　编　杨树清　吴利斌
副主编　詹　鸿　申　郑
参　编　黄　慎　姚国良　李海霞

高等教育出版社·北京

内容提要

　　本书是根据编者多年高职高专的教学实践,并结合高职高专教育人才培养方案与高等数学课程的教学大纲编写而成的。

　　本书包括高职高专各专业必修的高等数学公共基础部分:函数、函数的极限与连续、导数的应用、不定积分、定积分;以及针对高职高专各专业的专业需求而设置的高等数学选修模块:常微分方程、多元函数微积分、无穷级数、拉普拉斯变换、线性代数与线性规划初步、概率论初步。全书共十二章。每章(第0章除外)又分五个部分:导读、正文、数学实验、单元检测题与数学小故事。本书中的部分知识点和例题配有讲解视频,读者可通过扫描书中的二维码及时获取。

　　本书以实际应用与服务专业课程为目的,注重数学概念的实际背景、直观引入与建模,逻辑清晰、叙述准确、通俗易懂。本书可作为高职高专院校各专业的数学教材,也可作为专升本辅导用书与教学参考书。

图书在版编目(CIP)数据

　　高等数学 / 杨树清,吴利斌主编. --北京:高等教育出版社,2020.10
　　ISBN 978-7-04-054424-4

　　Ⅰ. ①高…　Ⅱ. ①杨… ②吴…　Ⅲ. ①高等数学-高等职业教育-教材　Ⅳ. ①O13

　　中国版本图书馆 CIP 数据核字(2020)第 113469 号

高等数学
Gaodeng Shuxue

策划编辑	马玉珍	责任编辑	马玉珍	封面设计	王 洋	版式设计 杨 树
插图绘制	于 博	责任校对	刘丽娴	责任印制	刘思涵	

出版发行	高等教育出版社	网　址	http://www.hep.edu.cn
社　址	北京市西城区德外大街 4 号		http://www.hep.com.cn
邮政编码	100120	网上订购	http://www.hepmall.com.cn
印　刷	北京汇林印务有限公司		http://www.hepmall.com
开　本	787mm×1092mm 1/16		http://www.hepmall.cn
印　张	21.25		
字　数	500 千字	版　次	2020 年 10 月第 1 版
购书热线	010-58581118	印　次	2020 年 10 月第 1 次印刷
咨询电话	400-810-0598	定　价	42.80 元

本书如有缺页、倒页、脱页等质量问题,请到所购图书销售部门联系调换
版权所有　侵权必究
物料号　54424-00

前　言

　　高职高专数学教育课程的根本任务是培养与提高学生应用数学知识解决实际问题的意识与能力,高等数学课程不仅是学习专业的工具,而且是培养人的逻辑思维能力、算法设计与实际应用能力最重要的课程。为适应现代高等职业教育人才培养方案对高等数学课程的教学要求,以应用为目的,以够用为原则,以数学思想方法、算法与数学建模为主线,我们组织多年担任高等数学课程教学的教师编写了这本教材。

　　本书以实际应用与服务专业课程为目的,注重数学概念的实际背景与直观引入;在结构上分为公共基础数学模块与专业基础数学模块,每章(第0章除外)又分五个部分:导读、正文、数学实验、单元检测题与数学小故事,以利于学生掌握数学思想方法,培养学生应用数学的意识。其中公共基础数学模块计划学时数为36—56学时,专业基础数学模块计划学时数为54—64学时,本书总计划学时数为90—120学时。

　　本书的特色是:

　　1. 符合高职高专数学教育课程的纲目,突出了数学思想方法与数学的应用性,降低了数学的逻辑推理要求,通俗易懂;

　　2. 根据各专业对数学课程的不同教学要求,采用了模块化设计,以便于各专业对教学内容的选择,因而有较强的适应性;

　　3. 针对高职高专学生的特点,对课后习题进行科学的编排,并在每章编写了单元检测题,便于学生练习与巩固;

　　4. 将高中"函数"一章编入教材作为复习与衔接,既可供教师根据学生情况灵活地进行教学取舍,又可作为学生复习以前学过的数学知识的参考,同时将常用的初等数学公式列在附录中,以方便学生查阅;

　　5. 每一章后面的"数学小故事"简单地介绍了一些数学发展的历史背景,普及了一点数学知识,从中也穿插着介绍了一些数学家及他们对数学所作的伟大贡献。其目的主要是让学生了解到数学来源于生活,数学对人类的生活、社会的进步以及科学的发展有着重要的影响,从而提高对学习数学重要性的认识。

　　本书由杨树清组织编写,杨树清统稿,参加本书编写的有:杨树清、吴利斌、詹鸿、申郑、黄慎、姚国良、李海霞。本书MATLAB实验部分由申郑负责编写;视频部分由詹鸿与黄慎负责制作;吴利斌审阅了全稿,提出了许多宝贵的意见。

　　本书在编写过程中,得到高等教育出版社及兄弟院校同仁的大力支持和帮助,在此表示衷心的感谢!

　　由于编者水平有限,本书恐有不妥之处,欢迎读者提出批评意见。

编　者

2020 年 1 月

目　录

函数　第**0**章

0.1 区间与邻域

0.1.1 区间

如果变量的变化范围表示在数轴上是连续的,常用一种特殊的数集——区间来表示变量的变化范围.下面给出各种区间的定义.

在数轴上,区间是指介于数轴上某两个点之间所有点的集合.这两个点称为**区间的端点**,区间的两个端点间的距离称为**区间的长度**.设 a,b 是两个实数,且 $a<b$,那么

数集 $\{x\,|\,a\leqslant x\leqslant b\}$ 称为**闭区间**,记为 $[a,b]$,见图 0-1(1);

数集 $\{x\,|\,a<x<b\}$ 称为**开区间**,记为 (a,b),见图 0-1(2);

数集 $\{x\,|\,a<x\leqslant b\}$ 和 $\{x\,|\,a\leqslant x<b\}$ 称为**半开区间**,分别记为 $(a,b]$ 和 $[a,b)$,见图 0-1(3)与图 0-1(4).

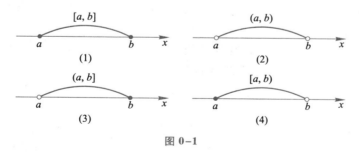

图 0-1

在以上各种情形中,a 和 b 是区间的端点,区间的长度为 $b-a$.由于上述区间的长度是有限的,所以我们称上述区间为**有限区间**.

如果区间的长度是无限的,则称区间为**无限区间**.无限区间有以下几种情况:

$[a,+\infty)=\{x\,|\,x\geqslant a\}$(见图 0-2(1)),$(a,+\infty)=\{x\,|\,x>a\}$;

$(-\infty,b)=\{x\,|\,x<b\}$(见图 0-2(2)),$(-\infty,b]=\{x\,|\,x\leqslant b\}$;

1

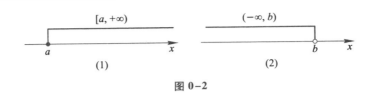

图 0-2

$(-\infty,+\infty)$ 表示全体实数的集合 **R**.

0.1.2　邻域

0.1 邻域的
概念

集合 $\{x \mid |x-a|<\delta\}$ $(\delta>0)$ 称为**点 a 的 δ 邻域**,记为 $U(a,\delta)$. 其中点 a 称为邻域的**中心**,δ 称为邻域的**半径**.

由于 $|x-a|<\delta \Leftrightarrow a-\delta<x<a+\delta$,所以邻域可以表示为:
$$U(a,\delta)=\{x \mid a-\delta<x<a+\delta\}=(a-\delta,a+\delta)\text{(见图 0-3(1))}.$$

有时用到的邻域需要把邻域的中心去掉. 点 a 的 δ 邻域去掉中心 a 后形成的数集,**称为点 a 的 δ 去心邻域**,记为 $\mathring{U}(a,\delta)$,即 $\mathring{U}(a,\delta)=\{x \mid 0<|x-a|<\delta\}$,见图 0-3(2).

图 0-3

0.2　函数的概念

0.2.1　函数的概念

在研究某一问题时,往往会出现几个变量相互影响,并按照一定的规律变化的情况.

例如,设圆柱体底半径为 r,高为 h,则它的体积 $V=\pi \cdot r^2 h$. 其体积 V 是随着它的半径 r 和高 h 的变化而变化的.

又如,物理学中,一物体从离地面 H 处自由下落,其初始速度为 v_0,则从开始下落至地面的过程中,该物体离开始下落点的距离 s 与时间 t 有关. 即
$$s=\frac{1}{2}gt^2+v_0 t.$$

这种随着其他变量而变化的关系叫做函数关系. 以下是它的定义.

定义　设 x 和 y 是两个变量,数集 D 是变量 x 的变化范围. 如果对于属于 D 的每一个数 x,变量 y 按照一定的法则总有确定的数值和它对应,则称 y 是 x 的函数,记为 $y=f(x)$. 数集 D 叫做这个函数的**定义域**,称 x 为**自变量**,称 y 为**函数或因变量**.

当 x 取数值 $x_0 \in D$ 时,与 x_0 对应的 y 的数值称为函数在点 x_0 处的函数值,记为 $y_0=f(x_0)$. 当 x 遍取 D 的各个数值时,对应的函数值全体组成的数集 M 叫做函数的**值**

域.即

$$M = \{ y \mid y = f(x), x \in D \}.$$

例如,$y = x^2 + 1$ 是定义在 $[0,1]$ 上的函数,则函数 y 的值域为 $[1,2]$.

对于函数的定义,有以下几点注意:

(1) 函数的单值性:每一个 x,对应唯一的 y,说明函数的单值性.

(2) 函数的两要素:如果两个函数的定义域及函数关系都相同,则认为两个函数是相同的,与变量的具体意义、采用什么符号无关.

例如,$y = 2\ln x$ 与 $y = \ln x^2$ 不是相同的函数,因为它们的定义域不同;$y = \sqrt{x^2}$ 与 $y = x$ 也不同,因为它们的函数关系不同;但 $y = |x|$ 与 $s = \sqrt{t^2}$ 是相同函数关系.

(3) 函数有三种表示法——解析法、表格法、图形法.

解析法:用数学式子来表示两个变量之间的对应关系;

表格法(列表法):将自变量的一些值与相应的函数值列成表格表示变量之间的对应关系;

图形法:用平面直角坐标系中的曲线来表示两个变量之间的对应关系.

在函数的三种表示法中,解析法是对函数的精确描述,它便于对函数进行理论分析和研究;图形法是对函数的直观描述,通过图形可以清楚地看出函数的一些性质;列表法是在实际应用问题中经常使用的描述法,因为在许多实际问题中,变量之间的对应关系常常不能由一个确定的解析式表示出来.

0.2.2 函数的定义域

如果没有对函数 $y = f(x)$ 的定义域加以特别说明,则函数的定义域就是使其有意义的所有 x 构成的集合.

例 求下列函数的定义域:

(1) $y = \dfrac{1}{x-1} + \sqrt{1-x^2}$; (2) $y = \lg \dfrac{x}{x-1}$; (3) $y = \arcsin \dfrac{x+1}{3}$.

解 (1) 要使函数有意义,必须满足

$$\begin{cases} 1-x^2 \geqslant 0, \\ x-1 \neq 0 \end{cases} \Rightarrow \begin{cases} |x| \leqslant 1, \\ x \neq 1 \end{cases} \Rightarrow \begin{cases} -1 \leqslant x \leqslant 1, \\ x \neq 1. \end{cases}$$

所以,定义域为 $D = [-1, 1)$.

(2) 要使函数有意义,必须满足

$$\frac{x}{x-1} > 0 \Rightarrow \begin{cases} x > 0, \\ x-1 > 0 \end{cases} \quad \text{或} \quad \begin{cases} x < 0, \\ x-1 < 0 \end{cases} \Rightarrow x > 1 \text{ 或 } x < 0,$$

所以,定义域为 $D = (-\infty, 0) \cup (1, +\infty)$.

(3) 要使函数有意义,必须满足

$$-1 \leqslant \frac{x+1}{3} \leqslant 1 \Rightarrow -4 \leqslant x \leqslant 2,$$

所以,定义域为 $D = [-4, 2]$.

0.3　函数的几种属性

0.3.1　函数的有界性

定义 1　设函数 $f(x)$ 在区间 I 上有定义,如果存在一个正数 M,对于任意 $x \in I$,使得 $|f(x)| \leqslant M$,则称函数 $f(x)$ 在区间 I 内**有界**. 如果这样的正数 M 不存在,就称函数 $f(x)$ 在 I 内**无界**.

例如,函数 $f(x) = \sin x$ 在 $(-\infty, +\infty)$ 内是有界的,因为无论 x 取任何值,$|\sin x| \leqslant 1$ 都成立. 又如函数 $f(x) = \dfrac{1}{x}$ 在开区间 $(0,1)$ 内是无界的,而 $f(x) = \dfrac{1}{x}$ 在开区间 $(1,2)$ 内是有界的. 由此可见,研究函数的有界性必须指明所讨论的区间.

0.3.2　函数的单调性

定义 2　设函数 $f(x)$ 在区间 I 上有定义,对于区间 I 内任意两点 x_1 及 x_2,当 $x_1 < x_2$ 时,

若 $f(x_1) < f(x_2)$,则称 $f(x)$ 在区间 I 内**单调增加**(如图 0-4);

若 $f(x_1) > f(x_2)$,则称 $f(x)$ 在区间 I 内**单调减少**(如图 0-5).

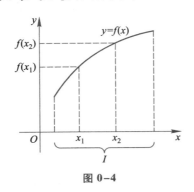
图 0-4

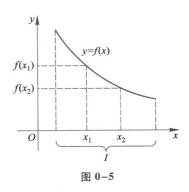
图 0-5

例如,函数 $f(x) = x^2$ 在区间 $[0, +\infty)$ 内是单调增加的. 在区间 $(-\infty, 0]$ 内是单调减少的. 在 $(-\infty, +\infty)$ 内不是单调的;又如函数 $f(x) = x^3$ 在 $(-\infty, +\infty)$ 内是单调增加的.

0.3.3　函数的奇偶性

定义 3　设函数 $f(x)$ 的定义域是关于原点对称的区间(即若 $x \in D$,则必有 $-x \in D$).

若对 D 内的任意 x 都有 $f(-x) = f(x)$,则称 $f(x)$ 为**偶函数**;

若对 D 内的任意 x 都有 $f(-x) = -f(x)$,则称 $f(x)$ 为**奇函数**;

若 $f(x)$ 既不是偶函数,也不是奇函数,则称 $f(x)$ 为**非奇非偶函数**.

偶函数的图形关于 y 轴对称(如图 0-6);奇函数的图形关于原点对称(如图 0-7).

例 1　判断函数 $f(x) = x \sin \dfrac{1}{x}$ 的奇偶性.

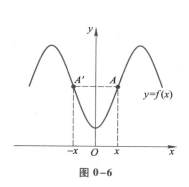

图 0-6

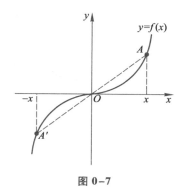

图 0-7

解 因为 $f(x)$ 的定义域 $D=(-\infty,0)\cup(0,+\infty)$，它关于原点对称，又 $f(-x)=$ $(-x)\sin\left(-\dfrac{1}{x}\right)=x\sin\dfrac{1}{x}=f(x)$，所以 $f(x)=x\sin\dfrac{1}{x}$ 是偶函数.

例 2 判断函数 $f(x)=\cos x+e^x-e^{-x}$ 的奇偶性.

解 因为函数的定义域 $D=(-\infty,+\infty)$，又
$$f(-x)=\cos(-x)+e^{-x}-e^x=\cos x+e^{-x}-e^x,$$
于是
$$f(-x)\neq f(x),f(-x)\neq -f(x),$$
所以 $f(x)=\cos x+e^x-e^{-x}$ 是非奇非偶函数.

例 3 判断函数 $f(x)=\log_a\dfrac{x-1}{x+1}$ 的奇偶性.

解 因为函数的定义域 $D=(-\infty,-1)\cup(1,+\infty)$ 关于原点对称，又
$$f(-x)=\log_a\frac{-x-1}{-x+1}=\log_a\frac{x+1}{x-1}=\log_a\left(\frac{x-1}{x+1}\right)^{-1}=-\log_a\frac{x-1}{x+1}=-f(x),$$
所以 $f(x)=\log_a\dfrac{x-1}{x+1}$ 是奇函数.

0.3.4 函数的周期性

对于函数 $f(x)$，若存在一个不为零的常数 T，使得对于定义域内的任何 $x,x\pm T$ 也在定义域内，关系式
$$f(x\pm T)=f(x)$$
恒成立，则称 $f(x)$ 为周期函数. 常数 T 叫做 $f(x)$ 的周期，通常，我们所说的周期函数的周期是指最小正周期.

例如，函数 $y=\sin x,y=\cos x$ 都是以 2π 为周期的周期函数（如图 0-8），函数 $y=\tan x$，$y=\cot x$ 是以 π 为周期的周期函数（如图 0-9）.

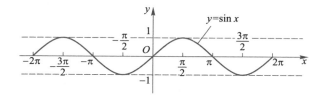

5

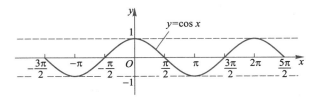

图 0-8

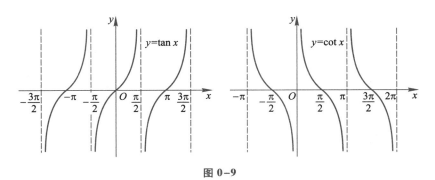

图 0-9

0.4 初 等 函 数

0.4.1 基本初等函数

基本初等函数是指下面六种函数:

1. 常数函数 $y = C$ （C 为常数）

这是最简单的函数,对任意 x 值,函数值取同一个值.定义域为 $D = (-\infty, +\infty)$,函数图形为平行于 x 轴的直线.

2. 幂函数 $y = x^\mu$ （μ 为任意给定的实数）

幂函数的定义域由 μ 而定.幂函数的图形见图 0-10(1)(2).

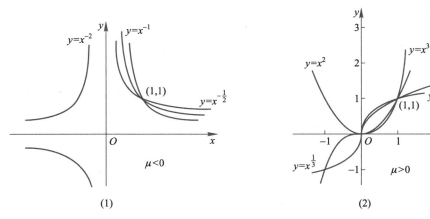

(1)   (2)

图 0-10

幂函数性质如下:

(1)当 $\mu<0$ 时,幂函数在第一象限是单调递减的,其图像都通过点(1,1);

(2)当 $\mu>0$ 时,幂函数在第一象限是单调递增的,其图像都通过点(1,1)与点(0,0).

3. 指数函数 $\quad y=a^x(a>0$ 且 $a\neq1)$

指数函数的定义域为 $D=(-\infty,+\infty)$,值域是 $(0,+\infty)$.

指数函数的图像见图0-11.

指数函数的性质:

(1)图像都通过点(0,1);

(2)当 $a>1$ 时, $y=a^x$ 在定义域 $(-\infty,+\infty)$ 上是单调递增的,且当 $x<0$ 时, $0<y<1$,当 $x>0$ 时, $y>1$;

(3)当 $0<a<1$ 时, $y=a^x$ 在定义域 $(-\infty,+\infty)$ 上是单调递减的,且当 $x<0$ 时, $y>1$. 当 $x>0$ 时, $0<y<1$.

4. 对数函数 $\quad y=\log_a x(a>0$ 且 $a\neq1)$

对数函数的定义域 $D=(0,+\infty)$,值域 $M=(-\infty,+\infty)$.

对数函数图形见图0-12.

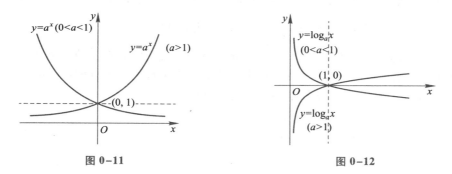

图 0-11　　　　　　　　　　　图 0-12

对数函数的性质:

(1)图像都通过点(1,0);

(2)当 $a>1$ 时, $y=\log_a x$ 在定义域 $(0,+\infty)$ 上是单调递增的,且当 $0<x<1$ 时, $y<0$,当 $x>1$ 时, $y>0$;

(3)当 $0<a<1$ 时, $y=\log_a x$ 在定义域 $(0,+\infty)$ 上是单调递减的,且当 $0<x<1$ 时, $y>0$,当 $x>1$ 时, $y<0$.

5. 三角函数(表0-1)

表 0-1

	定义域	值域	奇偶性	周期
$y=\sin x$	$(-\infty,+\infty)$	$[-1,1]$	奇函数	2π
$y=\cos x$	$(-\infty,+\infty)$	$[-1,1]$	偶函数	2π
$y=\tan x$	$\left\{x\mid x\in\mathbf{R},x\neq k\pi+\dfrac{\pi}{2},k\in\mathbf{Z}\right\}$	$(-\infty,+\infty)$	奇函数	π
$y=\cot x$	$\{x\mid x\in\mathbf{R},x\neq k\pi,k\in\mathbf{Z}\}$	$(-\infty,+\infty)$	奇函数	π

其图像见图 0-8 与图 0-9.

此外,还有两种三角函数:

正割三角函数 $y = \sec x = \dfrac{1}{\cos x}$,其定义域为 $\left\{ x \mid x \in \mathbf{R}, x \neq k\pi + \dfrac{\pi}{2}, k \in \mathbf{Z} \right\}$.

余割三角函数 $y = \csc x = \dfrac{1}{\sin x}$,其定义域为 $\left\{ x \mid x \in \mathbf{R}, x \neq k\pi, k \in \mathbf{Z} \right\}$.

注意:三角函数的公式见附录 1.

6. 反三角函数

我们知道,反函数存在的条件是:函数在定义域上是单调函数.而正弦函数、余弦函数、正切函数与余切函数在定义域上不是单调函数,因而它们在定义域上就不存在反函数.但从图形上不难看出,它们存在无数单调递增与单调递减区间,因此,可以在某一个单调**主值**区间(主值区间是指周期延拓序列的第一个周期所确定的区间)来研究它们的反函数.

正弦函数 $y = \sin x$ 在其主值区间 $\left[-\dfrac{\pi}{2}, \dfrac{\pi}{2} \right]$ 上单调递增,因而在主值区间上存在反函数,读作反正弦函数,记为 $y = \arcsin x$.由原函数与反函数的关系得到:$y = \arcsin x$ 的定义域是 $[-1,1]$,值域是 $\left[-\dfrac{\pi}{2}, \dfrac{\pi}{2} \right]$,其图形见图 0-13.

余弦函数 $y = \cos x$ 在其主值区间 $[0, \pi]$ 上单调递减,因而在主值区间上存在反函数,读作反余弦函数,记为 $y = \arccos x$;由原函数与反函数的关系得到:$y = \arccos x$ 的定义域是 $[-1,1]$,值域是 $[0, \pi]$,其图形见图 0-14.

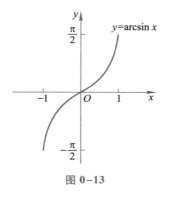

图 0-13

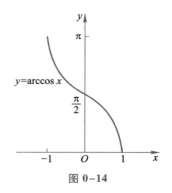

图 0-14

正切函数 $y = \tan x$ 在其主值区间 $\left(-\dfrac{\pi}{2}, \dfrac{\pi}{2} \right)$ 内单调递增,因而在主值区间上存在反函数,读作反正切函数,记为 $y = \arctan x$.由原函数与反函数的关系得到:$y = \arctan x$ 的定义域是 $(-\infty, +\infty)$,值域是 $\left(-\dfrac{\pi}{2}, \dfrac{\pi}{2} \right)$,其图形见图 0-15.

余切函数 $y = \cot x$ 在其主值区间 $(0, \pi)$ 内单调递减,因而在主值区间上存在反函数,读作反余切函数,记为 $y = \operatorname{arccot} x$.由原函数与反函数的关系得到:$y = \operatorname{arccot} x$ 的定义域是 $(-\infty, +\infty)$,值域是 $(0, \pi)$,其图形见图 0-16.

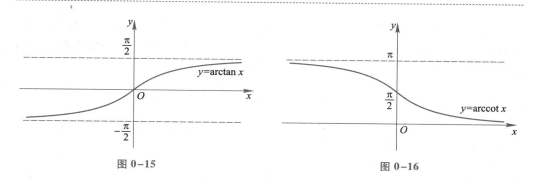

图 0-15   图 0-16

0.4.2 复合函数

将 $u=\varphi(x)$ 代入 $y=f(u)$，得到 $y=f[\varphi(x)]$，这种运算叫做**复合运算**，得到的函数叫做**复合函数**，u 叫做**中间变量**.

例如，$y=\ln\cos x$ 是由 $y=\ln u$，$u=\cos x$ 复合而成的复合函数；$y=\mathrm{e}^{\sin x}$ 可分解为 $y=\mathrm{e}^{u}$ 及 $u=\sin x$；$y=\sin\sqrt{1+x^{2}}$ 可分解 $y=\sin u$，$u=\sqrt{v}$，$v=1+x^{2}$.

0.4.3 初等函数

定义 由基本初等函数经过有限次四则运算和有限次复合运算所构成，并且可以由一个式子表示的函数，叫做**初等函数**.

例如，$y=\sqrt{1+x^{2}}$ 是由基本初等函数 $y=\sqrt{u}$，$u=1+x^{2}$ 复合而成的. 而 $u=1+x^{2}$ 由基本初等函数 $y=1$ 与 $y=x^{2}$ 进行加法运算得到；$y=\sin^{2}(\ln x)$ 是由基本初等函数 $y=u^{2}$，$u=\sin v$，$v=\ln x$ 复合而成的.

但**分段函数** $y=\begin{cases} x, & x<1 \\ x^{2}, & x\geqslant 1 \end{cases}$，不是初等函数，因为它不能用一个式子表示出来；**幂指函数** $y=x^{x}$ 也不是初等函数，因为它不能由基本初等函数的四则运算或复合而成. 高等数学中所讨论的函数大部分都是初等函数，掌握好初等函数的构造步骤对于学习导数与微分至关重要.

0.5 建立函数关系举例

在研究和解决实际问题时，通常需要找出问题中变量与变量间的关系，即函数关系，然后进行分析和运算，因此，建立函数关系在今后的课程中尤为重要.

0.5.1 常用的经济函数

人们在生产和经营产品的活动中，总希望尽可能降低产品的生产成本、增加和提高收入与利润. 而成本 C、收入 R 和利润 L 这些经济变量都与产品的产量或销售量 Q 密切相关，经过抽象简化，它们都可看成 Q 的函数，分别称为**总成本函数**，记为 $C(Q)$；**总收入函数**，记为 $R(Q)$；**总利润函数**，记为 $L(Q)$.

1. **总成本函数**是指生产者生产商品的总费用. 它由固定成本 C_0 和可变成本 $C_1(Q)$ 两部分组成. 固定成本与产量无关,如设备维修费、企业管理费等;可变成本随产量的增加而增加,如原材料费、动力费等,记作 $C = C(Q) = C_0 + C_1(Q)$.

平均成本是指生产单位商品的成本,记作 $\overline{C} = \dfrac{C}{Q}$.

例 1 生产某商品的总成本是 $C(Q) = 600 + 3Q$(元),求:(1)固定成本;(2)生产 60 件这种商品的总成本和平均成本.

解 (1)固定成本为:$C(0) = 600 + 3 \times 0 = 600$(元);

(2)生产 60 件时的总成本为:$C(60) = 600 + 3 \times 60 = 780$(元),

生产 60 件商品时每件的平均成本 $\overline{C}(60) = \dfrac{C(60)}{60} = \dfrac{780}{60} = 13$(元).

2. **总收入函数**是指商品售出后的全部收入,总收入 = 销售量 × 价格.

若设商品的销售量为 Q,价格函数为 $P(Q)$,总收入为 R,则
$$R = R(Q) = Q \cdot P(Q).$$

例 2 已知某商品的**需求函数** $Q(P) = 200 - 4P$,其中 Q 是商品的需求量,P 是价格,求总收入函数及销售 10 个单位商品时的总收入.

解 由题意,需求函数为 $Q(P) = 200 - 4P$,从而价格函数为 $P = 50 - \dfrac{1}{4}Q$,于是总收入函数为 $R = Q\left(50 - \dfrac{1}{4}Q\right)$. 故销售 10 个单位商品时的总收入为

$$R = 10 \times \left(50 - \dfrac{10}{4}\right) = 475.$$

3. **总利润**就是总收入与总成本之差. 若把总利润记为 L,则总利润函数
$$L = L(Q) = R(Q) - C(Q).$$

如果 Q_0 满足 $L(Q_0) = 0$,则称 Q_0 为**盈亏平衡点**(又称**保本点**).

例 3 已知生产某商品的成本函数和收入函数分别为
$$C = 18 - 7Q + Q^2, R = 4Q.$$

求:(1)该商品的利润函数及销售量为 5 时的总利润;

(2)该商品的盈亏平衡点;

(3)该商品销售量为 10 时是否盈利.

解 (1)该商品的利润函数为
$$L(Q) = R(Q) - C(Q) = -Q^2 + 11Q - 18,$$

销售为 5 时的总利润为
$$L(5) = -5^2 + 11 \times 5 - 18 = 12;$$

(2)令 $L = 0$,即
$$-Q^2 + 11Q - 18 = 0,$$

解之,两个盈亏平衡点分别为
$$Q_1 = 2, Q_2 = 9;$$

（3）当销量为 10 时的利润为
$$L(10) = -10^2 + 11 \times 10 - 18 = -8 < 0,$$
故是亏本的,不能盈利.

0.5.2　其他函数举例

例 4　在机械传动装置中经常会看到一种如图 0-17 所示的连杆.半径 r 的主动轮以等角速度 $\varphi = \omega t$ 转动,而 w, r, L 都是常数,滑块 B 的运动规律可以用时间 t 的函数 s 表示,求函数 s 的解析式.

解　设滑块 B 到主动轮中心的距离为 s,由题意知这里的变量是 s, φ 和时间 t,显然,$\varphi = \omega t$,而 w, r, L 都是常量,滑块 B 的运动规律可以用 s 作为 t 的函数来描述,下面求这个关系式.

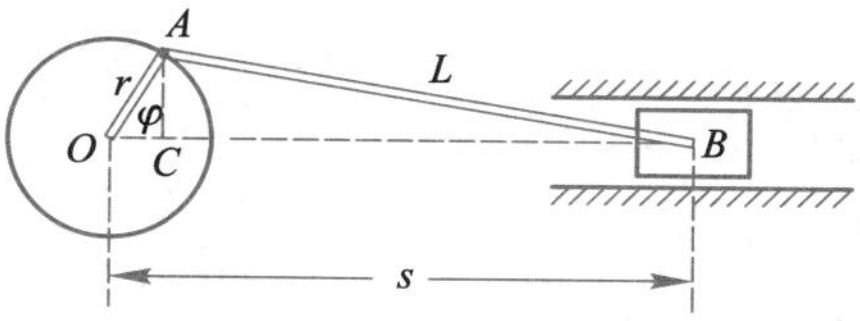

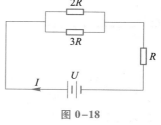

图 0-17

由几何关系可以得到
$$s = OC + CB = r\cos\varphi + \sqrt{L^2 - AC^2} = r\cos\varphi + \sqrt{L^2 - r^2 \sin^2\varphi},$$
而 $\varphi = \omega t$,所以滑块 B 到主动轮中心的运动距离为
$$s = r\cos\omega t + \sqrt{L^2 - r^2 \sin^2\omega t}.$$

由此,我们可以求它的运动速度,滑块 B 到主动轮中心 O 的运动最长、最短距离等,类似这样的例子,在机械结构中有很多.

例 5　电路图如图 0-18 所示,在电压 U 一定的情况下,求电流 I 与电阻 R 的函数关系.

解　因为,电阻为 $R + \dfrac{1}{\dfrac{1}{2R} + \dfrac{1}{3R}} = \dfrac{11}{5}R$,

所以,$I = \dfrac{5U}{11R}$.

图 0-18

例 6　某快递公司从一城市寄往另一城市的邮件收费标准如下:不超过 2 kg 为 24 元,超过部分每增加 1 kg 收费 8 元.

（1）建立快递费用 y 与快递重量 x 之间的函数关系;

（2）求快递 1.5 kg 及 3.5 kg 邮件的费用.

解　（1）由题意得
$$y = \begin{cases} 24, & x \le 2, \\ 24 + 8 \times (x-2), & x > 2; \end{cases}$$

（2）当 $x = 1.5$ 时,$y = 24$ 元;$x = 3.5$ 时,$y = 24 + 8 \times (3.5 - 2) = 36$ 元.

0.6　数学实验 MATLAB 软件的基本操作

MATLAB 是由美国 MathWorks 公司开发的一款数学软件,可进行方程求根、微积分运算、矩阵运算、数学图形绘制等.在大学数学学习中,运用 MATLAB 演示数学图形、进行数学演算,能够取得较好的效果.

0.6.1 MATLAB 的启动和运行

如果已经安装了 MATLAB 软件,可以直接用鼠标双击桌面上的图标,也可以执行 "开始→程序→Matlab"命令,即可启动并进入 MATLAB 的初始界面(见图 0-19).

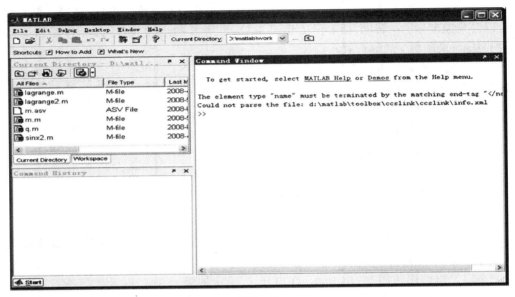

图 0-19

初始界面上方为菜单栏,其右下方空白区域为命令窗口(Command Window),其提示符为"≫",表示 MATLAB 已经准备好了,可以接受用户在此输入命令,命令执行的结果也显示在这个窗口中.

0.6.2 MATLAB 中的数与运算符

MATLAB 中数的加、减、乘、除、乘方的算术运算符分别是 +、-、*、/(\)、^.其中减号可以用来表示一个负数,直接写在数的前边.对于除法,3/2 表示 1.5,而 3\2 表示 0.66⋯.MATLAB 中的数的运算规则与数学中的运算规则相同,优先级为:乘方>乘除>加减.同级运算(乘方除外)从左到右顺序进行,乘方则从右到左进行. 在 MATLAB 内存中,还保留一些数学常数(预定义变量),系统可自动识别.表 0-2 给出了常用数学常数的表示方法.

表 0-2

数学常数	意 义
pi	表示圆周率 $\pi = 3.141\ 592\ 6\cdots$
eps	表示浮点相对精度
i 或 j	表示虚数单位,$\sqrt{-1}$

续表

数学常数	意义
NaN	表示非数值,如 0/0
inf	表示数学中的无穷大 ∞
realmax	表示系统所能表示的最大正实数,默认 $1.7977×10^{308}$
realmin	表示系统所能表示的最小负实数,默认 $2.2251×10^{-308}$

在 MATLAB 中,关系运算符的用法与意义见表 0-3.

表 0-3

符号	含义	对应数学符号
= =	相等关系	=
~ =	不相等关系	≠
>	大于关系	>
<	小于关系	<
>=	大于等于关系	≥
<=	小于等于关系	≤

0.6.3 MATLAB 中的变量与赋值

MATLAB 中所有的变量都是用矩阵形式来表示的,即所有的变量都表示一个矩阵或者一个向量.其命名规则如下:

(1) 变量名对大小写敏感;

(2) 变量名的第一个字符必须为英文字母,其长度不能超过 63 个字符;

(3) 变量名可以包含下划线、数字,但不能包含空格符、标点.

MATLAB 语言将所识别的一切变量视为局部变量,若要定义全局变量,应对变量进行声明,即在该变量前加关键字"global".

MATLAB 赋值语句有两种形式:① 变量＝表达式;② 表达式.第二种语句形式下,将表达式的值赋给 MATLAB 的永久默认变量"ans".

如果在命令窗口中输入一个语句并以回车结束,则在命令窗口中显示计算的结果;如果语句以分号";"结束,MATLAB 只进行计算,不显示计算的结果.在 MATLAB 中书写语句如果需要换行,可同时按键盘上的"Shift"和"Enter"键.MATLAB 书写表达式的规则与"手写算式"差不多相同,简单、易处理.例如求 2×3+1 的算术运算结果,用键盘在 MATLAB 命令窗口中直接输入"2＊3+1",输入后按"Enter"键,该指令就被执行.此时 MATLAB 命令窗口将显示出以下结果(图 0-20):

这里"ans"是指当前的计算结果,若计算时用户没有对表达式设定变量,系统就自动赋当前结果给"ans"变量.若用户在命令窗口输入"a＝2＊3+1",按"Enter"键,该指令就被执行.在指令执行后,MATLAB 命令窗口将显示以下结果(图 0-21):

此时,系统就把计算结果赋给指定的变量 a 了.

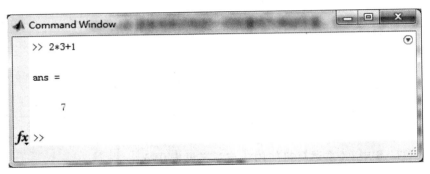

图 0-20

图 0-21

0.6.4 MATLAB 中常用的数学函数

MATLAB 软件的主要数值计算功能是通过函数来实现的. MATLAB 有丰富的内部函数,用户也可以自定义函数. MATLAB 系统内部函数一般写全称,函数中的自变量用"( )"括起来,有多个自变量时,自变量之间用逗号分隔. 表 0-4 给出了 MATLAB 软件的常用数学函数.

表 0-4

函数形式	意义
$\sin(x),\cos(x),\tan(x),\cot(x),\sec(x),\csc(x)$	三角函数
$\operatorname{asin}(x),\operatorname{acos}(x),\operatorname{atan}(x),\operatorname{acot}(x),\operatorname{asec}(x),\operatorname{acsc}(x)$	反三角函数
$\exp(x)$	指数函数 e^x
$\operatorname{pow2}(x)$	指数函数 2^x
$\log(x)$	对数函数 $\ln x$
$\log2(x)$	以 2 为底的对数
$\log10(x)$	以 10 为底的对数
$\operatorname{sqrt}(x)$	$\sqrt{x}$
$\operatorname{abs}(x)$	实数 x 的绝对值或复数 x 的模
$\operatorname{conj}(x)$	x 的共轭复数

续表

函数形式	意 义
real(x)	x 的实部
imag(x)	x 的虚部
angle(x)	复数相角
round(x)	最接近 x 的整数
floor(x)	不大于 x 的最大整数
ceil(x)	不小于 x 的最小整数
sign(x)	符号函数
fix(x)	向 0 取整
mod(m,n)	m/n 的余数,符号与 m 保持一致
rem(m,n)	m/n 的余数,符号与 n 保持一致
gcd(x,y)	求 x 与 y 的最大公因子
lcm(x,y)	求 x 与 y 的最小公倍数
min(x)	求最小
max(x)	求最大
mean(x)	求均值
median(x)	求中位数
var(x)	求方差
std(x)	求标准差
sort(x)	排序
norm(x)	求欧式距离
sum(x)	求和
prod(x)	求积
cumsum(x)	累和
cumprod(x)	累积
length(x)	向量长度
size(x)	矩阵维数
cross(x,y)	外积
dot(x,y)	内积
rand	生成 0 到 1 之间均匀分布随机数

在使用 MATLAB 过程中,若用户处理的函数不是 MATLAB 内部函数,则可以利用 MATLAB 提供的自定义函数功能定义一个函数.自定义一个函数后,该函数可以像内部函数一样使用.对于自定义函数,我们在后面会有介绍.

0.6.5　常用操作

1. 查询与帮助

help 为帮助命令,它对 MATLAB 大部分命令提供了联机求助信息.可以直接在 MATLAB 命令窗口用 help 命令,例如在命令窗口键入 help exp,回车后则输出指数函数 exp 的详细信息.当要查找具有某种功能但又不知道准确名字的指令时,help 的能力就不够了,lookfor 可以根据用户提供的完整或不完整的关键词,去搜索出一组与之相关的指令.例如在命令窗口键入 lookfor integral,回车后则输出有关积分的指令.

2. MATLAB 绘图简介

MATLAB 系统提供了绘制曲线函数 plot.由于 MATLAB 作图是通过描点、连线来实现的,故在绘制曲线之前,需要先取得图形上的一系列点的坐标,即横坐标与纵坐标,然后将该系列点的坐标提供给 plot 函数绘制曲线.

绘制单条曲线,函数调用格式:

$$plot(x, y, 's')$$

其中 x 表示横坐标向量,y 表示纵坐标向量,s 为选项字符串,用于控制线型与颜色.常用表示见表 0–5.

表 0–5

选项	说明	选项	说明
–	实线	y	黄色
:	点线	r	红色
-.	点划线	g	绿色
––	虚线	b	蓝色
.	点	w	白色
○	圆圈	k	黑色

例 1 在 $[0, 4\pi]$ 内,使用点线绘制正弦曲线 $y = \sin x$.

解 在命令窗口中操作如图 0–22 所示.

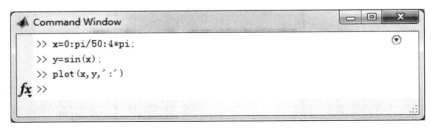

图 0–22

回车后即可得到 $y = \sin x$ 的图形.如图 0–23 所示.

若绘制多条曲线,可以使用 plot(x1, y1, 's', x2, y2, 's' x3, y3, 's' ⋯) 形式,其功能是分别以向量 x1, x2, x3, ⋯为 X 轴,分别以 y1, y2, y3, ⋯为 Y 轴,在同一幅图内绘制出多条曲线.

例 2 在 $[0, 2\pi]$ 内,绘制正弦曲线 $y = \sin x$ 与余弦曲线 $y = \cos x$.

解 在命令窗口中操作如图 0–24 所示.

上述命令中参数 'k:'、'b–' 分别控制两条曲线的颜色和线型.

回车后即可在同一幅图内得到正弦曲线 $y = \sin x$ 与余弦曲线 $y = \cos x$ 的图形,如图 0–25 所示.

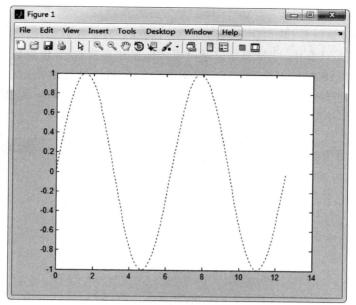

图 0-23

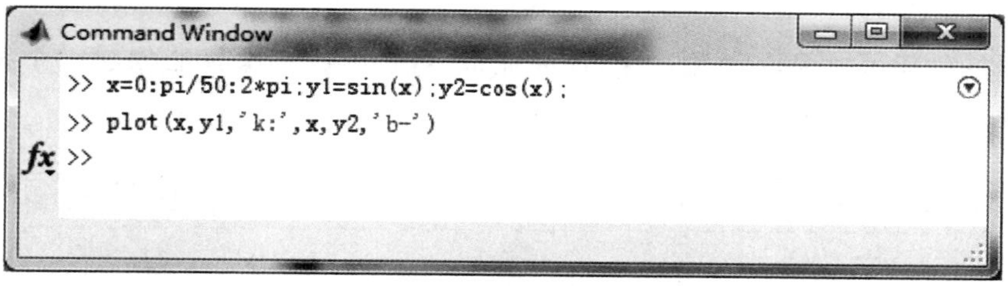

>> x=0:pi/50:2*pi;y1=sin(x);y2=cos(x);
>> plot(x,y1,'k:',x,y2,'b-')

图 0-24

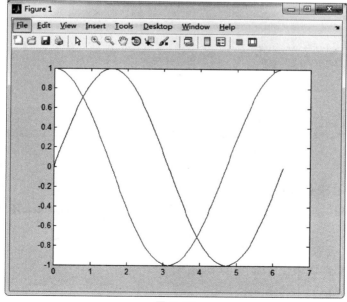

图 0-25

3. MATLAB 符号计算

除了数值计算之外,我们还经常遇到符号计算的问题.在数值计算中,变量都是数值变量.而在符号计算中,变量都是以字符形式保存和运算的,即使是数字也被当做字符来处理.MATLAB 符号运算处理的主要对象是符号和符号表达式,为此要使用一种新的数据类型:符号变量.符号表达式的创建可由双引号""或 sym 函数来完成,例如在命令窗口操作如图 0-26,即可把符号变量"$\sin(x)$"赋给变量"f".

图 0-26

符号的创建可由 sym 函数或 syms 来完成,sym 函数一次只能创建一个符号,而 syms 函数一次能够创建多个符号.如图 0-27 所示.

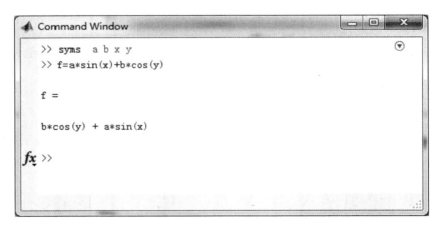

图 0-27

4. MATLAB 求解方程

MATLAB 提供了多个函数来实现求解方程的功能.下面以 solve 函数为例做简要介绍.

例 3　求一元二次方程 $x^2-3x+2=0$ 的根.

解　在命令窗口中操作如图 0-28 所示.

即原方程的根为 1 和 2.

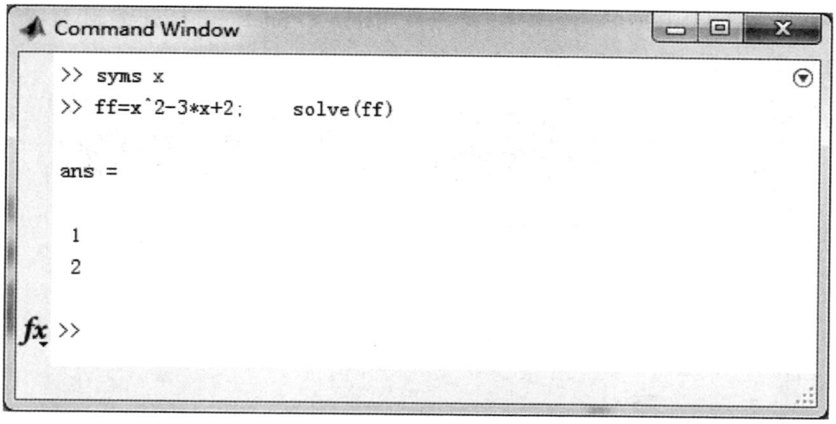

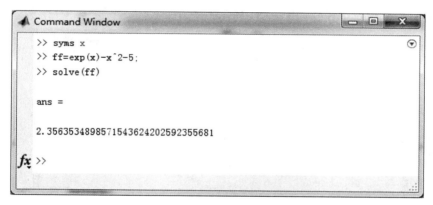

图 0-28

例 4   求解方程 $e^x - x^2 - 5 = 0$ 的根.

解   在命令窗口中操作如图 0-29 所示.

```
Command Window
>> syms x
>> ff=exp(x)-x^2-5;
>> solve(ff)

ans =

2.3563534898571543624202592355681

fx >>
```

图 0-29

即原方程的根约为 2.356 35.

5. MATLAB 简单的程序设计

MATLAB 提供了程序设计功能,即编制一种以 .m 为扩展名的文件,简称 M 文件. M 文件有两种形式:命令式文件(Script)与函数式文件(Function). 命令式文件就是命令行的简单叠加,MATLAB 会自动按顺序执行文件中的命令. 函数式文件主要用于解决参数传递与函数调用问题,它的第一句以 function 语句为标识. 函数式文件在 MATLAB 中应用十分广泛,MATLAB 所提供的绝大多数功能函数都是由函数式文件实现的. 在编写函数式文件时,要注意文件名与函数名的对应问题,两者要保持一致.

例 5   设 $f(x) = \begin{cases} x^2 + 1, & x > 1 \\ 2x, & 0 < x \leqslant 1 \\ x^3, & x \leqslant 0. \end{cases}$ 求 $f(3)$,$f(0.5)$,$f(-1.5)$.

解　在 MATLAB R2013a 版本中，可以从"New→Function"打开编辑 M 文件，输入程序如图 0-30 所示，然后以 exam1_2 命名保存．

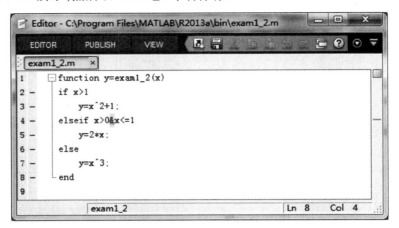

图 0-30

接着在命令窗口中操作如图 0-31 所示．

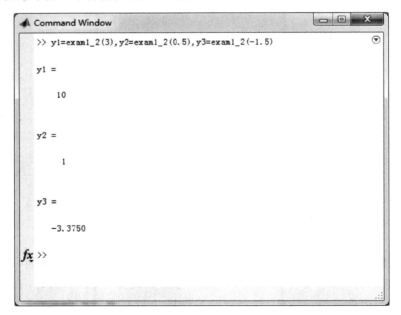

图 0-31

即计算结果为 $f(3) = 10, f(0.5) = 1, f(-1.5) = -3.375 \ 0.$

0.6.6　上机实验

1. 用 MATLAB 计算下列各式．

（1）$\sin \dfrac{\pi}{2}$;　　　　（2）$\ln \mathrm{e}^{-3}$;　　　　（3）$|2 \times 6 \div 4 - 5|$;　　　　（4）$\sqrt{2^5 + 4}$.

2. 在 $[0,2\pi]$ 上,绘制正切曲线 $y=\tan x$ 与余弦曲线 $y=\cos 2x$ 的图形.

3. 解下列方程.

(1) $2x^2-5x=-2$;　　　　　(2) $3x^2-4x+1=0$.

4. 设 $f(x)=\begin{cases} x+1, & x<1, \\ 1+\dfrac{1}{x}, & x\geq 1. \end{cases}$ 求 $f(-1),f(4)$.

单元检测题 0

1. 用区间表示下列不等式的解集.

(1) $x^2-3x+2<0$;　　　(2) $|2x-3|<5$;　　　(3) $\dfrac{x-1}{x+2}\geq 0$.

2. 求下列函数的定义域.

(1) $y=\sqrt{3x-2}$;　　　　　(2) $y=\ln(3-2x-x^2)$;

(3) $y=\arcsin\dfrac{x-1}{2}$;　　　　(4) $y=\sqrt{4-x^2}+\dfrac{1}{\sqrt{x^2-1}}$.

3. 下列各题中函数 $f(x)$ 和 $g(x)$ 是否相同?为什么?

(1) $f(x)=|x|,g(x)=\sqrt{x^2}$;　　　　　(2) $f(x)=1,g(x)=\sin^2 x+\cos^2 x$;

(3) $f(x)=x^2,g(x)=x\sqrt{x^2}$;　　　　　(4) $f(x)=1,g(x)=\sec^2 x-\tan^2 x$.

4. 判断下列函数的奇偶性.

(1) $y=x\cos x$;　　　　(2) $y=e^x+e^{-x}$;　　　　(3) $y=\ln(x+\sqrt{x^2+1})$.

5. 写出下列复合函数的复合过程.

(1) $y=\log_2(3x-2)$;　　(2) $y=\sqrt{\sin 2x}$;　　(3) $y=e^{\arctan\sqrt{x}}$;　　(4) $y=\dfrac{1}{\sqrt{1+x^2}}$.

6. 某汽车租赁公司有 50 台电动汽车,当每台月租金定为 1 000 元时,可全部租出去,当月租金每增加 100 元时,就会多一台租不出去,而租出去的每台汽车每月的维修费为 100 元,试建立收入函数,并写出定义域.

7. 某报纸印刷成本为 0.55 元,售价为 0.5 元. 但若报纸发行超过 1 000 份时,可获得报纸上广告订单,每张报纸广告收入为 0.06 元,问:(1) 至少发行多少张报纸时,才能保本?(2) 发行多少张报纸时,才能获利 10 000 元?

8. 设正方形 $ABCD$ 的边长为 12,点 M 沿 $A\to B\to C\to D$ 移动,点 N 沿 $A\to D\to C\to B$ 移动,直到 M 与 N 重合时为止. 其中 M 点移动的速度是 N 点移动的速度的两倍,设 N 点的移动距离为 x,四边形 $AMCN$ 的面积为 y,试求 y 关于 x 的函数与该函数的定义域.

函数的极限与连续　第 **1** 章

　　函数的极限的概念是由解决一些实际问题而产生的. 我国古代的哲学家与数学家对极限思想有着重要的贡献. 例如, 我国古代哲学家庄周(公元前四世纪)在他的《庄子·天下篇》中有一段哲理名言"一尺之棰, 日取其半, 万世不竭", 其意思是: 一尺长的木棒, 第一天截取它的 $\frac{1}{2}$, 第二天截取第一天余下的 $\frac{1}{2}$, 第三天截取第二天余下的 $\frac{1}{2}$, ……. 如此天天这样截取下去, 木棒永远也截取不完. 如果将每天剩下的木棒长度写出来, 就有

$$\frac{1}{2}, \frac{1}{2^2}, \frac{1}{2^3}, \cdots, \frac{1}{2^n}, \cdots.$$

　　可以看出, 无论 n 有多大, $\frac{1}{2^n}$ 永远不会等于 0, 但当 n 无限增大时, $\frac{1}{2^n}$ 无限地趋近于 0. 这就是数列的极限.

　　又如, 我国古代数学家刘徽(公元三世纪)利用圆内接正多边形来推算圆的面积的方法——割圆术, 就是极限思想在几何学上的应用. 即设有一圆, 用 a_1 表示圆内接正六边形的面积, a_2 表示圆内接正十二边形的面积, ……, 用 a_n 表示圆内接正 $6 \times 2^{n-1}$ 边形的面积 $(n \in \mathbf{N}^+)$, 于是得到一系列圆内接正多边形的面积

$$a_1, a_2, a_3, \cdots, a_n, \cdots$$

　　它们构成了一个数列, 当 n 越大时, a_n 越接近于圆的面积, 当 n 无限增大时, a_n 无限趋近于一个常数值, 这个常数值就是圆的面积.

　　极限是研究变量的变化趋势的基本工具, 高等数学中许多基本概念, 例如连续、导数、定积分、无穷级数等都是建立在极限基础上的. 极限的思想方法是研究函数的一种最基本的方法. 本章将重点介绍函数的极限概念、极限的运算及函数的连续性等内容.

1.1 极限的概念

1.1.1 数列的极限

观察下面三个数列 $x_n = f(n)$ $(n \in \mathbf{N}^+)$ 当项数 n 无限增大时的变化趋势.

(1) $1, \dfrac{1}{2}, \dfrac{1}{3}, \dfrac{1}{4}, \cdots, \dfrac{1}{n}, \cdots$.

(2) $\dfrac{1}{2}, \dfrac{-1}{2^2}, \dfrac{1}{2^3}, \dfrac{-1}{2^4}, \cdots, \dfrac{(-1)^{n-1}}{2^n}, \cdots$.

(3) $2, \dfrac{1}{2}, \dfrac{4}{3}, \dfrac{3}{4}, \cdots, \dfrac{n+(-1)^{n-1}}{n}, \cdots$.

1.1 数列的极限

为便于观察,将这三个数列的前 n 项分别在数轴上表示出来. 由图 1-1 可以看出,当项数 n 无限增大时,表示数列 $x_n = \dfrac{1}{n}$ 的点从 $x=0$ 的右侧逐渐逼近点 $x=0$,即数列 $x_n = \dfrac{1}{n}$ 无限趋近于确定的常数 0.

由图 1-2 可以看出,当项数 n 无限增大时,表示数列 $x_n = \dfrac{(-1)^{n-1}}{2^n}$ 的点从 $x=0$ 的两侧逐渐逼近点 $x=0$,即数列 $x_n = \dfrac{(-1)^{n-1}}{2^n}$ 无限趋近于确定的常数 0.

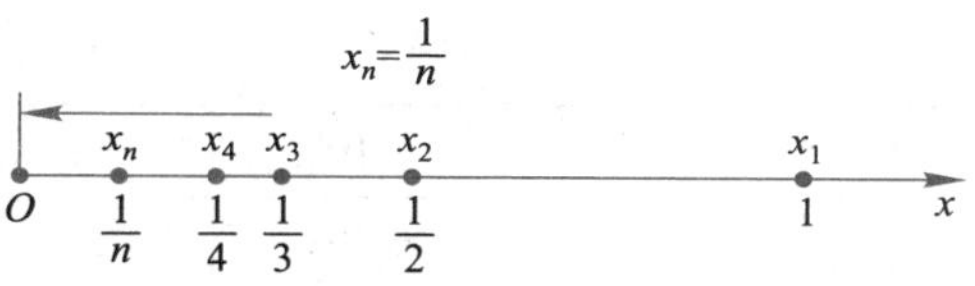

图 1-1

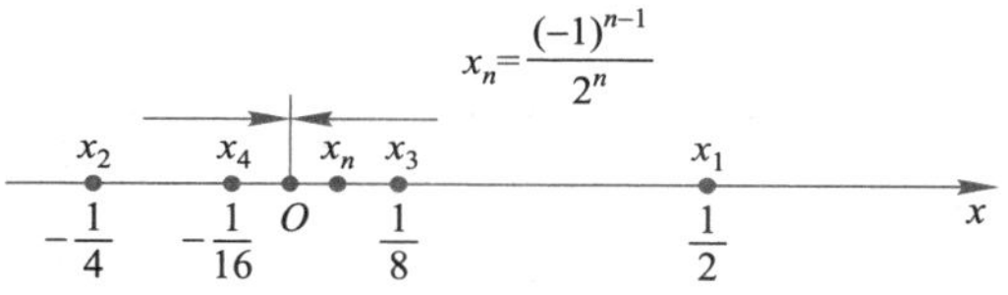

图 1-2

由图 1-3 可以看出,当项数 n 无限增大时,表示数列 $x_n = \dfrac{n+(-1)^{n-1}}{n}$ 的点从 $x=1$ 的两侧逐渐逼近 $x=1$,即数列 $x_n = \dfrac{n+(-1)^{n-1}}{n}$ 无限趋近于确定的常数 1.

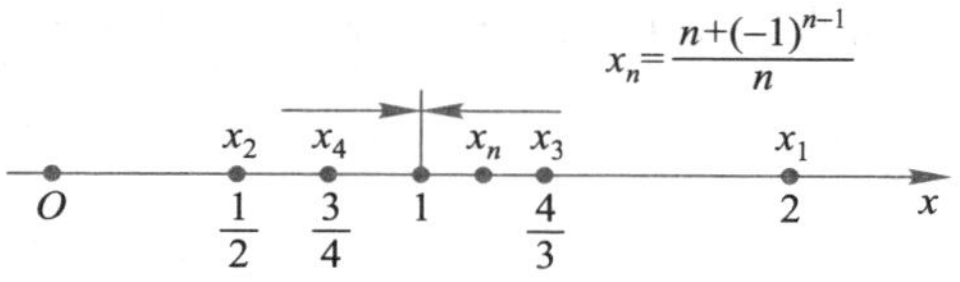

图 1-3

由上述三个数列的变化趋势知,当 n 无限增大时,x_n 都分别无限趋近于一个确定的常数.

定义 1 对于数列 $\{x_n\}$,当项数 n 无限增大时,数列的通项 x_n 无限趋近于一个确定的常数 A,则称 A 是数列 $\{x_n\}$ 当 $n \to \infty$ 时的**极限**,或称数列 $\{x_n\}$ 收敛于 A,记作

$$\lim_{n \to \infty} x_n = A \text{ 或 } x_n \to A (n \to \infty).$$

若数列 $\{x_n\}$ 的极限不存在,则称数列 $\{x_n\}$ 是**发散的**.

数列(1)的极限是 0,可记为 $\lim\limits_{n \to \infty} \dfrac{1}{n} = 0$. 数列(2)的极限是 0,可记为 $\lim\limits_{n \to \infty} \dfrac{(-1)^{n-1}}{2^n} = 0$.

数列(3)的极限是 1,可记为 $\lim\limits_{n \to \infty} \dfrac{n+(-1)^{n-1}}{n} = 1$.

除了从图形考察极限外,还可以从数列的项的数值变化趋势来考察数列的极限.

例 1　观察下列数列的项的数值变化趋势,指出它们的极限.

(1) $1, \dfrac{5}{4}, \dfrac{4}{3}, \cdots, \dfrac{3n-1}{2n}, \cdots$.

(2) $2, \dfrac{1}{2}, \dfrac{4}{3}, \cdots, \dfrac{n+(-1)^{n-1}}{n}, \cdots$.

(3) $-1, 1, -1, \cdots, (-1)^n, \cdots$.

解　下面用列表法列出数列在项数增大时的取值情况.

(1) 列表(如表 1-1).

表 1-1

n	10	100	1 000	1 000 000	$\cdots$	10^n	$\cdots$
$\dfrac{3n-1}{2n}$	1.45	1.495	1.499 5	1.499 999 5	$\cdots$	$1.4\underbrace{9\cdots9}_{n-1\text{个}9}5$	$\cdots$

从表 1-1 可以看出,$\lim\limits_{n \to \infty} \dfrac{3n-1}{2n} = \dfrac{3}{2}$,即数列 $\left\{\dfrac{3n-1}{2n}\right\}$ 的极限为 $\dfrac{3}{2}$.

(2) 数列 $\left\{\dfrac{n+(-1)^{n-1}}{n}\right\}$ 可化为 $\left\{1+\dfrac{(-1)^{n-1}}{n}\right\}$. 列表(如表 1-2).

表 1-2

n	99	100	999	1 000	$\cdots$	10^n	$\cdots$
$\dfrac{n+(-1)^{n-1}}{n}$	1.010 1	0.99	1.001 0	0.999	$\cdots$	$0.\underbrace{9\cdots9}_{n\text{个}9}$	$\cdots$

从表 1-2 可以看出,$\lim\limits_{n \to \infty} \dfrac{n+(-1)^{n-1}}{n} = 1$,即数列 $\left\{\dfrac{n+(-1)^{n-1}}{n}\right\}$ 的极限为 1.

(3) 列表(如表 1-3).

表 1-3

n	1	2	3	4	5	$\cdots$	1 000	1 001	$\cdots$
$(-1)^n$	-1	1	-1	1	-1	$\cdots$	1	-1	$\cdots$

从表 1-3 可以看出,当 n 无限增大时,数列 $\{(-1)^n\}$ 不趋于同一个确定的常数,所以 $\lim\limits_{n \to \infty}(-1)^n$ 不存在.

例 2　求常数列 $x_n = C$(C 为常数)的极限.

解　这个数列 $\{C\}$ 的各项都是 C,故

$$\lim_{n \to \infty} C = C.$$

即常数列的极限就是常数本身.

用列表法或图形法,可以观察得到下面常用的数列极限:

$$\lim_{n\to\infty}\left(\frac{1}{2}\right)^n=0, \lim_{n\to\infty}\left(-\frac{1}{3}\right)^n=0,由此归纳得\lim_{n\to\infty}q^n=0(\ |q|<1).$$

$$\lim_{n\to\infty}\left(\frac{1}{2}\right)^{\frac{1}{n}}=1, \lim_{n\to\infty}3^{\frac{1}{n}}=1,由此归纳得\lim_{n\to\infty}a^{\frac{1}{n}}=1(a>0).$$

上述求极限的方法,是不完全归纳法,不能保证结果一定正确.那么怎样从理论上给出论证呢? 必须用数列极限的精确定义(也称 ε-N 定义)来论证.此定义是数列极限的理论基础,请同学参看本科高等数学教材.

*数列极限的精确定义:

设有数列 $\{x_n\}$,存在常数 A,$\forall\varepsilon>0$,若 $\exists$ 正整数 N,当 $n>N$ 时,总有 $|x_n-A|<\varepsilon$,则称 A 为数列 $\{x_n\}$ 的极限,记作

$$\lim_{n\to\infty}x_n=A \text{ 或 } x_n\to A(n\to\infty).$$

1.1.2 函数的极限

1. 当 $x\to\infty$ 时函数 $f(x)$ 的极限

考察函数 $f(x)=\dfrac{1}{x}$ 的变化趋势.从图 1-4 可以看出:当 x 的绝对值无限增大时,$f(x)$ 的值无限趋近于零.即

当 $x\to\infty$ 时,$f(x)=\dfrac{1}{x}\to 0$.

于是,我们给出当 $x\to\infty$ 时,函数 $f(x)$ 的定义如下:

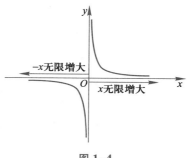

1.1 函数的极限

图 1-4

定义 2 当 x 的绝对值无限增大(即 $x\to\infty$)时,函数 $f(x)$ 无限趋近于一个确定的常数 A,那么 A 就叫做函数 $f(x)$ 当 $x\to\infty$ 时的**极限**,记为

$$\lim_{x\to\infty}f(x)=A \quad 或 \quad 当 x\to\infty 时,f(x)\to A.$$

在定义 2 中,自变量 x 的绝对值无限增大指的是 x 既取正值而无限增大(记为 $x\to+\infty$),同时也取负值而绝对值无限增大(记为 $x\to-\infty$).但有时 x 的变化趋势只需取这两种变化中的一种情形,所以下面给出当 $x\to+\infty$ 或 $x\to-\infty$ 时函数极限的定义.

定义 3 如果当 $x\to+\infty$(或 $x\to-\infty$)时,函数 $f(x)$ 无限趋近于一个确定的常数 A,那么 A 就叫做函数 $f(x)$ 当 $x\to+\infty$(或 $x\to-\infty$)时的**极限**,记为

$$\lim_{\substack{x\to+\infty\\(x\to-\infty)}}f(x)=A \quad 或 \quad 当 x\to+\infty(或 x\to-\infty)时,f(x)\to A.$$

由定义 2 与定义 3 可得下面定理:

定理 1 $\lim\limits_{x\to\infty}f(x)=A\Leftrightarrow\lim\limits_{x\to+\infty}f(x)=\lim\limits_{x\to-\infty}f(x)=A.$

例如,如图 1-4 所示,有

$$\lim_{x \to +\infty} \frac{1}{x} = 0 \quad \text{及} \quad \lim_{x \to -\infty} \frac{1}{x} = 0.$$

这两个极限值相等,都为 0,所以 $\lim\limits_{x \to \infty} \dfrac{1}{x} = 0$.

又如,如图 1-5 所示,有

$$\lim_{x \to +\infty} \arctan x = \frac{\pi}{2} \quad \text{及} \quad \lim_{x \to -\infty} \arctan x = -\frac{\pi}{2}.$$

由于当 $x \to +\infty$ 和 $x \to -\infty$ 时,函数 $\arctan x$ 不是无限趋近同一个确定的常数,所以 $\lim\limits_{x \to \infty} \arctan x$ 不存在.

例 3 求 $\lim\limits_{x \to -\infty} e^x$ 与 $\lim\limits_{x \to +\infty} e^x$,并判断 $\lim\limits_{x \to \infty} e^x$ 是否存在?

解 如图 1-6 所示,易知

$$\lim_{x \to -\infty} e^x = 0, \quad \lim_{x \to +\infty} e^x = +\infty, \quad \text{所以} \lim_{x \to \infty} e^x \text{不存在}.$$

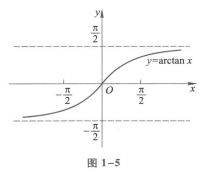

图 1-5

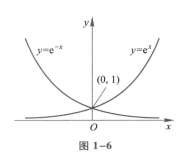

图 1-6

如果要从理论上证明函数 $f(x)$ 当 $x \to \infty$ 时,极限存在.需要理解下列定义,请同学们参阅相关本科教材.

当 $x \to \infty$ 时函数极限的精确定义:设函数 $f(x)$ 当 $|x|$ 大于某一正数时有定义,$\forall \varepsilon > 0$(无论 ε 多小),$\exists$ 正数 X,使得对于满足 $|x| > X$ 的一切 x,总有

$$|f(x) - A| < \varepsilon,$$

则称常数 A 为函数 $f(x)$ 当 $x \to \infty$ 时的极限,记作

$$\lim_{x \to \infty} f(x) = A \quad \text{或} \quad \text{当} x \to \infty \text{ 时}, f(x) \to A.$$

2. 当 $x \to x_0$ 时,函数 $f(x)$ 的极限

观察图 1-7(1),当 $x \to 3$ 时,函数 $f(x) = \dfrac{x}{3} + 1$ 无限趋近于 2.这个常数 2 称做当 $x \to 3$ 时,函数 $f(x) = \dfrac{x}{3} + 1$ 的极限.

观察图 1-7(2),当 $x \to 1$ 时,函数 $f(x) = \dfrac{x^2 - 1}{x - 1}$ 无限趋近于 2.这个常数 2 称做当 $x \to 1$ 时,函数 $f(x) = \dfrac{x^2 - 1}{x - 1}$ 的极限.

从上述两个例子发现,当 $x \to x_0$ 时,函数 $f(x)$ 的极限是否存在与函数 $f(x)$ 在 x_0 处是否有定义无关,由此给出函数极限的定义:

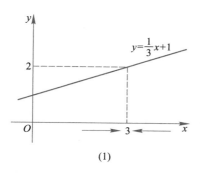 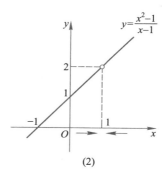

(1)   (2)

图 1-7

定义 4　设函数 $f(x)$ 在 x_0 的某一去心邻域 $\overset{\circ}{U}(x_0)$ 内有定义,如果当 x 无限趋近于 x_0 时,函数 $f(x)$ 无限趋近于一个确定的常数 A,那么 A 就叫做函数 $f(x)$ 当 $x \rightarrow x_0$ 时的**极限**,记作

$$\lim_{x \to x_0} f(x) = A \quad 或 \quad 当 x \rightarrow x_0 时, \quad f(x) \rightarrow A.$$

例如,$\lim\limits_{x \to 3} \left(\dfrac{x}{3} + 1 \right) = 2$;$\lim\limits_{x \to 1} \dfrac{x^2 - 1}{x - 1} = \lim\limits_{x \to 1} (x + 1) = 2$.

*   **精确定义**:设函数 $f(x)$ 在 x_0 的去心邻域 $\overset{\circ}{U}(x_0)$ 内有定义,若 $\forall \varepsilon > 0$(无论 ε 多小),总存在正数 δ,使得对于满足 $|x - x_0| < \delta$ 的一切 x,总有

$$|f(x) - A| < \varepsilon,$$

则称常数 A 为函数 $f(x)$ 当 $x \rightarrow x_0$ 时的极限,记作

$$\lim_{x \to \infty} f(x) = A \quad 或 \quad 当 x \rightarrow x_0 时, \quad f(x) \rightarrow A.$$

3. 当 $x \rightarrow x_0$ 时,$f(x)$ 的单侧极限

前面讨论当 $x \rightarrow x_0$ 时函数 $f(x)$ 的极限概念中,x 是既从 x_0 的左侧,也从 x_0 的右侧无限趋近于 x_0 的,但有时只需考虑 x 仅从 x_0 的左侧无限接近于 x_0(记为 $x \rightarrow x_0^-$)的情形,或 x 仅从 x_0 的右侧无限接近于 x_0(记为 $x \rightarrow x_0^+$)的情形. 下面给出当 $x \rightarrow x_0^-$ 或 $x \rightarrow x_0^+$ 函数极限的定义.

定义 5　如果当 $x \rightarrow x_0^-$ 时,函数 $f(x)$ 无限接近于一个确定的常数 A,那么 A 就叫做函数 $f(x)$ 当 $x \rightarrow x_0$ 时的**左极限**,记为

$$\lim_{x \to x_0^-} f(x) = A \quad 或 \quad f(x_0^-) = A.$$

如果当 $x \rightarrow x_0^+$ 时,函数 $f(x)$ 无限接近于一个确定的常数 A,那么 A 就叫做函数 $f(x)$ 当 $x \rightarrow x_0$ 时的**右极限**,记为

$$\lim_{x \to x_0^+} f(x) = A \quad 或 \quad f(x_0^+) = A.$$

根据定义 4 与定义 5 可得下面定理:

定理 2　$\lim\limits_{x \to x_0} f(x) = A \Leftrightarrow f(x_0^-) = f(x_0^+) = A.$

由定理 2 不难得到:$f(x_0^-)$ 或 $f(x_0^+)$ 不存在;或 $f(x_0^-)$ 与 $f(x_0^+)$ 都存在,但不相等,那么 $\lim\limits_{x \to x_0} f(x)$ 不存在.

例 4　讨论函数 $f(x) = \begin{cases} x-1, & x<0, \\ 0, & x=0, \\ x+1, & x>0 \end{cases}$ 当 $x \to 0$ 时的极限是否存在.

解　作出这个分段函数的图形如图 1-8 所示,由图可知

$$f(0^-) = \lim_{x \to 0^-} f(x) = \lim_{x \to 0^-}(x-1) = -1,$$

$$f(0^+) = \lim_{x \to 0^+} f(x) = \lim_{x \to 0^+}(x+1) = 1,$$

所以 $\lim\limits_{x \to 0} f(x)$ 不存在.

例 5　已知 $f(x) = |x| = \begin{cases} -x, & x<0, \\ x, & x \geq 0, \end{cases}$　求 $\lim\limits_{x \to 0} f(x)$.

解　如图 1-9 所示,因为

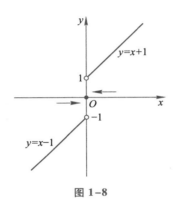

图 1-8

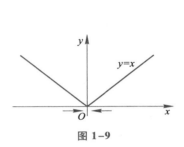

图 1-9

$$\lim_{x \to 0^-} f(x) = \lim_{x \to 0^-}(-x) = 0,$$

$$\lim_{x \to 0^+} f(x) = \lim_{x \to 0^+}(x) = 0,$$

所以
$$\lim_{x \to 0} f(x) = 0.$$

注意:关于函数极限的性质,请同学参看本科高等数学教材.

1.1.3　无穷小与无穷大

前面讨论的函数极限中,有一类函数(变量)极限存在且是 0 的值得注意.

如当 $x \to 0$ 时,$f(x) = \sin x \to 0$;当 $x \to 0$ 时,$f(x) = \sqrt{1+x} - 1 \to 0$. 像这一类变量有一个共同点,极限为 0. 我们称这类变量为无穷小量.

1. 无穷小

定义 6　在自变量的某一变化过程中,极限为零的函数(变量)称为**无穷小量**(简称**无穷小**).

例如,(1) 因为 $\lim\limits_{x \to 1} \ln x = 0$,所以当 $x \to 1$ 时,$\ln x$ 为无穷小;

（2）因为 $\lim\limits_{n \to \infty} \dfrac{1}{2^n} = 0$,所以当 $n \to \infty$ 时,$x_n = \dfrac{1}{2^n}$ 为无穷小.

注意：

（1）一个函数 $f(x)$ 是无穷小，必须指明自变量 x 的变化趋向，如函数 $y=\ln x$，当 $x\to 1$ 时它是无穷小，而当 x 趋近于其他数值时，$y=\ln x$ 就不是无穷小.

（2）绝对值很小很小的常数不是无穷小.

（3）0 是无穷小，但无穷小不一定是 0.

定理 3 $\lim\limits_{x\to x_0}f(x)=A$ 的充要条件是 $f(x)=A+\alpha(x)$，其中 $\alpha(x)$ 是无穷小（当 $x\to x_0$ 时）.

2. 无穷小的性质

在自变量的同一变化过程中的无穷小，具有以下性质：

性质 1 有限个无穷小的代数和是无穷小.

性质 2 有限个无穷小的乘积是无穷小.

性质 3 有界函数与无穷小的乘积是无穷小.

注意：以上性质的证明请参看本科高等数学教材.

例 6 求 $\lim\limits_{x\to 0}x\arctan\dfrac{1}{x}$.

解 因为当 $x\to 0$ 时，x 为无穷小，而 $\arctan\dfrac{1}{x}$ 的极限不存在，但 $\left|\arctan\dfrac{1}{x}\right|<\dfrac{\pi}{2}$，由性质 3 可知

$$\lim_{x\to 0}x\arctan\frac{1}{x}=0.$$

例 7 求 $\lim\limits_{x\to\infty}\dfrac{\sin x}{x}$.

1.1 例 7 讲解

解 因为当 $x\to\infty$ 时，$\dfrac{1}{x}$ 是无穷小，而 $\sin x$ 的极限不存在，但 $|\sin x|\leqslant 1$，由性质 3 可知

$$\lim_{x\to\infty}\frac{\sin x}{x}=0.$$

例 8 求 $\lim\limits_{n\to\infty}\left(\dfrac{1}{n^2}+\dfrac{2}{n^2}+\dfrac{3}{n^2}+\cdots+\dfrac{n}{n^2}\right)$.

分析：此题不能用有限个无穷小的和是无穷小来做，因为当 $n\to\infty$ 时，它是无限个无穷小的和，而无穷个无穷小的和不一定是无穷小，其正解是

解 $\lim\limits_{n\to\infty}\left(\dfrac{1}{n^2}+\dfrac{2}{n^2}+\cdots+\dfrac{n}{n^2}\right)=\lim\limits_{n\to\infty}\dfrac{1+2+\cdots+n}{n^2}=\lim\limits_{n\to\infty}\dfrac{n(1+n)}{2n^2}=\lim\limits_{n\to\infty}\left(\dfrac{1}{2}+\dfrac{1}{2n}\right)=\dfrac{1}{2}.$

3. 无穷大

定义 7 在自变量的某一变化过程中，若绝对值 $|f(x)|$ 无限增大，则称函数 $f(x)$ 为**无穷大量**（简称**无穷大**）.

例如，当 $x\to\infty$ 时，x^2 是无穷大；当 $x\to 0^+$ 时，$\ln x$ 是无穷大.

定理 4（无穷小与无穷大的关系） 在自变量的同一变化过程中，如果 $f(x)$ 为无穷大，则 $\dfrac{1}{f(x)}$ 为无穷小. 反之，如果 $f(x)$ 为无穷小，且 $f(x)\neq 0$，则 $\dfrac{1}{f(x)}$ 为无穷大.

例9　求下列极限.

（1）$\lim\limits_{x\to 2}\dfrac{x+1}{x-2}$；　　　　　　（2）$\lim\limits_{x\to 1}\dfrac{1}{x^2-1}$.

解　（1）因为$\lim\limits_{x\to 2}\dfrac{x-2}{x+1}=0$，根据无穷小与无穷大的关系可知$\lim\limits_{x\to 2}\dfrac{x+1}{x-2}=\infty$.

（2）因为$\lim\limits_{x\to 1}(x^2-1)=0$，根据无穷小与无穷大的关系可知$\lim\limits_{x\to 1}\dfrac{1}{x^2-1}=\infty$.

习题 1.1

1. 下列各极限是否存在？若存在，请写出极限值.

（1）$\lim\limits_{n\to\infty}\dfrac{n}{n+1}$；　　　　（2）$\lim\limits_{x\to\infty}\left[\dfrac{1}{n}+(-1)^n\right]$；　　　　（3）$\lim\limits_{x\to+\infty}\arctan x$；

（4）$\lim\limits_{x\to\infty}\arctan x$；　　　　（5）$\lim\limits_{x\to+\infty}\left(\dfrac{1}{2}\right)^x$；　　　　（6）$\lim\limits_{x\to-\infty}\left(\dfrac{1}{2}\right)^x$；

（7）$\lim\limits_{x\to 2}(x^2-1)$；　　　　（8）$\lim\limits_{x\to\infty}\left(2+\dfrac{1}{x}\right)$；　　　　（9）$\lim\limits_{x\to 2}\dfrac{x^2-4}{x-2}$.

2. 设$f(x)=\begin{cases}x, & x<2,\\ 2x-1, & x\geqslant 2,\end{cases}$求：（1）$\lim\limits_{x\to 2^-}f(x)$；（2）$\lim\limits_{x\to 2^+}f(x)$；（3）$\lim\limits_{x\to 2}f(x)$.

3. 求$f(x)=\dfrac{|x|}{x}$当$x\to 0$时的左、右极限，并说明$f(x)$当$x\to 0$时的极限是否存在？

4. 当$x\to$＿＿＿＿时，$y=\ln x$是无穷小；当$x\to$＿＿＿＿或＿＿＿＿时，$y=\ln x$是无穷大.

5. 下列函数在自变量x的变化过程中，是无穷小？无穷大？既不是无穷小，也不是无穷大？

（1）$3+\dfrac{1}{x}$，$x\to 0$；　　（2）$\dfrac{2}{x^2+2}$，$x\to\infty$；　　（3）3^x，$x\to-\infty$；　　（4）3^x，$x\to+\infty$；

（5）$\mathrm{e}^{\frac{1}{x}}$，$x\to 0^+$；　　（6）$\mathrm{e}^{\frac{1}{x}}$，$x\to 0^-$；　　（7）$\mathrm{e}^{\frac{1}{x}}$，$x\to\infty$；　　（8）$\dfrac{x-1}{x^2-1}$，$x\to 1$.

6. 求下列函数的极限.

（1）$\lim\limits_{x\to 0}x\sin\dfrac{1}{x}$；　　　　（2）$\lim\limits_{x\to\infty}\dfrac{\arctan x}{x}$.

1.2　极限的运算

在下面极限运算的法则中，符号 lim 下面没有标注自变量的变化过程，表明对于自变量 x 的任何变化过程，函数的极限运算都是成立的. 同学们在应用这些法则时，符号 lim 下面一定要标注自变量的变化过程.

1.2.1　极限的四则运算法则

定理　设 $\lim f(x)=A$，$\lim g(x)=B$，则

（1）$\lim[f(x)\pm g(x)]=\lim f(x)\pm\lim g(x)=A\pm B$.

(2) $\lim[f(x) \cdot g(x)] = \lim f(x) \cdot \lim g(x) = A \cdot B$.

(3) $\lim \dfrac{f(x)}{g(x)} = \dfrac{\lim f(x)}{\lim g(x)} = \dfrac{A}{B}(B \neq 0)$.

上述极限运算法则表明函数的和、差、积、商(分母的极限不为0)的极限等于它们极限的和、差、积、商,而且法则(1)、(2)可以推广到有限多个具有极限的函数的情形.

由法则(2)可以得到以下结论:

推论1 $\lim[C \cdot f(x)] = C \lim f(x) = C \cdot A(C$ 为常数$)$.

推论2 $\lim[f(x)]^n = [\lim f(x)]^n = A^n(n \in \mathbf{Z}^+)$.

注意:以上极限的运算法则证明请参看本科高等数学教材.

例1 求 $\lim\limits_{x \to 4}\left(\dfrac{1}{4}x + 2\right)$.

解 $\lim\limits_{x \to 4}\left(\dfrac{1}{4}x + 2\right) = \lim\limits_{x \to 4}\dfrac{1}{4}x + \lim\limits_{x \to 4}2 = \dfrac{1}{4}\lim\limits_{x \to 4}x + 2 = \dfrac{1}{4} \times 4 + 2 = 1 + 2 = 3$.

例2 求 $\lim\limits_{x \to 1}\dfrac{x^2 - 2x + 5}{x^2 + 7}$.

分析:当 $x \to 1$ 时,分子的极限为4,分母的极限不为0,因此满足法则(3).

解 $\lim\limits_{x \to 1}\dfrac{x^2 - 2x + 5}{x^2 + 7} = \dfrac{\lim\limits_{x \to 1}(x^2 - 2x + 5)}{\lim\limits_{x \to 1}(x^2 + 7)} = \dfrac{\lim\limits_{x \to 1}x^2 - \lim\limits_{x \to 1}2x + \lim\limits_{x \to 1}5}{\lim\limits_{x \to 1}x^2 + \lim\limits_{x \to 1}7}$

$= \dfrac{(\lim\limits_{x \to 1}x)^2 - 2\lim\limits_{x \to 1}x + 5}{(\lim\limits_{x \to 1}x)^2 + 7} = \dfrac{1 - 2 + 5}{1 + 7} = \dfrac{1}{2}$.

注意:例1和例2满足极限的运算法则,我们称之为**法则型**.因此例1和例2可简述为:

$$\lim\limits_{x \to 4}\left(\dfrac{1}{4}x + 2\right) = 1 + 2 = 3;$$

$$\lim\limits_{x \to 1}\dfrac{x^2 - 2x + 5}{x^2 + 7} = \dfrac{1 - 2 + 5}{1 + 7} = \dfrac{1}{2}.$$

例3 求 $\lim\limits_{x \to 3}\dfrac{x - 3}{x^2 - 9}$.

分析:当 $x \to 3$ 时,分子、分母的极限为0,不能应用法则(3).但在 $x \to 3$ 的过程中,由于 $x \neq 3$,分子及分母有公因式 $x - 3$,故在分式中可约去极限为0的公因式.

解 $\lim\limits_{x \to 3}\dfrac{x - 3}{x^2 - 9} = \lim\limits_{x \to 3}\dfrac{x - 3}{(x + 3)(x - 3)} = \lim\limits_{x \to 3}\dfrac{1}{x + 3} = \dfrac{1}{3 + 3} = \dfrac{1}{6}$.

例4 求 $\lim\limits_{x \to 1}\dfrac{\sqrt{3x + 1} - 2}{x - 1}$.

分析:当 $x \to 1$ 时,分子、分母的极限为0,这时不能应用法则(3).但此题却不能像例3那样在分式中可约去极限为零的公因式,但我们可以用中学学习过的分子有理化,然后在分式中约去极限为零的公因式.

解 $\lim\limits_{x \to 1}\dfrac{\sqrt{3x + 1} - 2}{x - 1} = \lim\limits_{x \to 1}\dfrac{(\sqrt{3x + 1})^2 - 4}{(\sqrt{3x + 1} + 2)(x - 1)} = \lim\limits_{x \to 1}\dfrac{3(x - 1)}{(\sqrt{3x + 1} + 2)(x - 1)} = \lim\limits_{x \to 1}\dfrac{3}{\sqrt{3x + 1} + 2} =$

$\dfrac{3}{2+2} = \dfrac{3}{4}$.

注意:如果分子、分母的极限都为 0,我们把这种极限形式称为 $\dfrac{0}{0}$ 型未定式.如果是有理分式的 $\dfrac{0}{0}$ 型未定式,其解法是:分子或分母分解因式或化简约分成法则型再求极限;如果是无理分式的 $\dfrac{0}{0}$ 型未定式,其解法是:分子或分母有理化,约分化简成法则型再求极限.

例 5　求 $\lim\limits_{x \to \infty} \dfrac{3x^3 + 2x + 1}{5x^3 + 7x^2 - 3}$.

分析:当 $x \to \infty$ 时,分子、分母均为 ∞,不能应用法则(3).但可以把分子、分母同除以 x^3,然后再运用法则(3)即可.

解　$\lim\limits_{x \to \infty} \dfrac{3x^3 + 2x + 1}{5x^3 + 7x^2 - 3} = \lim\limits_{x \to \infty} \dfrac{3 + \dfrac{2}{x^2} + \dfrac{1}{x^3}}{5 + \dfrac{7}{x} - \dfrac{3}{x^3}} = \dfrac{3 + 2 \times 0 + 0}{5 + 7 \times 0 - 3 \times 0} = \dfrac{3}{5}$.

例 6　求 $\lim\limits_{x \to \infty} \dfrac{3x^2 - 2x + 1}{2x^3 + x^2 - 2}$.

分析:当 $x \to \infty$ 时,分子、分母均为 ∞,不能应用法则(3).但可以把分子、分母同除以 x^3,然后再运用法则(3)即可.

解　$\lim\limits_{x \to \infty} \dfrac{3x^2 - 2x + 1}{2x^3 + x^2 - 2} = \lim\limits_{x \to \infty} \dfrac{\dfrac{3}{x} - \dfrac{2}{x^2} + \dfrac{1}{x^3}}{2 + \dfrac{1}{x} - \dfrac{2}{x^3}} = \dfrac{3 \times 0 - 2 \times 0 + 0}{2 + 0 - 2 \times 0} = \dfrac{0}{2} = 0$.

例 7　求 $\lim\limits_{x \to \infty} \dfrac{2x^3 + x^2 - 2}{3x^2 - 2x + 1}$.

解　由例 6 知 $\lim\limits_{x \to \infty} \dfrac{3x^2 - 2x + 1}{2x^3 + x^2 - 2} = 0$,根据无穷小与无穷大的关系,即得

$$\lim\limits_{x \to \infty} \dfrac{2x^3 + x^2 - 2}{3x^2 - 2x + 1} = \infty.$$

注意:由例 5、例 6 与例 7 归纳,分子与分母的极限都是无穷大,我们称之为 $\dfrac{\infty}{\infty}$ 型未定式.其一般形式是:当 $a_0 \neq 0, b_0 \neq 0, m$ 和 n 为非负整数时,有

$$\lim\limits_{x \to \infty} \dfrac{a_0 x^m + a_1 x^{m-1} + \cdots + a_m}{b_0 x^n + b_1 x^{n-1} + \cdots + b_n} = \begin{cases} 0, & n > m, \\[2mm] \dfrac{a_0}{b_0}, & n = m, \\[2mm] \infty & n < m. \end{cases}$$

例 8　求 $\lim\limits_{x \to 1} \left(\dfrac{1}{1-x} - \dfrac{3}{1-x^3} \right)$.

分析:此题不满足极限差的运算法则,因为 $\lim\limits_{x \to 1} \dfrac{1}{1-x} = \infty$ 与 $\lim\limits_{x \to 1} \dfrac{3}{1-x^3} = \infty$,所以可以考虑先通分,再求极限.

解 $\lim\limits_{x \to 1}\left(\dfrac{1}{1-x} - \dfrac{3}{1-x^3}\right) = \lim\limits_{x \to 1}\dfrac{1+x+x^2-3}{1-x^3} \quad \left(\dfrac{0}{0}型\right)$

$$= \lim\limits_{x \to 1}\dfrac{(x-1)(x+2)}{(1-x)(1+x+x^2)}$$

$$= \lim\limits_{x \to 1}\dfrac{-(x+2)}{1+x+x^2} = -1.$$

例 9 求 $\lim\limits_{x \to +\infty}\left(\sqrt{x^2+2x} - \sqrt{x^2+3}\right)$.

分析:此题不满足极限差的运算法则,因为 $\lim\limits_{x \to +\infty}\sqrt{x^2+2x} = \infty$ 与 $\lim\limits_{x \to +\infty}\sqrt{x^2+3} = \infty$,但又不能先计算差,所以可以考虑将其看作分母为 1 的分式,先进行分子有理化,再求极限.

解 $\lim\limits_{x \to +\infty}\left(\sqrt{x^2+2x} - \sqrt{x^2+3}\right) = \lim\limits_{x \to +\infty}\dfrac{2x-3}{\sqrt{x^2+2x} + \sqrt{x^2+3}} \quad \left(\dfrac{\infty}{\infty}型\right)$

$$= \lim\limits_{x \to +\infty}\dfrac{2-\dfrac{3}{x}}{\sqrt{1+\dfrac{2}{x}} + \sqrt{1+\dfrac{3}{x^2}}} = 1.$$

注意:例 8、例 9 是 $\infty - \infty$ 型,其中例 8 称作有理分式的 $\infty - \infty$ 型,方法是先通分化成 $\dfrac{0}{0}$ 型未定式再求极限;例 9 称作无理式的 $\infty - \infty$ 型,把 $\infty - \infty$ 的分母当作 1,将分子有理化,化成 $\dfrac{1}{\infty}$ 或 $\dfrac{\infty}{\infty}$ 型未定式,再求极限.

1.2.2 两个重要极限

1. 第一个重要极限

$$\lim\limits_{x \to 0}\dfrac{\sin x}{x} = 1 \quad \left(\dfrac{0}{0}型未定式\right).$$

由极限的运算法则与换元法易得下列推论:

(1) $\lim\limits_{x \to 0}\dfrac{x}{\sin x} = 1$;

1.2 第一个重要极限

(2) 若当 $x \to x_0$ 时,$\varphi(x) \to 0$,则 $\lim\limits_{x \to x_0}\dfrac{\sin \varphi(x)}{\varphi(x)} = 1$ (此公式对于自变量 x 的其他变化过程,$\varphi(x) \to 0$ 时同样成立).

例 10 求 $\lim\limits_{x \to 0}\dfrac{\sin 2x}{x}$.

解 $\lim\limits_{x \to 0}\dfrac{\sin 2x}{x} = \lim\limits_{x \to 0}\left(\dfrac{\sin 2x}{2x} \cdot 2\right) = 2\lim\limits_{x \to 0}\dfrac{\sin 2x}{2x} = 2.$

例 11 求 $\lim\limits_{x \to 0}\dfrac{\tan x}{x}$.

解　$\lim\limits_{x \to 0} \dfrac{\tan x}{x} = \lim\limits_{x \to 0} \left(\dfrac{\sin x}{x} \cdot \dfrac{1}{\cos x} \right)$

$\qquad\qquad = \lim\limits_{x \to 0} \dfrac{\sin x}{x} \cdot \lim\limits_{x \to 0} \dfrac{1}{\cos x} = 1 \times 1 = 1.$

例 12　$\lim\limits_{x \to 0} \dfrac{1 - \cos x}{x^2}$.

1.2 例 12 讲解

解　方法 1　$\lim\limits_{x \to 0} \dfrac{1 - \cos x}{x^2} = \lim\limits_{x \to 0} \dfrac{2 \sin^2 \frac{x}{2}}{x^2} = \dfrac{1}{2} \lim\limits_{x \to 0} \dfrac{\sin^2 \frac{x}{2}}{\left(\frac{x}{2} \right)^2} = \dfrac{1}{2} \lim\limits_{x \to 0} \left(\dfrac{\sin \frac{x}{2}}{\frac{x}{2}} \right)^2 = \dfrac{1}{2} \times 1^2 = \dfrac{1}{2}.$

$\qquad$方法 2　$\lim\limits_{x \to 0} \dfrac{1 - \cos x}{x^2} = \lim\limits_{x \to 0} \dfrac{1 - \cos^2 x}{x^2 (1 + \cos x)} = \lim\limits_{x \to 0} \dfrac{\sin^2 x}{x^2} \cdot \lim\limits_{x \to 0} \dfrac{1}{1 + \cos x} = \dfrac{1}{2}.$

注意:含三角函数的 $\dfrac{0}{0}$ 型未定式一般利用三角函数的公式化成第一个重要极限公式及其推论的形式来求极限. 对于含反三角函数的 $\dfrac{0}{0}$ 型未定式,如 $\lim\limits_{x \to 0} \dfrac{\arcsin 2x}{x}$,可先令 $t = \arcsin 2x$ 换元转化成含有三角函数的 $\dfrac{0}{0}$ 型未定式来求极限. 请同学自己去探讨.

2.　第二个重要极限

$$\lim_{x \to \infty} \left(1 + \dfrac{1}{x} \right)^x = \mathrm{e} \quad (1^\infty \text{ 型未定式}).$$

对于上述公式,由换元法得到下列推论:

（1）令 $t = \dfrac{1}{x}$,当 $x \to \infty$ 时,$t \to 0$,于是得到 $\lim\limits_{t \to 0} (1 + t)^{\frac{1}{t}} = \mathrm{e}$;

（2）当 $x \to x_0$ 时,$\varphi(x) \to \infty$,于是得到 $\lim\limits_{x \to x_0} \left[1 + \dfrac{1}{\varphi(x)} \right]^{\varphi(x)} = \mathrm{e}$;

（3）当 $x \to x_0$ 时,$\varphi(x) \to 0$,于是得到 $\lim\limits_{x \to x_0} \left[1 + \varphi(x) \right]^{\frac{1}{\varphi(x)}} = \mathrm{e}$.

1.2 第二个 重要极限

推论（2）对于自变量 x 的其他变化过程,$\varphi(x) \to \infty$ 时同样成立;推论（3）对于自变量 x 的其他变化过程,$\varphi(x) \to 0$ 时同样成立.

注意:第二个重要极限公式及推论可用一句话来记忆:1+无穷小的该无穷小的倒数次幂的极限为 e.

例 13　求 $\lim\limits_{x \to \infty} \left(1 + \dfrac{2}{x} \right)^x$.

解　$\lim\limits_{x \to \infty} \left(1 + \dfrac{2}{x} \right)^x = \lim\limits_{x \to \infty} \left(\left(1 + \dfrac{2}{x} \right)^{\frac{x}{2}} \right)^2 = \mathrm{e}^2.$

例 14　求 $\lim\limits_{x \to 0} (1 + 2x)^{\frac{1}{x}}$.

解　$\lim\limits_{x \to 0} (1 + 2x)^{\frac{1}{x}} = \lim\limits_{x \to 0} \left[(1 + 2x)^{\frac{1}{2x}} \right]^2 = \mathrm{e}^2.$

1.2 例 14 讲解

*例 15　求极限 $\lim\limits_{x \to \infty} \left(\dfrac{2x - 1}{2x + 1} \right)^{x + \frac{3}{2}}$.

解　方法 1　$\lim\limits_{x\to\infty}\left(\dfrac{2x-1}{2x+1}\right)^{x+\frac{3}{2}}=\lim\limits_{x\to\infty}\left(\dfrac{2x+1-2}{2x+1}\right)^{x+\frac{3}{2}}=\lim\limits_{x\to\infty}\left(1+\dfrac{-2}{2x+1}\right)^{x+\frac{3}{2}}$

$$=\lim_{x\to\infty}\left(1+\dfrac{-1}{x+\frac{1}{2}}\right)^{x+\frac{1}{2}+1}=\lim_{x\to\infty}\left(1+\dfrac{-1}{x+\frac{1}{2}}\right)^{x+\frac{1}{2}}\cdot\left(1+\dfrac{-1}{x+\frac{1}{2}}\right)$$

$$=\lim_{x\to\infty}\left(\left(1+\dfrac{-1}{x+\frac{1}{2}}\right)^{-\left(x+\frac{1}{2}\right)}\right)^{-1}\cdot\lim_{x\to\infty}\left(1+\dfrac{-1}{x+\frac{1}{2}}\right)$$

$$=e^{-1}\cdot(1+0)=e^{-1}.$$

方法 2　$\lim\limits_{x\to\infty}\left(\dfrac{2x-1}{2x+1}\right)^{x+\frac{3}{2}}=\lim\limits_{x\to\infty}\left(\dfrac{1+\frac{1}{-2x}}{1+\frac{1}{2x}}\right)^{x+\frac{3}{2}}$

$$=\lim_{x\to\infty}\left(\left(\dfrac{1+\frac{1}{-2x}}{1+\frac{1}{2x}}\right)^{2x}\right)^{\frac{1}{2}}\cdot\left(\dfrac{1+\frac{1}{-2x}}{1+\frac{1}{2x}}\right)^{\frac{3}{2}}$$

$$=\dfrac{\lim\limits_{x\to\infty}\left(\left(1+\frac{1}{-2x}\right)^{-2x}\right)^{-\frac{1}{2}}}{\lim\limits_{x\to\infty}\left(\left(1+\frac{1}{2x}\right)^{2x}\right)^{\frac{1}{2}}}\left(\lim_{x\to\infty}\dfrac{1+\frac{1}{-2x}}{1+\frac{1}{2x}}\right)^{\frac{3}{2}}=\dfrac{e^{-\frac{1}{2}}}{e^{\frac{1}{2}}}\cdot\left(\dfrac{1+0}{1+0}\right)^{\frac{3}{2}}=e^{-1}.$$

例 16　求 $\lim\limits_{x\to0}\dfrac{\ln(1+2x)}{x}$.

解　$\lim\limits_{x\to0}\dfrac{\ln(1+2x)}{x}=\lim\limits_{x\to0}\dfrac{2\ln(1+2x)}{2x}=2\lim\limits_{x\to0}\ln(1+2x)^{\frac{1}{2x}}=2\ln e=2.$

注意:例 16 是一个含有对数的 $\dfrac{0}{0}$ 型,方法一般是化为第二个重要极限公式及其推论的形式. 对于含有指数的 $\dfrac{0}{0}$ 型,如 $\lim\limits_{x\to0}\dfrac{a^x-1}{x}$,可先令 $t=a^x-1$,换元转化含有对数的 $\dfrac{0}{0}$ 型来求极限. 请同学自己去探讨.

1.2.3　无穷小的比较

根据无穷小的性质可以知道,两个无穷小的和、差、积是无穷小,但是两个无穷小的商将出现不同的情形. 例如当 $x\to0$ 时,函数 $x^2,2x,\sin x$ 都是无穷小,但是

$$\lim_{x\to0}\dfrac{x^2}{2x}=\lim_{x\to0}\dfrac{x}{2}=0;\qquad\lim_{x\to0}\dfrac{2x}{x^2}=\infty;\qquad\lim_{x\to0}\dfrac{\sin x}{2x}=\dfrac{1}{2}.$$

由此可见,无穷小虽然都是以零为极限的变量,但是它们趋向于零的快慢不一样,为了反映无穷小趋向于零的快慢程度,需要对两个无穷小进行比较.

定义　设 $x\to x_0$ 时,α 和 β 都是无穷小.

（1）若 $\lim\limits_{x\to x_0}\dfrac{\beta}{\alpha}=0$,则称当 $x\to x_0$ 时,β 是比 α 高阶的无穷小,记作 $\beta=o(\alpha)$;

（2）若 $\lim\limits_{x\to x_0}\dfrac{\beta}{\alpha}=\infty$ ，则称当 $x\to x_0$ 时， β 是比 α 低阶的无穷小；

（3）若 $\lim\limits_{x\to x_0}\dfrac{\beta}{\alpha}=C(C\neq 0)$ ，则称当 $x\to x_0$ 时， β 与 α 是同阶无穷小. 特别地，当 $C=1$ 时，称当 $x\to x_0$ 时， β 与 α 为等价无穷小，记作 $\alpha\sim\beta$.

以上定义对于自变量其他变化过程中两个无穷小的比较同样适用.

例如，因 $\lim\limits_{x\to 0}\dfrac{x^2}{2x}=\lim\limits_{x\to 0}\dfrac{x}{2}=0$ ，所以当 $x\to 0$ 时， x^2 是比 $2x$ 高阶的无穷小；

因 $\lim\limits_{x\to 0}\dfrac{\sin x}{x}=1$ ，所以当 $x\to 0$ 时， $\sin x$ 与 x 是等价无穷小；

因 $\lim\limits_{x\to 1}\dfrac{x-1}{x^2-1}=\lim\limits_{x\to 1}\dfrac{1}{x+1}=\dfrac{1}{2}$ ，所以当 $x\to 1$ 时， $x-1$ 与 x^2-1 是同阶无穷小，但不等价.

习题 1.2

1. 计算下列极限.

（1） $\lim\limits_{x\to 1}(x^2-4x+5)$ ；　　（2） $\lim\limits_{x\to 2}\dfrac{x+2}{x-1}$ ；　　（3） $\lim\limits_{x\to 5}\dfrac{x^2-6x+5}{x-5}$ ；

（4） $\lim\limits_{x\to 4}\dfrac{x^2-6x+8}{x^2-5x+4}$ ；　　（5） $\lim\limits_{h\to 0}\dfrac{(x+h)^3-x^3}{h}$ ；　　（6） $\lim\limits_{x\to\infty}\dfrac{x^2-1}{2x^2-x-1}$ ；

（7） $\lim\limits_{x\to\infty}\dfrac{3x^2-4x+8}{x^3+2x^2-1}$ ；　　（8） $\lim\limits_{x\to 1}\left(\dfrac{1}{x-1}-\dfrac{2}{x^2-1}\right)$ ；　　（9） $\lim\limits_{x\to+\infty}\left(\sqrt{x^2+x}-\sqrt{x^2-x}\right)$.

2. 计算下列极限.

（1） $\lim\limits_{x\to 0}\dfrac{\sin 5x}{x}$ ；　　（2） $\lim\limits_{x\to 0}\dfrac{\sin 3x}{\sin 2x}$ ；　　（3） $\lim\limits_{x\to 0}\dfrac{\tan 3x}{x}$ ；

（4） $\lim\limits_{x\to 0}x\cdot\cot x$ ；　　（5） $\lim\limits_{x\to 0}(1-x)^{\frac{1}{x}}$ ；　　（6） $\lim\limits_{x\to\infty}\left(1+\dfrac{5}{x}\right)^{-x}$.

3. 计算下列极限.

（1） $\lim\limits_{x\to 0}\dfrac{1-\cos 2x}{x\sin x}$ ；　　（2） $\lim\limits_{x\to a}\dfrac{\sin(x-a)}{x^2-a^2}$ ；　　（3） $\lim\limits_{x\to 0}(1+3\tan^2 x)^{\cot^2 x}$

（4） $\lim\limits_{x\to\infty}\left(\dfrac{2x+3}{2x+1}\right)^{x+1}$ ；　　（5） $\lim\limits_{x\to 2}\left(\dfrac{1}{x-2}-\dfrac{12}{x^3-8}\right)$ ；　　（6） $\lim\limits_{x\to 1}\dfrac{\sqrt{5x-4}-\sqrt{x}}{x-1}$ ；

（7） $\lim\limits_{n\to\infty}\left[\dfrac{1}{1\times 2}+\dfrac{1}{2\times 3}+\cdots+\dfrac{1}{n\times(n+1)}\right]$ ；

（8） $\lim\limits_{n\to\infty}(1+2+2^2+\cdots+2^{n-1})$.

4. 当 $x\to 1$ 时， $1-x$ 与 $\dfrac{1}{3}(1-x^3)$ 是否是同阶无穷小？是否是等价无穷小？

5. 当 $x\to 1$ 时， $1-x$ 与 $1-\sqrt[3]{x}$ 是否是同阶无穷小？是否是等价无穷小？

*6. 设 $|x|<1$ ，求 $\lim\limits_{n\to\infty}(1+x)(1+x^2)(1+x^4)\cdots(1+x^{2^{n-1}})$.

1.3 函数的连续性

自然界中有许多现象,如人体身高的增长、树木的生长、气温的变化、河水的流动等,都是连续地变化着的.公元 18 世纪,人们对函数连续性的研究仍停留在几何直观上,认为连续函数的图形能一笔画成,直到公元 19 世纪,当建立起严格的极限理论之后,才对函数的连续概念做出了数学上的精确表达.

1.3.1 函数连续性的概念

1. 函数变量的增量

设函数 $y=f(x)$ 在点 x_0 的某个邻域内有定义,当自变量从 x_0 变到 x,相应的函数值从 $f(x_0)$ 变到 $f(x)$,则称 $x-x_0$ 为**自变量的增量**,记作 $\Delta x=x-x_0$;称 $f(x)-f(x_0)$ 为**函数的增量**,记作 Δy,即

$$\Delta y=f(x)-f(x_0) \text{ 或 } \Delta y=f(x_0+\Delta x)-f(x_0).$$

在几何上,函数的增量 Δy 表示当自变量从 x_0 变到 x 时,函数图像上相应点的纵坐标的增量(如图 1-10).

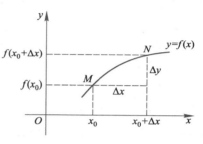

图 1-10

2. 函数 $y=f(x)$ 在点 x_0 的连续性

定义 1 设函数 $y=f(x)$ 在点 x_0 的某一邻域内有定义,若

$$\lim_{\Delta x \to 0} \Delta y=0 \quad \text{或} \quad \lim_{\Delta x \to 0}[f(x_0+\Delta x)-f(x_0)]=0,$$

则称函数 $y=f(x)$**在点 x_0 处连续**.

因为 $\Delta x=x-x_0,\Delta y=f(x)-f(x_0)$,所以 $\lim\limits_{\Delta x \to 0} \Delta y=\lim\limits_{x \to x_0}[f(x)-f(x_0)]=\lim\limits_{x \to x_0}f(x)-f(x_0)=0$,即

$$\lim_{x \to x_0}f(x)=f(x_0).$$

于是函数 $y=f(x)$ 在点 x_0 处连续的定义又可叙述如下:

定义 2 设函数 $y=f(x)$ 在点 x_0 的某一邻域内有定义,若 $\lim\limits_{x \to x_0}f(x)=f(x_0)$,则称函数 $y=f(x)$**在点 x_0 处连续**.

3. 左连续与右连续

定义 3 若 $\lim\limits_{x \to x_0^-}f(x)=f(x_0)$,则称函数 $y=f(x)$ 在点 x_0 处**左连续**.

若 $\lim\limits_{x \to x_0^+}f(x)=f(x_0)$,则称函数 $y=f(x)$ 在点 x_0 处**右连续**.

注意:函数 $y=f(x)$ 的左连续与右连续的定义一般用于讨论分段函数在分段点处的连续性与闭区间的两个端点处的连续性.

例 1 设函数 $f(x)=\begin{cases}ax+2b, & x<1, \\ 3, & x=1, \\ bx+2a, & x>1\end{cases}$ 在点 $x=1$ 处连续,求 a 与 b 的值.

解 因为 $f(1^-)=\lim\limits_{x \to 1^-}f(x)=\lim\limits_{x \to 1^-}(ax+2b)=a+2b,$

$$f(1^+) = \lim_{x \to 1^+} f(x) = \lim_{x \to 1^+} (bx + 2a) = b + 2a,$$

$$f(1) = 3,$$

而函数 $y = f(x)$ 在点 $x = 1$ 处连续，所以 $f(1^-) = f(1^+) = f(1) = 3$，即

$$\begin{cases} a + 2b = 3, \\ b + 2a = 3, \end{cases} 解得 \ a = b = 1.$$

4. 函数 $y = f(x)$ 在区间上的连续性

如果函数 $f(x)$ 在开区间 (a,b) 内每一点都连续，则称函数 $f(x)$ 在**开区间 (a,b) 内连续**.

如果函数 $f(x)$ 在 $[a,b]$ 上有定义，在 (a,b) 内连续，且 $f(x)$ 在右端点 b 左连续，在左端点 a 右连续，即

$$\lim_{x \to b^-} f(x) = f(b) \quad 且 \quad \lim_{x \to a^+} f(x) = f(a),$$

那么称函数 $f(x)$ 在**闭区间 $[a,b]$ 上连续**.

1.3.2　函数的间断点

不连续的点，称作函数的间断点. 由函数 $f(x)$ 在点 x_0 连续的定义，间断点可以这样定义：

定义 4　若点 x_0 满足下列三种情形之一：

（1）$f(x)$ 在点 x_0 处无定义；

（2）$\lim\limits_{x \to x_0} f(x)$ 不存在；

（3）$f(x_0)$ 及 $\lim\limits_{x \to x_0} f(x)$ 都存在，但 $\lim\limits_{x \to x_0} f(x) \neq f(x_0)$，

则称点 x_0 为函数 $y = f(x)$ 的**间断点或不连续点**.

观察下列图形（图 1-11—图 1-17）：

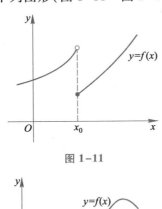

图 1-11

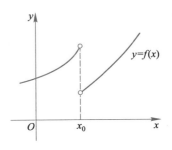

图 1-12

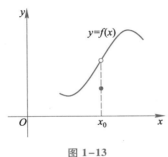

图 1-13

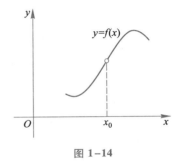

图 1-14

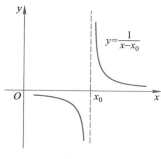

图 1-15

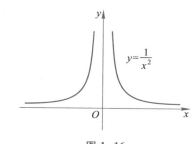

图 1-16

函数 $f(x)$ 的间断点 x_0 有如下特征:

（1）图 1-11、图 1-12、图 1-13 与图 1-14 中,函数 $f(x)$ 在间断点 x_0 处的**左右极限存在**,我们把这类间断点 x_0 称为函数 $f(x)$ 的**第一类间断点**. 其中:

图 1-11 与图 1-12 中,函数 $f(x)$ 在间断点 x_0 处的**左右极限存在,但不相等**,则称点 x_0 为函数 $f(x)$ 的第一类间断点中的**跳跃间断点**.

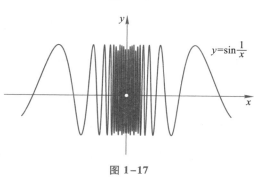

图 1-17

图 1-13 与图 1-14 中,函数 $f(x)$ 在间断点 x_0 处的**左右极限存在且相等**,即 $\lim\limits_{x \to x_0} f(x)$ **存在**,则称点 x_0 称为函数 $f(x)$ 的第一类间断点中的**可去间断点**.

（2）图 1-15、图 1-16 与图 1-17 中,函数 $f(x)$ 在间断点 x_0 处的**左右极限不存在**,我们把这类间断点 x_0 称为函数 $f(x)$ 的**第二类间断点**. 其中:

图 1-15 与图 1-16 中, $\lim\limits_{x \to x_0} f(x) = \infty$,则称点 x_0 为函数 $f(x)$ 的第二类间断点中的**无穷间断点**.

图 1-17 中,函数 $f(x)$ 在间断点 x_0 处的**左右极限不存在**,但在间断点 x_0 的某**一去心邻域** $\mathring{U}(x_0)$ **内有界**,则称点 x_0 为函数 $f(x)$ 的第二类间断点中的**振荡间断点**.

例 2 求函数 $f(x) = \dfrac{x^2-1}{x^2+x-2}$ 的间断点并判断其类型.

解 $x = -2$, $x = 1$ 是函数 $f(x) = \dfrac{x^2-1}{x^2+x-2}$ 的间断点.

因为 $\lim\limits_{x \to -2} f(x) = \lim\limits_{x \to -2} \dfrac{x^2-1}{x^2+x-2} = \lim\limits_{x \to -2} \dfrac{x+1}{x+2} = \infty$,所以 $x = -2$ 是函数的第二类间断点中的无穷间断点;

因为 $\lim\limits_{x \to 1} f(x) = \lim\limits_{x \to 1} \dfrac{x^2-1}{x^2+x-2} = \lim\limits_{x \to 1} \dfrac{x+1}{x+2} = \dfrac{2}{3}$,所以 $x = 1$ 是函数的第一类间断点中的可去间断点. 补充定义 $f(1) = \dfrac{2}{3}$,则函数 $f(x) = \dfrac{x^2-1}{x^2+x-2}$ 在 $x = 1$ 处连续.

例 3　讨论 $f(x) = \begin{cases} x+1, & x > 1, \\ 0, & x = 1, \\ x-1, & x < 1 \end{cases}$　在 $x = 1$ 处的连续性.

解　左极限 $\lim\limits_{x \to 1^-} f(x) = \lim\limits_{x \to 1^-} (x-1) = 0$，

右极限 $\lim\limits_{x \to 1^+} f(x) = \lim\limits_{x \to 1^+} (x+1) = 2$，

于是

$$\lim\limits_{x \to 1^-} f(x) \ne \lim\limits_{x \to 1^+} f(x),$$

所以 $x = 1$ 是函数 $f(x)$ 的第一类间断点中的跳跃间断点.

例 4　讨论 $f(x) = \sin \dfrac{1}{x}$ 在 $x = 0$ 处的连续性.

解　$x = 0$ 是 $f(x) = \sin \dfrac{1}{x}$ 的间断点.

因为 $\lim\limits_{x \to 0} \sin \dfrac{1}{x}$ 不存在，且在点 $x = 0$ 的去心邻域内有界，所以 $x = 0$ 是函数 $f(x) = \sin \dfrac{1}{x}$ 的第二类间断点中的振荡间断点.

1.3.3　初等函数的连续性

1. 基本初等函数的连续性

基本初等函数是指常数函数、幂函数、指数函数、对数函数、三角函数和反三角函数. 可以证明基本初等函数在其定义域内都是连续的.

2. 连续函数的和、差、积、商的连续性

定理 1　如果函数 $f(x)$ 和 $g(x)$ 都在点 x_0 连续，那么它们的和、差、积、商（分母不等于零）也都在点 x_0 连续，即

$$\lim\limits_{x \to x_0} [f(x) \pm g(x)] = f(x_0) \pm g(x_0),$$

$$\lim\limits_{x \to x_0} [f(x) \cdot g(x)] = f(x_0) \cdot g(x_0),$$

$$\lim\limits_{x \to x_0} \frac{f(x)}{g(x)} = \frac{f(x_0)}{g(x_0)}, \quad g(x_0) \ne 0.$$

例如，函数 $y = \sin x$ 和 $y = \cos x$ 在点 $x = \dfrac{\pi}{4}$ 是连续的，显然它们的和、差、积、商 $\sin x \pm \cos x, \sin x \cdot \cos x, \dfrac{\sin x}{\cos x}$ 在点 $x = \dfrac{\pi}{4}$ 也是连续的.

3. 复合函数的连续性

定理 2　如果函数 $u = \varphi(x)$ 在点 x_0 连续，且 $\varphi(x_0) = u_0$，而函数 $y = f(u)$ 在点 u_0 连续，那么复合函数 $y = f[\varphi(x)]$ 在点 x_0 也是连续的.

例如，函数 $u = 2x$ 在点 $x = \dfrac{\pi}{4}$ 连续，当 $x = \dfrac{\pi}{4}$ 时，$u = \dfrac{\pi}{2}$. 函数 $y = \sin u$ 在点 $u = \dfrac{\pi}{2}$ 连续. 于是，复合函数 $y = \sin 2x$ 在点 $x = \dfrac{\pi}{4}$ 也是连续的.

4. 初等函数的连续性

定理 3 初等函数在其定义域内都是连续的. 即若点 x_0 是初等函数 $f(x)$ 的定义域内的一点,则

$$\lim_{x \to x_0} f(x) = f(x_0).$$

例 5 求 $\lim\limits_{x \to 0} \sqrt{1-x^2}$.

解 $\lim\limits_{x \to 0} \sqrt{1-x^2} = f(0) = 1.$

例 6 求 $\lim\limits_{x \to \frac{\pi}{2}} [\ln(\sin x)]$.

解 $\lim\limits_{x \to \frac{\pi}{2}} [\ln(\sin x)] = f\left(\dfrac{\pi}{2}\right) = \ln\left(\sin \dfrac{\pi}{2}\right) = 0.$

5. 复合函数的极限

定理 4 如果 $\lim\limits_{x \to x_0} \varphi(x) = u_0$,且函数 $y = f(u)$ 在点 u_0 处连续,那么

$$\lim_{x \to x_0} f[\varphi(x)] = f\left[\lim_{x \to x_0} \varphi(x)\right] = f(u_0).$$

例 7 求 $\lim\limits_{x \to \infty} e^{\frac{1}{x}}$.

解 $\lim\limits_{x \to \infty} e^{\frac{1}{x}} = e^{\lim\limits_{x \to \infty} \frac{1}{x}} = e^0 = 1.$

例 8 求 $\lim\limits_{x \to +\infty} \cos(\sqrt{x+1} - \sqrt{x-1})$.

解 $\lim\limits_{x \to +\infty} \cos(\sqrt{x+1} - \sqrt{x-1}) = \cos \lim\limits_{x \to +\infty} (\sqrt{x+1} - \sqrt{x-1})$

$$= \cos \lim_{x \to +\infty} \frac{2}{\sqrt{x+1} + \sqrt{x-1}} = \cos 0 = 1.$$

*1.3.4 闭区间上连续函数的性质

闭区间上的连续函数有几个重要的性质,这些性质有助于我们对函数进一步分析和研究.

定理 5(有界性) 闭区间上连续的函数在该区间上一定有界,即若函数 $f(x)$ 在 $[a,b]$ 上连续,则存在一个正数 M,使得对于所有 $x \in [a,b]$,有 $|f(x)| \leqslant M$.

例如,函数 $y = x^2$ 在闭区间 $[-2,2]$ 上连续,显然 $y = x^2$ 在区间 $[-2,2]$ 上满足 $|x^2| \leqslant 4$,即函数 $y = x^2$ 在区间 $[-2,2]$ 上有界.

推论(最值性) 在闭区间上连续的函数在该区间上一定有最大值和最小值.

定理 6(介值性) 设函数 $f(x)$ 在闭区间 $[a,b]$ 上连续,且在区间的端点取不同的函数值 $f(a) = A$,$f(b) = B$,那么,对于 A 与 B 之间的任意一个常数 C,在开区间 (a,b) 内至少存在一点 $x_0 (a < x_0 < b)$,使得

$$f(x_0) = C.$$

定理 6 的几何意义是连续曲线 $y = f(x)$ 与水平直线 $y = C$ 至少相交于一点,如图 1-18 所示,它说明连续函数在变化过程中必定经过一切中间值,从而反映了变化的连续性.

定理 7(零点定理) 设函数 $f(x)$ 在闭区间 $[a,b]$ 上连续,且 $f(a) \cdot f(b) < 0$,则至

少存在一点 $x_0 \in (a, b)$,使得 $f(x_0) = 0$.

从几何上看,零点定理表示如果连续曲线 $y = f(x)$ 的两个端点位于 x 轴的上下两侧,那么这段曲线与 x 轴至少有一个交点(如图 1-19).

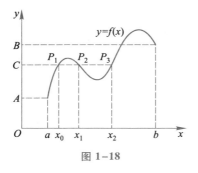

图 1-18

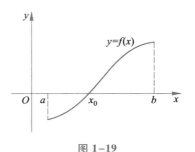

图 1-19

例 9 证明方程 $x^3 - 4x^2 + 1 = 0$ 在 $(0, 1)$ 内至少有一个实根.

证 设 $f(x) = x^3 - 4x^2 + 1$,因为 $f(x)$ 在 $[0, 1]$ 上连续,又

$$f(0) = 1 > 0, \quad f(1) = -2 < 0,$$

由零点定理可知,至少存在一点 $x_0 \in (0, 1)$,使得 $f(x_0) = 0$.

这表明所给方程 $x^3 - 4x^2 + 1 = 0$ 在 $(0, 1)$ 内至少有一个实根 x_0.

习题 1.3

1. 若函数 $f(x)$ 在 $x = a$ 处连续,则 $\lim\limits_{x \to a} f(x) =$ _____.

2. 讨论函数 $f(x) = \begin{cases} x+1, & x < 0, \\ 2-x, & x \geq 0 \end{cases}$ 在点 $x = 0$ 处的连续性.

3. 讨论函数 $f(x) = \begin{cases} x^2-1, & x \leq 1, \\ x-1, & x > 1 \end{cases}$ 在点 $x = 1$ 处的连续性.

4. 求下列函数的间断点,并判断其类型.

(1) $y = \dfrac{x^2-1}{x^2-3x+2}$;   (2) $y = \begin{cases} x-1, & x \leq 1, \\ 3-x, & x > 1 \end{cases}$;

(3) $y = \dfrac{\sin 2x}{x}$;   (4) $y = (1-2x)^{\frac{1}{x}}$;

(5) $y = \cos^2 \dfrac{1}{x}$;   *(6) $y = \dfrac{x}{\tan x}$.

5. 若函数 $f(x) = \begin{cases} x+1, & x < 1, \\ ax+b, & 1 \leq x < 2, \\ 3x, & x \geq 2 \end{cases}$ 连续,求 a, b 的值.

6. 设 $f(x) = \begin{cases} \dfrac{1}{x} \sin 2x, & x < 0, \\ a, & x = 0, \\ x \sin \dfrac{1}{x} + b, & x > 0, \end{cases}$ 试确定常数 a, b 的值,使 $f(x)$ 在点 $x = 0$ 处连续.

7. 求下列极限.

（1）$\lim\limits_{x\to 0}\sqrt{x^2-2x+5}$ ；　　　（2）$\lim\limits_{x\to \frac{\pi}{9}}\ln 2\cos 3x$ ；　　　（3）$\lim\limits_{x\to +\infty}\arctan\left(\sqrt{x^2+x}-\sqrt{x^2-x}\right)$.

8. 证明方程 $x\cdot 2^x=1$ 至少有一个小于 1 的正根.

1.4　数学实验　函数的极限

1.4.1　MATLAB 软件求函数极限的命令

$\text{Limit}(f,x,a)$：表示当 $x\to a$ 时函数 f 的极限；

$\text{Limit}(f)$：表示当 $x\to 0$ 时函数 f 的极限；

$\text{Limit}(f,x,a,'\text{right}')$：表示当 $x\to a^+$ 时函数 f 的极限；

$\text{Limit}(f,x,a,'\text{left}')$：表示当 $x\to a^-$ 时函数 f 的极限.

1.4.2　实验内容

例 1　求 $\lim\limits_{x\to 1}\dfrac{x-1}{x^2+x-2}$.

在 MATLAB 的命令窗口（Command Window）中使用命令 $\text{Limit}(f,x,a)$，如图 1–20 所示.

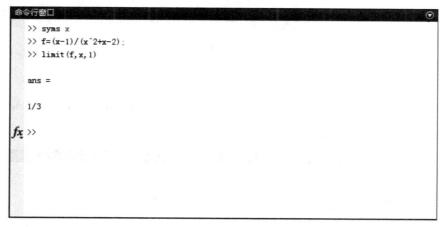

图 1–20

例 2　求 $\lim\limits_{x\to \infty}\dfrac{2x^2-1}{x^2+x-2}$.

在 MATLAB 的命令窗口（Command Window）中使用命令 $\text{Limit}(f,x,a)$，如图 1–21 所示.

例 3　求 $\lim\limits_{x\to 0}\dfrac{\sin 3x}{x}$.

在 MATLAB 的命令窗口（Command Window）中使用命令 $\text{Limit}(f)$，如图 1–22 所示.

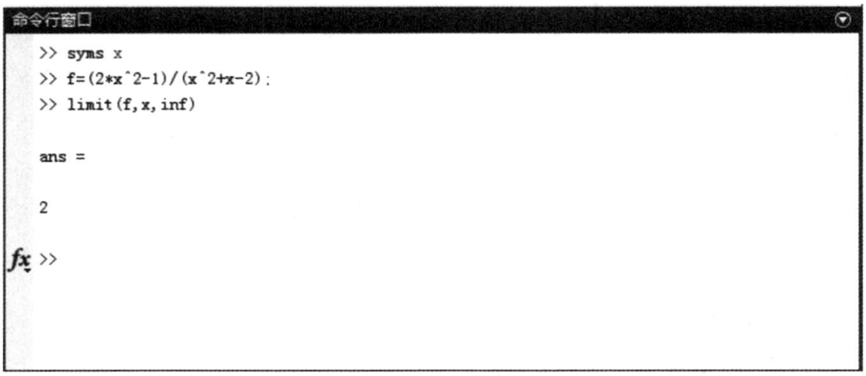

```
命令行窗口

  >> syms x
  >> f=(2*x^2-1)/(x^2+x-2);
  >> limit(f,x,inf)

  ans =

  2

fx >>
```

图 1-21

```
命令行窗口

  >> syms x
  >> f=sin(3*x)/x;
  >> limit(f)

  ans =

  3

fx >>
```

图 1-22

例 4　判断 $\lim\limits_{x \to 0} e^{\frac{1}{x}}$ 是否存在.

在 MATLAB 的命令窗口(Command Window)中使用命令 Limit(f,x,a,'right')与 Limit(f,x,a,'left'),如图 1-23 所示.

```
命令行窗口

  >> syms x
  >> f=exp(1/x);
  >> f1=limit(f,x,0,'left');
  >> f2=limit(f,x,0,'right');
  >> [f1,f2]

  ans =

  [ 0, Inf]

fx >>
```

图 1-23

44

因左极限等于 0，而右极限是无穷大，所以 $\lim\limits_{x\to 0} e^{\frac{1}{x}}$ 不存在.

例 5   判断 $\lim\limits_{x\to 0} \sin\dfrac{1}{x}$ 是否存在.

在 MATLAB 的命令窗口（Command Window）中使用命令 Limit(f)，如图 1-24 所示.

```
命令行窗口

>> syms x
>> f=sin(1/x);
>> limit(f,x,0)

ans =

NaN

fx >> |
```

图 1-24

故 $\lim\limits_{x\to 0} \sin\dfrac{1}{x}$ 不存在.

1.4.3   上机实验作业（提交截屏图与结果）

1. $\lim\limits_{x\to\infty}\left(1-\dfrac{2}{x}\right)^{x+1}$;

2. $\lim\limits_{x\to 2}\left(\dfrac{1}{x-2}-\dfrac{12}{x^3-8}\right)$;

3. $\lim\limits_{x\to 1}\dfrac{\sqrt{5x-4}-\sqrt{x}}{x-1}$;

4. $\lim\limits_{x\to 0}\dfrac{\tan x-\sin x}{x^3}$.

单元检测题 1

1. 填空题.

（1）当 $x\to$＿＿＿时，$\ln(x+1)$ 是无穷小；当 $x\to$＿＿＿或＿＿＿时，$\ln x$ 是无穷大.

（2）$\lim\limits_{x\to\infty}\arctan x$ 不存在是因为 $\lim\limits_{x\to-\infty}\arctan x=$＿＿＿与 $\lim\limits_{x\to+\infty}\arctan x=$＿＿＿不相等.

（3）已知 $\lim\limits_{x\to 0}(1-kx)^{\frac{1}{x}}=e^2$，则 $k=$＿＿＿.

（4）$x=1$ 是函数 $y=\dfrac{x-1}{x^2+x-2}$ 的第＿＿＿类间断点中的＿＿＿间断点.

（5）已知 $\lim\limits_{x\to 2}\dfrac{x^2+x-k}{x-2}=5$，则 $k=$＿＿＿.

2. 单项选择题.

（1）当 $x\to 0$ 时，下列函数的极限存在的是（   ）.

A. $y=\dfrac{\ln(1+x)}{x}$ 　　　　B. $y=\dfrac{|x|}{x}$ 　　　　C. $y=e^{\frac{1}{x}}$ 　　　　D. $y=\sin\dfrac{1}{x}$

（2）下列极限值不正确的是（　　）.

A. $\lim\limits_{x\to 0}\dfrac{1}{x}\sin x=1$ 　　B. $\lim\limits_{x\to 0}x\sin\dfrac{1}{x}=0$ 　　C. $\lim\limits_{x\to\infty}\dfrac{1}{x}\sin x=0$ 　　D. $\lim\limits_{x\to\infty}x\sin\dfrac{1}{x}=0$

（3）$x=-1$ 是函数 $f(x)=\dfrac{\sin(x-1)}{x^2-1}$ 的（　　）间断点.

A. 可去　　　　　B. 无穷　　　　　C. 跳跃　　　　　D. 振荡

（4）当 $x\to 0$ 时,$1-\cos 2x$ 比 x^2（　　）无穷小.

A. 高阶　　　　　B. 低阶　　　　　C. 等价　　　　　D. 同阶但不等价

3．计算题.

（1）$\lim\limits_{x\to 1}\left(\dfrac{1}{x-1}-\dfrac{3}{x^3-1}\right)$; 　　（2）$\lim\limits_{x\to 4}\dfrac{\sqrt{2x+1}-3}{x-4}$; 　　（3）$\lim\limits_{x\to +\infty}\left(\sqrt{x^2+x}-x\right)$;

（4）$\lim\limits_{x\to 0}(1-2x)^{\frac{1}{x}}$; 　　（5）$\lim\limits_{h\to 0}\dfrac{(x+h)^2-x^2}{h}$; 　　（6）$\lim\limits_{h\to 0}\dfrac{\tan 2x-\sin 2x}{x^3}$.

4．解答题.

已知函数 $f(x)=\begin{cases}\dfrac{\sin 2x}{ax}, & x<0,\\[2mm] 1, & x=0,\\[2mm] \dfrac{\sqrt{x+b}-\sqrt{b}}{x}, & x>0\end{cases}$ 在 $x=0$ 处连续,试求 a,b 的值.

数学小故事

$\sqrt{2}$ 是分数吗？——记第一次数学危机

　　今天的人们如果提出"$\sqrt{2}$ 是分数吗?"那是一个非常愚蠢的问题.但历史回到公元前五百多年前,人们对数的认识还仅停留在有理数上的那个年代,回答这个问题却是非常困难的.人类对数的认识经历了一个不断深化的过程,在这一过程中数的概念进行了多次扩充与发展.其中无理数的引入在数学上更具有特别重要的意义,它在西方数学史上曾导致了一场大的风波,史称"第一次数学危机".

　　如果追溯这一危机的来龙去脉,那么就需要我们把目光投向公元前 6 世纪的古希腊著名的数学家和哲学家毕达哥拉斯（约公元前 580 年—约前 500 年）,他早年曾游历埃及、波斯学习几何、语言和宗教知识,回意大利后建立了一个带有神秘色彩的团体,这个团体被人们称为毕达哥拉斯学派,在数学界占统治地位.他在哲学上提出"万物皆数"的论断,并认为宇宙的本质在于"数的和谐".所谓"数的和谐"是指:一切事物和现象都可以归结为整数与整数的比——有理数.与此相对应,在数学中他提出任意两条线段的比都可表为整数或整数的比.

毕达哥拉斯雕像

他在数学上最重要的功绩是提出并证明了毕达哥拉斯定理,即我们所说的勾股定理.然而深具讽刺意味的是,正是他在数学上的勾股定理这一最重要发现,却把他推向了两难的尴尬境地,导致了"万物皆数"理论的破灭.毕达哥拉斯学派证明了勾股定理后,碰到一个伤脑筋的问题:如果正方形边长是1,那么它的对角线 L 是多长呢? 由勾股定理 L 是整数? 是分数? 显然,L 不是整数,因而,所以 L 是一个比1大又比2小的数.按照毕达哥拉斯的观点,L 只能是一个分数,但他们费了九牛二虎之力,也没有找到这个分数.这真是一个神秘的数.

发现这个神秘数的却是毕达哥拉斯的一个勤奋好学的学生——希帕索斯,他断言,边长是1的正方形的对角线的长不是整数,而是一个人们还未认识的新的数——$\sqrt{2}$.

希帕索斯的新发现震撼了毕达哥拉斯学派的数学基石——万物皆依赖于整数,为此希帕索斯为了追求真理,却献出了自己宝贵的生命.无理数 $\sqrt{2}$ 的发现是第一次数学危机的导火索.

导数与微分 第2章

本章导读

在中学数学里,我们知道求圆上已知一点的切线,可以通过一元二次方程求切线的斜率,然后用点斜式求出切线方程.但这种方法对求直角坐标系中任意曲线上某点处的切线的斜率并不一定适用.那么怎样求任意曲线上某点处的切线斜率呢?

在物理学中,经常用到的瞬时速度、瞬时加速度、瞬时做功及瞬时功率等又该怎样求呢?

经济学中,边际问题、弹性问题与最优化问题用什么数学知识来解决呢?

上述问题的解决,必须借助高等数学中的导数与微分的知识.本章将从介绍高等数学的重要基本概念——导数开始,逐步介绍导数与微分及其应用.

2.1 导数的概念

2.1.1 变化率问题引例

1. 变速直线运动物体的瞬时速度

在学习中学物理时,我们知道物体作匀速直线运动时其速度为 $v=\dfrac{s}{t}$,其中 s 为物体经过的路程,t 为经过路程 s 所用的时间.

但在实际问题中,物体的运动速度往往是变化的.如图 2-1 所示,如何求在笔直公路上变速行驶的汽车在 A 点的瞬时速度?我们假设,汽车行驶到 A 点的时间为 t_0,路程为 $s(t_0)$,行驶到 B 点的时间为 $t_0+\Delta t$,路程为 $s(t_0+\Delta t)$.因此,汽车从 A 点行驶到 B 点的平均速度为

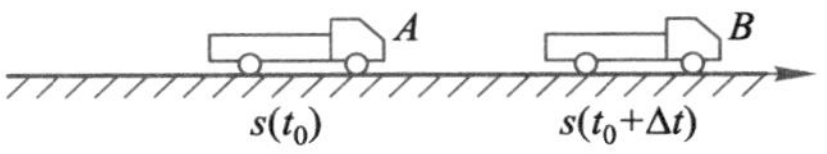

$$\bar{v}=\frac{s(t_0+\Delta t)-s(t_0)}{\Delta t},$$

图 2-1

当汽车从 A 点行驶到 B 点所行驶的时间 Δt 无限趋近于 0 时,其平均速度 $\bar{v}$ 就越接近 t_0 时刻的瞬时速度,我们用极限的思想,即得

$$v(t_0) = \lim_{\Delta t \to 0} \bar{v} = \lim_{\Delta t \to 0} \frac{s(t_0 + \Delta t) - s(t_0)}{\Delta t},$$

它就是汽车行驶到 A 点的瞬时速度.

2. 曲线的切线斜率

对于曲线 $y=f(x)$(如图 2-2),当动点 N 沿曲线无限趋近于定点 M 时,割线 MN 的极限位置称为曲线 $y=f(x)$ 在点 M 处的**切线**.

设定点 M 坐标为 $M(x_0, y_0)$,动点 N 的坐标为 $N(x, y)$,则割线 MN 的斜率为

$$\tan \varphi = \frac{f(x) - f(x_0)}{x - x_0}.$$

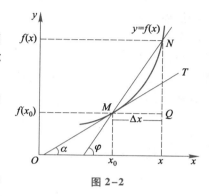

图 2-2

其中,φ 为割线的倾斜角,当动点 N 沿曲线 $y=f(x)$ 无限趋近于定点 M 时,即当 $x \to x_0$ 时,如果

$$k = \lim_{x \to x_0} \frac{f(x) - f(x_0)}{x - x_0}$$

存在,那么 k 就是曲线 $y=f(x)$ 在点 M 处的切线 TM 的斜率.

令 $x = x_0 + \Delta x$,则 $f(x) = f(x_0 + \Delta x)$. 所以曲线 $y=f(x)$ 在点 M 处的切线 TM 的斜率也可以写成

$$k = \lim_{x \to x_0} \frac{f(x) - f(x_0)}{x - x_0} = \lim_{x \to x_0} \frac{f(x_0 + \Delta x) - f(x_0)}{\Delta x}.$$

2.1.2 导数的定义

上面讨论的两个问题,虽然实际意义不同,但解决问题的思路和方法是一样的,它们在数量关系上有着完全相同的数学模型:求 $\Delta x \to 0$ 时,函数的平均变化率 $\frac{\Delta y}{\Delta x}$ 的极限,即

$$\lim_{\Delta x \to 0} \frac{\Delta y}{\Delta x} = \lim_{\Delta x \to 0} \frac{f(x_0 + \Delta x) - f(x_0)}{\Delta x}.$$

这种数学模型,就是高等数学中函数的导数. 于是,我们给出函数的导数定义如下:

定义 1 设函数 $y=f(x)$ 在点 x_0 的某一邻域内有定义,当自变量 x 在 x_0 处取得增量 Δx(点 $x_0 + \Delta x$ 仍在该邻域内)时,如果

$$\lim_{\Delta x \to 0} \frac{\Delta y}{\Delta x} = \lim_{\Delta x \to 0} \frac{f(x_0 + \Delta x) - f(x_0)}{\Delta x}$$

存在,则称函数 $y=f(x)$ 在点 x_0 处**可导**,并称这个极限值为函数 $y=f(x)$ 在点 x_0 处的**导数**,记为 $f'(x_0)$、$y' \big|_{x=x_0}$,$\dfrac{\mathrm{d}y}{\mathrm{d}x} \big|_{x=x_0}$ 或 $\dfrac{\mathrm{d}f(x)}{\mathrm{d}x} \big|_{x=x_0}$. 即

2.1 导数的定义

$$f'(x_0) = \lim_{\Delta x \to 0} \frac{\Delta y}{\Delta x} = \lim_{\Delta x \to 0} \frac{f(x_0 + \Delta x) - f(x_0)}{\Delta x}.$$

从引例可知,上述式子还可以写成

$$f'(x_0) = \lim_{x \to x_0} \frac{f(x) - f(x_0)}{x - x_0}.$$

如果极限不存在,则称函数 $y = f(x)$ 在点 x_0 处**不可导**.

定义 2 如果函数 $y = f(x)$ 在开区间 (a, b) 内每一点都可导,则称函数 $y = f(x)$ 在开区间 (a, b) 内可导. 即对于任意 $x \in (a, b)$,都有一个确定的导数值与之对应,这个对应关系就构成了一个新的函数,这个新的函数就是函数 $y = f(x)$ 在开区间 (a, b) 内的**导函数**,记为

$$y', f'(x), \quad \frac{\mathrm{d}y}{\mathrm{d}x} \text{或} \frac{\mathrm{d}f(x)}{\mathrm{d}x}.$$

在导数定义中,把 x_0 换成 x,就得到 $y = f(x)$ 的导函数

$$y' = \lim_{\Delta x \to 0} \frac{f(x + \Delta x) - f(x)}{\Delta x}.$$

很显然,函数 $y = f(x)$ 在点 x_0 处的导数就是导函数 $f'(x)$ 在点 x_0 处的函数值. 即 $f'(x_0) = f'(x) \big|_{x = x_0}$. 在不发生混淆的情况下,导函数一般简称为导数.

例 1 用导数的定义分别求函数 $y = x^2$ 在 $x = 1, x = 3$ 处的导数.

解 方法 1 $f'(1) = \lim_{x \to 1} \frac{f(x) - f(1)}{x - 1} = \lim_{x \to 1} \frac{x^2 - 1}{x - 1} = \lim_{x \to 1}(x + 1) = 2.$

方法 2 $f'(x) = \lim_{\Delta x \to 0} \frac{f(x + \Delta x) - f(x)}{\Delta x} = \lim_{\Delta x \to 0} \frac{(x + \Delta x)^2 - x^2}{\Delta x} = \lim_{\Delta x \to 0}(2x + \Delta x) = 2x,$

所以 $f'(1) = 2 \times 1 = 2, f'(3) = 2 \times 3 = 6.$

2.1.3 用导数的定义求函数的导数举例

根据导数的定义,求函数 $y = f(x)$ 的导数,可分为三个步骤:

(1) 求函数增量 $\Delta y = f(x + \Delta x) - f(x)$;

(2) 计算比值 $\dfrac{\Delta y}{\Delta x} = \dfrac{f(x + \Delta x) - f(x)}{\Delta x}$;

(3) 取极限 $y' = \lim_{\Delta x \to 0} \dfrac{\Delta y}{\Delta x}$.

我们可以把三个步骤合起来,求下面一些简单函数的导数.

例 2 求常函数 $f(x) = c$ 的导数(c 为常数).

解 $(c)' = \lim_{\Delta x \to 0} \frac{f(x + \Delta x) - f(x)}{\Delta x} = \lim_{\Delta x \to 0} \frac{c - c}{\Delta x} = \lim_{\Delta x \to 0} 0 = 0.$

由此得结论:**常数的导数为零**.

例 3 求函数 $f(x) = x^3$ 的导数.

解 $f'(x) = \lim_{\Delta x \to 0} \frac{f(x + \Delta x) - f(x)}{\Delta x} = \lim_{\Delta x \to 0} \frac{(x + \Delta x)^3 - x^3}{\Delta x} = \lim_{\Delta x \to 0} \left[3x^2 + 3x \cdot \Delta x + (\Delta x)^2 \right] = 3x^2,$

即 $(x^3)' = 3x^2.$

2.1 例 4

例 4 求函数 $y = \dfrac{1}{x}$ 的导数.

解 $y' = \lim\limits_{\Delta x \to 0} \dfrac{f(x + \Delta x) - f(x)}{\Delta x} = \lim\limits_{\Delta x \to 0} \dfrac{\dfrac{1}{x + \Delta x} - \dfrac{1}{x}}{\Delta x} = \lim\limits_{\Delta x \to 0} \dfrac{-1}{x^2 + x \Delta x} = -\dfrac{1}{x^2},$

即 $\left(\dfrac{1}{x}\right)' = -\dfrac{1}{x^2}.$

例 5 求函数 $y = \sqrt{x}$ 的导数.

解 $y' = \lim\limits_{\Delta x \to 0} \dfrac{f(x + \Delta x) - \sqrt{x}}{\Delta x} = \lim\limits_{\Delta x \to 0} \dfrac{\sqrt{x + \Delta x} - \sqrt{x}}{\Delta x} = \lim\limits_{\Delta x \to 0} \dfrac{1}{\sqrt{x + \Delta x} + \sqrt{x}} = \dfrac{1}{2\sqrt{x}},$

即 $(\sqrt{x})' = \dfrac{1}{2\sqrt{x}}.$

例 3、例 4 与例 5 都属于幂函数,由此归纳幂函数的导数公式:
$$(x^\mu)' = \mu x^{\mu - 1} \quad (\mu \text{ 为任意实数}).$$

注意:关于幂函数的导数公式的严格推导,可参看本科高等数学教材.

例 6 利用幂函数的导数公式求下列函数的导数.

（1） $y = \sqrt[3]{x^2}$ ； （2） $y = \dfrac{\sqrt{x}}{\sqrt[3]{x}}$ ； （3） $y = \sqrt{x\sqrt{x}}$.

解 （1）因为 $y = \sqrt[3]{x^2} = x^{\frac{2}{3}}$,所以 $y' = \dfrac{2}{3} x^{\frac{2}{3} - 1} = \dfrac{2}{3} x^{-\frac{1}{3}}$;

（2）因为 $y = \dfrac{\sqrt{x}}{\sqrt[3]{x}} = x^{\frac{1}{6}}$,所以 $y' = \dfrac{1}{6} x^{\frac{1}{6} - 1} = \dfrac{1}{6} x^{-\frac{5}{6}} = \dfrac{1}{6\sqrt[6]{x^5}}$;

（3） $y' = (\sqrt{x\sqrt{x}})' = (x^{\frac{3}{4}})' = \dfrac{3}{4} x^{-\frac{1}{4}}.$

由例 6 知,函数求导数之前,能恒等化简时先化简,再求导数.

例 7 求函数 $y = \sin x$ 的导数.

解 $y' = \lim\limits_{\Delta x \to 0} \dfrac{f(x + \Delta x) - f(x)}{\Delta x} = \lim\limits_{\Delta x \to 0} \dfrac{\sin(x + \Delta x) - \sin x}{\Delta x}$

$= \lim\limits_{\Delta x \to 0} \dfrac{2\sin \dfrac{\Delta x}{2} \cos\left(x + \dfrac{\Delta x}{2}\right)}{\Delta x}$ （三角函数的差化积公式见附录 1）

$= \lim\limits_{\Delta x \to 0} \dfrac{\sin \dfrac{\Delta x}{2}}{\dfrac{\Delta x}{2}} \cdot \lim\limits_{\Delta x \to 0} \cos\left(x + \dfrac{\Delta x}{2}\right) = \cos x.$

即 $(\sin x)' = \cos x.$

用类似方法可得 $(\cos x)' = -\sin x.$

例 8 求函数 $y = \log_a x \, (a > 0, a \neq 1)$ 的导数.

解 $y' = \lim\limits_{\Delta x \to 0} \dfrac{\log_a(x + \Delta x) - \log_a x}{\Delta x}$

$$= \lim_{\Delta x \to 0} \frac{\log_a \dfrac{x + \Delta x}{x}}{\Delta x} = \frac{1}{x} \lim_{\Delta x \to 0} \frac{x}{\Delta x} \cdot \log_a \left(1 + \frac{\Delta x}{x} \right) \text{（对数的公式见附录 1）}$$

$$= \frac{1}{x} \lim_{\Delta x \to 0} \log_a \left(1 + \frac{\Delta x}{x} \right)^{\frac{x}{\Delta x}} = \frac{\log_a \mathrm{e}}{x} = \frac{1}{x \ln a}.$$

即 $(\log_a x)' = \dfrac{1}{x \ln a}$. 特别当 $a = \mathrm{e}$ 时，$(\ln x)' = \dfrac{1}{x}$.

上述例题，我们使用导数定义推出了基本初等函数：**常函数、幂函数、正弦函数、余弦函数、对数函数的导数公式**，它们都是计算函数导数的基本公式，同学们应予熟记.

2.1.4　导数的几何意义

由引例 2 与导数的定义知，如果函数 $y = f(x)$ 在点 $x = x_0$ 处的导数 $f'(x_0)$ 存在，则 $f'(x_0)$ 的几何意义：表示曲线 $y = f(x)$ 在点 $M(x_0, y_0)$ 处切线的斜率.

由直线的点斜式方程，可得曲线 $y = f(x)$ 在给定点 $M(x_0, y_0)$ 处的**切线方程**为

$$y - y_0 = f'(x_0)(x - x_0).$$

如果 $f'(x_0) \neq 0$ 时，曲线 $y = f(x)$ 在给定点 $M(x_0, y_0)$ 处的**法线方程**为

$$y - y_0 = -\frac{1}{f'(x_0)}(x - x_0).$$

我们知道，$f'(x_0) = \infty$ 表示函数 $y = f(x)$ 在点 $x = x_0$ 处的导数不存在.

请同学们思考：如果 $f'(x_0) = \infty$，那么曲线 $y = f(x)$ 在点 x_0 处的切线是否存在？如果存在，切线方程是什么？

例 9　求曲线 $y = \sqrt{x}$ 在 $x = 1$ 处的切线方程.

解　$f'(1) = \lim\limits_{x \to 1} \dfrac{f(x) - f(1)}{x - 1} = \lim\limits_{x \to 1} \dfrac{\sqrt{x} - 1}{x - 1} = \lim\limits_{x \to 1} \dfrac{x - 1}{(\sqrt{x} + 1)(x - 1)} = \lim\limits_{x \to 1} \dfrac{1}{\sqrt{x} + 1} = \dfrac{1}{2}.$

由导数的几何意义，切线的斜率 $k = f'(1) = \dfrac{1}{2}$.

当 $x = 1$ 时，$y = 1$，即求得切点为 $(1, 1)$.

故所求切线方程为：$y - 1 = \dfrac{1}{2}(x - 1)$. 即 $x - 2y + 1 = 0$.

*2.1.5　单侧导数

根据函数 $y = f(x)$ 在点 x_0 处导数 $f'(x_0)$ 的定义，导数

$$f'(x_0) = \lim_{x \to x_0} \frac{f(x) - f(x_0)}{x - x_0}$$

是一个极限，而极限存在的充分必要条件是左、右极限都存在且相等，因此，$f'(x_0)$ 存在的充分必要条件是左、右极限

$$\lim_{x \to x_0^-} \frac{f(x) - f(x_0)}{x - x_0} \text{与} \lim_{x \to x_0^+} \frac{f(x) - f(x_0)}{x - x_0}$$

都存在且相等. 这两个极限分别称为函数 $y = f(x)$ 在点 x_0 处的**左导数**与**右导数**，记作

$$f'_-(x_0) = \lim_{x \to x_0^-} \frac{f(x) - f(x_0)}{x - x_0},$$

$$f'_+(x_0) = \lim_{x \to x_0^+} \frac{f(x) - f(x_0)}{x - x_0}.$$

左导数与右导数统称为**单侧导数**. 一般在讨论分段函数在分段点处可导性时才应用函数的左导数与右导数. 即

定理 1 分段函数在其分段点处可导的充分必要条件:左导数 $f'_-(x_0)$ 与右导数 $f'_+(x_0)$ 都存在且相等.

2.1.6 函数可导性与连续性的关系

设函数 $y = f(x)$ 在点 x_0 处可导,即极限 $\lim\limits_{\Delta x \to 0} \dfrac{\Delta y}{\Delta x} = f'(x_0)$ 存在,根据第 1 章第 1 节定理 3,函数极限存在的充要条件是

$$\frac{\Delta y}{\Delta x} = f'(x_0) + \alpha \quad (\text{其中当 } \Delta x \to 0 \text{ 时}, \alpha \text{ 为无穷小}).$$

2.1 可导与
连续的关系

上式两边同乘以 Δx 得 $\Delta y = f'(x_0) \cdot \Delta x + \alpha \cdot \Delta x$,当 $\Delta x \to 0$ 时,$\Delta y \to 0$. 由函数在点 x_0 处连续的定义可知,$y = f(x)$ 在点 x_0 处连续. 于是得到下面定理:

定理 2 如果函数 $y = f(x)$ 在点 x_0 处可导,则函数在点 x_0 处一定连续.

定理 2 的逆定理不一定成立. 也就是说:函数 $y = f(x)$ 在点 x_0 处连续时,函数 $y = f(x)$ 在点 x_0 处不一定可导.

例 10 讨论函数 $f(x) = \begin{cases} x\sin\dfrac{1}{x}, & x \neq 0, \\ 0, & x = 0 \end{cases}$ 在 $x = 0$ 处的连续与可导性.

解 因 $\lim\limits_{x \to 0} f(x) = \lim\limits_{x \to 0} x\sin\dfrac{1}{x} = 0$,又 $f(0) = 0$,所以 $\lim\limits_{x \to x_0} f(x) = f(0)$. 即函数在 $x = 0$ 处连续.

又 $f'(0) = \lim\limits_{x \to 0} \dfrac{f(x) - f(0)}{x - 0} = \lim\limits_{x \to 0} \sin\dfrac{1}{x}$ 不存在.

此例题说明:函数 $y = f(x)$ 在点 x_0 处连续时,函数 $y = f(x)$ 在点 x_0 处**不可导**. 如果我们将例 10 改为:$f(x) = \begin{cases} x^2\sin\dfrac{1}{x}, & x \neq 0 \\ 0, & x = 0, \end{cases}$,则函数 $y = f(x)$ 在点 x_0 处连续且函数 $y = f(x)$ 在点 x_0 处**可导**. 请同学们自己验证.

*例 11 设函数 $f(x) = \begin{cases} x^2, & x \leq 1, \\ ax + b, & x > 1, \end{cases}$ 在 $x = 1$ 处可导,试求 a 与 b.

解 由定理 2:可导必连续,即 $f(1^-) = f(1^+) = f(1)$ (1),

由定理 1:$f'_-(1) = f'_+(1) = f'(1)$ (2).

又 $f(1^-) = \lim\limits_{x \to 1^-} f(x) = \lim\limits_{x \to 1^-} x^2 = 1$,$f(1^+) = \lim\limits_{x \to 1^+} f(x) = \lim\limits_{x \to 1^+} (ax + b) = a + b$,

由（1）式知：$a+b=1$，从而 $b-1=-a$.

又　$f'_-(1) = \lim_{x \to 1^-} \frac{f(x)-f(1)}{x-1} = \lim_{x \to 1^-} \frac{x^2-1}{x-1} = \lim_{x \to 1^-}(x+1) = 2$,

$f'_+(1) = \lim_{x \to 1^+} \frac{f(x)-f(1)}{x-1} = \lim_{x \to 1^+} \frac{ax+b-1}{x-1} = \lim_{x \to 1^-} \frac{ax-a}{x-1} = \lim_{x \to 1^-} a = a$,

由（2）式知：$a=2$，从而 $b=-1$.

习题 2.1

1. 设 $f'(x_0)$ 存在，求下列极限.

（1）$\lim\limits_{\Delta x \to 0} \dfrac{f(x_0-\Delta x)-f(x_0)}{\Delta x}$；　　　　　（2）$\lim\limits_{\Delta x \to 0} \dfrac{f(x_0)-f(x_0+\Delta x)}{\Delta x}$；

（3）$\lim\limits_{h \to 0} \dfrac{f(x_0+2h)-f(x_0)}{h}$；　　　　　（4）$\lim\limits_{h \to 0} \dfrac{f(x_0+h)-f(x_0-h)}{h}$.

2. 设 $f(x)=10x^2$，用导数的定义求 $f'(x)$，并计算 $f'(1)$ 与 $f'\left(\dfrac{1}{2}\right)$.

3. 求曲线 $y=x^2$ 上与直线 $x-y+2=0$ 平行的切线方程.

4. 应用幂函数的导数公式求下列函数的导数.

（1）$y=\dfrac{1}{x^2}$；　　　　　（2）$y=x\sqrt[3]{x^2}$；　　　　　（3）$y=\dfrac{\sqrt{x\sqrt{x}}}{x}$.

*5. 讨论函数 $f(x)=\begin{cases} -x, & x \leqslant 0 \\ x^2, & x>0 \end{cases}$，在 $x=0$ 处的连续性与可导性.

2.2　函数的求导法则

在上一节中，我们用导数的定义求出了基本初等函数：常函数、幂函数、正弦函数、余弦函数、对数函数的导数公式. 对于复杂函数的导数如果采用导数的定义来求导是比较麻烦的. 本节将介绍函数的四则运算求导法则以及学习如何将复杂的函数通过导数的运算法则转化基本初等函数的导数来计算. 熟练地求函数的导数是同学们学好高等数学必备的计算能力之一.

2.2.1　函数四则运算求导法则

定理 1　如果函数 $u=u(x)$ 及 $v=v(x)$ 在点 x 处都可导，则它们的和、差、积、商（分母为零的点除外）都在点 x 处可导，且

（1）**和（差）导数法则**：$[u(x) \pm v(x)]' = u'(x) \pm v'(x)$；

（2）**乘积导数法则**：$[u(x) \cdot v(x)]' = u'(x) \cdot v(x) + u(x) \cdot v'(x)$，

如果 $v(x)=C$（C 为常数），则有 $[C \cdot u(x)]' = C \cdot u'(x)$；

（3）**商导数法则** $\left[\dfrac{u(x)}{v(x)}\right]' = \dfrac{u'(x) \cdot v(x) - u(x) \cdot v'(x)}{[v(x)]^2}$，$v(x) \neq 0$.

上述法则的推理请同学们参阅本科教材.

例1 已知 $f(x)=x^2+2\sin x-\cos\dfrac{\pi}{4}$，求 $f'(x)$，$f'\left(\dfrac{\pi}{2}\right)$.

解 $f'(x)=(x^2)'+(2\sin x)'-\left(\cos\dfrac{\pi}{2}\right)'=2x+2\cos x,$

$$f'\left(\frac{\pi}{2}\right)=2x+2\cos x\,\Big|_{x=\frac{\pi}{2}}=\pi.$$

例2 求下列函数的导数.

$$(1)\ y=\sqrt{x}\left(\sqrt{x^3}+\frac{\cos x}{\sqrt{x}}\right);\qquad (2)\ y=\frac{(x+1)^2}{x}.$$

解 （1）因为 $y=\sqrt{x}\left(\sqrt{x^3}+\dfrac{\cos x}{\sqrt{x}}\right)=x^2+\cos x$，所以

$$y'=(x^2+\cos x)'=(x^2)'+(\cos x)'=2x-\sin x;$$

（2）因为 $y=\dfrac{(x+1)^2}{x}=\dfrac{x^2+2x+1}{x}=x+2+x^{-1}$，所以

$$y'=(x+2+x^{-1})'=(x)'+(2)'+(x^{-1})'=1-x^{-2}.$$

例3 已知函数 $y=x^2\cdot e^x+x\sin x+\ln 2+\cos\dfrac{\pi}{3}$　求 y'.

2.2 例3

解 $y'=(x^2e^x)'+(x\sin x)'+(\ln 2)'+\left(\cos\dfrac{\pi}{3}\right)'$

$\qquad=(x^2)'e^x+x^2(e^x)'+(x)'\sin x+x(\sin x)'$

$\qquad=(2x+x^2)e^x+\sin x+x\cos x.$

例4 已知函数 $y=\tan x$，求 y'.

解 $y'=(\tan x)'=\left(\dfrac{\sin x}{\cos x}\right)'=\dfrac{(\sin x)'\cos x-\sin x(\cos x)'}{\cos^2 x}$

$\qquad=\dfrac{\cos^2 x+\sin^2 x}{\cos^2 x}=\dfrac{1}{\cos^2 x}=\sec^2 x.$

即得基本初等函数**正切函数**的导数公式：$(\tan x)'=\dfrac{1}{\cos^2 x}=\sec^2 x$.

请同学们参照例题4推导下列导数公式：

余切函数的导数公式：$(\cot x)'=-\dfrac{1}{\sin^2 x}=-\csc^2 x$；

正割函数的导数公式：$(\sec x)'=\sec x\cdot\tan x$；

余割函数的导数公式：$(\csc x)'=-\csc x\cdot\cot x$.

2.2.2 反函数的求导法则

定理2 如果函数 $x=f(y)$ 在区间 I_y 内单调、可导，且 $f'(y)\neq 0$，那么它的反函数 $y=f^{-1}(x)$ 在区间 $I_x=\{x\mid x=f(y),y\in I_y\}$ 内可导，且

$$[f^{-1}(x)]'=\frac{1}{f'(y)}\quad \text{或}\quad y'_x=\frac{1}{x'_y}.$$

这一法则可叙述为反函数的导数等于原函数导数的倒数. 其推理请同学们参阅本科教材.

例 5　求函数 $y=\arcsin x$ 的导数.

解　$y=\arcsin x$ 是反正弦函数, 它的原函数是 $x=\sin y$ 在区间 $\left(-\dfrac{\pi}{2},\dfrac{\pi}{2}\right)$ 内单调、可导, 且 $x_y'=\cos y\neq 0$, 因此它的反函数 $y=\arcsin x$ 在区间 $(-1,1)$ 内可导, 且

$$(\arcsin x)'=\frac{1}{(\sin y)'}=\frac{1}{\cos y},$$

因为 $y\in\left(-\dfrac{\pi}{2},\dfrac{\pi}{2}\right)$, 所以 $\cos y=\sqrt{1-\sin^2 y}=\sqrt{1-x^2}$, 由此得到

反正弦函数的导数公式: $(\arcsin x)'=\dfrac{1}{\sqrt{1-x^2}}$.

请同学们参照例题 5 推导下列导数公式:

反余弦函数的导数公式: $(\arccos x)'=-\dfrac{1}{\sqrt{1-x^2}}$;

反正切函数的导数公式: $(\arctan x)'=\dfrac{1}{1+x^2}$;

反余切函数的导数公式: $(\operatorname{arccot} x)'=-\dfrac{1}{1+x^2}$.

例 6　求函数 $y=a^x$ 的导数.

解　因为 $x=\log_a y(a>0$ 且 $a\neq 1)$ 的反函数是 $y=a^x$, 所以

$$(a^x)'=\frac{1}{(\log_a y)'}=\frac{1}{\dfrac{1}{y\ln a}}=y\ln a=a^x\ln a.$$

由此推出: **指数函数的导数公式** $(a^x)'=a^x\ln a$. 特别地, $(e^x)'=e^x$.

2.2 例6

2.2.3　基本初等函数的导数公式

到目前为止, 我们已经推导了所有基本初等函数的导数公式, 归纳如下:

基本初等函数的导数公式

（1）$(C)'=0$;

（2）$(x^\mu)'=\mu x^{\mu-1}$;

（3）$(a^x)'=a^x\ln a$;

（4）$(e^x)'=e^x$;

（5）$(\log_a x)'=\dfrac{1}{x\ln a}$;

（6）$(\ln x)'=\dfrac{1}{x}$;

（7）$(\sin x)'=\cos x$;

（8）$(\cos x)'=-\sin x$;

（9）$(\tan x)'=\dfrac{1}{\cos^2 x}=\sec^2 x$;

（10）$(\cot x)'=-\dfrac{1}{\sin^2 x}=-\csc^2 x$;

（11）$(\sec x)'=\sec x\tan x$;

（12）$(\csc x)'=-\csc x\cot x$;

（13）$(\arcsin x)'=\dfrac{1}{\sqrt{1-x^2}}$;

（14）$(\arccos x)'=-\dfrac{1}{\sqrt{1-x^2}}$;

（15）$(\arctan x)' = \dfrac{1}{1+x^2}$；　　　　　　（16）$(\text{arccot } x)' = -\dfrac{1}{1+x^2}$.

2.2.4 复合函数的求导法则

定理 3　如果函数 $u = \varphi(x)$ 在点 x 处可导，而函数 $y = f(u)$ 在点 $u = \varphi(x)$ 处可导，则复合函数 $y = f[\varphi(x)]$ 在点 x 处可导，且其导数 $\dfrac{dy}{dx}$ 或 y' 为

$$\frac{dy}{dx} = \frac{dy}{du} \cdot \frac{du}{dx} \text{ 或 } y' = y'_u \cdot u'_x \quad （证明略）.$$

例 7　求函数 $y = e^{\sin x}$ 的导数 $\dfrac{dy}{dx}$.

解　$y = e^{\sin x}$ 是由基本初等函数 $y = e^u$，$u = \sin x$ 构成的复合函数，所以

$$\frac{dy}{dx} = \frac{dy}{du} \cdot \frac{du}{dx} = (e^u)'_u \cdot (\sin x)'_x = e^u \cdot \cos x = e^{\sin x} \cos x.$$

例 8　求函数 $y = (1+x^2)^5$ 的导数 y'.

解　$y = (1+x^2)^5$ 是由函数 $y = u^5$，$u = 1+x^2$ 构成的复合函数，所以

$$y' = y'_u \cdot u'_x = (u^5)'_u \cdot (1+x^2)'_x = 5u^4 \cdot 2x = 10x(1+x^2)^4.$$

例 9　求函数 $y = \ln(\cos x)$ 的导数 y'.

解　函数 $y = \ln(\cos x)$ 是由基本初等函数 $y = \ln u$，$u = \cos x$ 复合构成的，所以

$$y' = y'_u \cdot u'_x = (\ln u)'_u \cdot (\cos x)'_x$$
$$= \frac{1}{u} \cdot (-\sin x) = -\frac{\sin x}{\cos x} = -\tan x.$$

从以上例子看出，应用复合函数的求导法则时，首先要分析清楚所给函数由哪些函数复合而成，或者说，所给函数能分解成哪些函数的复合. 如果分解的函数是比较简单的函数，而这些简单函数的导数我们会求，那么就可以应用复合函数求导法则.

对复合函数的分解比较熟悉后，中间变量不必写出，可直接按下列例题方式来计算.

例 10　求函数 $y = \sqrt{1-x^2}$ 的导数 y'.

解　$y' = \dfrac{1}{2\sqrt{1-x^2}}(1-x^2)' = -\dfrac{x}{\sqrt{1-x^2}}$.

上述复合函数的求导法则，可推广到多个中间变量的情形. 但无论有多少个中间变量，在求导数时，只需要分析清楚复合层次，从外层逐层向内层求导. 即每一层只看作一个基本初等函数与一个初等函数的复合函数来求导. 如下面例题.

例 11　求函数 $y = \ln(\cos e^x)$ 的导数 y'.

解　$y' = \dfrac{(\cos e^x)'}{\cos e^x}$（最外层是基本初等函数 $y = \ln u$ 与函数 $u = \cos e^x$ 复合而成）

$$= \frac{-\sin e^x \cdot (e^x)'}{\cos e^x}（第二层是基本初等函数 \cos u 与函数 u = e^x 复合而成）$$

$$= \frac{-\sin e^x \cdot e^x}{\cos e^x} = -e^x \tan e^x. （化简）$$

2.2 例 11

2.2 例 12

例 12　求函数 $y = e^{\sin\frac{1}{x}}$ 的导数 y'.

解　$y' = e^{\sin\frac{1}{x}} \left(\sin\dfrac{1}{x} \right)'$（最外层是基本初等函数 $y = e^u$ 与函数 $u = \sin\dfrac{1}{x}$ 复合而成）

$= e^{\sin\frac{1}{x}} \cdot \cos\dfrac{1}{x} \cdot \left(\dfrac{1}{x} \right)'$（第二层是基本初等函数 $\sin u$ 与函数 $u = \dfrac{1}{x}$ 复合而成）

$= -\dfrac{e^{\sin\frac{1}{x}}}{x^2} \cos\dfrac{1}{x} \cdot$

例 13　求函数 $y = e^{\arctan\frac{x+1}{x-1}}$ 的导数 y'.

解　$y' = e^{\arctan\frac{x+1}{x-1}} \cdot \left(\arctan\dfrac{x+1}{x-1} \right)'$

$\left(\text{最外层是基本初等函数 } y = e^u \text{ 与函数 } u = \arctan\dfrac{x+1}{x-1} \text{复合而成}\right)$

$= e^{\arctan\frac{x+1}{x-1}} \cdot \dfrac{\left(\dfrac{x+1}{x-1} \right)'}{1 + \left(\dfrac{x+1}{x-1} \right)^2}$（第二层是基本初等函数 $\arctan u$ 与函数 $u = \dfrac{x+1}{x-1}$ 复合而成）

$= e^{\arctan\frac{x+1}{x-1}} \cdot \dfrac{\dfrac{-2}{(x-1)^2}}{\dfrac{2(x^2+1)}{(x-1)^2}}$（第三层是两个简单函数的商的导数）

$= \dfrac{-1}{1+x^2} e^{\arctan\frac{x+1}{x-1}}.$（化简）

例 14　求函数 $y = \ln\left(x + \sqrt{x^2+1} \right)$ 的导数 y'.

解　$y' = \dfrac{1}{x + \sqrt{x^2+1}} \left(x + \sqrt{x^2+1} \right)' = \dfrac{1 + \left(\sqrt{x^2+1} \right)'}{x + \sqrt{x^2+1}}$

$= \dfrac{1 + \dfrac{1}{2\sqrt{x^2+1}} \cdot 2x}{x + \sqrt{x^2+1}} = \dfrac{1}{\sqrt{x^2+1}}.$

例 15　求函数 $y = (x^2 + \sin 2x)^3$ 的导数 y'.

解　$y' = 3(x^2 + \sin 2x)^2 \cdot (x^2 + \sin 2x)'$

$= 3(x^2 + \sin 2x)^2 \cdot [(x^2)' + (\sin 2x)']$

$= 3(x^2 + \sin 2x)^2 \cdot [2x + \cos 2x \cdot (2x)']$

$= 6(x^2 + \sin 2x)^2 \cdot (x + \cos 2x).$

例 16　求函数 $y = \sin nx \cdot \sin^n x$ 的导数（n 为常数）.

解　$y' = (\sin nx)' \cdot \sin^n x + \sin nx \cdot (\sin^n x)'.$

$= \cos nx \cdot (nx)' \cdot \sin^n x + \sin nx \cdot n\sin^{n-1} x \cdot (\sin x)'$

$= n\sin^{n-1} x \cdot (\cos nx \cdot \sin x + \sin nx \cdot \cos x)$

$= n \cdot \sin^{n-1} x \cdot \sin(n+1)x.$

2.2 例 16

习题 2.2

1. 求下列函数的导数.

（1）$y=\sqrt{x}(x^3-\sqrt{x}+1)$；

（2）$y=\dfrac{1+x}{\sqrt{x}}$；

（3）$y=\dfrac{(1+x)^3}{x}$；

（4）$y=(\sqrt{x}+1)\left(\dfrac{1}{\sqrt{x}}-1\right)$；

（5）$y=\dfrac{2^x+3^x}{5^x}$；

（6）$s=\dfrac{1+\sin t}{1-\cos t}+\tan\dfrac{\pi}{3}$；

（7）$y=x^2\ln x+\ln 2$；

（8）$y=(1+x^2)\cdot\arctan x$.

2. 求下列复合函数的导数.

（1）$y=\mathrm{e}^{-x^2+x}$；

（2）$y=(3-2x)^{10}$；

（3）$y=\ln(2x+1)$；

（4）$y=\dfrac{1}{\sqrt{1+x^2}}$；

（5）$y=\cos(3x-2)$；

（6）$y=\tan\dfrac{x}{2}-\cot\dfrac{x}{2}$；

（7）$y=\arcsin\sqrt{x}$；

（8）$y=\ln(\sin x)$；

（9）$y=\ln\ln\ln x$；

（10）$y=\left(\arctan\dfrac{x}{2}\right)^2$；

（11）$y=\arcsin\sqrt{3x}$；

（12）$y=\mathrm{e}^{\arctan\sqrt{x}}$.

3. 求下列函数的导数.

（1）$y=\sin x^2\cdot\sin^2 x$；

（2）$y=x^2\cos\dfrac{1}{x}$；

（3）$y=\sec 3x+\ln(2x)$；

（4）$y=\ln(\sec x+\tan x)$；

（5）$y=\sqrt{1+\ln^2 x}$；

（6）$y=\mathrm{e}^{-x}\cos 2x$；

（7）$h=\dfrac{\mathrm{e}^{-t}-\mathrm{e}^t}{\mathrm{e}^{-t}+\mathrm{e}^t}$；

（8）$y=\ln|x|$；

（9）$y=\sqrt{4-x^2}+x\arcsin\dfrac{x}{2}$.

*4. 设 $f(x)$ 可导,求下列函数的导数.

（1）$y=f(x^2)$；

（2）$y=f(\sin^2 x)+\sin^2 f(x)$.

2.3 隐函数求导法则和由参数方程所确定的函数的求导

2.3.1 隐函数的求导法则

函数 $y=f(x)$ 表示两个变量 y 与 x 之间的对应关系,这种关系可以用各种不同方式表达. 前面我们用到的函数,如 $y=\ln x,y=x^3$ 等都是由自变量的解析式给出的,这样的函数叫做**显函数**. 在函数关系中,有时出现 y 和 x 的函数关系 $y=f(x)$ 是由一个二元方程 $F(x,y)=0$ 所确定,这种函数叫做**隐函数**. 例如方程 $x^2+xy-1=0$ 所确定的函数 $y=f(x)$ 就是隐函数. 下面用例子说明隐函数的求导方法.

例 1 求由方程 $x^2+y^2-1=0$ 所确定的隐函数的导数 y'.

分析:由方程所确定的函数关系,如果把 x 看成自变量,则 y 就是因变量(函数),y^2 是 y 的函数(幂函数),而 y 又是 x 的函数,所以 y^2 是以 y 为中间变量的 x 的复合函数.

解 方程两边同时对 x 求导

$$(x^2)'_x+(y^2)'_x-(1)'_x=0,$$

得到
$$2x+2y \cdot y' = 0,$$

由上式解出
$$y' = -\frac{x}{y}.$$

例 2 求由方程 $xy-e^x+e^y=0$ 确定的函数的导数 y',并求 $y'|_{x=0}$.

分析:函数关系把 x 看成自变量,则 y 是因变量(函数),e^y 是 y 的指数函数,所以 e^y 是以 y 为中间变量的复合函数.

2.3 例2

解 两边对 x 求导
$$(xy)'-(e^x)'+(e^y)' = (0)',$$

得到
$$y+xy'-e^x+e^y \cdot y' = 0,$$

由上式解出
$$y' = \frac{e^x-y}{x+e^y}.$$

把 $x=0$ 代入原方程得 $y=0$,从而 $y'\big|_{\substack{x=0 \\ y=0}} = \frac{e^0-0}{0+e^0} = 1$.

例 3 求曲线 $x^2+y^4=17$ 上在点 $x=4$ 处的切线方程.

解 方程两边对 x 求导
$$2x+4y^3 \cdot y' = 0,$$
$$y' = -\frac{x}{2y^3},$$

把 $x=4$ 代入原方程得 $y=\pm 1$,所以 $x=4$ 时,曲线上有两个切点:$A(4,1)$ 与 $B(4,-1)$,点 A 处切线的斜率 $k_A = y'\big|_{\substack{x=4 \\ y=1}} = -2$,点 B 处切线斜率 $k_B = y'\big|_{\substack{x=4 \\ y=-1}} = 2$,所以

点 A 处切线方程为 $y-1=-2(x-4)$,即 $2x+y-9=0$.

点 B 处切线方程为 $y+1=2(x-4)$,即 $2x-y-9=0$.

2.3.2 对数求导法

有些显函数的导数用导数的运算法则不易求出,例如,**幂指函数**以及由**多个因子连乘**构成的函数的导数.但我们可以将函数取对数,并借助对数的公式,将显函数化成隐函数,再利用隐函数的导数法则求导.这种求导方法称为**对数法求导**.对数求导法分两步:第一步,给定函数取自然对数,并化成最简;第二步,运用隐函数求导法则求导.

例 4 求幂指函数 $y=x^{\sin x}(x>0)$ 的导数.

解 两边取自然对数得 $\ln y = \sin x \cdot \ln x$,

方程两边同时对 x 求导
$$\frac{1}{y} \cdot y' = \cos x \cdot \ln x + \sin x \cdot \frac{1}{x},$$

解得
$$y' = x^{\sin x} \cdot \left(\cos x \cdot \ln x + \frac{\sin x}{x} \right).$$

例 5 求函数 $y=\sqrt{\dfrac{(x-1)(x-2)}{(x-3)(x-4)}}$ 的导数.

分析：我们知道对数的真数必须大于 0. 但上述四个因式不一定大于 0，因此，取对数之前可以两边先取绝对值运算. 而 $(\ln|x|)'=\dfrac{1}{x}$，因而实际运算时，我们可以默认每个因式都大于 0，这样就不需要先进行绝对值运算.

解 两边取自然对数

$$\ln y=\frac{1}{2}\left[\ln(x-1)+\ln(x-2)-\ln(x-3)-\ln(x-4)\right],$$

上式两边对 x 求导得

$$\frac{1}{y}y'=\frac{1}{2}\left(\frac{1}{x-1}+\frac{1}{x-2}-\frac{1}{x-3}-\frac{1}{x-4}\right),$$

于是

$$y'=\frac{y}{2}\left(\frac{1}{x-1}+\frac{1}{x-2}-\frac{1}{x-3}-\frac{1}{x-4}\right)$$

$$=\frac{1}{2}\sqrt{\frac{(x-1)(x-2)}{(x-3)(x-4)}}\cdot\left(\frac{1}{x-1}+\frac{1}{x-2}-\frac{1}{x-3}-\frac{1}{x-4}\right).$$

2.3.3 由参数方程所确定的函数的导数

有些函数用参数方程表达更为简单明了，如星形线 $x^{\frac{2}{3}}+y^{\frac{2}{3}}=a^{\frac{2}{3}}$，其参数方程为

$$\begin{cases}x=a\cos^3 t,\\ y=a\sin^3 t.\end{cases}$$

尤其是摆线的函数表达式 $x=\mathrm{arccos}\left(1-\dfrac{y}{r}\right)-\sqrt{y(2r-y)}$（$r$ 是常数）非常复杂，但用参数方程 $\begin{cases}x=r(\theta-\sin\theta),\\ y=r(1-\cos\theta)\end{cases}$ 就很直观，如何利用参数方程求函数 y 对自变量 x 的导数？

设有参数方程

$$\begin{cases}x=\varphi(t),\\ y=\psi(t)\end{cases}(t\text{ 为参数}).$$

如果参数方程 $x=\varphi(t)$，$y=\psi(t)$ 可导（$\varphi'(t)\neq0$），且 $x=\varphi(t)$ 的反函数 $t=\varphi^{-1}(x)$ 也可导，则 $y=\psi(t)=\psi[\varphi^{-1}(x)]$ 是自变量 x 的复合函数. 于是根据复合函数以及反函数的求导法则，有

$$\frac{\mathrm{d}y}{\mathrm{d}x}=\frac{\mathrm{d}y}{\mathrm{d}t}\cdot\frac{\mathrm{d}t}{\mathrm{d}x}=\frac{\mathrm{d}y}{\mathrm{d}t}\cdot\frac{1}{\dfrac{\mathrm{d}x}{\mathrm{d}t}}=\frac{\dfrac{\mathrm{d}\psi(t)}{\mathrm{d}t}}{\dfrac{\mathrm{d}\varphi(t)}{\mathrm{d}t}}=\frac{\psi'(t)}{\varphi'(t)}\quad\text{或}\quad\frac{\mathrm{d}y}{\mathrm{d}x}=\frac{y'_t}{x'_t}=\frac{\psi'(t)}{\varphi'(t)},$$

这就是由参数方程确定的函数 $y=f(x)$ 的导数公式.

例 6 已知参数方程为

$$\begin{cases} x = \arctan t, \\ y = \ln(1+t^2) \end{cases} \quad (t \text{ 为参数}).$$

求参数方程的 $\dfrac{\mathrm{d}y}{\mathrm{d}x}$.

解　因为 $\dfrac{\mathrm{d}x}{\mathrm{d}t} = \dfrac{1}{1+t^2}$, $\dfrac{\mathrm{d}y}{\mathrm{d}t} = \dfrac{2t}{1+t^2}$, 所以

$$\frac{\mathrm{d}y}{\mathrm{d}x} = \frac{\dfrac{\mathrm{d}y}{\mathrm{d}t}}{\dfrac{\mathrm{d}x}{\mathrm{d}t}} = 2t.$$

例 7　已知椭圆的参数方程为

$$\begin{cases} x = a\cos\theta, \\ y = b\sin\theta \end{cases} \quad (a>0, b>0, \theta \text{ 为参数}).$$

求椭圆在 $\theta = \dfrac{\pi}{4}$ 的切线方程.

解　因为 $\dfrac{\mathrm{d}x}{\mathrm{d}\theta} = -a\sin\theta$, $\dfrac{\mathrm{d}y}{\mathrm{d}\theta} = b\cos\theta$, 所以

$$\frac{\mathrm{d}y}{\mathrm{d}x} = \frac{\dfrac{\mathrm{d}y}{\mathrm{d}\theta}}{\dfrac{\mathrm{d}x}{\mathrm{d}\theta}} = -\frac{b\cos\theta}{a\sin\theta} = -\frac{b}{a}\cot\theta.$$

当 $\theta = \dfrac{\pi}{4}$ 时, 椭圆上对应点的坐标 $M(x_0, y_0)$ 是

$$x_0 = a\cos\frac{\pi}{4} = \frac{a\sqrt{2}}{2}, \quad y_0 = b\sin\frac{\pi}{4} = \frac{b\sqrt{2}}{2}.$$

椭圆在点 M 处的切线斜率

$$k = \frac{\mathrm{d}y}{\mathrm{d}x}\bigg|_{\theta=\frac{\pi}{4}} = -\frac{b}{a}\cot\theta\bigg|_{\theta=\frac{\pi}{4}} = -\frac{b}{a},$$

所以椭圆在点 M 处的切线方程为

$$y - \frac{b\sqrt{2}}{2} = -\frac{b}{a}\cdot\left(x - \frac{a\sqrt{2}}{2}\right), \text{ 即 } bx + ay - \sqrt{2}\,ab = 0.$$

*例 8**　以初速度 v_0, 发射角为 α 发射炮弹, 不计空气阻力, 其运动方程为

$$\begin{cases} x = v_0 t\cos\alpha, \\ y = v_0 t\sin\alpha - \dfrac{1}{2}gt^2. \end{cases}$$

求炮弹在时刻 t 的速度大小和方向.

解　在时刻 t 水平方向上的速度 $v_x = \dfrac{\mathrm{d}x}{\mathrm{d}t} = v_0\cos\alpha$,

垂直方向上的速度 $v_y = \dfrac{\mathrm{d}y}{\mathrm{d}t} = v_0\sin\alpha - gt$.

在时刻 t 速度的大小　$|v| = \sqrt{v_x^2 + v_y^2} = \sqrt{(v_0\cos\alpha)^2 + (v_0\sin\alpha - gt)^2}$

$$= \sqrt{v_0^2 - 2gv_0 t\sin\alpha + (gt)^2}.$$

在时刻 t 速度的方向为炮弹运动轨迹上在该时刻的切线方向,其斜率为

$$\tan \varphi = \frac{\mathrm{d}y}{\mathrm{d}x} = \frac{\dfrac{\mathrm{d}y}{\mathrm{d}t}}{\dfrac{\mathrm{d}x}{\mathrm{d}t}} = \frac{v_0 \sin \alpha - gt}{v_0 \cos \alpha}.$$

习题 2.3

1. 利用隐函数求导法则求下列函数的导数.

(1) $x^2 + y^2 = 25$;　　　　(2) $x^3 + y^3 - 3xy = 0$;　　　　(3) $y = \cos(x+y)$;

(4) $xy = \mathrm{e}^{x+y}$;　　　　(5) $y = 1 - x\mathrm{e}^y$;　　　　(6) $\arctan \dfrac{y}{x} = \ln \sqrt{x^2 + y^2}$.

2. 利用对数求导法求下列函数的导数.

(1) $y = x^x$;　　　　(2) $y = (1 + x^2)^x$;　　　　(3) $y = (2x)^{1-x}$;

(4) $y = \dfrac{\sqrt{x+1}\,(x-2)^2}{\sqrt[3]{(3x+2)^2}}$;　　　(5) $y = \dfrac{(x+1)^3 (x-2)^{\frac{1}{4}}}{(x-3)^{\frac{2}{5}}}$;　　　(6) $y = \sqrt{x\cos x \sqrt{1 + \mathrm{e}^x}}$.

3. 求曲线 $y = 1 + x\mathrm{e}^y$ 在 $x = 0$ 处的切线方程.

4. 求下列参数方程的导数.

(1) $\begin{cases} x = \dfrac{t^2}{2}, \\ y = 1 - t; \end{cases}$　　　(2) $\begin{cases} x = \ln(1 + t^2), \\ y = t - \arctan t; \end{cases}$　　　(3) $\begin{cases} x = \sin 2t, \\ y = \cos 3t; \end{cases}$　　　(4) $\begin{cases} x = \mathrm{e}^{-t}, \\ y = t\mathrm{e}^t. \end{cases}$

2.4　高 阶 导 数

2.4.1　高阶导数的概念

我们知道,速度函数是路程函数的导数,而加速度函数是速度函数的导数,因而加速度函数是路程函数经过两次求导得到的. 这就是下面我们讨论的函数的二阶导数.

定义　$y = f(x)$ 的二阶导数:y'',$f''(x)$　或　$\dfrac{\mathrm{d}^2 y}{\mathrm{d}x^2} = (y')'$;

$y = f(x)$ 的三阶导数:y''',$f'''(x)$　或　$\dfrac{\mathrm{d}^3 y}{\mathrm{d}x^3} = (y'')'$;

$y = f(x)$ 的四阶导数:$y^{(4)}$,$f^{(4)}(x)$　或　$\dfrac{\mathrm{d}^4 y}{\mathrm{d}x^4} = (y''')'$;

……

$y = f(x)$ 的 n 阶导数:$y^{(n)}$,$f^{(n)}(x)$　或　$\dfrac{\mathrm{d}^n y}{\mathrm{d}x^n} = (y^{(n-1)})'$.

函数 $y = f(x)$ 的二阶及二阶以上的导数,统称为 $y = f(x)$ 的**高阶导数**.

求高阶导数的方法与求一阶导数的方法一样. 求一个函数的 n 阶导数,需要对函数按一阶求导的方法,连续求导 n 次,即得到 n 阶导数.

2.4.2　高阶导数的计算

*1. 隐函数与参数方程的二阶导数

例 1　求由方程 $x^2+y^2-1=0$ 所确定的隐函数的二阶导数 y''.

解　由 2.3.1 例 1 知：$y'=-\dfrac{x}{y}$，

$$y''=(y')'=\left(-\frac{x}{y}\right)'=-\frac{y-xy'}{y^2}=-\frac{y-x\left(-\dfrac{x}{y}\right)}{y^2}=-\frac{x^2+y^2}{y^3}=-\frac{1}{y^3}.$$

例 2　求由参数方程 $\begin{cases} x=a\cos t,\\ y=b\sin t \end{cases}$ 所确定的函数的二阶导数.

解　根据参数方程所确定的函数的求导公式，得

$$y'_x=\frac{y'_t}{x'_t}=\frac{b\cos t}{-a\sin t}=-\frac{b}{a}\cot t,$$

$$\frac{\mathrm{d}^2y}{\mathrm{d}x^2}=\frac{\mathrm{d}(y'_x)}{\mathrm{d}x}=\frac{\dfrac{\mathrm{d}(y'_x)}{\mathrm{d}t}}{\dfrac{\mathrm{d}x}{\mathrm{d}t}}=\frac{\dfrac{b}{a}\csc^2 t}{-a\sin t}=-\frac{b}{a^2}\csc^3 t.$$

2. n 阶导数的计算

例 3　求指数函数 $y=a^x$ 的 n 阶导数.

解　$y=a^x$，

$y'=a^x\ln a$，

$y''=a^x\ln a\cdot\ln a=a^x(\ln a)^2$，

$y'''=(y'')'=a^x(\ln a)^2\cdot\ln a=a^x(\ln a)^3$，

……

由此归纳：$y^{(n)}=a^x(\ln a)^n$. 当 $a=\mathrm{e}$ 时有 $(\mathrm{e}^x)^{(n)}=\mathrm{e}^x$.

例 4　求函数 $y=\sin x$ 的 n 阶导数.

解　$y=\sin x$，

$$y'=\cos x=\sin\left(x+\frac{\pi}{2}\right),$$

$$y''=\cos\left(x+\frac{\pi}{2}\right)=\sin\left(x+\frac{\pi}{2}+\frac{\pi}{2}\right)=\sin\left(x+\frac{2\pi}{2}\right),$$

$$y'''=\cos\left(x+\frac{2\pi}{2}\right)=\sin\left(x+\frac{3}{2}\pi\right),$$

……

由此归纳：$y^{(n)}=\sin\left(x+\dfrac{n}{2}\pi\right)$.

即　$(\sin x)^{(n)}=\sin\left(x+\dfrac{n}{2}\pi\right)$.

用类似方法可得　$(\cos x)^{(n)}=\cos\left(x+\dfrac{n}{2}\pi\right)$.

例 5 设 $y=\dfrac{1}{ax+b}(a\neq 0)$，求 $y',y'',y''',y^{(4)}$ 与 $y^{(n)}$.

解 $y'=-\dfrac{(ax+b)'}{(ax+b)^2}=-\dfrac{a}{(ax+b)^2}$，

$$y''=\left[-\frac{a}{(ax+b)^2}\right]'=\frac{2a(ax+b)'}{(ax+b)^3}=\frac{2a^2}{(ax+b)^3},$$

$$y'''=\left[\frac{2a^2}{(ax+b)^3}\right]'=\frac{-3\times2a^2(ax+b)'}{(ax+b)^4}=-\frac{3\times2a^3}{(ax+b)^4},$$

$$y^{(4)}=\left[-\frac{3\times2a^3}{(ax+b)^4}\right]'=\frac{4\times3\times2a^3(ax+b)'}{(ax+b)^5}=\frac{4\times3\times2a^4}{(ax+b)^5},$$

......

由此归纳，$y^{(n)}=\dfrac{(-1)^n n!\ a^n}{(ax+b)^{n+1}}$.

综上所述，求 n 阶导数的方法是：求 $y',y'',y''',\cdots$，直到求到可以写出 n 阶导数的规律为止，然后写出 n 阶导数的公式.

例 5 求出的简单函数的 n 阶导数可作公式使用. 例如

$$\left(\frac{1}{x^2-1}\right)^{(n)}=\left(\frac{1}{(x-1)(x+1)}\right)^{(n)}=\frac{1}{2}\left(\frac{1}{x-1}-\frac{1}{x+1}\right)^{(n)}$$

$$=\frac{1}{2}\left[\left(\frac{1}{x-1}\right)^{(n)}-\left(\frac{1}{x+1}\right)^{(n)}\right]=\frac{(-1)^n n!}{2}\left[\frac{1}{(x-1)^{n+1}}-\frac{1}{(x+1)^{n+1}}\right].$$

对 n 阶导数有兴趣的同学，可参考本科教材.

习题 2.4

1. 求下列函数的二阶导数.

（1）$s=v_0t+\dfrac{1}{2}gt^2$；　　　　（2）$y=xe^{-x}$；　　　　（3）$y=\sqrt{1+x^2}$；

（4）$y=x^2\sin x$；　　　　（5）$y=\ln\tan x$；　　　　（6）$y=\ln(x+\sqrt{1+x^2})$.

2. 求下列函数的 n 阶导数.

（1）$y=2^{2x}$；　　　（2）$y=x\ln x$；　　　（3）$y=xe^x$；　　　（4）$y=\sin^2 x$.

*3. 求下列方程所确定的隐函数的二阶导数 y''.

（1）$y=1+xe^y$；　　　　　　（2）$y=\tan(x+y)$.

*4. 求下列参数方程的二阶导数.

（1）$\begin{cases}x=e^{-t},\\ y=te^t;\end{cases}$　　　　　　（2）$\begin{cases}x=\ln(1+t^2),\\ y=t-\arctan t.\end{cases}$

2.5 微 分

2.5.1 微分的概念

先看一个具体例子.

2.5 微分的
定义

如图 2-3 所示,一根铁丝围成的边长为 x 的正方形,受温度的影响,边长由 x 变到了 $x+\Delta x$,问正方形的面积改变了多少.

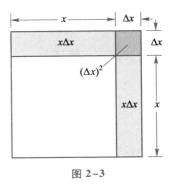

图 2-3

面积的增量:

$$\Delta s = s(x+\Delta x) - s(x) = (x+\Delta x)^2 - x^2 = 2x\Delta x + (\Delta x)^2.$$

上式表示面积增量有两部分组成,第一部分是 $2x \cdot \Delta x$,在图 2-3 中,是两小斜线阴影矩形面积,第二部分是阴影小正方形的面积 $(\Delta x)^2$. 当 $\Delta x \to 0$ 时,第二部分 $(\Delta x)^2$ 是 Δx 的高阶无穷小,即 $(\Delta x)^2 = o(\Delta x)$. 所以当 $|\Delta x|$ 很小时,面积增量 Δs 可以用第一部分 $2x \cdot \Delta x$ 来近似代替. 即 $\Delta s \approx 2x \cdot \Delta x$.

定义　设函数 $y=f(x)$ 在某区间内有定义,当自变量在点 x 处取得增量 Δx(x 及 $x+\Delta x$ 在该区间内),如果函数增量可表示为

$$\Delta y = f(x+\Delta x) - f(x) = A \cdot \Delta x + o(\Delta x),$$

其中 A 是与 Δx 无关的常数,则称函数 $y=f(x)$ 在点 x 处**可微**,并称 $A \cdot \Delta x$ 为函数 $y=f(x)$ 在点 x 处的**微分**,记为 $\mathrm{d}y$,即 $\mathrm{d}y = A \cdot \Delta x$.

定理　函数 $y=f(x)$ 在点 x 处可微的充要条件是:函数在点 x 处可导,且 $\mathrm{d}y = f'(x)\Delta x$.

证　如果函数可微,由微分的定义有 $\Delta y = A \cdot \Delta x + o(\Delta x)$ 成立. 则

$$\frac{\Delta y}{\Delta x} = A + \frac{o(\Delta x)}{\Delta x},$$

$$A = \lim_{\Delta x \to 0} \frac{\Delta y}{\Delta x} = f'(x).$$

因此,如果函数在点 x 处可微,则在点 x 处一定可导,且 $A = f'(x)$.

反之,若 $y=f(x)$ 在点 x 处可导,即 $\lim\limits_{\Delta x \to 0} \frac{\Delta y}{\Delta x} = f'(x)$ 存在,则由极限与无穷小的关系得

$$\frac{\Delta y}{\Delta x} = f'(x) + \alpha, \quad 其中当 \Delta x \to 0 时 \alpha \to 0.$$

因此有 $\Delta y = f'(x)\Delta x + \alpha \cdot \Delta x = f'(x) \cdot \Delta x + o(\Delta x)$. $f'(x)$ 与 Δx 无关,所以 $y=f(x)$ 在点 x 处可微,且 $\mathrm{d}y = f'(x) \cdot \Delta x$.

由于

$$\Delta y = f(x+\Delta x) - f(x) = f'(x) \cdot \Delta x + o(\Delta x),$$

所以,$\mathrm{d}y$ 是 Δy 的主要部分,又 $\mathrm{d}y = f'(x) \cdot \Delta x$ 是 Δx 的线性函数,所以在 $f'(x) \neq 0$ 的条件下,通常称 $\mathrm{d}y = f'(x) \cdot \Delta x$ 为 Δy 的**线性主部**.

上式表示当 $|\Delta x|$ 很小时,$\Delta y \approx \mathrm{d}y$,即 $f(x+\Delta x) \approx f(x) + f'(x) \cdot \Delta x$ 可用于近似计算.

例 1　求函数 $y=x^2$ 当 $x=2$,$\Delta x = 0.01$ 时的微分.

解　因 $\mathrm{d}y = (x^2)' \cdot \Delta x = 2x \cdot \Delta x$,所以

$$\mathrm{d}y \bigg|_{\substack{x=2 \\ \Delta x=0.01}} = 2x\Delta x \bigg|_{\substack{x=2 \\ \Delta x=0.01}} = 2 \times 2 \times 0.01 = 0.04.$$

当 $|\Delta x|$ 很小时,通常把自变量的增量 Δx 称为**自变量的微分**,记为 $\mathrm{d}x$,即 $\mathrm{d}x = \Delta x$,所以,**函数 $y=f(x)$ 的微分**,可记作

$$\mathrm{d}y = f'(x)\mathrm{d}x,$$

从而有 $\dfrac{\mathrm{d}y}{\mathrm{d}x}=f'(x)$，即函数的微分 $\mathrm{d}y$ 与自变量的微分 $\mathrm{d}x$ 的商等于函数的导数 $f'(x)$，故导数也叫**微商**.

2.5.2 微分的几何意义

微分的几何意义如图 2-4 所示. 当自变量 x_0 增加到 $x_0+\Delta x$ 时，函数 $y=f(x)$ 对应的曲线上的点 $M(x_0,y_0)$ 与点 $N(x_0+\Delta x,y_0+\Delta y)$，其增量为 $\Delta y=QN$. 曲线过点 M 的切线为 MT，设其倾角为 α，MT 与 QN 交于点 P，则

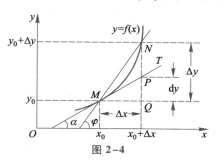

图 2-4

$QP=MQ\cdot\tan\alpha=\Delta x\cdot f'(x_0)$，即 $\mathrm{d}y=QP$. 因此，对于可微函数 $y=f(x)$ 而言，当 $|\Delta x|$ 很小时，$|\Delta y-\mathrm{d}y|$ 比 $|\Delta x|$ 小得多，因此，可用切线段 MP 来代替曲线段 $\overset{\frown}{MN}$，这就是"以直代曲"的极限思想方法.

2.5.3 基本初等函数的微分公式与微分运算法则

由于函数的微分表达式为 $\mathrm{d}y=f'(x)\mathrm{d}x$. 所以，要计算函数的微分，只要计算出函数的导数，就能得到它相应的微分.

基本初等函数的微分公式和微分运算法则如下.

1. 基本初等函数的微分公式

为了和基本初等函数的导数公式相对照，下面把导数公式和对应微分公式一一列出.

导数公式

$(C)'=0$；

$(x^\mu)'=\mu x^{\mu-1}$；

$(a^x)'=a^x\ln a$；

$(\mathrm{e}^x)'=\mathrm{e}^x$；

$(\log_a x)'=\dfrac{1}{x\ln a}$；

$(\ln x)'=\dfrac{1}{x}$；

$(\sin x)'=\cos x$；

$(\cos x)'=-\sin x$；

$(\tan x)'=\sec^2 x$；

$(\cot x)'=-\csc^2 x$；

$(\sec x)'=\sec x\tan x$；

$(\csc x)'=-\csc x\cot x$；

$(\arcsin x)'=\dfrac{1}{\sqrt{1-x^2}}$；

微分公式

$\mathrm{d}(C)=0$；

$\mathrm{d}(x^\mu)=\mu x^{\mu-1}\mathrm{d}x$；

$\mathrm{d}(a^x)=a^x\ln a\,\mathrm{d}x$；

$\mathrm{d}(\mathrm{e}^x)=\mathrm{e}^x\mathrm{d}x$；

$\mathrm{d}(\log_a x)=\dfrac{1}{x\ln a}\mathrm{d}x$；

$\mathrm{d}(\ln x)=\dfrac{1}{x}\mathrm{d}x$；

$\mathrm{d}(\sin x)=\cos x\mathrm{d}x$；

$\mathrm{d}(\cos x)=-\sin x\mathrm{d}x$；

$\mathrm{d}(\tan x)=\sec^2 x\mathrm{d}x$；

$\mathrm{d}(\cot x)=-\csc^2 x\mathrm{d}x$；

$\mathrm{d}(\sec x)=\sec x\tan x\mathrm{d}x$；

$\mathrm{d}(\csc x)=-\csc x\cot x\mathrm{d}x$；

$\mathrm{d}(\arcsin x)=\dfrac{1}{\sqrt{1-x^2}}\mathrm{d}x$；

$$(\arccos x)' = -\frac{1}{\sqrt{1-x^2}};$$
$$d(\arccos x) = -\frac{1}{\sqrt{1-x^2}}dx;$$

$$(\arctan x)' = \frac{1}{1+x^2};$$
$$d(\arctan x) = \frac{1}{1+x^2}dx;$$

$$(\operatorname{arccot} x)' = -\frac{1}{1+x^2}.$$
$$d(\operatorname{arccot} x) = -\frac{1}{1+x^2}dx.$$

2. 函数和差积商求导法则　　　　**函数和差积商微分法则**

$$[u\pm v]' = u'\pm v';$$
$$d[u\pm v] = du\pm dv;$$

$$(uv)' = u'v+uv';$$
$$d(uv) = vdu+udv;$$

$$(Cu)' = Cu'\quad (C \text{ 是常数});$$
$$d(Cu) = Cdu(C \text{ 是常数});$$

$$\left(\frac{u}{v}\right)' = \frac{u'v-uv'}{v^2}\quad (v\neq 0).$$
$$d\left(\frac{u}{v}\right) = \frac{vdu-udv}{v^2}\quad (v\neq 0).$$

3. 复合函数微分法则

设 $y=f(u)$ 和 $u=\varphi(x)$ 都可导,则复合函数 $y=f[\varphi(x)]$ 的微分为

$$dy = y_x'dx = f'(u)\cdot\varphi'(x)dx.$$

由 $u=\varphi(x)$,可得 $du=\varphi'(x)dx$,所以复合函数 $y=f[\varphi(x)]$ 的微分公式也可写成

$$dy = f'(u)du.$$

由此可见,无论 u 是自变量还是中间变量,微分形式 $dy=f'(u)du$ 保持不变. 这一性质称为**微分形式不变性**. 这个性质为求复合函数的微分提供了方便.

例 2　求下列函数的微分.

　　　（1）$y=\sqrt{1-x^2}$;　　　　　　（2）$y=\arctan\ln(1+\sqrt{x})$.

解　（1）$dy = d\sqrt{1-x^2} = \frac{1}{2\sqrt{1-x^2}}d(1-x^2) = \frac{-2x}{2\sqrt{1-x^2}}dx = \frac{-x}{\sqrt{1-x^2}}dx.$

　　　（2）$dy = \dfrac{1}{1+\ln^2(1+\sqrt{x})}d(\ln(1+\sqrt{x}))$

　　　　　　$= \dfrac{1}{1+\ln^2(1+\sqrt{x})}\cdot\dfrac{1}{1+\sqrt{x}}d(1+\sqrt{x})$

　　　　　　$= \dfrac{dx}{2\sqrt{x}\cdot[1+\ln^2(1+\sqrt{x})](1+\sqrt{x})}.$

例 3　求函数 $y=e^{-ax}\sin bx$ 的微分 dy.

解　$dy = \sin bxd(e^{-ax})+e^{-ax}d(\sin bx)$

　　　　$= \sin bxe^{-ax}d(-ax)+e^{-ax}\cos bxd(bx)$

　　　　$= (b\cos bx-a\sin bx)e^{-ax}dx.$

2.5.4　微分在近似计算中的应用

函数 $y=f(x)$ 在 $x=x_0$ 处,自变量有增量 Δx 时,相应地函数有增量 $\Delta y=f(x_0+\Delta x)-f(x_0)$,当 $|\Delta x|$ 很小时,可以用函数的微分 $dy=f'(x_0)dx$ 来近似代替函数的增量 Δy,即

$$\Delta y = f(x_0 + \Delta x) - f(x_0) \approx dy = f'(x_0) dx.$$

由上式可得 $f(x_0 + \Delta x)$ 的**微分近似计算公式**

$$f(x_0 + \Delta x) \approx f(x_0) + f'(x_0) dx.$$

例 4 求 $\sqrt[3]{999}$ 的近似值.

解 设 $f(x) = \sqrt[3]{x}$,则 $f'(x) = \dfrac{1}{3} x^{-\frac{2}{3}}$,

因 $\sqrt[3]{999} = 10\sqrt[3]{1 - 0.001}$,可以令 $x_0 = 1$,$\Delta x = -0.001$,

于是,$f(x_0) = 1$,$f'(x_0) = \dfrac{1}{3}$,

$$\sqrt[3]{999} = 10\sqrt[3]{1 - 0.001} = 10f[1 + (-0.001)]$$
$$\approx 10 \times [f(1) + f'(1) \times (-0.001)] \approx 9.996\ 667.$$

例 5 设半径为 10 cm 的金属薄片受热后半径伸长了 0.05 cm,求面积的增量.

解 设圆面积为 S,半径为 r,则 $S = \pi r^2$. 已知 $r = 10$ cm,$\Delta r = 0.05$ cm,求面积的增量 ΔS. 由于 Δr 很小,可用微分来近似代替函数增量

$$\Delta S \approx dS = S'(r) dr = 2\pi r dr,$$

代入已知值得

$$\Delta S \approx dS = 2 \times \pi \times 10 \times 0.05 \approx 3.14\ (\text{cm}^2),$$

即面积约增大了 3.14 cm^2.

例 6 计算 $\sin 59°30'$ 值.

解 问题是求正弦函数值,选取函数 $f(x) = \sin x$,$f'(x) = \cos x$. $59°30'$ 接近 $60°$,取 $x_0 = 60° = \dfrac{\pi}{3}$,则 $\Delta x = -30' = -\dfrac{\pi}{360}$,由微分近似计算公式得

$$\sin 59°30' \approx \sin \frac{\pi}{3} + \cos \frac{\pi}{3} \times \left(-\frac{\pi}{360}\right).$$

即

$$\sin 59°30' \approx \frac{\sqrt{3}}{2} + \frac{1}{2} \times \left(-\frac{\pi}{360}\right) \approx 0.861\ 7.$$

例 7 计算 $\arctan 0.98$ 的值.

解 选取函数 $f(x) = \arctan x$,$f'(x) = \dfrac{1}{1 + x^2}$. 0.98 接近 1,取 $x_0 = 1$,则 $\Delta x = -0.02$,由微分近似计算公式得

$$\arctan(x_0 + \Delta x) \approx \arctan x_0 + \frac{1}{1 + (x_0)^2} \times \Delta x,$$

2.5 例 7

所以 $\quad \arctan 0.98 \approx \arctan 1 + \dfrac{1}{1 + 1^2} \times (-0.02)$

$$= \frac{\pi}{4} - 0.01 \approx 0.785\ 4 - 0.01 = 0.775\ 4.$$

习题 2.5

1. 已知 $y = x^2$,当 $x = 1$,$\Delta x = 0.01$ 时,求 Δy 与 dy.

2. $d(e^{\arctan x^2})=($　　$)d(\arctan x^2)=($　　$)d(x^2)=($　　$)dx$.

3. 求下列函数的微分.

（1）$y=\dfrac{1}{x}+2\sqrt{x}$；　　　　　　　　（2）$y=x\sin 2x$；　　　　　　　　（3）$y=\dfrac{x}{\sqrt{x^2+1}}$.

4. 计算下列各式的近似值.

（1）$\sqrt{98}$；　　　（2）$e^{0.01}$；　　　（3）$\sin 29°$；　　　（4）$y=\arctan 1.003$.

5. 一个外直径为 10 cm 球壳, 球壳厚度为 0.1 cm, 计算球壳体积的近似值.

2.6　数学实验　导数与微分

2.6.1　MATLAB 求导命令

MATLAB 软件提供 diff 函数用于求导数, 调用格式如下:

Diff(S,v,n): 表示对表达式 S 关于变量 v 求第 n 阶导数. 若 n 省略表示求一阶导数; 若 v 省略, 表示对默认变量求 n 阶导数; 若两者皆省略, 则系统对默认变量求一阶导数.

2.6.2　实验内容

例 1　求函数 $y=x^2+5x+3$ 的导数 $\dfrac{dy}{dx}$.

解　使用 diff(S,x) 格式的命令, 在命令窗口中操作如图 2-5 所示.

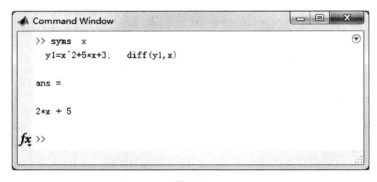

图 2-5

计算结果为 $\dfrac{dy}{dx}=2x+5$.

例 2　求函数 $y=\ln\dfrac{x+2}{1-x}$ 的导数 $\dfrac{dy}{dx}$.

解　使用 diff(S,x) 格式的命令, 在命令窗口中操作如图 2-6 所示.

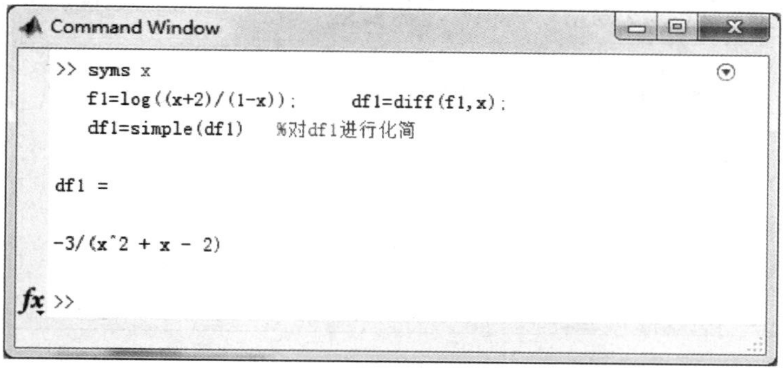

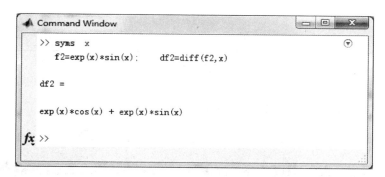

Command Window
>> syms x
f1=log((x+2)/(1-x)); df1=diff(f1,x);
df1=simple(df1) %对df1进行化简
df1 =
-3/(x^2 + x - 2)
fx >>

图 2-6

计算结果为$\frac{\mathrm{d}y}{\mathrm{d}x}=-\frac{3}{x^2+x-2}$.

例 3 求函数 $y=\mathrm{e}^x\sin x$ 的导数$\frac{\mathrm{d}y}{\mathrm{d}x}$.

解 使用 diff(S,x)格式的命令,在命令窗口中操作如图 2-7 所示.

Command Window
>> syms x
f2=exp(x)*sin(x); df2=diff(f2,x)
df2 =
exp(x)*cos(x) + exp(x)*sin(x)
fx >>

图 2-7

计算结果为$\frac{\mathrm{d}y}{\mathrm{d}x}=\mathrm{e}^x\cos x+\mathrm{e}^x\sin x$.

例 4 求函数 $y=\ln(ax+b)$ 的导数$\frac{\mathrm{d}y}{\mathrm{d}x}$.

解 使用 diff(S,x)格式的命令,在命令窗口中操作如图 2-8 所示.

计算结果为$\frac{\mathrm{d}y}{\mathrm{d}x}=\frac{a}{ax+b}$.

例 5 求函数 $y=(1+x^2)\arctan x$ 的二阶导数$\frac{\mathrm{d}^2y}{\mathrm{d}x^2}$.

解 使用 diff(S,x,n)格式的命令,在命令窗口中操作如图 2-9 所示.

计算结果为$\frac{\mathrm{d}^2y}{\mathrm{d}x^2}=2\arctan x+\frac{2x}{1+x^2}$.

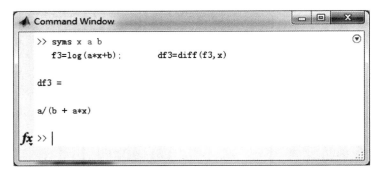

图 2-8

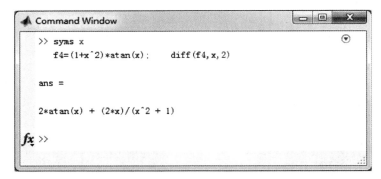

图 2-9

例 6　求隐函数 $y=1+x\mathrm{e}^{y}$ 的一阶导数 $\dfrac{\mathrm{d}y}{\mathrm{d}x}$.

解　使用 $\mathrm{diff}(\mathrm{S},\mathrm{x},\mathrm{n})$ 格式的命令,在命令窗口中操作如图 2-10 所示.

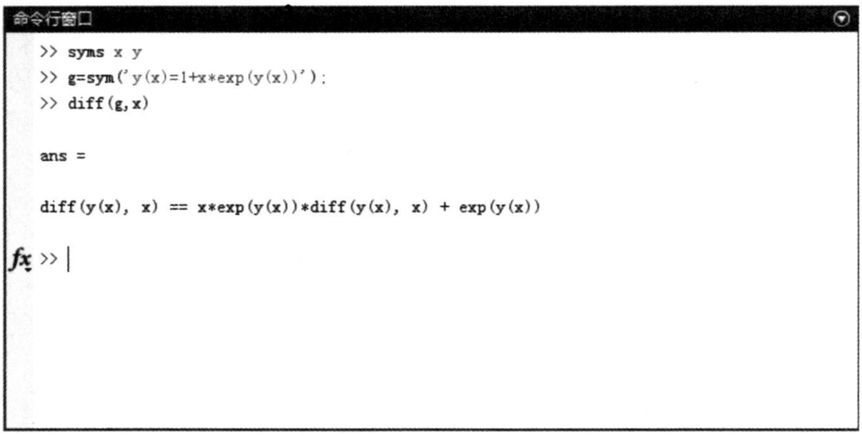

```
>> syms x y
>> g=sym('y(x)=1+x*exp(y(x))');
>> diff(g,x)

ans =

diff(y(x), x) == x*exp(y(x))*diff(y(x), x) + exp(y(x))

fx >> |
```

图 2-10

即　　$y'=\mathrm{e}^{y}+x\mathrm{e}^{y}y'$,解得　$y'=\dfrac{\mathrm{e}^{y}}{1-x\mathrm{e}^{y}}$.

2.6.3 上机实验

1. 上机验证上面各例.
2. 运用 MATLAB 软件做本章课后习题中的相关题目.

单元检测题 2

1. 填空题.

（1）曲线 $f(x)=x^2-2x$ 在点 $(2,0)$ 处的切线方程为_____.

（2）设 $f(x)=x^2+2^x$,则 $f'(2)=$ _____ , $[f(2)]'=$ _____.

（3）函数可导是函数连续的____条件,函数连续是函数可导的____条件.

（4）如果函数 $y=f(x)$ 在 $x=0$ 的某邻域内有定义,且 $f(0)=0,f'(0)=2$,则 $\lim\limits_{x\to 0}f(x)=$

_____.

（5）设函数 $y=f(x)$ 是可导的偶函数,已知 $f'(2)=2$,则 $f'(-2)=$ ____.

2. 单项选择题.

（1）下列等式中正确的是（　　）.

A. $\mathrm{d}\left(\dfrac{1}{1+x^2}\right)=\arctan x\mathrm{d}x$ 　　　　B. $\mathrm{d}\left(\dfrac{1}{x}\right)=-\dfrac{\mathrm{d}x}{x^2}$

C. $\mathrm{d}(2^x\ln 2)=2^x\mathrm{d}x$ 　　　　D. $\mathrm{d}(\tan x)=\cot x\mathrm{d}x$

（2）函数 $y=\ln\cos x$,则 $y''=$（　　）.

A. $\sec t\cdot\tan x$ 　　　B. $-\sec x\cdot\tan x$ 　　　C. $\dfrac{1}{\cos^2 x}$ 　　　D. $\dfrac{-1}{\cos^2 x}$

（3）设 $y=\mathrm{e}^{x^2}$ 在点 x 处可导,则 $\lim\limits_{\Delta x\to 0}\dfrac{f(1+\Delta x)-f(1)}{\Delta x}=$（　　）.

A. $2\mathrm{e}$ 　　　B. e^2 　　　C. e 　　　D. $\dfrac{1}{2}\mathrm{e}$

（4）设 $y=x^x$,则 $y'=$（　　）.

A. x^x 　　　B. $x^x(\ln x+1)$ 　　　C. $x^x\ln x$ 　　　D. $x^x(x\ln x+1)$

3. 计算下列函数的导数.

（1）$y=x^3\tan x$;

（2）$y=\sec x^3+\sin^3 x$;

（3）$\mathrm{e}^{xy}-\cos(x+y)=0$;

（4）$y=x^n+a_1x^{n-1}+\cdots+a_{n-1}x+a_n$,求 $y^{(n)}$;

（5）$y=\sqrt{\dfrac{(x-1)\sqrt{x-2}}{\sqrt[3]{x-3}\cdot\sqrt[4]{x-4}}}$.

4. 计算下列函数的微分.

（1）$y=\mathrm{e}^{2x}\sin 3x$; 　　　（2）$y=\ln\tan x^2$; 　　　（3）$y=\arctan\sqrt{1+x^2}$.

数学小故事

无穷小是零吗？

——记第二次数学危机

贝克莱（1685—1753）

　　在公元 17、18 世纪，随着微积分运算的诞生，微分法和积分法在很多方面都得到了广泛的应用，大部分数学家对这一理论的可靠性是毫不怀疑的。但激烈的争论伴随它成长和完善的过程，这个激烈争辩也就是人们所说的第二次数学危机。

　　第二次数学危机的实际问题来源于牛顿的求导数方法。牛顿在《求积术》一文中使用论证得出了 x^n 的导数为 nx^{n-1}。这个方法和结果在实际应用中非常成功，大大推进了科学技术的发展，数学家们成功地用微积分解决了许多实际问题。然而，牛顿的论证存在着严重纰漏。在增量无穷小的情况下，牛顿直接令其等于零从而解决问题。但是，一个无穷小真的等于零吗？显然，牛顿时代对于极限这一问题的研究尚不够深入，使得增量无穷小的逻辑问题显得尤为严重。牛顿在微积分问题上的这种不严谨有着深层背景，数学家们沉迷于微积分运算的成功，而对微积分在理论上的严谨性等基础问题的讨论不感兴趣，更有许多人认为所谓的严密化就是烦琐。正如数学家达朗贝尔所说，现在是"把房子盖得更高些，而不是把基础打得更加牢固"。

　　在极限的问题尚未被完全认清之前，微积分的基础问题一直受到一些人的批判和攻击，其中最有名的是贝克莱主教的攻击。贝克莱大主教是英国著名哲学家，1734 年，以"渺小的哲学家"之名发表《分析学家或者向一个不信正教数学家的进言》一文，明确指出牛顿论证的逻辑问题，书中贝克莱的矛头直指牛顿的微积分的基础——无穷小问题，为无穷小量的莫名消失而质疑，提出了所谓贝克莱悖论。他指出："牛顿在计算比如说 x^2 的导数时，先将 x 取一个不为 0 的增量 Δx，由 $(x+\Delta x)^2 - x^2$，得到 $2x\Delta x + (\Delta x)^2$，后再被 Δx 除，得到 $2x+\Delta x$，最后突然令 $\Delta x = 0$，求得导数为 $2x$。"这是"依靠双重错误得到了不科学却正确的结果"。因为无穷小量在牛顿的理论中一会儿说是零，一会儿又说不是零。牛顿对它曾作过三种不同解释：1669 年说它是一种常量；1671 年又说它是一个趋于零的变量；1676 年又说它是"两个正在消逝的量的最终比"，但是，他始终无法解决上述矛盾。因此，贝克莱嘲笑无穷小量 Δx 为"逝去量的灵魂"。贝克莱的攻击虽说出自维护神学的目的，但却真正抓住了牛顿理论中的缺陷，是切中要害的。他认为无穷小 Δx 既等于零又不等于零，招之即来，挥之即去，甚是荒谬，无穷小量究竟是不是零？无穷小及其分析是否合理？

　　直到 19 世纪初，法国科学学院的科学家以柯西为首，对微积分的理论进行了认真研究，建立了极限理论，后来又经过德国数学家维尔斯特拉斯进一步的严格化，才使极限理论成为微积分的坚定基础。

导数的应用 第 **3** 章

本章导读

  某公司每月生产某种设备 400 台,其总成本 C 为产量 q 的函数,$C(q) = 400 + \dfrac{q^2}{200} + 4\sqrt{q}$(万元／台).市场上每台设备的销售价格为 4 万元,你能否迅速回答:在现有生产 400 台的基础上,是应该增加产量还是减少产量?

  应用是任何科学的源泉.数学也不例外,事实上,微积分的产生与发展来自它的应用.如我们熟悉的速度和加速度、曲线的切线、求解实际问题的最大值和最小值等.除此之外,导数在很多方面都有应用,如经济学中的边际函数和需求弹性.上一章里,我们引进了导数和微分的概念以及计算方法.本章将先从导数的几何意义出发,介绍微分学中值定理,应用导数来研究函数及其图形的性态,应用导数解决诸如最值、未定式的极限、曲率以及经济学中边际函数、需求弹性等一些实际问题.

3.1 中 值 定 理

  微分中值定理是导数应用的理论基础,它揭示了函数在某一区间内的整体性质与在该区间内某一点的导数间的关系.

3.1.1 罗尔定理

  定理 1 [罗尔(Rolle)定理] 如果函数 $f(x)$ 满足

  (1) 在闭区间 $[a, b]$ 上连续;

  (2) 在开区间 (a, b) 内可导;

  (3) $f(a) = f(b)$,

则在 (a, b) 内至少存在一点 ξ,使得 $f'(\xi) = 0$.

  罗尔定理的几何意义是:满足罗尔定理的函数 $y = f(x)$,在 (a, b) 内其曲线弧上至少有一点,在该点处曲线的切线平行于 x 轴(如图 3-1).

例 1　验证罗尔定理对 $f(x)=x^2-1$ 在区间 $[-1,1]$ 上的正确性.

解　函数 $f(x)=x^2-1$ 在 $[-1,1]$ 上满足罗尔定理的三个条件,由罗尔定理,则至少存在一点 $\xi \in (-1,1)$ 使得

$$f'(\xi)=0.$$

事实上,由 $f'(x)=2x$ 得 $f'(\xi)=2\xi$. 所以 $f'(\xi)=2\xi=0, \xi=0.$

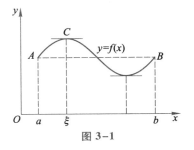

图 3-1

3.1.2　拉格朗日中值定理

罗尔定理中 $f(a)=f(b)$ 这个条件是相当特殊的,它使罗尔定理的应用受到限制. 如果把 $f(a)=f(b)$ 条件取消,但保留其余两个条件,就得到微分学非常重要的拉格朗日中值定理.

从图 3-2 容易看出,在曲线 $y=f(x)$ 上(只要把弦 AB 平行移动)至少可以找到一点 $C(\xi, f(\xi))$,使得曲线在该点处的切线与弦 AB 平行,也就是说,C 点处的切线斜率 $f'(\xi)$ 和弦 AB 的斜率

$$\frac{f(b)-f(a)}{b-a}$$

相等,即

$$f'(\xi)=\frac{f(b)-f(a)}{b-a}.$$

这个结果就是拉格朗日中值定理.

定理 2　[拉格朗日(Lagrange)中值定理]　如果函数 $f(x)$ 满足

(1) 在闭区间 $[a,b]$ 上连续;

(2) 在开区间 (a,b) 内可导,

则在 (a,b) 内至少存在一点 ξ,使得

$$f'(\xi)=\frac{f(b)-f(a)}{b-a}.$$

比较以上两个定理,显然罗尔定理是拉格朗日中值定理的特殊情形.

拉格朗日中值定理揭示了函数在区间上的增量与函数在区间上某一点 ξ 处的导数之间的关系,从而为用导数去研究函数在区间上的性态提供了理论基础,它在微分学中占有重要地位.

例 2　验证拉格朗日中值定理对 $f(x)=\ln x$ 在区间 $[1,e]$ 上的正确性.

解　函数 $f(x)=\ln x$ 在 $[1,e]$ 上满足拉格朗日中值定理的两个条件,由拉格朗日中值定理,则至少存在一点 $\xi \in (1,e)$,使得

$$f'(\xi)=\frac{f(e)-f(1)}{e-1},$$

由 $f'(x)=\dfrac{1}{x}$，得 $f'(\xi)=\dfrac{1}{\xi}$. 所以

$$\frac{f(\mathrm{e})-f(1)}{\mathrm{e}-1}=\frac{1}{\xi}, \quad 即\frac{1}{\mathrm{e}-1}=\frac{1}{\xi}.$$

于是有

$$\xi=\mathrm{e}-1\in(1,\mathrm{e}).$$

由第三章已知，常数的导数恒为零，作为拉格朗日中值定理的应用，以下我们导出它的逆命题.

定理 3 如果函数 $f(x)$ 在区间 (a,b) 内的导数恒为零，则 $f(x)$ 在 (a,b) 内是一个常数.

证 设 x_1,x_2 是 (a,b) 内的任意两点，且 $x_1<x_2$，在 $[x_1,x_2]$ 上应用拉格朗日中值定理，有

$$f(x_2)-f(x_1)=f'(\xi)(x_2-x_1)\quad(x_1<\xi<x_2).$$

由假设 $f'(\xi)=0$，得 $f(x_2)-f(x_1)=0$，即

$$f(x_2)=f(x_1).$$

因为 x_1,x_2 是 (a,b) 内的任意两点，所以上式表明 $y=f(x)$ 在 (a,b) 内任意两点的值总是相等的，这就是说 $y=f(x)$ 在 (a,b) 内是一个常数.

例 3 证明 $\arcsin x+\arccos x=\dfrac{\pi}{2}$，$x\in(-1,1)$.

证 因为 $(\arcsin x+\arccos x)'=\dfrac{1}{\sqrt{1-x^2}}-\dfrac{1}{\sqrt{1-x^2}}=0$，所以

$$\arcsin x+\arccos x=C\quad（C\text{ 为常数}）.$$

3.1 例 3

上式中令 $x=0$，则有 $C=\arcsin 0+\arccos 0=\dfrac{\pi}{2}$，即有

$$\arcsin x+\arccos x=\frac{\pi}{2}.$$

*3.1.3 柯西中值定理

定理 4 ［柯西（Cauchy）中值定理］

若函数 $f(x)$ 和 $g(x)$ 在闭区间 $[a,b]$ 上连续，在开区间 (a,b) 内可导，且 $g'(x)\neq0$，则至少存在一点 $\xi\in(a,b)$，使得

$$\frac{f(b)-f(a)}{g(b)-g(a)}=\frac{f'(\xi)}{g'(\xi)}.$$

比较拉格朗日中值定理与柯西中值定理，显然拉格朗日中值定理是柯西中值定理的特例（令 $g(x)=x$）.

罗尔定理，拉格朗日中值定理，柯西中值定理统称为**微分中值定理**.

习题 3.1

1. $f(x)=x^3-x$ 在 $[0,1]$ 满足罗尔定理的 $\xi=\underline{\qquad}$.

2. $f(x)=x^3$ 在 $[0,1]$ 上满足拉格朗日中值定理的 $\xi=$ _____.

3. 设 $f(x)=(x-1)(x-2)(x-3)(x-4)$,应用罗尔定理判断方程 $f'(x)=0$ 有几个实数根.

*4. 证明 $2\arctan x+\arcsin \dfrac{2x}{1+x^2}=\pi(x\geqslant 1)$.

3.2 利用导数研究函数的性态

3.2.1 函数的单调性

在预备知识一章中,我们给出了单调函数的定义,即对于函数 $y=f(x)$,若对任意的 $x_1,x_2\in[a,b]$,且 $x_1<x_2$,有 $f(x_1)<f(x_2)$(或 $f(x_1)>f(x_2)$),则称函数 $y=f(x)$ 在区间 $[a,b]$ 上**单调增加**(或**单调减少**).

由图 3-3 可以看出,函数 $f(x)$ 如果在 $[a,b]$ 上单调增加,则它的图形在 $[a,b]$ 上是一条沿着 x 轴正向上升的曲线,其上每一点处切线的斜率为正,即

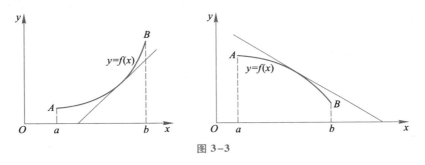

图 3-3

$$f'(x)>0(仅可能在个别点为零).$$

函数 $f(x)$ 如果在 $[a,b]$ 上单调减少,则它的图形在 $[a,b]$ 上是一条沿 x 轴正向下降的曲线,其上每一点处切线的斜率为负,即

$$f'(x)<0(仅可能在个别点处为零).$$

由此看出,函数在 $[a,b]$ 上的单调性,与函数导数的符号有着必然的联系.

定理 1(单调性判别法) 设函数 $y=f(x)$ 在闭区间 $[a,b]$ 上连续,在开区间 (a,b) 内可导,

(1)若 $f'(x)>0$,则函数 $y=f(x)$ 在 $[a,b]$ 上单调增加;

(2)若 $f'(x)<0$,则函数 $y=f(x)$ 在 $[a,b]$ 上单调减少.

证 (1)对任意 $x_1,x_2\in[a,b]$,且 $x_1<x_2$,由拉格朗日中值定理,有

$$f(x_2)-f(x_1)=f(\xi)(x_2-x_1)(x_1<\xi<x_2).$$

若 $f'(x)>0$,则必有 $f'(\xi)>0$,又 $x_2-x_1>0$,故有 $f(x_2)>f(x_1)$,即函数 $y=f(x)$ 在 $[a,b]$ 上单调增加.

同理可证(2).

例 1 判断函数 $y = x - \sin x$ 在区间 $[0, 2\pi]$ 上的单调性.

解 因为在 $(0, 2\pi)$ 内, $y' = 1 - \cos x > 0$, 所以, 函数 $y = x - \sin x$ 在 $[0, 2\pi]$ 上单调增加.

求函数在定义域的**单调区间**就是求解函数的导数 $f'(x)$ 大于与小于 0 的区间. 根据函数单调性判别法, 我们知道单调区间的分界点要么导数等于 0; 要么不存在. 这些点把函数的定义域分成若干区间, 因而求函数的单调区间就转化为判断函数的导数 $f'(x)$ 在这若干区间上的符号. 其中, 使 $f'(x) = 0$ 的点叫**函数的驻点**; 使 $f'(x)$ 不存在的点叫**函数的尖点**.

但函数的驻点或尖点并不一定是函数单调区间的分界点. 例如, 函数 $f(x) = x^3$ 在 $(-\infty, +\infty)$ 内单调递增, 函数的驻点 $x = 0$ 就不是单调区间的分界点; 函数 $f(x) = x^{\frac{1}{3}}$ 的在 $(-\infty, +\infty)$ 内单调递增, 函数的尖点 $x = 0$ 就不是单调区间的分界点.

例 2 设 $f(x) = x - \dfrac{3}{2} x^{\frac{2}{3}}$, 求函数的单调区间.

解 函数的定义域为 $(-\infty, +\infty)$,

$$f'(x) = 1 - x^{-\frac{1}{3}} = \frac{\sqrt[3]{x} - 1}{\sqrt[3]{x}}.$$

令 $f'(x) = 0$, 在定义域内解得驻点 $x = 1$; 在定义域内使 $f'(x)$ 不存在的尖点 $x = 0$.

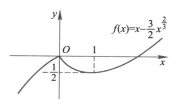

图 3-4

列表讨论上述点把定义域分成的三个区间上 $f'(x)$ 的符号 (见表 3-1):

表 3-1

x	$(-\infty, 0)$	0	$(0, 1)$	1	$(1, +\infty)$
$f'(x)$	$+$	不存在	$-$	0	$+$
$f(x)$	↗	0	↘	$-\dfrac{1}{2}$	↗

所以, $f(x)$ 的单调递增区间是 $(-\infty, 0]$, $[1, +\infty)$; 单调递减区间是 $[0, 1]$.

其图像如图 3-4 (应用 MATLAB 作图) 直观反映了上述求法是正确的.

由此归纳, 求函数单调区间的步骤:

(1) 写出函数的定义域;

(2) 求函数的导数并分解因式;

(3) 在函数的定义域内求驻点与尖点 (有则求);

(4) 列表讨论上述点把定义域分成的若干个区间上 $f'(x)$ 的符号, 从而确定单调区间;

(5) 写出结论.

例 3 求函数 $f(x) = 2x^3 - 9x^2 + 12x - 3$ 的单调区间.

解 函数的定义域为 $(-\infty, +\infty)$,

$$f'(x) = 6x^2 - 18x + 12 = 6(x - 2)(x - 1).$$

令 $f'(x) = 0$, 得驻点 $x_1 = 1, x_2 = 2$.

3.2 例3

79

列表讨论(见表 3-2):

表 3-2

x	$(-\infty,1)$	1	$(1,2)$	2	$(2,+\infty)$
$f'(x)$	+	0	–	0	+
$f(x)$	↗	2	↘	1	↗

函数 $f(x)$ 在 $(-\infty,1]$ 和 $[2,+\infty)$ 上单调增加,在 $[1,2]$ 上单调减少.

例 4 求证 $x>\ln(1+x)(x>0)$.

证 设 $f(x)=x-\ln(1+x)$,则

$$f'(x)=1-\frac{1}{1+x}.$$

当 $x>0$ 时,$f'(x)>0$,由定理知,当 $x>0$ 时,$f(x)$ 单调增加,又 $f(0)=0$,故当 $x>0$ 时,$f(x)>f(0)$. 即

$$x-\ln(1+x)>0.$$

从而 $x>\ln(1+x)$.

3.2 例 4

3.2.2 曲线的凹凸性与拐点

3.2 曲线
凹凸性

图 3-5 中有两条曲线弧,虽然它们都是上升的,但图形结构却有明显不同,$\overset{\frown}{ACB}$ 是向上凸的曲线弧,而 $\overset{\frown}{ADB}$ 是向上凹的曲线弧,它们的凹凸性不同.

图 3-6 中,如果在曲线弧 $\overset{\frown}{AB}$ 上每一点作切线,那么这些切线都在曲线弧的下方. 而对 $\overset{\frown}{BC}$ 上每一点作切线,那么这些切线都在它的上方,由此给出以下定义.

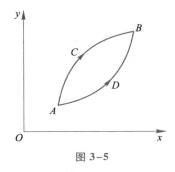

图 3-5

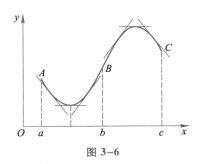

图 3-6

定义 1 开区间 (a,b) 内,如果曲线上每一点处的切线都在它的下方,则称曲线在 (a,b) 内是**凹的**. 如果曲线上每一点处的切线都在它的上方,则称曲线在 (a,b) 内是**凸的**.

那么,如何判定曲线的凹凸性呢?

由图 3-6,还可以看出,当曲线是凹的,则切线的斜率随着 x 的增大而增大,即 $f'(x)$ 是单调增加的. 当曲线是凸的,切线的斜率随着 x 的增大而减小,即 $f'(x)$ 是单调减少的,而导函数 $f'(x)$ 的单调性可用 $f''(x)$ 的符号来判别. 这样,我们得到曲线凹凸性的

判别方法如下：

定理 2（曲线凹凸性的判别定理）

设函数 $f(x)$ 在闭区间 $[a,b]$ 上连续，且在开区间 (a,b) 内具有二阶导数，如果对于任意的 $x\in(a,b)$，如果

（1）$f''(x)>0$，则曲线 $f(x)$ 在闭区间 $[a,b]$ 上是凹的；

（2）$f''(x)<0$，则曲线 $f(x)$ 在闭区间 $[a,b]$ 上是凸的.

曲线凹凸区间的分界点 $(x_0,f(x_0))$ 叫做曲线的**拐点**.

由定理 2 可知，确定曲线的凹凸区间及拐点的方法，步骤如下：

（1）确定 $f(x)$ 的定义域；

（2）求 $f'(x)$，$f''(x)$，在定义域解出 $f''(x)=0$ 的点和 $f''(x)$ 不存在的点（有则求）；

（3）列表讨论上述点将定义域分成若干区间内 $f''(x)$ 的符号，确定凹凸区间及拐点；

（4）写出函数 $y=f(x)$ 的凹凸区间及拐点.

例 5 确定曲线 $y=x^3-6x^2+9x-3$ 的凹凸性和拐点.

解 函数的定义域为 $(-\infty,+\infty)$，

$$f'(x)=3x^2-12x+9,$$
$$f''(x)=6x-12=6(x-2),$$

由 $f''(x)=0$，解得 $x=2$.

列表（见表 3-3），讨论如下

表 3-3 （表中"∪"和"∩"分别表示曲线是"凹","凸"的）

x	$(-\infty,2)$	2	$(2,+\infty)$
$f''(x)$	$-$	0	$+$
$y=f(x)$	∩	拐点$(2,-1)$	∪

所以，曲线在 $(-\infty,2]$ 内是凸的，在 $[2,+\infty)$ 内是凹的，曲线的拐点为 $(2,-1)$.

例 6 确定曲线 $y=1+(x-1)^{\frac{1}{3}}$ 的凹凸性和拐点.

解 函数的定义域为 $(-\infty,+\infty)$，

$$f'(x)=\frac{1}{3}(x-1)^{-\frac{2}{3}},\quad f''(x)=-\frac{2}{9}\cdot\frac{1}{(x-1)^{\frac{5}{3}}}.$$

3.2 例6

当 $x=1$ 时，$f''(x)$ 不存在.

列表（见表 3-4），讨论如下

表 3-4

x	$(-\infty,1)$	1	$(1,+\infty)$
$f''(x)$	$+$	不存在	$-$
$y=f(x)$	∪	拐点$(1,1)$	∩

所以，曲线在 $(-\infty,1]$ 内是凹的，在 $[1,+\infty)$ 内是凸的，曲线的拐点为 $(1,1)$.

3.2.3 函数的极值与最值

1. 函数的极值

函数的极值不仅是函数性态的重要特征,而且在实际问题中有着广泛的应用.下面我们以导数为工具讨论函数的极值.

定义 2　设函数 $y=f(x)$ 在点 x_0 的某邻域 $U(x_0)$ 内有定义,如果对于去心邻域 $\mathring{U}(x_0)$ 内的任一 x,有 $f(x)<f(x_0)$(或 $f(x)>f(x_0)$)那么,就称 $f(x_0)$ 是函数 $f(x)$ 的一个**极大值**(或**极小值**).

函数的极大值与极小值统称为函数的**极值**. 使函数取得极值的点称为函数的**极值点**.

注意:(1)极值是指函数值,而极值点是指自变量的值.

(2)极值与函数在整个区间上的最大值,最小值不同,前者是局部性的,而后者是整体性的.

由极值的定义,图 3-7 中,x_1,x_3,x_6 是极小值点,x_2,x_5 是极大值点;x_4 不是极值点,但是驻点. 极值点 x_1,x_2,x_3,x_5,x_6 处,曲线都有水平切线,其斜率等于 0.

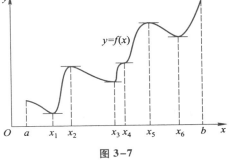

图 3-7

由图 3-7 知,可导函数 $f(x)$ 的极值点必定是它的驻点;反之,函数的驻点却不一定是函数的极值点. 又如,$f(x)=x^3$ 的导数 $f'(x)=3x^2,f'(0)=0$,所以 $x=0$ 是该可导函数的驻点,却并不是它的极值点.

函数的导数不存在的点(尖点)也可能是函数的极值点. 又如,函数 $f(x)=|x|$ 在点 $x=0$ 处不可导,但函数在该点取得极小值.

于是我们可以得到如下定理:

定理 3　若函数 $f(x)$ 在点 x_0 处可导,且在 x_0 处取得极值,那么必有 $f'(x_0)=0$.

由图 3-7 可以看出:

若在驻点(或尖点)x_0 的左侧函数单调增加,在 x_0 的右侧函数单调减少,则函数 $f(x)$ 在 x_0 处取得极大值.

若在驻点(或尖点)x_0 的左侧函数单调减少,在 x_0 的右侧函数单调增加,则函数 $f(x)$ 在 x_0 处取得极小值.

基于上述分析,根据函数单调性判别法,我们得到判断极值存在的两个充分条件:

定理 4(极值第一充分条件)　设函数 $f(x)$ 在 x_0 处连续,且在 x_0 的某一去心邻域内可导,则

(1)若当 $x<x_0$ 时,$f'(x)>0$,当 $x>x_0$ 时,$f'(x)<0$,那么函数 $f(x)$ 在 x_0 处取得极大值;

(2)若当 $x<x_0$ 时,$f'(x)<0$,当 $x>x_0$ 时,$f'(x)>0$,那么函数 $f(x)$ 在 x_0 处取得极小值.

定理 5(极值第二充分条件)　设函数 $f(x)$ 在 x_0 的某一邻域内二阶可导,且 $f'(x_0)=0,f''(x_0)\neq0$,则

（1）当 $f''(x_0)<0$ 时，函数 $f(x)$ 在 x_0 处取得极大值；

（2）当 $f''(x_0)>0$ 时，函数 $f(x)$ 在 x_0 处取得极小值．

注意：极值的第二充分条件只能用来判断驻点是不是函数的极值点，不能用来判断尖点是不是函数的极值点．

例 7 求函数 $f(x)=(x-1)^2(x+1)^3$ 的极值．

解 函数的定义域为 $(-\infty,+\infty)$，

$$f'(x)=(x-1)(x+1)^2(5x-1),$$

令 $f'(x)=0$，求得驻点 $x=-1,\dfrac{1}{5},1$．

列表（见表 3-5）讨论

表 3-5

x	$(-\infty,-1)$	-1	$(-1,1/5)$	$1/5$	$(1/5,1)$	1	$(1,+\infty)$
$f'(x)$	+	0	+	0	−	0	+
$f(x)$	↗	无极值	↗	有极大值	↘	有极小值	↗

可见，在 $x=\dfrac{1}{5}$ 处，$f(x)$ 有极大值 $f\left(\dfrac{1}{5}\right)=\dfrac{3\,456}{3\,125}$，在 $x=1$ 处，$f(x)$ 有极小值 $f(1)=0$，而在 $x=-1$ 两侧，函数均单调增加，所以函数在 $x=-1$ 处没有极值．

由例 7 得出用极值第一充分条件求函数极值的步骤如下：

（1）写出函数的定义域；

（2）求函数的导数并分解因式；

（3）在函数的定义域内求驻点与尖点（有则求）；

（4）列表讨论上述点把定义域分成的若干区间上 $f'(x)$ 的符号，从而确定单调区间与函数的极值；

（5）写出结论．

例 8 求函数 $f(x)=\sin x+\cos x$ 在区间 $[0,2\pi]$ 上的极值．

解
$$f'(x)=\cos x-\sin x,$$
$$f''(x)=-\sin x-\cos x,$$

3.2 例 8

令 $f'(x)=0$，即 $\cos x-\sin x=0$，得驻点 $x=\dfrac{\pi}{4}$ 和 $\dfrac{5\pi}{4}$．

而 $f''\left(\dfrac{\pi}{4}\right)=-\sin\dfrac{\pi}{4}-\cos\dfrac{\pi}{4}<0,f''\left(\dfrac{5\pi}{4}\right)=-\sin\dfrac{5\pi}{4}-\cos\dfrac{5\pi}{4}>0,$

故由定理 5 知，$f\left(\dfrac{\pi}{4}\right)=\sqrt{2}$ 为极大值，$f\left(\dfrac{5\pi}{4}\right)=-\sqrt{2}$ 为极小值．

2. 最大值与最小值

（1）闭区间 $[a,b]$ 上连续函数 $f(x)$ 的最大值和最小值

由闭区间上连续函数的性质，我们知道闭区间 $[a,b]$ 上连续函数 $f(x)$ 必有最大值和最小值．结合本节极值的定义，我们发现最大值和最小值只可能在闭区间 $[a,b]$ 上的极值点或端点处取得．因此，可直接算出一切可能的极值点的函数值与端点处的函

数值,比较这些函数值的大小,即可求出函数在闭区间$[a,b]$的最大值与最小值.

例 9　求函数 $f(x)=(x^2-1)^3+1$ 在$[-2,1]$上的最大值与最小值.

解　$f'(x)=6x(x^2-1)^2$,令 $f'(x)=0$,求得在$(-2,1)$内的驻点为 $x=-1,0$.
于是 $f(-1)=1,f(0)=0.$ 又$[-2,1]$端点处的函数值为 $f(-2)=28,f(1)=1.$
所以,函数在$[-2,1]$上的最大值为 28,最小值为 0.

（2）实际问题的最大最小值

实际问题中,若函数 $f(x)$ 在定义区间内部只有一个驻点 x_0,而最值又存在,则可根据实际意义直接判定 $f(x_0)$ 是所求的最值. 具体步骤如下:

第一步　选取恰当的自变量,建立目标函数,并根据实际问题确定定义域;

第二步　求导数. 在定义域内求驻点;

第三步　如果驻点唯一,则该驻点即为所求最值点,并求最值.

例 10　一个有上下底的圆柱形铁桶,容积是常数 V,问底面半径 r 为何值时,铁桶的表面积最小?

解　设铁桶表面积为 S,h 是铁桶的高度,则铁桶的表面积

$$S=2\pi r^2+2\pi rh\,(r>0).$$

而 $h=\dfrac{V}{\pi r^2}$,故

$$S=2\pi r^2+\frac{2V}{r},$$

因为 $\dfrac{\mathrm{d}S}{\mathrm{d}r}=4\pi r-\dfrac{2V}{r^2}$,令$\dfrac{\mathrm{d}S}{\mathrm{d}r}=0$,求得驻点 $r=\sqrt[3]{\dfrac{V}{2\pi}}.$

由于函数在$(0,+\infty)$内的驻点唯一,所以 $r=\sqrt[3]{\dfrac{V}{2\pi}}$ 是最小值点. 此时,由 $r=\sqrt[3]{\dfrac{\pi r^2 h}{2\pi}}$
得 $h=2r$,即铁桶的高等于底面直径时,表面积最小.

3.2 例 11

例 11　某矿务局拟从地平面上一点 A 挖掘一管道至地平面下一点 C,设 AB 长 600 m,BC 长 240 m,如图 3-8. 沿水平 AB 方向是黏土,掘进费每米 5 元,地平面下是岩石,掘进费是每米 13 元,怎样挖掘费用最省? 最省费用多少元?

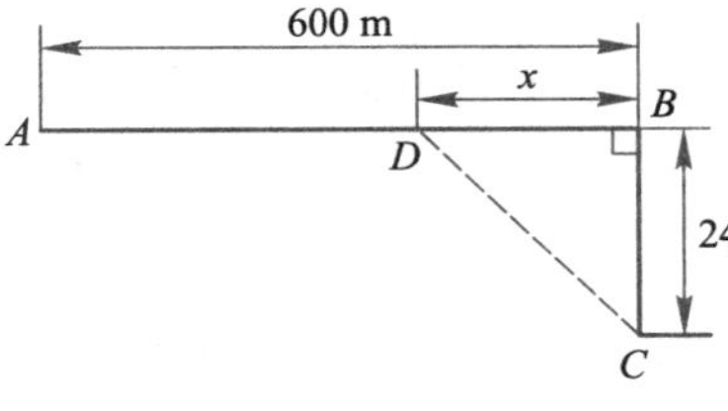

解　设先在地平面上由 A 点掘到 D 点,再由 D 点掘到 C 点,并令 $BD=x$,则所需费用为

图 3-8

$$f(x)=5(600-x)+13\sqrt{x^2+240^2}\ (0\leqslant x\leqslant 600),$$

所以

$$f'(x)=-5+\frac{13x}{\sqrt{x^2+240^2}}.$$

令 $f'(x)=0$,求得驻点 $x=100.$

因驻点唯一,所以 $x=100$ 就是费用最省的点,于是

$$AD=600-x=500\ \text{m},\qquad DC=\sqrt{100^2+240^2}=260\ \text{m}.$$

所需费用最小为 $f(100)=5\times500+13\times260=5\ 880$ 元，即先从地平面的 A 点掘进 500 m 到 D 点，再从 D 点斜掘 260 m 到 C 点，费用最省.

习题 3.2

1. 若函数 $y=f(x)$ 在点 x_0 处可导，且 x_0 是函数 $y=f(x)$ 的极值点，则 $f'(x_0)=$ _____.

2. 下列函数在其定义域上单调递增的是( ).

A. $y=\sin x$ 　　　B. $y=\arctan x$ 　　　C. $y=x^2$ 　　　D. $y=2^{-x}$

3. 下列函数没有极值的是( ).

A. $y=|x|$ 　　　B. $y=x^2$ 　　　C. $y=x^{\frac{2}{3}}$ 　　　D. $y=x^3$

4. 下列叙述正确的是( ).

A. 函数的极值点一定是函数的驻点 　　　B. 函数的极值点一定是函数的尖点

C. 函数的驻点一定是函数的极值点 　　　D. 函数的极值点是函数的驻点或尖点

5. 求下列函数的单调区间.

（1）$y=x^4-8x^2+2$；　　　　　　（2）$y=(x-1)(x+1)^3$；

（3）$y=2x^2-\ln x$；　　　　　　　（4）$y=x+\dfrac{4}{x}$.

6. 求下列曲线的凹凸区间与拐点.

（1）$y=x^3-5x^2+3x+5$；　（2）$y=xe^{-x}$；　（3）$y=\ln(1+x^2)$；　（4）$y=(x-1)x^{\frac{2}{3}}$.

7. 求下列函数的极值.

（1）$y=2x^3-3x^2-12x+21$；　　　（2）$y=x^2\ln x$；

（3）$y=2e^x+e^{-x}$；　　　　　　　（4）$y=3-2(x+1)^{\frac{1}{3}}$.

8. 求下列函数在给定区间上的最大值和最小值.

（1）$y=x^4-2x^2+5,[-2,2]$；　　　（2）$y=x+\sqrt{1-x},[-5,1]$.

*9. 证明下列不等式.

（1）当 $x>0$ 时，$\sin x<x$；　　　（2）当 $x>0$ 时，$e^x>1+x$.

10. 从一块边长为 12 m 的正方形铁皮的四个角上截去同样大小的正方形，然后沿虚线折起做成一个无盖子的盒子(如图 3-9)，问截去的小正方形边长为多少时，盒子容量最大？

11. 欲做一个容积为 216 m^3，底为正方形的长方体有盖子的铁皮盒子，问怎样做用料最省？

12. 用铁丝围成一个面积为 216 m^2 的长方形，且在矩形正中间用铁丝将长方形分成两个面积相等的小长方形，问怎样围，铁丝用料最省？

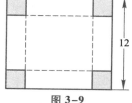

图 3-9

13. 半径为 R 的球，作内接于此球的圆柱体. 问圆柱体的高 h 为何值时，圆柱体的体积最大？

14. 甲船位于乙船东 75 nmile 处，以每小时 12 nmile 的速度向西行驶，而乙船则以每小时 6 nmile 的速度向北行驶，问经过多长时间两船相距最近？

3.3 洛必达法则

在自变量的某一变化过程中,函数 $f(x)$,$g(x)$ 都趋近于零(或都趋近于无穷大),我们把极限 $\lim \dfrac{f(x)}{g(x)}$ 称为 $\dfrac{0}{0}\left(\text{或}\dfrac{\infty}{\infty}\right)$ 型**未定式**.

显然,未定式不能直接用极限的四则运算法则来求.本节将介绍一种利用导数求未定式极限的简捷方法——洛必达(L' Hospital)法则.

以下给出 7 种未定式 $\dfrac{0}{0},\dfrac{\infty}{\infty},0\cdot\infty,\infty-\infty,0^0,\infty^0,1^\infty$.洛必达法则将为求解此类函数的极限提供简便而有效的方法.

3.3.1 $\dfrac{0}{0}$ 型或 $\dfrac{\infty}{\infty}$ 型未定式

定理(洛必达法则) 如果函数 $f(x)$ 与 $g(x)$ 满足以下条件

(1)在点 x_0 的某一去心邻域内可导,且 $g'(x)\neq 0$;

(2)极限 $\lim\limits_{x\to x_0}\dfrac{f(x)}{g(x)}$ 是 $\dfrac{0}{0}$ 型 $\left(\text{或}\dfrac{\infty}{\infty}\text{型}\right)$;

(3) $\lim\limits_{x\to x_0}\dfrac{f'(x)}{g'(x)}=A$(或 ∞),

则 $\lim\limits_{x\to x_0}\dfrac{f(x)}{g(x)}=\lim\limits_{x\to x_0}\dfrac{f'(x)}{g'(x)}=A$(或 ∞).

注意:上述定理对于自变量的其他变化过程:$x\to x_0^-$、$x\to x_0^+$、$x\to\infty$、$x\to+\infty$ 与 $x\to-\infty$ 等,同样成立.

例 1 求下列 $\dfrac{0}{0}$ 型未定式的极限.

(1) $\lim\limits_{x\to 0}\dfrac{e^x-1}{x}$; (2) $\lim\limits_{x\to 0}\dfrac{(1+x)^\alpha-1}{x}(\alpha\in\mathbf{R})$;

(3) $\lim\limits_{x\to-8}\dfrac{\sqrt{1-x}-3}{2+\sqrt[3]{x}}$; (4) $\lim\limits_{x\to 0}\dfrac{e^x-e^{-x}-2x}{x-\sin x}$.

3.3 例 1

解 (1) $\lim\limits_{x\to 0}\dfrac{e^x-1}{x}=\lim\limits_{x\to 0}\dfrac{(e^x-1)'}{(x)'}=\lim\limits_{x\to 0}\dfrac{e^x}{1}=1.$

(2) $\lim\limits_{x\to 0}\dfrac{(1+x)^\alpha-1}{x}=\lim\limits_{x\to 0}\dfrac{[(1+x)^\alpha-1]'}{(x)'}=\lim\limits_{x\to 0}\alpha\,(1+x)^{\alpha-1}=\alpha.$

(3) $\lim\limits_{x\to-8}\dfrac{\sqrt{1-x}-3}{2+\sqrt[3]{x}}=\lim\limits_{x\to-8}\dfrac{(\sqrt{1-x}-3)'}{(2+\sqrt[3]{x})'}=\lim\limits_{x\to-8}\dfrac{\dfrac{-1}{2\sqrt{1-x}}}{\dfrac{1}{3\sqrt[3]{x^2}}}=-\dfrac{3}{2}\lim\limits_{x\to-8}\dfrac{\sqrt[3]{x^2}}{\sqrt{1-x}}=-2.$

(4) $\lim\limits_{x\to 0}\dfrac{e^x-e^{-x}-2x}{x-\sin x}=\lim\limits_{x\to 0}\dfrac{e^x+e^{-x}-2}{1-\cos x}=\lim\limits_{x\to 0}\dfrac{e^x-e^{-x}}{\sin x}=\lim\limits_{x\to 0}\dfrac{e^x+e^{-x}}{\cos x}=2.$

例 2 求下列 $\dfrac{\infty}{\infty}$ 型未定式的极限.

（1）$\lim\limits_{x\to 0^+}\dfrac{\ln \tan x}{\ln x}$；　　　　　　　　（2）$\lim\limits_{x\to +\infty}\dfrac{x^n}{\mathrm{e}^{\lambda x}}(\lambda>0)$.

解　（1）$\lim\limits_{x\to 0^+}\dfrac{\ln \tan x}{\ln x}=\lim\limits_{x\to 0^+}\dfrac{(\ln \tan x)'}{(\ln x)'}=\lim\limits_{x\to 0^+}\dfrac{\dfrac{\sec^2 x}{\tan x}}{\dfrac{1}{x}}=\lim\limits_{x\to 0^+}\dfrac{x}{\sin x\cos x}$

$$=\lim\limits_{x\to 0^+}\dfrac{x}{\sin x}\cdot\lim\limits_{x\to 0^+}\dfrac{1}{\cos x}=1.$$

（2）接连 n 次利用洛必达法则，得

$$\lim\limits_{x\to +\infty}\dfrac{x^n}{\mathrm{e}^{\lambda x}}=\lim\limits_{x\to +\infty}\dfrac{n\cdot x^{n-1}}{\lambda \mathrm{e}^{\lambda x}}=\lim\limits_{x\to +\infty}\dfrac{n\cdot(n-1)\cdot x^{n-2}}{\lambda^2 \mathrm{e}^{\lambda x}}=\cdots=\lim\limits_{x\to +\infty}\dfrac{n!}{\lambda^n\cdot \mathrm{e}^{\lambda x}}=0.$$

注意：在用洛必达法则求极限的过程中，如果每使用一次洛必达法则仍然是 $\dfrac{0}{0}$ 型或 $\dfrac{\infty}{\infty}$ 型，且满足洛必达法则的条件，则可以继续使用洛必达法则，直到求出极限值.

3.3.2 其他类型的未定式——可化为 $\dfrac{0}{0}$ 型或 $\dfrac{\infty}{\infty}$ 型的未定式

1. $0\cdot\infty$ 型未定式

由无穷大与无穷小的关系，$0\cdot\infty$ 可转化为 $\dfrac{0}{0}$ 型或 $\dfrac{\infty}{\infty}$ 型未定式来计算.

例 3　求下列极限.

（1）$\lim\limits_{x\to 0^+}x\ln x$；　　　　　　　　（2）$\lim\limits_{x\to \infty}x(\mathrm{e}^{\frac{1}{x}}-1)$.

解　（1）$\lim\limits_{x\to 0^+}x\ln x=\lim\limits_{x\to 0^+}\dfrac{\ln x}{\dfrac{1}{x}}=\lim\limits_{x\to 0^+}\dfrac{\dfrac{1}{x}}{-\dfrac{1}{x^2}}=\lim\limits_{x\to 0^+}(-x)=0.$ （此题转化为 $\dfrac{\infty}{\infty}$ 型）

3.3 例 3

（2）$\lim\limits_{x\to \infty}x(\mathrm{e}^{\frac{1}{x}}-1)=\lim\limits_{x\to \infty}\dfrac{\mathrm{e}^{\frac{1}{x}}-1}{\dfrac{1}{x}}=\lim\limits_{x\to \infty}\dfrac{-\dfrac{1}{x^2}\mathrm{e}^{\frac{1}{x}}}{-\dfrac{1}{x^2}}=\lim\limits_{x\to \infty}\mathrm{e}^{\frac{1}{x}}=1.$ （此题转化为 $\dfrac{0}{0}$ 型）

思考：$\lim\limits_{x\to \infty}x\sin\dfrac{1}{x}$ 是否为 $0\cdot\infty$ 未定式？如果是，那么是转化成 $\dfrac{0}{0}$ 型还是 $\dfrac{\infty}{\infty}$ 型？

2. $\infty-\infty$ 型未定式

一般地，$\infty-\infty$ 型未定式可通过通分或分子有理化等方法转化成 $\dfrac{0}{0}$ 型未定式或 $\dfrac{\infty}{\infty}$ 型未定式来求极限.

例 4　求下列极限.

（1）$\lim\limits_{x\to 0}\left[\dfrac{1}{x}-\dfrac{1}{\ln(1+x)}\right]$；　　　　　　　　（2）$\lim\limits_{x\to +\infty}(\sqrt{x^2+x}-x)$.

解　（1）$\lim\limits_{x\to 0}\left[\dfrac{1}{x}-\dfrac{1}{\ln(1+x)}\right]=\lim\limits_{x\to 0}\dfrac{\ln(1+x)-x}{x\ln(1+x)}=\lim\limits_{x\to 0}\dfrac{\dfrac{1}{1+x}-1}{\ln(1+x)+\dfrac{x}{1+x}}$ （此题转化为 $\dfrac{0}{0}$ 型）

$$= \lim_{x \to 0} \frac{-x}{(1+x)\ln(1+x)+x} = \lim_{x \to 0} \frac{-1}{\ln(1+x)+1+1} = -\frac{1}{2}.$$

（2）$\lim\limits_{x \to +\infty}(\sqrt{x^2+x}-x) = \lim\limits_{x \to +\infty}\dfrac{x}{\sqrt{x^2+x}+x} = \lim\limits_{x \to +\infty}\dfrac{1}{\sqrt{1+\dfrac{1}{x}}+1} = \dfrac{1}{2}. \left(\text{此题转化为}\dfrac{\infty}{\infty}\text{型}\right)$

注意：例 4 的第 2 小题求极限的方法比用洛必达法则简单. 同学可以自己试一试.

3. 0^0，∞^0，1^∞ 型未定式

由对数的恒等式 $N^m = e^{\ln N^m} = e^{m\ln N}$ 知，根据复合函数的极限，0^0，∞^0，1^∞ 均可转化

$e^{0 \cdot \infty} = e^{\frac{0}{0}}$ 或 $e^{0 \cdot \infty} = e^{\frac{\infty}{\infty}}$，然后根据 $\dfrac{0}{0}$ 型未定式或 $\dfrac{\infty}{\infty}$ 型未定式来求极限.

例 5 求 $\lim\limits_{x \to 0^+} x^x$.

解 $\lim\limits_{x \to 0^+} x^x = \lim\limits_{x \to 0^+} e^{x\ln x} = e^{\lim\limits_{x \to 0^+} x\ln x} = e^{\lim\limits_{x \to 0^+} \frac{\ln x}{1/x}} = e^{\lim\limits_{x \to 0^+}(-x)} = e^0 = 1.$

例 6 求 $\lim\limits_{x \to 0}\left(\dfrac{a^x+b^x+c^x}{3}\right)^{\frac{1}{x}}$.

解 $\lim\limits_{x \to 0}\left(\dfrac{a^x+b^x+c^x}{3}\right)^{\frac{1}{x}} = \lim\limits_{x \to 0} e^{\frac{1}{x}\ln\frac{a^x+b^x+c^x}{3}} = e^{\lim\limits_{x \to 0}\frac{\ln(a^x+b^x+c^x)-\ln 3}{x}}$

$$= e^{\lim\limits_{x \to 0}\frac{a^x\ln a+b^x\ln b+c^x\ln c}{a^x+b^x+c^x}} = e^{\frac{\ln a+\ln b+\ln c}{3}} = \sqrt[3]{abc}.$$

注意：洛必达法则的条件是充分而非必要的，即若 $\lim\limits_{x \to x_0}\dfrac{f'(x)}{g'(x)}$ 不存在，但不是 ∞

时，不能断定 $\lim\limits_{x \to x_0}\dfrac{f(x)}{g(x)}$ 不存在，只表明洛必达法则失效（见例 7）. 遇到这种情形时，应该使用其他方法求极限.

例 7 求 $\lim\limits_{x \to \infty}\dfrac{x+\sin x}{x}$.

分析：这是 $\dfrac{\infty}{\infty}$ 型未定式，若应用洛必达法则，有

$$\lim\limits_{x \to \infty}\frac{x+\sin x}{x} = \lim\limits_{x \to \infty}\frac{1+\cos x}{1} = \lim\limits_{x \to \infty}(1+\cos x)\text{ 不存在}，\text{洛必达法则失效}.$$

解 $\lim\limits_{x \to \infty}\dfrac{x+\sin x}{x} = \lim\limits_{x \to \infty}\left(1+\dfrac{\sin x}{x}\right) = 1+\lim\limits_{x \to \infty}\left(\dfrac{\sin x}{x}\right) = 1+0 = 1.$

习题 3.3

1. 用洛必达法则求下列极限.

（1）$\lim\limits_{x \to 2}\dfrac{x^2-x-2}{x^2-3x+2}$； （2）$\lim\limits_{x \to 0}\dfrac{\sin 3x}{\sin 5x}$； （3）$\lim\limits_{x \to 0}\dfrac{e^{x^2}-1}{\sin x}$； （4）$\lim\limits_{x \to a}\dfrac{\sin x-\sin a}{x-a}$；

（5）$\lim\limits_{x \to \frac{\pi}{2}^+}\dfrac{\ln\left(x-\dfrac{\pi}{2}\right)}{\tan x}$； （6）$\lim\limits_{x \to 0^+}\dfrac{\ln x}{\ln\sin x}$； （7）$\lim\limits_{x \to 0} x^2 e^{\frac{1}{x^2}}$； （8）$\lim\limits_{x \to 1}\left(\dfrac{x}{x-1}-\dfrac{1}{\ln x}\right)$；

(9) $\lim\limits_{x\to0}\left(\dfrac{1}{x}-\dfrac{1}{e^x-1}\right)$; (10) $\lim\limits_{x\to0}\dfrac{1-\cos x}{x\sin 2x}$; (11) $\lim\limits_{x\to0}\dfrac{x-\sin x}{x^3}$; (12) $\lim\limits_{x\to0}\dfrac{\tan x-x}{x-\sin x}$.

2. 求下列极限.

(1) $\lim\limits_{x\to0^+}x^{\sin x}$;　　　　　　(2) $\lim\limits_{x\to0}(1+\sin x)^{\frac{1}{x}}$;　　　　　　(3) $\lim\limits_{x\to0^+}\left(\dfrac{1}{x}\right)^{\tan x}$.

3. 求下列极限.

(1) $\lim\limits_{x\to0}\dfrac{x^2\sin\dfrac{1}{x}}{\sin x}$;　　　　　　(2) $\lim\limits_{x\to+\infty}\dfrac{e^x+e^{-x}}{e^x-e^{-x}}$.

*3.4　函数图形的描绘　曲线的曲率

3.4.1　函数图形的描绘

函数的图形有助于直观了解函数的性质,描绘函数图形的基本方法是描点法. 但是使用描点法作图,图形的变化趋势和一些关键点(如极值点,拐点等)往往不容易精确地描出,为了解决这个问题,可以导数为工具研究函数,使我们预先对函数图形的升降和极值,凹凸和拐点等情况有一个全面的分析,再结合曲线有无渐近线的讨论,就可以比较准确地作出函数的图形. 其方法和步骤如下:

1. 确定 $f(x)$ 的定义域,奇偶性,周期性;

2. 确定 $f(x)$ 的单调区间,凹凸区间,极值与拐点;

3. 确定曲线 $f(x)$ 有无水平或垂直渐近线,并求一些必要的辅助点(如曲线与坐标轴的交点等);

根据以上三个步骤,描绘 $y=f(x)$ 的图形.

曲线的水平渐近线与垂直渐近线可按如下方法求得:

若 $\lim\limits_{x\to\infty}f(x)=a$,则称 $y=a$ 为曲线 $f(x)$ 的**水平渐近线**.

若 $\lim\limits_{x\to b}f(x)=\infty$,则称 $x=b$ 为曲线 $f(x)$ 的**垂直渐近线**.

例1 作函数 $y=\dfrac{1}{3}x^3-x+\dfrac{2}{3}$ 的图形.

解 (1) 函数的定义域为 $(-\infty,+\infty)$.

(2) $y'=x^2-1$,由 $y'=0$,得驻点 $x=-1$ 和 1.

$y''=2x$,由 $y''=0$,得 $x=0$.

列表讨论(表 3-6、表 3-7).

表 3-6

x	$(-\infty,-1)$	-1	$(-1,1)$	1	$(1,+\infty)$
y'	$+$	0	$-$	0	$+$
$y=f(x)$	↗	极大值 $\dfrac{4}{3}$	↘	极小值 0	↗

表 3-7

x	$(-\infty,0)$	0	$(0,+\infty)$
y''	$-$	0	$+$
$y=f(x)$	$\cap$	拐点$\left(0,\dfrac{2}{3}\right)$	$\cup$

（3）求辅助点$(-2,0)$，$\left(2,\dfrac{4}{3}\right)$等，综合上述讨

论 作出函数的图形（如图 3-10）.

例 2　作函数$y=\mathrm{e}^{-x^2}$的图形.

解　（1）函数的定义域为$(-\infty,+\infty)$，且为偶

函数，图像关于y轴对称.

（2）$y'=-2x\mathrm{e}^{-x^2}$，由$y'=0$，得驻点$x=0$.

$y''=2\mathrm{e}^{-x^2}(2x^2-1)$，由$y''=0$，得$x=\pm\dfrac{1}{\sqrt{2}}$.

列表讨论（表 3-8、表 3-9）.

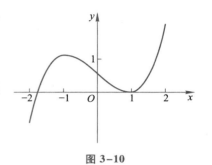

图 3-10

表 3-8

x	$(-\infty,0)$	0	$(0,+\infty)$
y'	$+$	0	$-$
$y=f(x)$	↗	极大值 1	↘

表 3-9

x	$\left(-\infty,-\dfrac{1}{\sqrt{2}}\right)$	$-\dfrac{1}{\sqrt{2}}$	$\left(-\dfrac{1}{\sqrt{2}},\dfrac{1}{\sqrt{2}}\right)$	$\dfrac{1}{\sqrt{2}}$	$\left(\dfrac{1}{\sqrt{2}},+\infty\right)$
y''	$+$	0	$-$	0	$+$
$y=f(x)$	$\cup$	拐点$\left(-\dfrac{\sqrt{2}}{2},\mathrm{e}^{-\frac{1}{2}}\right)$	$\cap$	拐点$\left(\dfrac{\sqrt{2}}{2},\mathrm{e}^{-\frac{1}{2}}\right)$	$\cup$

（3）$\lim\limits_{x\to\infty}\mathrm{e}^{-x^2}=0$，所以曲线$y=\mathrm{e}^{-x^2}$有水平渐近线$y=0$，又$y=\mathrm{e}^{-x^2}$恒为正值，所以曲线

在x轴上方.

综合以上讨论结果，先绘出$y=\mathrm{e}^{-x^2}$在$[0,+\infty)$

上的图形，然后利用图形的对称性，可得到函数

在$(-\infty,0]$上的图形，该曲线在概率论中叫正

态分布曲线（如图 3-11）.

注意：函数图形的描绘除考查上述要素外，

有的还需要考虑函数的周期性，奇偶性以及斜

渐近线等才能精确地描绘出函数的图形. 相关

内容请同学们查阅本科高等数学教材.

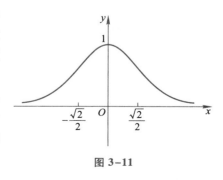

图 3-11

3.4.2 曲率

在许多实际问题中,需要用数量表示曲线的弯曲程度,如在设计铁路和公路的弯道时,必须考虑弯道的弯曲程度,桥梁受力弯曲时,也要考虑其弯曲的程度.在数学中,曲线 $y=f(x)$ 的弯曲程度,常用"曲率"来描述.

考察两段等长的曲线弧 $\overset{\frown}{MN}$,其弧长为 Δs,设有一动点 M 沿弧段移到点 N,则该动点的切线也相应沿弧段转动,在弧段两端点的切线构成了一个角 $\Delta\alpha$,此角叫**转角**,由图 3-12(1),图 3-12(2)可看出,曲线弯曲程度大的,转角也大.又由图 3-13 表示曲线弧段 $\overset{\frown}{MN}$,$\overset{\frown}{M_1N_1}$,曲线转角相等,但弯曲程度不同,因此弯曲程度的大小既与转角有关,也和弧长 Δs 有关.在转角相等的情况下,曲线弧长较短的弯曲程度较大.由以上讨论知弯曲程度与转角的大小成正比,与弧长成反比.

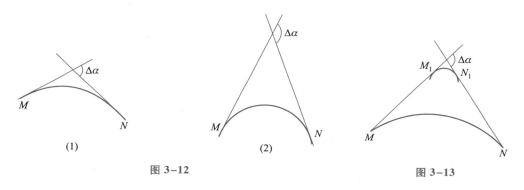

图 3-12 图 3-13

通常用 $|\Delta\alpha|$ 与 $|\Delta s|$ 的比值来表示弧段 $\overset{\frown}{MN}$ 的弯曲程度,叫做 $\overset{\frown}{MN}$ 的**平均曲率**,记为

$$\bar{k}=\left|\frac{\Delta\alpha}{\Delta s}\right|.$$

Δs 越小,比值 $\left|\dfrac{\Delta\alpha}{\Delta s}\right|$ 越接近于点 M 的弯曲程度,于是,我们用极限给出曲率的定义.

定义 设 M 和 N 是曲线 $y=f(x)$ 上的两点,当 N 沿曲线趋向于 M 时,$\overset{\frown}{MN}$ 的平均曲率 $\bar{k}=\left|\dfrac{\Delta\alpha}{\Delta s}\right|$ 的极限,叫做曲线 $y=f(x)$ 在点 M 处的**曲率**,记作 k,即

$$k=\lim_{\Delta s\to 0}\frac{\Delta\alpha}{\Delta s}(\text{如图 3-14}).$$

注意:(1)这里 $\Delta\alpha$ 用弧度表示,平均曲率和曲率的单位为弧度/单位长;

(2)在 $\lim\limits_{\Delta s\to 0}\left|\dfrac{\Delta\alpha}{\Delta s}\right|=\left|\dfrac{\mathrm{d}\alpha}{\mathrm{d}s}\right|$ 存在的条件下,k 可以表示为 $k=\left|\dfrac{\mathrm{d}\alpha}{\mathrm{d}s}\right|$.

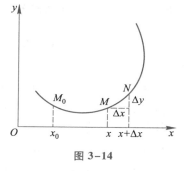

图 3-14

例 3　求半径为 R 的圆周上任一点处的曲率.

解　取任意圆弧 $\overset{\frown}{MN}$（如图 3-15），
$$\Delta\alpha = \alpha = \angle MON,$$
$$\Delta s = R\alpha.$$

于是

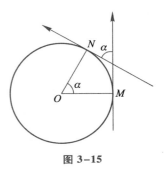

图 3-15

$$\overline{k} = \left|\frac{\Delta\alpha}{\Delta s}\right| = \frac{\alpha}{R\alpha} = \frac{1}{R}.$$

故
$$k = \lim_{\Delta s \to 0}\left|\frac{\Delta\alpha}{\Delta s}\right| = \lim_{\Delta s \to 0}\frac{1}{R} = \frac{1}{R}.$$

所以圆周上任一点的曲率都是 $\dfrac{1}{R}$，即圆周上任一点的弯曲程度相同，且圆的半径越小，弯曲程度越大，这和直观认识是一致的.

3.4.3　曲率公式

设函数 $y=f(x)$ 二阶可导，以下先来求 $\mathrm{d}\alpha$ 与 $\mathrm{d}s$.

（1）由导数的几何意义知，曲线 $y=f(x)$ 在点 M 的切线斜率为
$$y' = \tan\alpha, \quad \alpha = \arctan y'.$$

于是
$$\mathrm{d}\alpha = \mathrm{d}(\arctan y') = \frac{1}{1+y'^2}\mathrm{d}y' = \frac{y''}{1+y'^2}\mathrm{d}x.$$

（2）考察图 3-14 中弧段 $\overset{\frown}{MN}$，当点 N 无限接近点 M 时，可用弦 $\overline{MN}$ 的长近似地替代 $\overset{\frown}{MN}$ 的弧长 Δs，$\lim\limits_{N \to M}\dfrac{\overset{\frown}{MN}}{\overline{MN}} = 1$，则

$$\frac{\Delta s}{\Delta x} = \frac{\overset{\frown}{MN}}{\Delta x} = \frac{\overset{\frown}{MN}}{\overline{MN}} \cdot \frac{\overline{MN}}{\Delta x} = \frac{\overset{\frown}{MN}}{\overline{MN}} \cdot \frac{\sqrt{(\Delta x)^2 + (\Delta y)^2}}{\Delta x} = \frac{\overset{\frown}{MN}}{\overline{MN}} \cdot \sqrt{1 + \left(\frac{\Delta y}{\Delta x}\right)^2}.$$

当 $N \to M$ 时，即 $\Delta x \to 0$ 时，取极限得
$$\frac{\mathrm{d}s}{\mathrm{d}x} = \sqrt{1+y'^2}.$$

即 $\mathrm{d}s = \sqrt{1+y'^2}\,\mathrm{d}x$，$\mathrm{d}s$ 叫**弧微分**. 于是，曲率的计算公式为
$$k = \left|\frac{\mathrm{d}\alpha}{\mathrm{d}s}\right| = \left|\frac{\dfrac{y''}{1+y'^2}\mathrm{d}x}{\sqrt{1+y'^2}\,\mathrm{d}x}\right| = \left|\frac{y''}{(1+y'^2)^{3/2}}\right|.$$

例 4　求直线 $y=ax+b\,(a\neq 0)$ 的曲率.

解　$y'=a$，$y''=0$.

代入曲率计算公式得 $k=0$. 即直线的弯曲程度为零.

例 5　抛物线 $y=ax^2+bx+c\,(a\neq 0)$ 上哪一点处的曲率最大？

解　由 $y'=2ax+b$，$y''=2a$，得抛物线上任一点 (x,y) 处的曲率为

$$k = \frac{|2a|}{[1+(2ax+b)^2]^{3/2}}.$$

因上式分子是常数 $|2a|$，所以只要分母最小，k 就最大，显然，当 $2ax+b=0$ 即 $x=-\dfrac{b}{2a}$ 时，分母最小，此时 k 的值最大，且 $k_{最大}=|2a|$. 由于当 $x=-\dfrac{b}{2a}$ 时，$y=-\dfrac{b^2-4ac}{4a}$. 所以，抛物线在顶点 $\left(-\dfrac{b}{2a}, -\dfrac{b^2-4ac}{4a}\right)$ 处的曲率最大.

习题 3.4

1. 求下列曲线的渐近线.

（1）$y=\dfrac{1}{1-x^2}$；   （2）$y=\dfrac{x-1}{(x-2)^2}-1$；   （3）$y=x^2+\dfrac{1}{x}$.

2. 作下列函数的图形.

（1）$y=2-x-x^3$；   （2）$y=\ln(1+x^2)$；   （3）$y=\dfrac{x}{1+x^2}$；

（4）$y=xe^x$；   （5）$y=\dfrac{e^x}{1+x}$；   （6）$y=\dfrac{x^2}{x^2-1}$.

3. 求下列曲线在给定点处的曲率.
（1）$xy=4$ 在点 $(2,2)$ 处；
（2）$y=\ln(1-x^2)$ 在原点处；
（3）$y=\dfrac{e^x+e^{-x}}{2}$ 在点 $(0,1)$ 处.

4. 证明抛物线 $y^2=4x$ 在原点处曲率最大.

5. 已知函数 $f(x)=ax^3+bx^2+cx+d$ 有极值点 $x_1=1$ 和 $x_2=3$，曲线 $y=f(x)$ 的拐点为 $(2,4)$，在拐点处曲线的斜率等于 -3，确定 a,b,c,d 的值，并作函数的图像.

6. 求曲线 $y=e^x$ 上曲率最大的点.

7. 求曲线 $y=a\ln\left(1-\dfrac{x^2}{a^2}\right)$ $(a>0)$ 上曲率半径最小的点.

3.5　导数在经济学中的应用

在经济学中，经常会用变化率的概念，而变化率分为平均变化率与瞬时变化率，瞬时变化率就是函数的导数，也就是经济学中边际问题. 但边际问题属于绝对的范围，不足以深入分析问题. 例如，单价为 5 元与单价为 50 元的商品都涨价 1 元，哪个涨价的幅度大？这就需要研究相对变化率的问题，这就是经济学中的弹性问题. 本节将介绍经济学中的边际问题和弹性问题.

3.5.1　边际函数与边际分析

定义 1　若函数 $y=f(x)$ 可导，则称导数 $f'(x)$ 为 $f(x)$ 的**边际函数**.

由 $f'(x) = \lim\limits_{\Delta x \to 0} \dfrac{\Delta y}{\Delta x}$ 知,**边际函数 $f'(x)$ 的意义**:当自变量为 x 时,x 改变一个单位,y 改变 $f'(x)$ 个单位.

例如,函数 $y = x^2$,$y' = 2x$. 在点 $x = 10$ 处的边际函数值 $y'(10) = 20$,它表示当 $x = 10$ 时,x 再改变一个单位,y 改变 20 个单位.

1. 边际成本

总成本 C 是指生产一定数量的产品所需费用总额. 一般由固定成本 C_0 与可变成本 $C_1(x)$ 两部分组成,记作 $C = C(x) = C_0 + C_1(x)$.

平均成本 $\overline{C}$ 是指总成本下生产单位产品的成本,记作 $\overline{C} = \dfrac{C(x)}{x}$.

边际成本 $C'(x) = \lim\limits_{\Delta x \to 0} \dfrac{C(x + \Delta x) - C(x)}{\Delta x}$.

例 1　某公司每月生产某种设备 400 台上下,其总成本 C 为产量 q 的函数,$C(q) = 400 + \dfrac{q^2}{200} + 4\sqrt{q}$（万元/台）. 市场上每台设备的销售价格为 4 万元,你能否迅速决策（没有计算工具）:在现有生产 400 台的基础上,是增加产量还是减少产量?

解　$C'(q) = \dfrac{q}{100} + \dfrac{2}{\sqrt{q}}$,所以 $C'(400) = 4.1$ 万元（即边际成本）.

也就是在生产 400 台设备的基础上再多生产一台设备大约要亏 0.1 万元. 所以,建议减少产量.

例 2　生产某种商品 x 件时总成本为

$$C(x) = 20 + 2x + \frac{1}{5}x^2 （万元）.$$

（1）求当 $x = 5$ 时的总成本、平均成本及边际成本;

（2）生产多少件这种商品时,平均成本最小? 并求此时的最小平均成本和边际成本.

解　（1）由 $C(x) = 20 + 2x + \dfrac{1}{5}x^2 (x \geqslant 0)$,$\overline{C}(x) = \dfrac{20}{x} + 2 + \dfrac{1}{5}x$,$C'(x) = 2 + \dfrac{2}{5}x$ 得

总成本 $C(5) = 35$（万元）,平均成本 $\overline{C}(5) = 7$（万元）,边际成本 $C'(5) = 4$（万元）.

（2）平均成本函数 $\overline{C}(x) = \dfrac{20}{x} + 2 + \dfrac{1}{5}x (x \geqslant 0)$,

$$\overline{C}'(x) = -\frac{20}{x^2} + \frac{1}{5},$$

令 $\overline{C}'(x) = 0$,解得驻点 $x = 10$.

由于驻点 $x = 10$ 唯一,则该点即为所求平均成本最小的点. 即当 $x = 10$ 时平均成本最小,且平均成本的最小值为

$$\overline{C}(10) = \frac{20}{10} + 2 + \frac{1}{5} \times 10 = 6,$$

此时边际成本为

$$C'(10) = 2 + \frac{2}{5} \times 10 = 6.$$

2. 边际收入

设 P 表示商品价格,x 表示商品数量,价格函数 $P = P(x)$,则

总收入 R 是指出售一定数量的产品所得到的总收入. $R=R(x)=xP(x)$.

平均收入 $\overline{R}$ 是指出售一定数量的产品平均每售出单位产品所得到的收入,即单位产品的售价. $\overline{R}=\overline{R}(x)=\dfrac{R(x)}{x}=P(x)$.

边际收入 R' 是指总收入的变化率. $R'=R'(x)$.

例 3 设某种产品销售 x 单位的收入为 $R(x)=200x-x^2-400$,问销售多少该产品时,平均收入最大?并求最大平均收入和此时的边际收入.

解 $\overline{R}(x)=\dfrac{R(x)}{x}=200-x-\dfrac{400}{x}(x>0)$,$\overline{R}'(x)=-1+\dfrac{400}{x^2}$.

令 $\overline{R}'(x)=0$,解得驻点 $x=20$.

由于驻点 $x=20$ 唯一,则该点即为所求平均收入最大的点. 即

当 $x=20$ 时,平均收入最大. 最大平均收入为 $\overline{R}(10)=200-20-\dfrac{400}{20}=160$,此时边际收入为 $R'(10)=200-2\times20=160$.

3. 边际利润

设 x 表示商品销售数量,则

总利润:$L=L(x)=R(x)-C(x)$.

边际利润:$L'=L'(x)=R'(x)-C'(x)$.

例 4 设生产某种商品 x 件时总成本为 $C(x)=20+2x+\dfrac{1}{2}x^2$(万元),若每销售一件该商品的收入为 20 万元. 求

(1)总利润函数;

(2)销售 15 件时的边际利润;

(3)销售多少件产品时利润最大?

3.5 例 4

解 总收入 $R(x)=20x$,所以

(1) $L(x)=20x-\left(20+2x+\dfrac{1}{2}x^2\right)=18x-20-\dfrac{1}{2}x^2(x\geq0)$.

(2) $L'(x)=18-x$. 当 $x=15$ 时,边际利润 $L'(15)=3$(万元).

(3) 令 $L'(x)=0$,解得驻点 $x=18$.

由于驻点 $x=18$ 唯一,则该点即为所求利润最大的点. 即

当 $x=18$ 件时,利润最大为 $L(18)=18\times18-20-9\times18=142$(万元).

3.5.2 函数的弹性

分析经济学中弹性问题,需要认识相对增量与相对变化率.

1. 相对增量

对于函数 $y=f(x)$,当 x 从 $x=x_0$ 变化到 $x=x_0+\Delta x$ 时,$\dfrac{\Delta x}{x_0}$ 称为 x 在 $(x_0,x_0+\Delta x)$ 内的

相对增量;相应地,$\dfrac{\Delta y}{y_0}=\dfrac{f(x_0+\Delta x)-f(x_0)}{f(x_0)}$ 为函数 y 的**相对增量**.

2. 相对变化率

在经济活动中,同样也要研究自变量的相对增量对其函数相对增量的影响. 我们把函数的相对增量 $\dfrac{\Delta y}{y}$ 与自变量的相对增量 $\dfrac{\Delta x}{x}$ 之比 $\dfrac{\Delta y/y}{\Delta x/x}$ 称为 $y=f(x)$ 在 x 与 $x+\Delta x$ 两点间的**相对变化率**,这就是函数 $y=f(x)$ 在 x 与 $x+\Delta x$ **两点间的弹性**.

3. 函数的弹性

设函数 $y=f(x)$ 在 x 处可导,由于 $\lim\limits_{\Delta x\to 0}\dfrac{\Delta y/y}{\Delta x/x}=\dfrac{x}{y}\lim\limits_{\Delta x\to 0}\dfrac{\Delta y}{\Delta x}=\dfrac{x}{y}y'$,这就是函数在点 x 处的瞬时弹性.

定义 2 $f(x)$ 在 x 处的瞬时弹性 $\dfrac{x}{y}y'$ 称为**函数的弹性**,记为 $\dfrac{EY}{EX}$.

弹性的意义:在 x 处,当 x 改变 1% 时,函数值 y 改变 $\left|\dfrac{EY}{EX}\right|\%$. 也就是说弹性反映了 y 对 x 的变化的反应强烈程度或灵敏度.

(1)需求弹性

在经济学中,设某种商品的市场需求量为 Q,价格为 P,需求函数 $Q=Q(P)$ 可导,则称当价格为 P 时的**需求弹性**

$$\eta(P)=\dfrac{EQ}{EP}=\dfrac{P}{Q(P)}\cdot Q'(P).$$

需求弹性 $\eta(P)$ 表示某种商品的需求量 Q 对价格 P 变化的敏感程度. 由于需求函数一般为价格的递减函数,所以,需求弹性 $\eta(P)$ 一般为负值.

需求弹性经济意义:当某种商品的价格为 P 时,价格上涨(或下跌)1%,需求量将下降(或上升)$|\eta(p)|\%$.

例5 已知某商品的需求函数为 $Q=48P-3P^2$(P 为价格,Q 为需求量).

① 求需求弹性 $\dfrac{EQ}{EP}$;

② 求当 $P=9$ 和 $P=14$ 时的需求弹性,并解释其经济意义.

解 ① $\dfrac{EQ}{EP}=\dfrac{P}{Q(P)}Q'(P)=\dfrac{P}{48P-3P^2}(48-6P)=\dfrac{48-6P}{48-3P}$;

② 当 $P=9$ 时,$\dfrac{EQ}{EP}\Big|_{P=9}=\dfrac{48-6\times 9}{48-3\times 9}\approx -0.286$,

当 $P=14$ 时,$\dfrac{EQ}{EP}\Big|_{P=14}=\dfrac{48-6\times 14}{48-3\times 14}=-6$.

3.5 例5

其经济意义为:当价格 $P=9$ 时,价格上涨(或下降)1%,需求量减少(或增加)0.286%;当价格 $P=14$ 时,价格上涨(或下降)1%,需求减少(或增加)6%.

(2)收入弹性

因 $R=PQ(P)$,$R'=Q(P)+PQ'(P)$,所以当价格为 P 时的**收入弹性**

$$\dfrac{ER}{EP}=\dfrac{P}{R}R'=\dfrac{P}{PQ(P)}[Q(P)+PQ'(P)]=1+\dfrac{P}{Q(P)}Q'(P)=1+\eta(P).$$

收入弹性 $\dfrac{ER}{EP}$ 表示某种商品的收入 R 对价格 P 变化的敏感程度.

收入弹性经济意义:若 $\dfrac{ER}{EP}>0$ 时,当某种商品的价格为 P 时,价格上涨(或下跌)

1%,收入 R 将增长(或下降)$\dfrac{ER}{EP}\%$;若 $\dfrac{ER}{EP}<0$ 时,当某种商品的价格为 P 时,价格上涨

(或下跌)1%,收入 R 将下降(或增长)$\left|\dfrac{ER}{EP}\right|\%$.

习题 3.5

1. 某厂生产 A 型产品的总成本函数为
$$C(x)=9\,000+40x+0.001x^2\ (x\ 为产量).$$
该厂生产多少件产品时,平均成本最小?

2. 某厂月生产 x 件产品的总成本为
$$C(x)=x^2+2x+100(千元).$$
若产品单价为 40(千元).(1)求边际利润;(2)月产量多少件时利润最大?最大利润为多少?

3. 某商品的需求量 Q 与价格 P 之间的关系为 $Q=8\,000-8P$.求收入最多时商品的价格及销售量.

4. 设某商品需求函数为 $Q=\mathrm{e}^{-\frac{P}{4}}$,求需求弹性.并解释 $P=3$ 与 $P=5$ 时的需求弹性经济意义.

5. 一旅馆有 50 套房间出租,如果每套每月 180 元,则可全部租出,当租金每套每月增加 10 元时,租不出的房间就多一套,而租出的房子每套每月需 20 元维护费,问房租定为多少可获得最大利润?

3.6　数学实验　导数的应用

3.6.1　学习 MATLAB 命令

MATLAB 软件提供 ezplot 函数用于绘制符号函数图像.调用格式如下:

ezplot('f',[a,b]):表示绘制函数 f 在区间 a<x<b 内的图形,当[a,b]省略时,默认 x 的区间为 $[-2\pi,2\pi]$;

ezplot('f',[a,b,c,d]):表示绘制函数 f 在 a<x<b 与 c<y<d 内的图形,当[a,b,c,d]省略时,默认 x 与 y 的区间都是 $[-2\pi,2\pi]$.

MATLAB 软件提供 fminbnd 函数用于求函数的极小值(最小值),其调用格式如下:

[xmin,fmin]=fminbnd('fun',x1,x2):表示函数 fun 在 $[x_1,x_2]$ 上的最小值点是 xmin,最小值是 fmin.

若要求函数 $f(x)$ 在 $[x_1,x_2]$ 内的最大值,可以转化为求 $-f(x)$ 在 $[x_1,x_2]$ 上的最小值.

3.6.2　实验内容

例 1　求函数 $f(x) = \dfrac{1}{3}x^3 - x + \dfrac{2}{3}$ 的极值点,并画出函数的图形.

解　对 $f(x)$ 求导,然后令 $\dfrac{\mathrm{d}f(x)}{\mathrm{d}x} = 0$,解方程则可得 $f(x)$ 的驻点,在通过观察 $f(x)$ 的图形,找到 $f(x)$ 的极值点. 在命令窗口中操作如图 3-16 所示.

```
命令行窗口
>> syms x
>> y=x^3/3-x+3;
>> dy=diff(y);%求导数
>> dy0=solve(dy)%求驻点
>> ezplot(y,-2,2)|
>> dy0

dy0 =

 -1
  1

fx >>
```

图 3-16

计算结果显示:$f(x)$ 的导数为 $\dfrac{\mathrm{d}f(x)}{\mathrm{d}x} = x^2 - 1$,令 $\dfrac{\mathrm{d}f(x)}{\mathrm{d}x} = 0$ 得到驻点 $x_1 = -1$,$x_2 = 1$,并得到函数 $f(x)$ 的图形如图 3-17 所示.

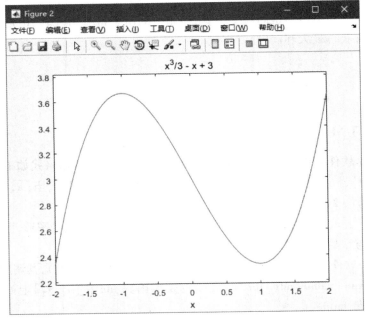

图 3-17

观察 $f(x)$ 的图形可知：$x_1 = -1$ 是 $f(x)$ 的极大值点，$x_2 = 1$ 是 $f(x)$ 的极小值点.

例 2　求函数 $f(x) = x^4 - 2x^2 + 5$ 在 $[-2, 2]$ 的最小值点和最小值.

解　在命令窗口中操作如图 3-18 所示.

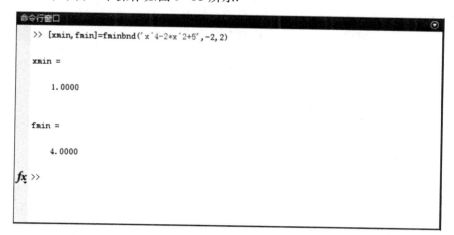

图 3-18

计算结果显示：

$f(x) = x^4 - 2x^2 + 5$ 在 $[-2, 2]$ 上的最小值点为 $(1, 4)$，最小值为 $f(1) = 4$.

3.6.3　上机实验

1. 上机验证上面各例.

2. 运用 ezplot 命令画出下列解析式的图形.

（1）$y = \tan x$；　　　　　　　（2）$\dfrac{x^2}{4} + y^2 = 1$.

3. 求函数 $y = \dfrac{3x^2 + 4x + 4}{x^2 + x + 1}$ 的极值点，并画出函数的图形.

单元检测题 3

1. 填空题.

（1）函数 $y = \ln(1 + x^2)$ 的单调增加区间是_____.

（2）设函数 $y = f(x)$ 在 (a, b) 内可导且满足 $f'(x) \equiv 0$，则在 (a, b) 内 $f(x) = $ _____.

（3）函数 $y = x e^x$ 在点 $x = $ _____处取得极小值.

（4）函数 $y = f(x)$ 在 $[a, b]$ 上连续，$f(b) = 0$，且在 (a, b) 内 $f'(x) > 0$，则 $f(a)$ _____ 0.

2. 单项选择题.

（1）设 $y = f(x)$ 在 $[a, b]$ 上连续，在 (a, b) 内具有连续导数 $f'(x)$，若 $y = f(x)$ 既无驻点也无尖点，则 $y = f(x)$ 在 $[a, b]$ 上（　　　）.

A．一定单调递增　　　　　　B．单调递增或单调递减

C．一定单调递减　　　　　　D．要么单调递增,要么单调递减

（2）下列结论中,(　　)是正确的.

A．极值点一定是驻点　　　　B．驻点一定是极值点

C．尖点一定是极值点　　　　D．极值点可能是驻点,也可是尖点

（3）若函数 $y=f(x)$ 在 $x=0$ 处具有二阶导数,且 $f'(0)=0$. 若 $\lim\limits_{x\to 0}\dfrac{f'(x)}{x}=1$,则函数 $y=f(x)$ 在 $x=0$ 处取(　　).

A．极小值　　　B．极大值　　　C．无极值　　　D．无法判断

3．计算题.

（1）$\lim\limits_{x\to 0}\dfrac{\ln(1+2x)}{\arctan 3x}$;

（2）$\lim\limits_{x\to 0}\dfrac{e^x-x-\cos x}{1-\cos x}$;

（3）$\lim\limits_{x\to 0}(x+e^x)^{\frac{1}{x}}$;

（4）求函数 $f(x)=x^3+3x^2-9x+1$ 的单调区间与极值;并求其曲线的凹凸区间与拐点;

（5）证明不等式 $e^x>1+x(x>0)$.

4．应用题.

（1）欲做底为一个正方形,容积为 $108\ \mathrm{m}^3$ 的长方体开口容器,怎样做法用料最省?

（2）在由抛物线 $y=3-x^2$ 及 x 轴围成的区域中内接一个长方形,求此长方形的最大面积.

数学小故事

“我只给不给自己刮脸的人刮脸”
——记第三次数学危机

与第一次、第二次数学危机不同,数学史上的第三次危机,是由 1897 年的突然冲击而出现的. 1874 年,德国数学家康托尔创立了集合论,集合概念很快渗透到大部分数学分支,使得集合论成了数学的基础. 到 19 世纪末,全部数学几乎都建立在集合论基础之上. 正是因为如此,集合论中悖论的发现自然地引起了对数学的整个基本结构的有效性的怀疑. 1897 年,德国数学家、逻辑学家和哲学家、数理逻辑和分析哲学的奠基人弗雷格提出了集合论中的第一个悖论“最大序数悖论”;1902 年,英国哲学家、数学家和逻辑学家罗素提出的“罗素悖论”. 其中最著名的当属“罗素悖论”.

罗素(1872—1970)

“罗素悖论”讲的是某村理发师的困境. 理发师宣布了这样一条原则:他只给不自己刮胡子的人刮胡子. 当人们试图答复下列疑问时,就认识到了这种情况的悖论性质:“理发师是否可以给自己刮胡子?”如果他给自己刮胡子,那么他就不符合他的原则;如果他不给自己刮胡子,那么他按原则就该为自己刮胡子.

对其作为悖论的质疑:理发师悖论实际上不是一个悖论,它是理发师犯的一个逻辑错误.我们知道,"非 A 即 B"的断言只在 $A \neq B$ 的时候才有意义,或者说它的定义域不包含 $A = B$ 的情况.理发师的豪言等价于:给 x 刮脸的人"非 x 自己即我".但他忘了排除"$x = $ 我"的奇异情况,因而出现了"非我即我"的自相矛盾的情况.考虑到"非 A 即 B"的例外情况后理发师的豪言应改为:"我要为除我自己外的所有不为自己刮脸的人刮脸,而且只为那些不为自己刮脸的人刮脸".

于是,数学的基础被动摇了,这就是所谓的第三次"数学危机".第三次数学危机促成了数理逻辑的发展与一批现代数学的产生.数学由此获得了蓬勃发展,这或许就是数学悖论的意义和魅力之所在吧!

不定积分　第**4**章

本章导读

数学中的一些运算一般是可逆的. 例如, 若已知位移函数 $s(t)=t^2$, 要求在时刻 t 的速度, 则需要对其求导运算 $v(t)=\dfrac{\mathrm{d}s}{\mathrm{d}t}=2t$ 而得到, 那么, 已知速度函数 $v(t)=\dfrac{\mathrm{d}s}{\mathrm{d}t}=2t$, 如何求对应的位移函数 $s(t)$? 这就是不定积分的问题, 是积分学中重要的运算之一.

不定积分是求导和微分运算的逆运算, 这种逆运算是建立在对导数和微分的概念性质和公式较为熟悉的基础之上的. 本章将在此基础上介绍不定积分的概念和性质、积分公式与积分方法.

4.1　不定积分的概念与性质

4.1 原函数与不定积分的概念

4.1.1　原函数的概念

定义 1　如果在某一区间上, 有 $F'(x)=f(x)$ (或 $\mathrm{d}F(x)=f(x)\mathrm{d}x$), 则称 $F(x)$ 为 $f(x)$ 在该区间上的一个**原函数**.

例如, 因为 $(x^2)'=2x$, 所以 x^2 是 $2x$ 的一个原函数. 由原函数的定义, x^2+1, $x^2-\sqrt{3}$ 等都是 $2x$ 的原函数. 这说明, 一个函数 $f(x)$ 如果存在原函数, 那么其原函数有无穷多个.

一般地, 因为 $[F(x)+C]'=f(x)$ (C 为任意常数), 所以 $F(x)+C$ 是 $f(x)$ 的原函数. 于是得到下面定理:

定理 1　若 $F(x)$ 为 $f(x)$ 在某区间上的一个原函数, 则 $F(x)+C$ (C 为任意常数) 都是 $f(x)$ 在该区间上的原函数.

定理 2　$f(x)$ 在某区间上的任意两个原函数之间只相差一个常数.

证　设 $F(x)$, $G(x)$ 都是 $f(x)$ 的两个不同的原函数, 因为
$$[F(x)-G(x)]'=F'(x)-G'(x)=f(x)-f(x)=0,$$

所以
$$F(x) - G(x) = C(C \text{ 为常数}).$$

从而得证.

由上述两定理知,表达式 $F(x) + C$ 是 $f(x)$ 的全体原函数,可以表示 $f(x)$ 的任意一个原函数.

定理 3(原函数存在定理)　在某区间上连续的函数,在该区间上一定存在原函数.

注意:(1)初等函数在其定义区间上的原函数一定存在,但它的原函数却未必能用初等函数来表示.

(2)并不是任何一个函数都存在原函数.

4.1.2　不定积分的定义

定义 2　在某区间上,$f(x)$ 的全体原函数 $F(x) + C$,称为 $f(x)$ 在该区间上的**不定积分**,记为
$$\int f(x) \mathrm{d}x = F(x) + C.$$

其中 $\int$ 称为**积分号**,$f(x)$ 称为**被积函数**,$f(x)\mathrm{d}x$ 称为**被积表达式**,x 称为**积分变量**.

例 1　求 $\int x^2 \mathrm{d}x$.

解　由 $(x^3)' = 3x^2$ 知,x^3 是 $3x^2$ 的一个原函数,所以 $\int x^2 \mathrm{d}x = \dfrac{1}{3}x^3 + C$.

例 2　求 $\int \dfrac{1}{x} \mathrm{d}x$.

解　由 $(\ln|x|)' = \dfrac{1}{x}$ 知,$\ln|x|$ 是 $\dfrac{1}{x}$ 的一个原函数,所以 $\int \dfrac{1}{x} \mathrm{d}x = \ln|x| + C$.

由定义知,不定积分所表示的不是一个函数,而是一个函数族 $y = F(x) + C$. 从几何图形上看(如图 4-1),不定积分的图形是一个曲线族,我们称之为 $f(x)$ 的**积分曲线**.

积分曲线有两个显著的特征:

(1)在相同的点 x_0 处,各条曲线的切线都是平行的,其斜率为 $f(x_0)$;

(2)两条曲线在 y 轴方向上的距离相等,即其中一条可以由另一条沿 y 轴方向平移而得.

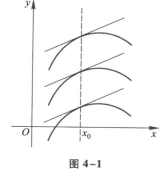

图 4-1

例 3　求过点 $(1,1)$,且切线斜率等于 $3x^2$ 的曲线.

解　设曲线为 $y = F(x)$,则 $F'(x) = 3x^2$,于是
$$F(x) = \int 3x^2 \mathrm{d}x = x^3 + C,$$

因过点 $(1,1)$,所以 $C = 0$. 因此所求曲线为 $F(x) = x^3$.

4.1.3　不定积分的基本公式

积分运算是导数或微分运算的逆运算. 它们之间有如下关系:

（1）$\left[\int f(x)\,dx\right]'=f(x)$ 或 $d\left[\int f(x)\,dx\right]=f(x)\,dx.$

（2）$\int F'(x)\,dx=F(x)+C$ 或 $\int dF(x)=F(x)+C.$

例如，$\left(\dfrac{1}{1+\mu}x^{\mu+1}\right)'=x^{\mu}(\mu\neq-1)$，所以 $\int x^{\mu}\,dx=\dfrac{1}{\mu+1}x^{\mu+1}+C.$ 于是，我们根据基本初等函数的导数公式或微分公式得到下列**基本积分公式**：

（1）$\int k\,dx=kx+C$（k 为任意常数）；　　（2）$\int x^{\mu}\,dx=\dfrac{1}{\mu+1}x^{\mu+1}+C(\mu\neq-1)$；

（3）$\int\dfrac{1}{x}\,dx=\ln|x|+C$；　　（4）$\int\dfrac{1}{1+x^2}\,dx=\arctan x+C$；

（5）$\int\dfrac{1}{\sqrt{1-x^2}}\,dx=\arcsin x+C$；　　（6）$\int a^x\,dx=\dfrac{1}{\ln a}a^x+C$；

（7）$\int e^x\,dx=e^x+C$；　　（8）$\int\sin x\,dx=-\cos x+C$；

（9）$\int\cos x\,dx=\sin x+C$；　　（10）$\int\dfrac{1}{\cos^2 x}\,dx=\int\sec^2 x\,dx=\tan x+C$；

（11）$\int\dfrac{1}{\sin^2 x}\,dx=\int\csc^2 x\,dx=-\cot x+C$；　　（12）$\int\sec x\tan x\,dx=\sec x+C$；

（13）$\int\csc x\cot x\,dx=-\csc x+C.$

4.1.4 不定积分的性质

性质 1　$\int[f(x)\pm g(x)]\,dx=\int f(x)\,dx\pm\int g(x)\,dx$；

性质 2　$\int kf(x)\,dx=k\int f(x)\,dx$（$k$ 为不等于零的常数）.

例 4　求下列积分.

（1）$\int\dfrac{x}{\sqrt{x\sqrt{x}}}\,dx$；　　　（2）$\int e^{2x+1}\,dx$；　　　（3）$\int\dfrac{2^{x+1}}{3^x}\,dx.$

解　（1）$\int\dfrac{x}{\sqrt{x\sqrt{x}}}\,dx=\int x^{\frac{1}{4}}\,dx=\dfrac{4}{5}x^{\frac{5}{4}}+C$；

（2）$\int e^{2x+1}\,dx=e\int(e^2)^x\,dx=\dfrac{e\cdot(e^2)^x}{\ln e^2}+C=\dfrac{1}{2}e^{2x+1}+C$；

（3）$\int\dfrac{2^{x+1}}{3^x}\,dx=2\int\left(\dfrac{2}{3}\right)^x\,dx=\dfrac{2}{\ln\dfrac{2}{3}}\left(\dfrac{2}{3}\right)^x+C.$

注意：求积分时，被积函数能化简的先化简，再求积分.

例 5　求 $\int(2x^3-e^x+3)\,dx.$

解　$\int(2x^3-e^x+3)\,dx=\int 2x^3\,dx-\int e^x\,dx+\int 3\,dx$

$$= 2\frac{x^4}{4} - e^x + 3x + C = \frac{1}{2}x^4 - e^x + 3x + C.$$

注：逐项积分后，每个不定积分都含有任意常数，但只需写出一个任意常数.

4.1.5   直接积分法

直接利用积分的基本公式和基本运算性质求出积分结果，或者将被积函数经过适当的恒等变形，再利用积分的基本公式和基本运算法则求出积分结果的积分方法就叫做**直接积分法**.

例 6   求 $\int \dfrac{(x+1)^2}{\sqrt{x}}dx$.

解 $\displaystyle\int \frac{(x+1)^2}{\sqrt{x}}dx = \int\left(x^{\frac{3}{2}} + 2\sqrt{x} + \frac{1}{\sqrt{x}}\right)dx = \int x^{\frac{3}{2}}dx + 2\int x^{\frac{1}{2}}dx + \int x^{-\frac{1}{2}}dx = \frac{2}{5}x^{\frac{5}{2}} + \frac{4}{3}x^{\frac{3}{2}} + 2x^{\frac{1}{2}} + C.$

例 7   求 $\int \dfrac{x^4}{1+x^2}dx$.

解   原式 $\displaystyle= \int \frac{x^4 - 1 + 1}{1 + x^2}dx = \int \frac{(x^2+1)(x^2-1)+1}{1+x^2}dx$

$$= \int\left[(x^2-1) + \frac{1}{1+x^2}\right]dx = \int x^2 dx - \int dx + \int \frac{1}{1+x^2}dx$$

$$= \frac{1}{3}x^3 - x + \arctan x + C.$$

例 8   求 $\int \sin^2 \dfrac{x}{2}dx$.

解 $\displaystyle\int \sin^2 \frac{x}{2}dx = \int \frac{1-\cos x}{2}dx = \frac{1}{2}\int(1 - \cos x)dx$

$$= \frac{1}{2}\left(\int dx - \int \cos x dx\right) = \frac{1}{2}(x - \sin x) + C.$$

例 9   求 $\int \tan^2 x dx$.

解 $\displaystyle\int \tan^2 x dx = \int(\sec^2 x - 1)dx = \int \sec^2 x dx - \int dx = \tan x - x + C.$

习题 4.1

1. 下列各式是否正确？为什么？

(1) $\displaystyle\int x^2 dx = \frac{1}{3}x^3 + 1$;

(2) $\displaystyle\int f'(x)dx = f(x)$;

(3) $\dfrac{d}{dx}\left[\displaystyle\int f(x)dx\right] = f(x)$;

(4) $d\left[\displaystyle\int f(x)dx\right] = f(x)$.

2. 证明函数 $\arcsin(2x-1)$，$\arccos(1-2x)$，$2\arcsin\sqrt{x}$ 及 $2\arctan\sqrt{\dfrac{x}{1-x}}$ 都是 $\dfrac{1}{\sqrt{x(1-x)}}$ 的原函数.

3. 求下列不定积分.

(1) $\displaystyle\int \frac{1}{x^2\sqrt{x}}\mathrm{d}x$;

(2) $\displaystyle\int \left(\frac{1-x}{x}\right)^2 \mathrm{d}x$;

(3) $\displaystyle\int \sqrt{x}\,(x-3)\,\mathrm{d}x$;

(4) $\displaystyle\int \frac{x-4}{\sqrt{x}+2}\mathrm{d}x$;

(5) $\displaystyle\int \frac{\sqrt{x\sqrt{x}}-\sqrt[3]{x}+1}{x}\mathrm{d}x$;

(6) $\displaystyle\int \left(1-\frac{1}{x^2}\right)\sqrt{x\sqrt{x}}\,\mathrm{d}x$;

(7) $\displaystyle\int \left(\frac{2}{x}+\frac{x}{3}\right)^3 \mathrm{d}x$;

(8) $\displaystyle\int \frac{2^x+3^x}{5^x}\mathrm{d}x$;

(9) $\displaystyle\int \frac{\cos 2x}{\cos x-\sin x}\mathrm{d}x$;

(10) $\displaystyle\int \frac{1}{\cos^2 x\sin^2 x}\mathrm{d}x$;

(11) $\displaystyle\int \cos^2 \frac{x}{2}\mathrm{d}x$;

(12) $\displaystyle\int \cot^2 u\,\mathrm{d}u$;

(13) $\displaystyle\int \frac{1}{x^2(1+x^2)}\mathrm{d}x$;

(14) $\displaystyle\int \frac{x^2}{1+x^2}\mathrm{d}x$;

(15) $\displaystyle\int \frac{1+x+x^2}{x(1+x^2)}\mathrm{d}x$;

(16) $\displaystyle\int \frac{x^3+x-1}{x^2(1+x^2)}\mathrm{d}x$;

(17) $\displaystyle\int \frac{\sqrt{1+x^2}}{\sqrt{1-x^4}}\mathrm{d}x$;

(18) $\displaystyle\int \left(\sqrt{\frac{1+x}{1-x}}+\sqrt{\frac{1-x}{1+x}}\right)\mathrm{d}x$.

4. 曲线 $y=f(x)$ 在点 x 处的切线斜率为 $-x+2$, 曲线过点 $(2,5)$, 求该曲线的方程.

5. 一曲线通过点 $(\mathrm{e}^2,3)$, 且在任一点 x 处的切线斜率等于该点横坐标 x 的倒数, 求该曲线的方程.

6. 一物体由静止开始作直线运动, 在 t 时刻的速度为 $3t^2$.

(1) 在 3 s 后物体离开出发点的距离是多少?

(2) 物体需要多少时间走完 27 000 m?

4.2　不定积分的换元积分法

能用直接积分法计算的不定积分是非常有限的, 因而有必要进一步探讨不定积分的计算方法. 本节将利用复合函数的微分法进行逆运算来求不定积分, 借助中间变量代换, 得到复合函数的积分方法, 称为换元积分法. 换元积分法通常有两类.

4.2.1　第一类换元积分法

在不定积分中, 积分与积分变量的符号书写无关. 例如

$$\int \mathrm{e}^x\mathrm{d}x = \mathrm{e}^x+C, \quad \int \mathrm{e}^u\mathrm{d}u = \mathrm{e}^u+C.$$

将 u 换成 $u=\varphi(x)$ 后, $\displaystyle\int \mathrm{e}^{\varphi(x)}\mathrm{d}[\varphi(x)] = \mathrm{e}^{\varphi(x)}+C$ 仍然成立, 而 $\mathrm{d}[\varphi(x)]=\varphi'(x)\mathrm{d}x$, 从而有

$$\int \mathrm{e}^{\varphi(x)}\varphi'(x)\mathrm{d}x = \mathrm{e}^{\varphi(x)}+C.$$

这就是**第一类换元积分法**. 于是得到定理 1:

定理 1　若 $\displaystyle\int f(x)\mathrm{d}x = F(x)+C$, 则

$$\int f[\varphi(x)]\varphi'(x)\mathrm{d}x \xrightarrow{u=\varphi(x)} \int f(u)\mathrm{d}u = F(u)+C \xrightarrow{u=\varphi(x)} F[\varphi(x)]+C.$$

定理 1 的特点是将 $\varphi(x)$ 换为 u. 而 $\varphi'(x)\mathrm{d}x=\mathrm{d}[\varphi(x)]$ 说明被积函数中有因式可以凑到微分中,从这个意义上说第一类换元积分法又称**凑微分法**.

例 1　求 $\int(1+2x)^3\mathrm{d}x$.

解　$\int(1+2x)^3\mathrm{d}x\xlongequal[\mathrm{d}x=\frac{1}{2}\mathrm{d}u]{\diamondsuit\ u=1+2x}\frac{1}{2}\int u^3\mathrm{d}u=\frac{1}{8}u^4+C\xlongequal{\text{回代 }u=2x+1}\frac{1}{8}(1+2x)^4+C$.

例 2　求 $\int\cos(3x+1)\mathrm{d}x$.

解　$\int\cos(3x+1)\mathrm{d}x\xlongequal[\mathrm{d}x=\frac{1}{3}\mathrm{d}u]{\diamondsuit\ u=3x+1}\int\frac{1}{3}\cos u\mathrm{d}u=\frac{1}{3}\sin u+C\xlongequal{\text{回代 }u=3x+1}\frac{1}{3}\sin(3x+1)+C$.

例 3　求 $\int x\mathrm{e}^{x^2}\mathrm{d}x$.

解　$\int x\mathrm{e}^{x^2}\mathrm{d}x\xlongequal[x\mathrm{d}x=\frac{1}{2}\mathrm{d}u]{\diamondsuit\ u=x^2}\int\frac{1}{2}\mathrm{e}^u\mathrm{d}u=\frac{1}{2}\mathrm{e}^u+C\xlongequal{\text{回代 }u=x^2}\frac{1}{2}\mathrm{e}^{x^2}+C$.

注意:对于通过中间变量 $u=\varphi(x)$ 代换熟练后,可以省略中间变量的换元与回代过程,即

$$\int f[\varphi(x)]\varphi'(x)\mathrm{d}x=\int f[\varphi(x)]\mathrm{d}[\varphi(x)]=F[\varphi(x)]+C.$$

也就是说直接将积分凑成以中间变量 $u=\varphi(x)$ 为积分变量的积分. 这种方法无须换元,也无须回代. 为此,我们归纳出以下常用的凑微分公式:

(1) $\int f(ax+b)\mathrm{d}x=\dfrac{1}{a}\int f(ax+b)\mathrm{d}(ax+b)(a\neq0)$;

(2) $\int f(ax^\mu+b)x^{\mu-1}\mathrm{d}x=\dfrac{1}{a\mu}\int f(ax^\mu+b)\mathrm{d}(ax^\mu+b)(\mu,a\neq0)$;

(3) $\int f(\ln x)\dfrac{1}{x}\mathrm{d}x=\int f(\ln x)\mathrm{d}(\ln x)$;

(4) $\int f(a^x)a^x\mathrm{d}x=\dfrac{1}{\ln a}\int f(a^x)\mathrm{d}(a^x)$,特别地,$\int f(\mathrm{e}^x)\mathrm{e}^x\mathrm{d}x=\int f(\mathrm{e}^x)\mathrm{d}(\mathrm{e}^x)$;

(5) $\int f(\sin x)\cos x\mathrm{d}x=\int f(\sin x)\mathrm{d}(\sin x)$;

(6) $\int f(\cos x)\sin x\mathrm{d}x=-\int f(\cos x)\mathrm{d}(\cos x)$;

(7) $\int f(\tan x)\sec^2 x\mathrm{d}x=\int f(\tan x)\mathrm{d}(\tan x)$;

(8) $\int f(\cot x)\csc^2 x\mathrm{d}x=-\int f(\cot x)\mathrm{d}(\cot x)$;

(9) $\int f(\arctan x)\dfrac{1}{1+x^2}\mathrm{d}x=\int f(\arctan x)\mathrm{d}(\arctan x)$;

(10) $\int f(\arcsin x)\dfrac{1}{\sqrt{1-x^2}}\mathrm{d}x=\int f(\arcsin x)\mathrm{d}(\arcsin x)$.

应用上述凑微分公式,要首先观察清楚被积表达式中以 $u=\varphi(x)$ 为中间变量的复

合函数,然后将被积表达式凑微分因子凑成中间变量 u 的微分 $\mathrm{d}u$. 请同学们认真学习下列例题,归纳总结出凑微分的一般规律,熟能生巧.

例 4 求不定积分.

（1）$\displaystyle\int (2x-3)^9 \mathrm{d}x$； （2）$\displaystyle\int \frac{1}{x^2}\cos\frac{1}{x}\mathrm{d}x$； （3）$\displaystyle\int \frac{\cos x}{\sqrt{\sin x}}\mathrm{d}x$； （4）$\displaystyle\int \frac{1}{x(\ln x+1)}\mathrm{d}x$.

解 （1）$\displaystyle\int (2x-3)^9 \mathrm{d}x = \frac{1}{2}\int (2x-3)^9 \mathrm{d}(2x-3) = \frac{1}{20}(2x-3)^{10}+C$；

（2）$\displaystyle\int \frac{1}{x^2}\cos\frac{1}{x}\mathrm{d}x = -\int \cos\frac{1}{x}\mathrm{d}\left(\frac{1}{x}\right) = -\sin\frac{1}{x}+C$；

（3）$\displaystyle\int \frac{\cos x}{\sqrt{\sin x}}\mathrm{d}x = \int (\sin x)^{-\frac{1}{2}}\mathrm{d}(\sin x) = 2\sqrt{\sin x}+C$；

（4）$\displaystyle\int \frac{1}{x(1+\ln x)}\mathrm{d}x = \int \frac{1}{1+\ln x}\mathrm{d}(1+\ln x) = \ln|1+\ln x|+C$.

练一练:求下列积分.

（1）$\displaystyle\int \frac{1}{2x+3}\mathrm{d}x$； （2）$\displaystyle\int x(1+x^2)^9 \mathrm{d}x$； （3）$\displaystyle\int \frac{e^{\arctan x}}{1+x^2}\mathrm{d}x$； （4）$\displaystyle\int \frac{(1+\ln x)^2}{x}\mathrm{d}x$.

值得注意的是有些被积函数中的凑微因子并不显见,需要进行适当的恒等变形才能显现出凑微因子,如

例 5 求 $\displaystyle\int \frac{1}{a^2+x^2}\mathrm{d}x$.

解 $\displaystyle\int \frac{1}{a^2+x^2}\mathrm{d}x = \frac{1}{a^2}\int \frac{1}{1+\left(\dfrac{x}{a}\right)^2}\mathrm{d}x = \frac{1}{a}\int \frac{1}{1+\left(\dfrac{x}{a}\right)^2}\mathrm{d}\left(\frac{x}{a}\right) = \frac{1}{a}\arctan\frac{x}{a}+C$.

例 6 求 $\displaystyle\int \frac{x}{1+x}\mathrm{d}x$.

解 $\displaystyle\int \frac{x}{1+x}\mathrm{d}x = \int \frac{1+x-1}{1+x}\mathrm{d}x = \int \left(1-\frac{1}{1+x}\right)\mathrm{d}x$

$\displaystyle\qquad\qquad\qquad = \int \mathrm{d}x - \int \frac{1}{1+x}\mathrm{d}x = x-\ln|1+x|+C$.

例 7 求 $\displaystyle\int \frac{1}{x^2-a^2}\mathrm{d}x$.

4.2 例7

解 $\displaystyle\int \frac{1}{x^2-a^2}\mathrm{d}x = \frac{1}{2a}\int \left(\frac{1}{x-a}-\frac{1}{x+a}\right)\mathrm{d}x$

$\displaystyle\qquad\qquad\qquad = \frac{1}{2a}\left[\int \frac{\mathrm{d}(x-a)}{x-a} - \int \frac{\mathrm{d}(x+a)}{x+a}\right]\mathrm{d}x$

$\displaystyle\qquad\qquad\qquad = \frac{1}{2a}(\ln|x-a|-\ln|x+a|)+C$

$\displaystyle\qquad\qquad\qquad = \frac{1}{2a}\ln\left|\frac{x-a}{x+a}\right|+C$.

*例 8 求 $\displaystyle\int \sec x\mathrm{d}x$.

108

解　$\displaystyle\int \sec x\,\mathrm{d}x = \int \dfrac{1}{\cos x}\mathrm{d}x$

$$= \int \dfrac{\cos x}{\cos^2 x}\mathrm{d}x = \int \dfrac{\mathrm{d}(\sin x)}{1-\sin^2 x}$$

$$\xlongequal{\text{令 } u=\sin x} \int \dfrac{\mathrm{d}u}{1-u^2} = \dfrac{1}{2}\ln\left|\dfrac{1+u}{1-u}\right| + C$$

$$= \dfrac{1}{2}\ln\left|\dfrac{1+\sin x}{1-\sin x}\right| + C = \ln|\tan x + \sec x| + C.$$

*例9　求 $\displaystyle\int \dfrac{\mathrm{d}x}{\sqrt{x-x^2}}$.

解　**方法一**　$\displaystyle\int \dfrac{\mathrm{d}x}{\sqrt{x-x^2}} = \int \dfrac{\mathrm{d}x}{\sqrt{\dfrac{1}{4}-\left(x-\dfrac{1}{2}\right)^2}} = \int \dfrac{2\,\mathrm{d}x}{\sqrt{1-(2x-1)^2}}$

$$= \int \dfrac{\mathrm{d}(2x-1)}{\sqrt{1-(2x-1)^2}} = \arcsin(2x-1) + C.$$

方法二　$\displaystyle\int \dfrac{\mathrm{d}x}{\sqrt{x-x^2}} = \int \dfrac{\mathrm{d}x}{\sqrt{x(1-x)}} = 2\int \dfrac{\mathrm{d}\sqrt{x}}{\sqrt{1-(\sqrt{x})^2}} = 2\arcsin\sqrt{x} + C.$

4.2.2　第二类换元积分法

在计算不定积分时,当我们用直接积分法或第一换元积分法都不易求积分时,引入适当的变量代换 $x=\varphi(t)$,得到 $\int f(x)\mathrm{d}x = \int f[\varphi(t)]\mathrm{d}[\varphi(t)] = \int f[\varphi(t)]\varphi'(t)\mathrm{d}t$ 比较好求,从而间接求出原积分,这就是第二类换元积分法.

定理2　设 $x=\varphi(t)$ 单调可导,且 $\varphi'(x)\neq 0$,若 $\int f[\varphi(t)]\varphi'(t)\mathrm{d}t$ 的原函数为 $F(t)$,则

$$\int f(x)\mathrm{d}x \xlongequal{\text{令 } x=\varphi(t)} \int f[\varphi(t)]\mathrm{d}[\varphi(t)] = \int f[\varphi(t)]\varphi'(t)\mathrm{d}t = F(t) + C$$

$$\xlongequal{\text{回代 } t=\varphi^{-1}(x)} F[\varphi^{-1}(x)] + C.$$

我们把定理2称为**第二类换元积分法**.

第二类换元积分中的变量代换一般有三种:**简单无理函数代换法**、**倒代法**与**三角代换法**.下面介绍简单无理函数代换法与三角代换法.关于倒代法请同学参看本科教材.

1. 简单无理函数代换法

简单无理函数代换法是指被积函数中含有无理式 $\sqrt[n]{ax+b}$ $(a\neq 0, n\in \mathbf{Z}^+)$ 时,作代换

$$t = \sqrt[n]{ax+b},$$

得到 $x=\dfrac{1}{a}(t^n-b)$,于是 $\mathrm{d}x = \dfrac{n}{a}t^{n-1}\mathrm{d}t$. 然后将 $x=\dfrac{1}{a}(t^n-b)$ 与 $\mathrm{d}x = \dfrac{n}{a}t^{n-1}\mathrm{d}t$ 代入从而消去积分中的无理式,使积分变得容易.

例 10　求 $\displaystyle\int\frac{1}{1+\sqrt{x}}\mathrm{d}x$.

解　令 $t=\sqrt{x}$，$x=t^2$，$\mathrm{d}x=2t\mathrm{d}t$，代入原积分

$$\int\frac{1}{1+\sqrt{x}}\mathrm{d}x=2\int\frac{t}{1+t}\mathrm{d}t=2\int\left(1-\frac{1}{1+t}\right)\mathrm{d}t=2t-2\ln(1+t)+C=2\sqrt{x}-2\ln(1+\sqrt{x})+C.$$

例 11　求 $\displaystyle\int\frac{x+1}{x\sqrt{x-1}}\mathrm{d}x$.

解　令 $t=\sqrt{x-1}$，$x=1+t^2$，$\mathrm{d}x=2t\mathrm{d}t$，代入原积分

$$\int\frac{x+1}{x\sqrt{x-1}}\mathrm{d}x=\int\frac{2+t^2}{t(1+t^2)}2t\mathrm{d}t=2\int\frac{2+t^2}{1+t^2}\mathrm{d}t=2\int\left(1+\frac{1}{1+t^2}\right)\mathrm{d}t=2t+2\arctan t+C$$

$$=2\sqrt{x-1}+2\arctan\sqrt{x-1}+C.$$

*例 12　求 $\displaystyle\int\frac{\mathrm{d}x}{\sqrt{x}+\sqrt[3]{x}}$.

解　令 $\sqrt[6]{x}=t$，$x=t^6$，$\mathrm{d}x=6t^5\mathrm{d}t$，代入原积分

$$\int\frac{\mathrm{d}x}{\sqrt{x}+\sqrt[3]{x}}=\int\frac{6t^5}{t^3+t^2}\mathrm{d}t=6\int\frac{t^3}{t+1}\mathrm{d}t=6\int\frac{t^3+1-1}{t+1}\mathrm{d}t$$

$$=6\int\left(t^2-t+1-\frac{1}{1+t}\right)\mathrm{d}t=6\left(\frac{t^3}{3}-\frac{t^2}{2}+t-\ln|t+1|\right)+C$$

$$=2\sqrt{x}-3\sqrt[3]{x}+6\sqrt[6]{x}-6\ln|\sqrt[6]{x}+1|+C.$$

*2. 三角代换法

（1）在被积函数中，如果含有因式 $\sqrt{a^2-x^2}$，我们一般可作**正弦函数代换**

$$x=a\sin t,\quad t\in\left(-\frac{\pi}{2},\frac{\pi}{2}\right).$$

于是有 $\sqrt{a^2-x^2}=a\cos t$，$\mathrm{d}x=a\cos t\mathrm{d}t$，代入原积分，就化成了三角函数的积分. 回代时可借助直角三角形，如图 4-2 所示.

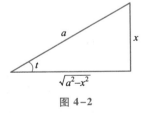

图 4-2

$$t=\arcsin\frac{x}{a},\quad \sin t=\frac{x}{a},\quad \cos t=\frac{\sqrt{a^2-x^2}}{a},\quad \tan t=\frac{x}{\sqrt{a^2-x^2}}.$$

例 13　求 $\displaystyle\int\sqrt{a^2-x^2}\,\mathrm{d}x$.

4.2 例 13

解　令 $x=a\sin t$，$t\in\left(-\dfrac{\pi}{2},\dfrac{\pi}{2}\right)$，则

$$\mathrm{d}x=a\cos t\mathrm{d}t,\quad \sqrt{a^2-x^2}=a\cos t.$$

$$\int\sqrt{a^2-x^2}\,\mathrm{d}x=\int a\cos t\cdot a\cos t\mathrm{d}t=a^2\int\cos^2 t\mathrm{d}t=a^2\int\frac{1+\cos 2t}{2}\mathrm{d}t$$

$$=\frac{a^2}{2}\left(t+\frac{\sin 2t}{2}\right)+C=\frac{a^2}{2}t+\frac{a^2}{2}\sin t\cos t+C.$$

$$=\frac{a^2}{2}\arcsin\frac{x}{a}+\frac{x}{2}\sqrt{a^2-x^2}+C.$$

（2）在被积函数中，如果含有因式 $\sqrt{a^2+x^2}$，我们一般可作**正切函数代换**

$$x=a\tan t, \quad t\in\left(-\frac{\pi}{2},\frac{\pi}{2}\right).$$

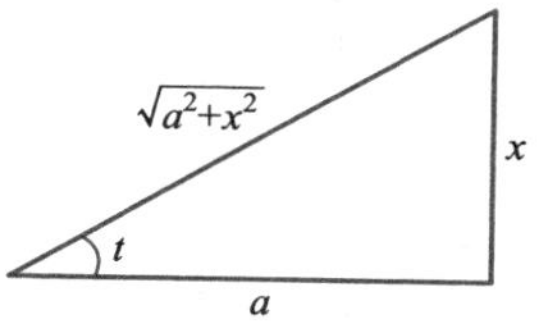

于是有 $\sqrt{a^2+x^2}=a\sec t$，$dx=a\sec^2 tdt$，代入原积分，就化成了三角函数的积分. 回代时可借助直角三角形，如图 4-3 所示.

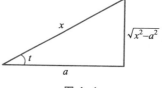

图 4-3

$$t=\arctan\frac{x}{a}, \quad \sin t=\frac{x}{\sqrt{a^2+x^2}}, \quad \cos t=\frac{a}{\sqrt{a^2+x^2}}, \quad \tan t=\frac{x}{a}.$$

例 14 求 $\displaystyle\int\frac{1}{\sqrt{(a^2+x^2)^3}}dx$.

解 令 $x=a\tan t, \quad t\in\left(-\frac{\pi}{2},\frac{\pi}{2}\right)$，则

$$dx=a\sec^2 tdt, \quad \sqrt{a^2+x^2}=a\sec t,$$

$$\int\frac{1}{\sqrt{(a^2+x^2)^3}}dx=\int\frac{1}{a^3\sec^3 t}a\sec^2 tdt=\frac{1}{a^2}\int\frac{1}{\sec t}tdt=\frac{1}{a^2}\int\cos tdt=\frac{1}{a^2}\sin t+C=\frac{x}{a^2\sqrt{a^2+x^2}}+C.$$

（3）在被积函数中，如果含有因式 $\sqrt{x^2-a^2}$，我们一般可作**正割函数代换**

$$x=a\sec t, \quad t\in\left(0,\frac{\pi}{2}\right)\cup\left(\frac{\pi}{2},\pi\right).$$

不妨设 $t\in\left(0,\frac{\pi}{2}\right)$，于是有 $\sqrt{x^2-a^2}=a\tan t$，$dx=a\sec t\cdot\tan xdt$，代入原积分，就化成了三角函数的积分. 回代时可借助直角三角形，如图 4-4 所示.

图 4-4

$$t=\arccos\frac{a}{x}, \quad \sin t=\frac{\sqrt{x^2-a^2}}{a}, \quad \cos t=\frac{a}{x}, \quad \tan t=\frac{\sqrt{x^2-a^2}}{a}.$$

请同学们练一练：求 $\displaystyle\int\frac{dx}{\sqrt{x^2-a^2}}$.

习题 4.2

1. 填空题.

（1）$x^3 dx=$＿＿ $d(3x^4-2)$；

（2）$e^{-\frac{x}{2}}dx=$＿＿ $d(e^{-\frac{x}{2}})$；

（3）$\cos(2x-1)dx=$＿＿ $d[\sin(2x-1)]$；

（4）$\dfrac{1}{1+9x^2}dx=$＿＿ $d[\arctan(3x)]$.

2. 若 $\displaystyle\int f(x)dx=F(x)+C$，则 $\displaystyle\int e^{-x}f(e^{-x})dx=$＿＿＿＿＿.

3. 求下列不定积分.

（1）$\displaystyle\int\cos(5x)dx$；

（2）$\displaystyle\int(2-3x)^4 dx$；

（3）$\displaystyle\int\frac{\cos x}{e^{\sin x}}dx$；

（4）$\displaystyle\int\frac{\sin\sqrt{x}}{\sqrt{x}}dx$；

（5）$\displaystyle\int\frac{1}{x^2}\cos^2\frac{1}{x}dx$；

（6）$\displaystyle\int\cos^2 3xdx$；

（7）$\displaystyle\int \frac{x\mathrm{d}x}{\sin^2(x^2+1)}$；

（8）$\displaystyle\int \frac{4-\ln x}{x}\mathrm{d}x$；

（9）$\displaystyle\int \frac{1}{4+9x^2}\mathrm{d}x$；

（10）$\displaystyle\int \frac{x}{1+x^2}\mathrm{d}x$；

（11）$\displaystyle\int \frac{\sin x}{2+2\cos 2x}\mathrm{d}x$；

（12）$\displaystyle\int \frac{1}{1-x^2}\mathrm{d}x$．

4．求下列不定积分．

（1）$\displaystyle\int \frac{\mathrm{d}x}{1+\sqrt{2x}}$；

（2）$\displaystyle\int \frac{\sqrt{x-1}}{x}\mathrm{d}x$；

（3）$\displaystyle\int \frac{\mathrm{d}x}{x\sqrt{x+1}}$；

（4）$\displaystyle\int \frac{\mathrm{d}x}{1+\sqrt[3]{2+x}}$；

（5）$\displaystyle\int x\sqrt{x-2}\,\mathrm{d}x$；

（6）$\displaystyle\int \frac{1}{\sqrt{1+\mathrm{e}^x}}\mathrm{d}x$；

*（7）$\displaystyle\int \frac{\sqrt{9-x^2}}{x^2}\mathrm{d}x$；

*（8）$\displaystyle\int \frac{1}{\sqrt{a^2+x^2}}\mathrm{d}x$；

*（9）$\displaystyle\int \frac{\sqrt{x^2-1}}{x}\mathrm{d}x$．

4.3　不定积分的分部积分法

上一节我们在复合函数的微分法则基础上，得到了换元积分法．现在将利用两个函数乘积的微分法则，来推理另一个求不定积分的基本方法——**分部积分法**．

设函数 $u=u(x)$，$v=v(x)$ 可微，则有

$$\mathrm{d}(uv)=v\mathrm{d}u+u\mathrm{d}v,$$

移项，得

$$u\mathrm{d}v=\mathrm{d}(uv)-v\mathrm{d}u,$$

两边积分，得

$$\int u\mathrm{d}v=\int \mathrm{d}(uv)-\int v\mathrm{d}u=uv-\int v\mathrm{d}u.$$

我们把 $\displaystyle\int u\mathrm{d}v=uv-\int v\mathrm{d}u$ 称作**分部积分公式**．

注意：u 和 $\mathrm{d}v$ 选择的一般原则

（1）v 要容易求得；如果求 $\mathrm{d}u$ 比较困难，而求 $\mathrm{d}v$ 比较容易，则可考虑应用分部积分公式；

（2）$\displaystyle\int v\mathrm{d}u$ 比 $\displaystyle\int u\mathrm{d}v$ 容易积分或比 $\displaystyle\int u\mathrm{d}v$ 简单．

例如　求 $\displaystyle\int x\cos x\mathrm{d}x$．

取 $u=x$，$\mathrm{d}v=\cos x\mathrm{d}x$，容易求得 $\mathrm{d}u=\mathrm{d}x$，$v=\sin x$，$u=x$，$\mathrm{d}v=\cos x\mathrm{d}x$．应用分部积分公式，于是

$$\int x\cos x\mathrm{d}x=x\sin x-\int \sin x\mathrm{d}x=x\sin x+\cos x+C.$$

但如果取 $u=\cos x$，$\mathrm{d}v=x\mathrm{d}x$，则 $\displaystyle\int v\mathrm{d}u=-\frac{1}{2}\int x^2\sin x\mathrm{d}x$ 就比 $\displaystyle\int u\mathrm{d}v=\int x\cos x\mathrm{d}x$ 更难积分．因而正确选择 u 和 $\mathrm{d}v$ 至关重要．那么分部积分公式一般适用什么类型的积分，有没有规律可循呢？下面介绍应用分部积分公式的常见的三种类型．

4.3.1 被积分是幂函数与对数函数(或幂函数与反三角函数)的乘积

1. 选取对数函数(或反三角函数)作为 u,将幂函数凑到微分中作为 $\mathrm{d}v$;
2. 应用分部积分公式;
3. 算出 $\mathrm{d}u$,再积分.

例 1 求 $\int x\ln x\mathrm{d}x$.

解 取 $u=\ln x$,$\mathrm{d}v=x\mathrm{d}x=\mathrm{d}\left(\dfrac{1}{2}x^2\right)$,则 $v=\dfrac{1}{2}x^2$,应用分部积分公式得

$$\int x\ln x\mathrm{d}x=\int \ln x\mathrm{d}\left(\frac{1}{2}x^2\right)=\frac{1}{2}x^2\ln x-\int\frac{1}{2}x^2\mathrm{d}(\ln x)=\frac{1}{2}x^2\ln x-\int\frac{1}{2}x\mathrm{d}x=\frac{1}{2}x^2\ln x-\frac{1}{4}x^2+C.$$

例 2 求 $\int x\arctan x\mathrm{d}x$.

解 取 $u=\arctan x$,$\mathrm{d}v=x\mathrm{d}x=\mathrm{d}\left(\dfrac{1}{2}x^2\right)$,则 $v=\dfrac{1}{2}x^2$,应用分部积分公式得

$$\begin{aligned}
\int x\arctan x\mathrm{d}x &=\int\arctan x\mathrm{d}\left(\frac{1}{2}x^2\right)=\frac{1}{2}x^2\arctan x-\int\frac{1}{2}x^2\mathrm{d}(\arctan x)\\
&=\frac{1}{2}x^2\arctan x-\frac{1}{2}\int\frac{x^2}{1+x^2}\mathrm{d}x\\
&=\frac{1}{2}x^2\arctan x-\frac{1}{2}\int\left(1-\frac{1}{1+x^2}\right)\mathrm{d}x\\
&=\frac{1}{2}x^2\arctan x-\frac{1}{2}x+\frac{1}{2}\arctan x+C.
\end{aligned}$$

熟练后,不需要再取 u 和 $\mathrm{d}v$,可直接像例 3、例 4 这样做.

例 3 求 $\int\dfrac{\ln x}{x^2}\mathrm{d}x$.

解 $\displaystyle\int\frac{\ln x}{x^2}\mathrm{d}x=\int\ln x\mathrm{d}\left(-\frac{1}{x}\right)=-\frac{\ln x}{x}+\int\frac{1}{x}\mathrm{d}(\ln x)=-\frac{\ln x}{x}+\int\frac{1}{x^2}\mathrm{d}x=-\frac{\ln x}{x}-\frac{1}{x}+C.$

例 4 求 $\int\arcsin x\mathrm{d}x$.

解 $\begin{aligned}[t]
\int\arcsin x\mathrm{d}x &=x\arcsin x-\int x\mathrm{d}(\arcsin x)\\
&=x\arcsin x-\int\frac{x}{\sqrt{1-x^2}}\mathrm{d}x\\
&=x\arcsin x+\frac{1}{2}\int(1-x^2)^{-\frac{1}{2}}\mathrm{d}(1-x^2)\\
&=x\arcsin x+\sqrt{1-x^2}+C.
\end{aligned}$

4.3.2 被积分是幂函数与指数函数(或幂函数与三角函数)的乘积

1. 选取幂函数作为 u,将指数函数(或三角函数)凑到微分中作为 $\mathrm{d}v$;
2. 应用分部积分公式;

3. 算出 $\mathrm{d}u$,再积分.

例 5　求 $\int x\mathrm{e}^{-2x}\mathrm{d}x$.

解　$\int x\mathrm{e}^{-2x}\mathrm{d}x = -\dfrac{1}{2}\int x\mathrm{d}(\mathrm{e}^{-2x}) = -\dfrac{1}{2}x\mathrm{e}^{-2x} + \dfrac{1}{2}\int \mathrm{e}^{-2x}\mathrm{d}x = -\dfrac{1}{2}x\mathrm{e}^{-2x} - \dfrac{1}{4}\mathrm{e}^{-2x} + C$.

例 6　求 $\int x\sin 2x\mathrm{d}x$.

解　$\int x\sin 2x\mathrm{d}x = -\dfrac{1}{2}\int x\mathrm{d}(\cos 2x) = -\dfrac{1}{2}x\cos 2x + \dfrac{1}{2}\int \cos 2x\mathrm{d}x$

$\qquad\qquad\quad = -\dfrac{1}{2}x\cos 2x + \dfrac{1}{4}\sin 2x + C$.

例 7　求 $\int x^2\mathrm{e}^x\mathrm{d}x$.

解　$\int x^2\mathrm{e}^x\mathrm{d}x = \int x^2\mathrm{d}(\mathrm{e}^x) = x^2\mathrm{e}^x - \int \mathrm{e}^x\mathrm{d}(x^2)$

$\qquad\qquad\quad = x^2\mathrm{e}^x - 2\int x\mathrm{e}^x\mathrm{d}x$

（后一个积分比原积分简单,且是类型 2,再次应用分部积分法）

$\qquad\qquad\quad = x^2\mathrm{e}^x - 2\int x\mathrm{d}(\mathrm{e}^x) = x^2\mathrm{e}^x - 2\left(x\mathrm{e}^x - \int \mathrm{e}^x\mathrm{d}x\right) = x^2\mathrm{e}^x - 2x\mathrm{e}^x + 2\mathrm{e}^x + C$.

*4.3.3　被积分是指数函数与三角函数的乘积

1. 选取三角函数作为 u,将指数函数凑到微分中作为 $\mathrm{d}v$;
2. 应用分部积分公式,算出 $\mathrm{d}u$;
3. 再选取三角函数作为 u,再将指数函数凑到微分中作为 $\mathrm{d}v$,再积分.
4. 应用分部积分公式,算出 $\mathrm{d}u$;
5. 然后把所求积分作为未知数解出来,并加任意常数 C.

4.3 例 8

***例 8**　求 $\int \mathrm{e}^x\sin x\mathrm{d}x$.

解　因 $\int \mathrm{e}^x\sin x\mathrm{d}x = \int \sin x\mathrm{d}(\mathrm{e}^x)$

$\qquad\qquad\qquad\quad = \mathrm{e}^x\sin x - \int \mathrm{e}^x\cos x\mathrm{d}x$

$\qquad\qquad\qquad\quad = \mathrm{e}^x\sin x - \int \cos x\mathrm{d}(\mathrm{e}^x)$

$\qquad\qquad\qquad\quad = \mathrm{e}^x\sin x - \mathrm{e}^x\cos x - \int \mathrm{e}^x\sin x\mathrm{d}x,$

将 $\int \mathrm{e}^x\sin x\mathrm{d}x$ 作为未知函数,解得

$$\int \mathrm{e}^x\sin x\mathrm{d}x = \dfrac{1}{2}\mathrm{e}^x(\sin x - \cos x) + C.$$

当然,不定积分的计算比较灵活,有时需要转换才能应用分部积分.

例 9　求 $\int \mathrm{e}^{\sqrt{x}}\mathrm{d}x$.

解 令 $\sqrt{x}=t$,则 $x=t^2$,$\mathrm{d}x=2t\mathrm{d}t$,于是

$$\int e^{\sqrt{x}}\mathrm{d}x = 2\int te^t\mathrm{d}t \text{（分部积分类型2）}$$

$$= 2\left(te^t - \int e^t\mathrm{d}t\right) = 2(te^t - e^t) + C = 2e^{\sqrt{x}}(\sqrt{x}-1) + C.$$

例 10 求 $\int x\sin^2\dfrac{x}{2}\mathrm{d}x$.

解 $\int x\sin^2\dfrac{x}{2}\mathrm{d}x = \dfrac{1}{2}\int x(1-\cos x)\mathrm{d}x = \dfrac{1}{2}\int x\mathrm{d}x - \dfrac{1}{2}\int x\cos x\mathrm{d}x$

（后一个积分是分部积分类型2）

$$= \dfrac{1}{2}\int x\mathrm{d}x - \dfrac{1}{2}\int x\mathrm{d}(\sin x)$$

$$= \dfrac{1}{4}x^2 - \dfrac{1}{2}\left(x\sin x - \int \sin x\mathrm{d}x\right) = \dfrac{1}{4}x^2 - \dfrac{1}{2}(x\sin x + \cos x) + C.$$

习题 4.3

1. 求下列不定积分.

（1）$\int x\sin x\mathrm{d}x$；

（2）$\int \ln x\mathrm{d}x$；

（3）$\int xe^{-x}\mathrm{d}x$；

（4）$\int xe^{2x}\mathrm{d}x$；

（5）$\int \dfrac{\ln x}{x^3}\mathrm{d}x$；

（6）$\int \arctan x\mathrm{d}x$；

（7）$\int (x^2-2x)\ln x\mathrm{d}x$；

（8）$\int e^x\cos x\mathrm{d}x$；

（9）$\int x^2\sin x\mathrm{d}x$；

（10）$\int \ln(1+x)\mathrm{d}x$.

*2. 求下列不定积分.

（1）$\int \arcsin x\mathrm{d}x$；

（2）$\int x\cos(3x)\mathrm{d}x$；

（3）$\int \arctan\sqrt{x}\mathrm{d}x$；

（4）$\int \sin(\ln x)\mathrm{d}x$；

（5）$\int \ln(x+\sqrt{1+x^2})\mathrm{d}x$；

（6）$\int \cos\sqrt{x}\mathrm{d}x$.

*4.4　有理函数的积分

本节将介绍有理函数的积分. 而关于三角函数的有理式的积分我们就不做介绍了,有兴趣的同学可以参看本科高等数学教材.

4.4.1　常见的几种有理式的分解

有理函数是指两个多项式的商所表示的函数,即 $R(x)=\dfrac{P(x)}{Q(x)}$,这里 $P(x)$ 与 $Q(x)$ 不可约. 当 $Q(x)$ 的次数高于 $P(x)$ 的次数时,$R(x)$ 是**真分式**,否则 $R(x)$ 为**假分式**.

利用多项式的除法,总可把假分式化为多项式与真分式之和,例如

$$\frac{x^4-3}{x^2+2x-1}=x^2-2x+5-\frac{12x-2}{x^2+2x-1},$$

多项式部分可以逐项积分,因此以下只讨论真分式的积分.

在 4.2 例 7 中,积分 $\int\frac{1}{x^2-a^2}\mathrm{d}x$ 的处理是将真分式 $\frac{1}{x^2-a^2}$ 按其分母的因式拆成两个简单分式,即

$$\frac{1}{x^2-a^2}=\frac{1}{(x+a)(x-a)}=\frac{1}{2a}\left(\frac{1}{x-a}-\frac{1}{x+a}\right)$$

用待定系数法分解有理分式时,一般有以下几种情形:

1. 当分母 $Q(x)$ 含有单因式 $x-a$ 时,这时分解式中对应有一项 $\frac{A}{x-a}$,其中 A 为待定系数. 例如,

$$R(x)=\frac{2x+3}{x^3+x^2-2x}=\frac{2x+3}{x(x-1)(x+2)}=\frac{A}{x}+\frac{B}{x-1}+\frac{C}{x+2}.$$

为确定系数 A,B,C,我们用 $x(x-1)(x+2)$ 乘等式两边,得

$$2x+3=A(x-1)(x+2)+Bx(x+2)+Cx(x-1).$$

因为这是一个恒等式,将任何 x 值代入都相等. 可令 $x=0$,得 $3=-2A$,即 $A=-\frac{3}{2}$;

令 $x=1$,得 $B=\frac{5}{3}$;令 $x=-2$,得 $C=-\frac{1}{6}$. 于是

$$R(x)=\frac{2x+3}{x(x-1)(x+2)}=-\frac{3}{2x}+\frac{5}{3(x-1)}-\frac{1}{6(x+2)}.$$

2. 当分母 $Q(x)$ 含有重因式 $(x-a)^n$ 时,这时部分分式中相应有 n 项

$$\frac{A_n}{(x-a)^n}+\frac{A_{n-1}}{(x-a)^{n-1}}+\cdots+\frac{A_1}{x-a}.$$

例如,

$$\frac{x^2+1}{x^3-2x^2+x}=\frac{x^2+1}{x(x-1)^2}=\frac{A}{x}+\frac{B}{(x-1)^2}+\frac{C}{x-1}.$$

为确定系数 A,B,C,将上式两边同乘以 $x(x-1)^2$,得

$$x^2+1=A(x-1)^2+Bx+Cx(x-1).$$

令 $x=0$,得 $A=1$;令 $x=1$,得 $B=2$;令 $x=2$,得 $5=A+2B+2C$,代入已求得的 A,B 值,得 $C=0$. 所以,

$$\frac{x^2+1}{x^3-2x^2+x}=\frac{1}{x}+\frac{2}{(x-1)^2}.$$

3. 当分母 $Q(x)$ 含有质因式 x^2+px+q 时,这时部分分式中有相应一项

$$\frac{Ax+B}{x^2+px+q}.$$

例如,

$$\frac{x+4}{x^3+2x-3}=\frac{x+4}{(x-1)(x^2+x+3)}=\frac{A}{x-1}+\frac{Bx+C}{x^2+x+3},$$

为确定待定系数,等式两边同乘以 $(x-1)(x^2+x+3)$,得

$$x+4=A(x^2+x+3)+(Bx+C)(x-1),$$

令 $x=1$,得 $A=1$;令 $x=0$,得 $4=3A-C$,即 $C=-1$;令 $x=2$,得 $6=9A+2B+C$,即 $B=-1$. 所以

$$\frac{x+4}{x^3+2x-3}=\frac{1}{x-1}+\frac{-x-1}{x^2+x+3}.$$

当分母 $Q(x)$ 含有因式 $(x^2+px+q)^n$ 时,这种情况过于繁复,我们略去不再讨论. 综合以上讨论,有理真分式积分大体有下面三种形式:

1. $\int\dfrac{A}{x-a}dx$;　　　2. $\int\dfrac{A}{(x-a)^n}dx$;　　　3. $\int\dfrac{Ax+B}{x^2+px+q}dx$ $(p^2-4q<0)$.

4.4.2　常见的几种有理式的分解

前两种有理式的积分,只需要简单凑微分即可求出. 下面举例说明第 3 种有理式的积分的基本方法.

例 1　求 $\int\dfrac{3x-2}{x^2+2x+4}dx$.

解　因为 $(x^2+2x+4)'=2x+2$,所以 $3x-2=\dfrac{3}{2}(2x+2)-5$,于是

$$\begin{aligned}
\int\frac{3x-2}{x^2+2x+4}dx &=\frac{3}{2}\int\frac{2x+2}{x^2+2x+4}dx-5\int\frac{1}{x^2+2x+4}dx\\
&=\frac{3}{2}\int\frac{d(x^2+2x+4)}{x^2+2x+4}-5\int\frac{dx}{(x^2+2x+1)+3}\\
&=\frac{3}{2}\ln|x^2+2x+4|-5\int\frac{dx}{(x+1)^2+(\sqrt{3})^2}\\
&=\frac{3}{2}\ln|x^2+2x+4|-\frac{5}{\sqrt{3}}\arctan\frac{x+1}{\sqrt{3}}+C.
\end{aligned}$$

例 2　求 $\int\dfrac{x^2+1}{x^3-2x^2+x}dx$.

解　已知 $\dfrac{x^2+1}{x^3-2x^2+x}=\dfrac{1}{x}+\dfrac{2}{(x-1)^2}$. 所以

$$\int\frac{x^2+1}{x^3-2x^2+x}dx=\int\frac{1}{x}dx+2\int\frac{1}{(x-1)^2}dx=\ln|x|-\frac{2}{x-1}+C.$$

例 3　求 $\int\dfrac{x^2}{(1+2x)(1+x^2)}dx$.

解　令　　　　　$\dfrac{x^2}{(1+2x)(1+x^2)}=\dfrac{A}{1+2x}+\dfrac{Bx+C}{1+x^2}$,

将等式两边同乘 $(1+2x)(1+x^2)$ 得

$$x^2=A(1+x^2)+(Bx+C)(1+2x),$$

分别令 $x=-\dfrac{1}{2}$,得 $A=\dfrac{1}{5}$;令 $x=0$,得 $0=A+C$,即 $C=-A=-\dfrac{1}{5}$;令 $x=1$,得 $1=2A+$

$3(B+C)$, 得 $B=\dfrac{2}{5}$. 所以

$$\frac{x^2}{(1+2x)(1+x^2)}=\frac{1/5}{1+2x}+\frac{2/5x-1/5}{1+x^2},$$

于是

$$\int\frac{x^2}{(1+2x)(1+x^2)}\mathrm{d}x=\frac{1}{5}\int\frac{\mathrm{d}x}{1+2x}+\frac{1}{5}\int\frac{2x-1}{1+x^2}\mathrm{d}x$$

$$=\frac{1}{5}\times\frac{1}{2}\int\frac{\mathrm{d}(1+2x)}{1+2x}+\frac{1}{5}\int\frac{\mathrm{d}(1+x^2)}{1+x^2}-\frac{1}{5}\int\frac{\mathrm{d}x}{1+x^2}$$

$$=\frac{1}{10}\ln|1+2x|+\frac{1}{5}\ln|1+x^2|-\frac{1}{5}\arctan x+C.$$

综上所述, 有理函数的原函数都是初等函数, 也就是说有理函数的积分都是可积的. 需要指出的是, 有些有理函数积分时, 不一定非要进行有理分式的分解, 要注意观察是否有其他方法. 例如,

$$\int\frac{x^2}{x^3+1}\mathrm{d}x=\frac{1}{3}\int\frac{\mathrm{d}(x^3+1)}{x^3+1}=\frac{1}{3}\ln|x^3+1|+C.$$

在结束本章之前, 还应指出, 有些积分, 如

$$\int\mathrm{e}^{-x^2}\mathrm{d}x,\quad\int\frac{\mathrm{e}^x}{x}\mathrm{d}x,\quad\int\frac{\mathrm{d}x}{\ln x},\quad\int\frac{\sin x}{x}\mathrm{d}x$$

等其原函数却不是初等函数, 我们称 "积不出", 在实际问题中常常采用数值积分方法.

习题 4.4

求下列不定积分.

(1) $\displaystyle\int\frac{\mathrm{d}x}{(x+1)(2x+1)}$;　　(2) $\displaystyle\int\frac{x^2-5x+9}{x^2-5x+6}\mathrm{d}x$;　　(3) $\displaystyle\int\frac{(x+2)^2}{2+x^2}\mathrm{d}x$;

(4) $\displaystyle\int\frac{\mathrm{d}x}{x^2-7x+12}$;　　(5) $\displaystyle\int\frac{2x^2+x+1}{(x+3)(x-1)^2}\mathrm{d}x$;　　(6) $\displaystyle\int\frac{x\mathrm{d}x}{x^3+1}$;

(7) $\displaystyle\int\frac{x+1}{(x-1)^3}\mathrm{d}x$;　　(8) $\displaystyle\int\frac{3x+2}{x(x+1)^3}\mathrm{d}x$;　　(9) $\displaystyle\int\frac{1-x-x^2}{(x^2+1)^2}\mathrm{d}x$.

4.5　数学实验　不定积分的计算

4.5.1　学习 MATLAB 命令

MATLAB 软件提供 int 函数用于求不定积分, 调用格式如下:

Int(S): 表示对符号表达式 S 关于默认变量求不定积分;

Int(S,v): 表示对符号表达式 S 关于指定变量求不定积分.

4.5.2　实验内容

例 1　求 $\displaystyle\int x\mathrm{d}x$.

解　使用 int(S) 格式的命令, 在命令窗口中操作如图 4-5 所示.

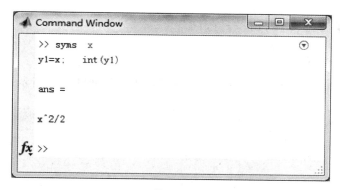

图 4-5

即计算结果为：$\int x\mathrm{d}x = \dfrac{1}{2}x^2 + C.$

例 2 求 $\int 2\mathrm{d}x.$

解 使用 $\mathrm{int}(\mathrm{S},\mathrm{v})$ 格式的命令，在命令窗口中操作如图 4-6 所示.

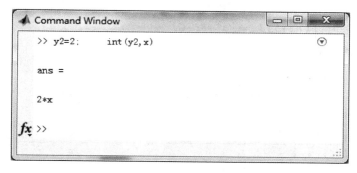

图 4-6

即计算结果为：$\int 2\mathrm{d}x = 2x + C.$

例 3 求 $\int (2x+1)\,\mathrm{d}x.$

解 使用 $\mathrm{int}(\mathrm{S})$ 格式的命令，在命令窗口中操作如图 4-7 所示.

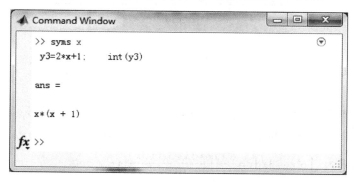

图 4-7

即计算结果为：$\int(2x+1)\,\mathrm{d}x = x^2+x+C$.

例 4　求 $\int(ax+b)\,\mathrm{d}x$.

解　使用 int(S,v) 格式的命令，在命令窗口中操作如图 4-8 所示.

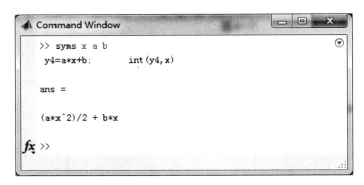

图 4-8

即计算结果为：$\int(ax+b)\,\mathrm{d}x = \dfrac{a}{2}x^2+bx+C$.

例 5　求 $\int\dfrac{\mathrm{d}x}{x^2\sqrt{1+x^2}}$.

解　使用 int(S) 格式的命令，在命令窗口中操作如图 4-9 所示.

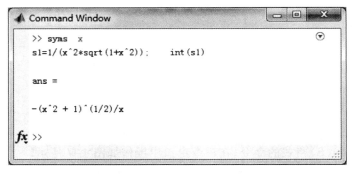

图 4-9

计算结果为：$\int\dfrac{\mathrm{d}x}{x^2\sqrt{1+x^2}} = -\dfrac{\sqrt{x^2+1}}{x}+C$.

例 6　求 $\int\mathrm{e}^x\cos 3x\,\mathrm{d}x$.

解　使用 int(S) 格式的命令，在命令窗口中操作如图 4-10 所示.

即计算结果为：$\int\mathrm{e}^x\cos 3x\,\mathrm{d}x = \dfrac{\mathrm{e}^x(\cos 3x+3\sin 3x)}{10}+C$.

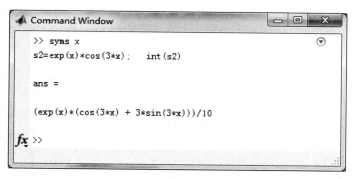

图 4-10

4.5.3 上机实验

1. 上机验证上面各例.

2. 运用 MATLAB 软件做本章各节课后习题中的相关计算题.

单元检测题 4

1. 填空题.

（1）$\int 0 \mathrm{d}x =$ _____.

（2）$\int \mathrm{d}f(x) =$ _____.

（3）$\left[\int f(x)\mathrm{d}x\right]' =$ _____.

（4）若 $\int f(x)\mathrm{d}x = \sin 2x + C$，则 $f'(x) =$ _____.

（5）$\int \dfrac{f'(\tan x)}{\cos^2 x}\mathrm{d}x =$ _____.

（6）设曲线通过点 $(0,1)$，且每点处切线的斜率为 $2\cos 2x$，则曲线方程 $y =$ _____.

2. 单项选择题.

（1）下列等式中成立的是（　　）.

A. $\int f'(x)\mathrm{d}x = f(x)$；

B. $\dfrac{\mathrm{d}}{\mathrm{d}x}\int f(x)\mathrm{d}x = f(x)$

C. $\mathrm{d}\int f(x)\mathrm{d}x = f(x)$；

D. $\int \mathrm{d}f(x) = f(x)$

（2）若 $\int f(x)\mathrm{d}x = 2^x + x + 1 + C$，则 $f(x) = $（　　）.

A. $\dfrac{2^x}{\ln 2} + \dfrac{1}{2}x^2 + x$　　　B. $2^x + 1$　　　C. $2^{x+1} + 1$　　　D. $2^x \ln 2 + 1$

（3）设函数 $f(x)$ 的一个原函数是 $\dfrac{1}{2}\sin 2x$，则 $f(x) = $（　　）.

A. $\dfrac{1}{2}\sin 2x$　　　　　B. $\cos 2x$　　　　C. $-\cos 2x$　　　　D. $-2\sin 2x$

3. 计算题.

(1) $\displaystyle\int (x^3 + xe^{x^2} + 2^x)\,\mathrm{d}x$;

(2) $\displaystyle\int \dfrac{x-4}{\sqrt{x}-2}\,\mathrm{d}x$;

*(3) $\displaystyle\int \dfrac{1+2x^2}{x^2(1+x^2)}\,\mathrm{d}x$;

(4) $\displaystyle\int \tan^4 x\,\mathrm{d}x$;

(5) $\displaystyle\int \cos^2 x\,\mathrm{d}x$;

(6) $\displaystyle\int \dfrac{e^x}{\sqrt{5+e^x}}\,\mathrm{d}x$;

(7) $\displaystyle\int \dfrac{\mathrm{d}x}{x\sqrt{x^2-1}}$　　$(x>1)$;

(8) $\displaystyle\int x\sqrt{3-x}\,\mathrm{d}x$;

*(9) $\displaystyle\int \dfrac{\mathrm{d}x}{\sqrt{(x^2+1)^3}}$;

(10) $\displaystyle\int \dfrac{\ln x}{x^2}\,\mathrm{d}x$.

数学小故事

谁是微积分的第一发明人

微积分学的创立是继欧几里得几何以后数学上最重要的创造. 众所周知, 微积分基本定理又叫牛顿–莱布尼茨公式, 很多人都误以为该公式是英国大科学家牛顿(1643—1727)和德国数学家莱布尼茨(1646—1716)共同合作研究的成果. 事实上, 他们各自独立地建立了微积分的知识体系, 并不是合作者, 关于牛顿与莱布尼茨两人谁先发明微积分的争论是数学界至今最大的公案.

从时间上看, 1667 年牛顿完成了代表发明微积分的《流数法》手稿并于 1671 年发表. 而莱

牛顿(左)与莱布尼茨(右)

布尼茨 1674 年完成一套完整微分学的手稿, 于 1684 年发表第一篇微分论文, 论文中首次定义了微分概念, 采用了微分符号 $\mathrm{d}x$, $\mathrm{d}y$. 1686 年他又发表了积分论文, 讨论了微分与积分, 使用了积分符号 $\displaystyle\int$. 从手稿完成的时间看, 牛顿的确是比莱布尼茨早了七年. 但莱布尼茨的微积分发明比牛顿的更完善. 莱布尼茨的笔记本记录了他的思想从初期到成熟的整个发展过程; 而在牛顿已知的记录中只发现了他最终的结果. 牛顿声称他一直不愿公布他的微积分学, 是因为他怕被人们嘲笑. 而且受制于当年通信条件和学术交流条件, 莱布尼茨完全是在独立的情况下发明微积分的.

从内容和形式上看, 牛顿是从物理学出发, 运用集合方法研究微积分, 其应用上更多地结合了运动学, 其造诣高于莱布尼茨. 而莱布尼茨则从几何问题出发, 运用分析学方法引进微积分概念、得出运算法则, 其数学的严密性与系统性是牛顿所不及的. 莱布尼茨认识到好的数学符号能节省思维劳动, 运用符号的技巧是数学成功的关键之一. 因此, 他所创设的微积分符号远远优于牛顿的符号, 这对微积分的发展有极大影响. 莱布尼茨在去世前的几年间(1714—1716), 起草了《微积分的历史和起源》一文(该文直到 1846 年才被发表), 总结了自己创立微积分学的思路, 说明了自己成就的独立性. 因此, 后来人们公认牛顿和莱布尼茨是各自独立地创建微积分的, 牛顿和莱布尼茨都是最早创立微积分的人.

定积分及其应用 　第**5**章

本章导读

　　定积分的概念是从实际问题中抽象出来的. 我们知道, 曲边梯形有别于梯形, 它是通过分割、近似替换、求和、取极限, 导出了一个新的数学模型来解决. 其具体做法是: 把整体分割成细小的局部, 以直代曲, 以不变代变, 以近似代精确, 最后求和取极限, 又恢复到整体, 得到了精确值. 即"化整为零, 积零为整", 这就是定积分的基本思想.

　　总之这种解决问题的思想方法, 是值得我们学习和借鉴的, 这也是数学的精华所在, 魅力所在.

　　定积分是一种"和式的极限", 它与不定积分是两个完全不同的概念, 但它们又是可建立联系的. 在本章中先介绍定积分的概念, 然后讨论变上限积分导出微积分基本公式, 从而实现利用不定积分来解决定积分的计算问题. 最后我们通过实例介绍定积分在几何学和物理学中的应用.

5.1　定积分的概念与性质

5.1.1　定积分问题的两个实例

　　本节将通过介绍曲边梯形的面积与变速直线运动的路程两个实际问题, 导出实际问题中基于计算不规则图形面积的数学模型——定积分的概念. 然后, 讨论定积分的几何意义与性质.

　　1. 曲边梯形的面积

　　设 $y=f(x)$ 在闭区间 $[a,b]$ 上非负、连续, 由直线 $x=a$、$x=b$、x 轴及曲线 $y=f(x)$ 围成的平面图形(如图 5-1)称为**曲边梯形**, 其中曲线弧称为**曲边**.

　　我们知道, 矩形的高是不变的, 其面积可按公式

$$矩形面积 = 底 \times 高$$

来计算. 由于曲边梯形在底边上各点处的高 $f(x)$ 在区间 $[a,b]$ 是变化的, 因此它的面

123

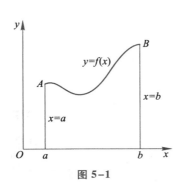

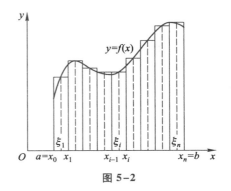

图 5-1　　　　　　　　　　　　　　　　图 5-2

积就不能直接按矩形面积来计算.

如图 5-2 所示,如果把 $[a,b]$ 分割成很多小区间,这样整个曲边梯形就被分割成很多更小的曲边梯形. 我们在每个小区间取某一点的函数值来替代对应的小曲边梯形的变化的高,那么小曲边梯形的面积就近似等于对应的小矩形的面积,且小区间的长度越小,小曲边梯形的面积与对应的小矩形的面积之间的误差就越小.

基于上述分析,我们把区间 $[a,b]$ 无限地细分下去,使得每个小区间的长度都趋近于零,这时所有小矩形的面积之和的极限,就可定义为曲边梯形的面积(因为误差无限趋近于零). 计算曲边梯形的面积可按下列四个步骤进行.

（1）分割

在区间 $[a,b]$ 内任意插入 $n-1$ 个分点 $x_1,x_2,\cdots,x_{n-1}$,使

$$a = x_0 < x_1 < x_2 < \cdots < x_{x-1} < x_n = b,$$

5.1 曲边梯形
的面积

把区间分成 n 个小区间:$[x_0,x_1]$,$[x_1,x_2]$,$\cdots$,$[x_{n-1},x_n]$,它们的长度依次是:$\Delta x_i = x_i - x_{i-1}(i=1,2,\cdots,n)$.

相应的曲边梯形被分割成 n 个窄小曲边梯形(如图 5-2).

（2）近似替换

当每个小区间 $[x_{i-1},x_i]$ 很小时,它所对应的每个小曲边梯形的面积可以用矩形面积近似. 小矩形的宽为 Δx_i,在 $[x_{i-1},x_i]$ 上任取一点 ξ_i,以对应的函数值 $f(\xi_i)$ 为高,则小曲边梯形面积 ΔA_i 的近似值为

$$\Delta A_i \approx f(\xi_i)\Delta x_i (i=1,2,\cdots,n).$$

（3）求和

把 n 个窄小矩形的面积加起来,就得到曲边梯形面积 A 的近似值

$$A \approx \sum_{i=1}^{n} f(\xi_i)\Delta x_i.$$

（4）取极限

为了保证所有的小区间的长度 Δx_i 都趋近于零,令 $\lambda = \max\{\Delta x_1,\Delta x_2,\cdots,\Delta x_n\}$,和式 $\sum_{i=1}^{n} f(\xi_i)\Delta x_i$ 的极限就是曲边梯形的面积. 即

$$A = \lim_{\lambda \to 0} \sum_{i=1}^{n} f(\xi_i)\Delta x_i.$$

采用"分割、近似替换、求和、取极限"可求得曲边梯形的面积,这一方法是否具有普遍性或代表性呢? 我们再看下一个实例.

2. 变速直线运动的路程

设某物体作变速直线运动,已知速度 $v=v(t)$ 是时间间隔 $[T_1,T_2]$ 上的连续函数,且 $v(t)\geqslant0$,计算在这段时间内物体所经过的路程.

我们知道,物体作匀速直线运动的路程公式为

$$路程=速度\times时间.$$

由于物体作变速直线运动,速度是变化的,不能用匀速直线运动的路程公式计算路程. 然而,已知速度 $v=v(t)$ 是连续变化的,在很短一段时间内,速度的变化很小,近似于匀速,其路程可用匀速直线运动的路程公式来计算. 同样,可按求曲边梯形面积的思路与步骤来求解路程问题.

(1)分割

在时间间隔 $[T_1,T_2]$ 内任意插入 $n-1$ 个分点 $t_1,t_2,\dots,t_{n-1}$,使

$$T_1=t_0<t_1<t_2<\dots<t_{n-1}<t_n=T_2,$$

把 $[T_1,T_2]$ 分成 n 个小段:$[t_0,t_1],[t_1,t_2],\dots,[t_{n-1},t_n]$,各小段的时间长依次是:$\Delta t_i=t_i-t_{i-1}(i=1,2,\dots,n)$.

(2)近似替换

当每个小段 $[t_{i-1},t_i]$ 很小时,它所对应的每个小段的速度可近似看成匀速,其对应的路程可以用匀速直线运动路程来计算. 在 $[t_{i-1},t_i]$ 上任取一点 ξ_i,对应的速度值为 $v(\xi_i)$,那么物体在这一小段时间间隔内经过的路程 Δs_i 的近似值为

$$\Delta s_i\approx v(\xi_i)\Delta t_i(i=1,2,\dots,n).$$

(3)求和

把 n 个小段所有路程 Δs_i 加起来,就得到全部路程 s 的近似值

$$s\approx\sum_{i=1}^{n}v(\xi_i)\Delta t_i.$$

(4)取极限

为了保证所有的小段时间 Δt_i 都无限小,我们要求小段时间长度的最大值 $\lambda=\max\{\Delta t_1,\Delta t_2,\dots,\Delta t_n\}$ 都趋近于零,和式 $\sum_{i=1}^{n}v(\xi_i)\Delta t_i$ 的极限就是全部路程 s 的精确值. 即

$$s=\lim_{\lambda\to0}\sum_{i=1}^{n}v(\xi_i)\Delta t_i.$$

以上两个实际问题,虽然研究的问题不同,但解决问题的思路和方法是相同的,撇开问题实际意义,抽象出的数学模型是完全一样的. 这个数学模型就是本节我们介绍的定积分的概念.

5.1.2 定积分的概念

1. 定义

设函数 $f(x)$ 为区间 $[a,b]$ 上的有界函数,在 $[a,b]$ 中任意插入 $n-1$ 个分点 x_1,

$x_2, \cdots, x_{n-1}$, 使 $a = x_0 < x_1 < x_2 < \cdots < x_{n-1} < x_n = b$, 把区间 $[a, b]$ 分成 n 个小区间: $[x_{i-1}, x_i]$ $(i = 1, 2, \cdots, n)$, 记 $\Delta x_i = x_i - x_{i-1}$ 为各区间的长度.

在区间 $[x_{i-1}, x_i]$ 上任取一点 $\xi_i (x_{i-1} \leqslant \xi_i \leqslant x_i)$, 作函数值 $f(\xi_i)$ 与小区间长度 Δx_i 的乘积 $f(\xi_i) \Delta x_i (i = 1, 2, \cdots, n)$, 并作和式

$$S = \sum_{i=1}^{n} f(\xi_i) \Delta x_i.$$

令 $\lambda = \max\{\Delta x_1, \Delta x_2, \cdots, \Delta x_n\}$, 若 $\lambda \to 0$ 时, 上述和式的极限存在, 则称这个极限值为 $f(x)$ 在区间 $[a, b]$ 上的**定积分**, 记作 $\int_a^b f(x) \mathrm{d}x$, 即

$$\int_a^b f(x) \mathrm{d}x = \lim_{\lambda \to 0} \sum_{i=1}^{n} f(\xi_i) \Delta x_i,$$

其中 $f(x)$ 叫**被积函数**, $f(x) \mathrm{d}x$ 叫**被积表达式**, x 叫积分变量, 区间 $[a, b]$ 叫**积分区间**, a 叫**积分下限**, b 叫**积分上限**.

注意: 在实际应用定积分的概念时, 为了便于求极限, 通常将 $[a, b]$ 分割成 n 等份; ξ_i 一般取区间 $[x_{i-1}, x_i]$ 的右端点 (或左端点). 同学可自己探讨用定积分的概念求由曲线 $f(x) = x^2$、直线 $x = 1$ 及 x 轴所围成的曲边梯形的面积.

2. 定积分的几何意义

由前面的曲边梯形面积的求法知: 在区间 $[a, b]$ 上,

(1) 当 $f(x) \geqslant 0$ 时, 定积分 $\int_a^b f(x) \mathrm{d}x$ 表示曲线 $y = f(x)$, 两条直线 $x = a, x = b$, 及 x 轴围成的曲边梯形的面积 A, 即 $\int_a^b f(x) \mathrm{d}x = A$.

(2) 当 $f(x) \leqslant 0$ 时, $\int_a^b f(x) \mathrm{d}x = -A$ (即曲边梯形面积的相反数).

一般地, 定积分 $\int_a^b f(x) \mathrm{d}x$ 的**几何意义**为: 由曲线 $y = f(x)$, 两条直线 $x = a, x = b$, 及 x 轴围成的平面图形的各部分面积的代数和. 图形在 x 轴的上方取正号, 在 x 轴的下方取负号. 如图 5-3 所示的函数 $y = f(x)$ 在区间 $[a, b]$ 上的定积分为

$$\int_a^b f(x) \mathrm{d}x = A_1 - A_2 + A_3.$$

由定积分的概念可推导出:

(1) 当 $a = b$ 时, $\int_a^b f(x) \mathrm{d}x = 0$;

(2) 当 $a > b$ 时, $\int_a^b f(x) \mathrm{d}x = -\int_b^a f(x) \mathrm{d}x.$

例 1 利用定积分的几何意义求定积分 $\int_0^2 \sqrt{4 - x^2} \, \mathrm{d}x$.

解 根据定积分的几何意义, 该定积分是由曲线 $y = \sqrt{4 - x^2}$, 直线 $x = 0, x = 2$ 及 x 轴所围成的面积, 即以 2 为半径的四分之一圆的面积, 如图 5-4 所示. 所以

$$\int_0^2 \sqrt{4^2 - x^2} \, \mathrm{d}x = \frac{1}{4} \pi 2^2 = \pi.$$

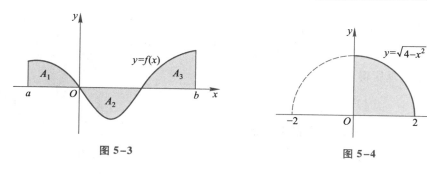

图 5-3　　　　　　　　　　　　　　　图 5-4

5.1.3 定积分的性质

设 $f(x)$，$g(x)$ 为可积函数，由定积分的概念与闭区间上连续函数的性质可推导出下列定积分的性质(请同学们自己推导或查阅相关参考书).

性质 1　两个函数和(差)的定积分等于它们定积分的和(差)，即
$$\int_a^b [f(x) \pm g(x)] \, \mathrm{d}x = \int_a^b f(x) \, \mathrm{d}x \pm \int_a^b g(x) \, \mathrm{d}x.$$

性质 2　被积表达式中的常数因子可以提到积分号前面，即
$$\int_a^b k f(x) \, \mathrm{d}x = k \int_a^b f(x) \, \mathrm{d}x.$$

性质 3　若把区间 $[a,b]$ 分成 $[a,c]$ 和 $[c,b]$ 两部分，则定积分对区间 $[a,b]$ 具有可加性，即
$$\int_a^b f(x) \, \mathrm{d}x = \int_a^c f(x) \, \mathrm{d}x + \int_c^b f(x) \, \mathrm{d}x.$$

性质 4　如果在区间 $[a,b]$ 上，$f(x) \equiv 1$，则
$$\int_a^b f(x) \, \mathrm{d}x = \int_a^b 1 \, \mathrm{d}x = b - a.$$

性质 5　如果在区间 $[a,b]$ 上，$f(x) \geqslant 0$，则
$$\int_a^b f(x) \, \mathrm{d}x \geqslant 0.$$

性质 6　如果在区间 $[a,b]$ 上，$f(x) \leqslant g(x)$，则
$$\int_a^b f(x) \, \mathrm{d}x \leqslant \int_a^b g(x) \, \mathrm{d}x \text{(当且仅当} f(x) \equiv g(x) \text{时取等号).}$$

性质 7(估值定理)　如果 $f(x)$ 在 $[a,b]$ 上最大值为 M，最小值为 m，那么
$$m(b-a) \leqslant \int_a^b f(x) \, \mathrm{d}x \leqslant M(b-a) \text{(当且仅当} f(x) \text{为常函数时取等号).}$$

性质 8(积分中值定理)　如果 $f(x)$ 在 $[a,b]$ 上连续，则在区间 $[a,b]$ 上至少存在一点 ξ，使下式成立
$$\int_a^b f(x) \, \mathrm{d}x = f(\xi)(b-a) \quad (a \leqslant \xi \leqslant b).$$

积分中值定理有如下几何解释:设 $f(x) \geqslant 0$ 在区间 $[a,b]$ 上连续，则在区间 $[a,b]$ 上至少存在一点 ξ，使得以区间 $[a,b]$ 为底边，以曲线 $y = f(x)$ 为曲边的曲边梯形的面积等于同一底边，而高为 $f(\xi)$ 的矩形面积(如图 5-5).

显然，当 $b < a$ 时，积分中值公式

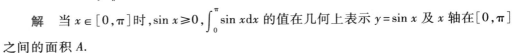

$$\int_a^b f(x)\,\mathrm{d}x = f(\xi)(b-a) \quad (b \leqslant \xi \leqslant a)$$

也是成立的.

由中值定理所得

$$f(\xi) = \frac{1}{b-a}\int_a^b f(x)\,\mathrm{d}x$$

称为函数 $f(x)$ 在区间 $[a,b]$ 上的**平均值**.

例 2 计算 $\int_{-\pi}^{\pi}\sin x\,\mathrm{d}x$.

解 当 $x\in[0,\pi]$ 时, $\sin x\geqslant 0$, $\int_0^{\pi}\sin x\,\mathrm{d}x$ 的值在几何上表示 $y=\sin x$ 及 x 轴在 $[0,\pi]$ 之间的面积 A.

当 $x\in[-\pi,0]$ 时, $\sin x\leqslant 0$, 由其几何意义知 $\int_{-\pi}^0\sin x\,\mathrm{d}x = -A$.

根据定积分性质 3 及定积分的几何意义得

$$\int_{-\pi}^{\pi}\sin x\,\mathrm{d}x = \int_{-\pi}^0\sin x\,\mathrm{d}x + \int_0^{\pi}\sin x\,\mathrm{d}x = A - A = 0.$$

注意: 由定积分的几何意义可得: 设函数当 $y=f(x)$ 在区间 $[-a,a]$ 可积, 则

(1) 若 $y=f(x)$ 为奇函数, 则 $\int_{-a}^a f(x)\,\mathrm{d}x = 0$;

(2) 若 $y=f(x)$ 为偶函数, 则 $\int_{-a}^a f(x)\,\mathrm{d}x = 2\int_0^a f(x)\,\mathrm{d}x$.

例 3 比较下列各积分值的大小.

(1) $\int_0^{\frac{\pi}{2}}\sin x\,\mathrm{d}x$ 和 $\int_0^{\frac{\pi}{2}}\sin^2 x\,\mathrm{d}x$; (2) $\int_1^2\ln x\,\mathrm{d}x$ 和 $\int_1^2\ln^2 x\,\mathrm{d}x$.

解 (1) 在区间 $\left[0,\dfrac{\pi}{2}\right]$ 上, $0\leqslant\sin x\leqslant 1$, 因此, $\sin x\geqslant\sin^2 x$, 由性质 6 可知

$$\int_0^{\frac{\pi}{2}}\sin x\,\mathrm{d}x > \int_0^{\frac{\pi}{2}}\sin^2 x\,\mathrm{d}x;$$

(2) 在区间 $[1,2]$ 上, $0\leqslant\ln x\leqslant\ln 2\leqslant 1$, 因此 $\ln x\geqslant\ln^2 x$, 由性质 6 可知

$$\int_1^2\ln x\,\mathrm{d}x > \int_1^2\ln^2 x\,\mathrm{d}x.$$

例 4 估计定积分 $\int_{-1}^2 \mathrm{e}^{-x^2}\,\mathrm{d}x$ 值的范围.

解 先求出函数 $f(x)=\mathrm{e}^{-x^2}$ 在 $[-1,2]$ 上的最大值和最小值, 为此计算导数

$$f'(x) = -2x\mathrm{e}^{-x^2}.$$

令 $f'(x)=0$, 得驻点 $x=0$, 算出

$$f(0)=1,\ f(-1)=\mathrm{e}^{-1},\ f(2)=\mathrm{e}^{-4}.$$

得最大值 $f(0)=1$, 最小值 $f(2)=\mathrm{e}^{-4}$, 如图 5-6 所示, 根据性质 7 得

$$f(2)[2-(-1)] < \int_{-1}^2 \mathrm{e}^{-x^2}\,\mathrm{d}x < f(0)[2-(-1)],$$

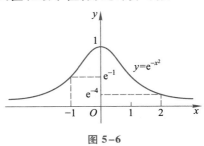

图 5-6

即

$$3\mathrm{e}^{-4} < \int_{-1}^{2} \mathrm{e}^{-x^2} \mathrm{d}x < 3.$$

习题 5.1

1. 利用定积分的几何意义,写出下列定积分的值.

（1）$\displaystyle\int_{0}^{2} 2x\mathrm{d}x$；　　　　（2）$\displaystyle\int_{-2}^{2} \sqrt{4-x^2}\,\mathrm{d}x$；　　　　（3）$\displaystyle\int_{-2}^{2} \frac{x\cos x}{1+x^2}\mathrm{d}x$.

2. 利用定积分的性质,化简下列各式.

（1）$\displaystyle\int_{-2}^{-1} f(x)\mathrm{d}x + \int_{-1}^{2} f(x)\mathrm{d}x$；　　　　（2）$\displaystyle\int_{a}^{x+\Delta x} f(x)\mathrm{d}x - \int_{a}^{x} f(x)\mathrm{d}x$.

3. 利用定积分的性质,确定下列积分的符号.

（1）$\displaystyle\int_{0}^{\pi} \sin x\mathrm{d}x$；　　　　（2）$\displaystyle\int_{\frac{1}{4}}^{1} \ln x\mathrm{d}x$；

（3）$\displaystyle\int_{0}^{1} \frac{\sqrt{x}}{1+\sqrt{x}}\mathrm{d}x$；　　　　（4）$\displaystyle\int_{-1}^{0} x\mathrm{e}^{-x^2}\mathrm{d}x$.

4. 利用定积分的性质,比较各对积分值的大小.

（1）$\displaystyle\int_{0}^{\frac{\pi}{2}} x\mathrm{d}x$ 与 $\displaystyle\int_{0}^{\frac{\pi}{2}} \sin x\mathrm{d}x$；　　　　（2）$\displaystyle\int_{0}^{1} \mathrm{e}^x\mathrm{d}x$ 与 $\displaystyle\int_{0}^{1} (1+x)\mathrm{d}x$.

5. 估计下列积分值的范围.

（1）$\displaystyle\int_{1}^{2} (x^2+1)\mathrm{d}x$；　　　　（2）$\displaystyle\int_{0}^{\frac{3\pi}{2}} (1+\cos^2 x)\mathrm{d}x$.

*6. 一物体以速度 $v=3t^2+2t(\mathrm{m/s})$ 作直线运动,请计算它在 $t=0$ 到 $t=3$ s 这段时间内的平均速度$\left(\text{提示利用积分中值定理和 } \displaystyle\int_{0}^{3} t^2\mathrm{d}t=9, \int_{0}^{3} 2t\mathrm{d}t=9\right)$.

5.2　定积分的基本公式

定积分是一种特殊的和式极限,用定义来直接计算是一件非常困难的事,因此我们必须寻求计算定积分的新的、有效的方法. 本节将从一个实例导出定积分的基本公式.

5.2.1　变速直线运动位置函数与速度函数之间的关系

我们先从实际问题寻找解决定积分计算的思路与线索. 从 5.1 节知:物体作变速直线运动从时刻 T_1 到时刻 T_2 物体所经过的位移 s 等于速度函数 $v=v(t)$ 在区间 $[T_1, T_2]$ 上的定积分,即

$$s = \int_{T_1}^{T_2} v(t)\mathrm{d}t.$$

另一方面,从物理学知位移 s 又可表示位置函数 $s(t)$ 在区间 $[T_1, T_2]$ 上的增量

$$s(T_2)-s(T_1).$$

于是,

$$\int_{T_1}^{T_2} v(t)\mathrm{d}t = s(T_2)-s(T_1).$$

因 $s'(t)=v(t)$，即位移函数 $s(t)$ 是速度函数 $v(t)$ 的原函数，因此上式表明速度函数 $v(t)$ 在区间 $[T_1,T_2]$ 上的定积分等于其原函数 $s(t)$ 在区间 $[T_1,T_2]$ 上的增量，这一结论是否有普遍意义？ 下面我们就来讨论这一问题.

5.2.2　变上限的定积分

设函数 $f(x)$ 在区间 $[a,b]$ 上连续，并且设 x 为 $[a,b]$ 上任一点，那么区间 $[a,x]$ 上的定积分为

$$\int_a^x f(x)\,\mathrm{d}x.$$

上面的 x 既表示积分的上限，又表示积分的变量，为避免混淆，我们将积分变量改为 t（积分与变量的符号无关），于是上面积分可改写为

$$\int_a^x f(t)\,\mathrm{d}t.$$

显然，当 x 在 $[a,b]$ 上变动时，对应每一个 x 值，积分 $\int_a^x f(t)\,\mathrm{d}t$ 都有一个对应值，因此 $\int_a^x f(t)\,\mathrm{d}t$ 是关于上限 x 的一个函数，记作

$$\Phi(x)=\int_a^x f(t)\,\mathrm{d}t.$$

我们称 $\Phi(x)$ 为**积分上限函数**. 这个积分也称为**变上限定积分**. 积分上限函数的几何意义如图 5-7 所示.

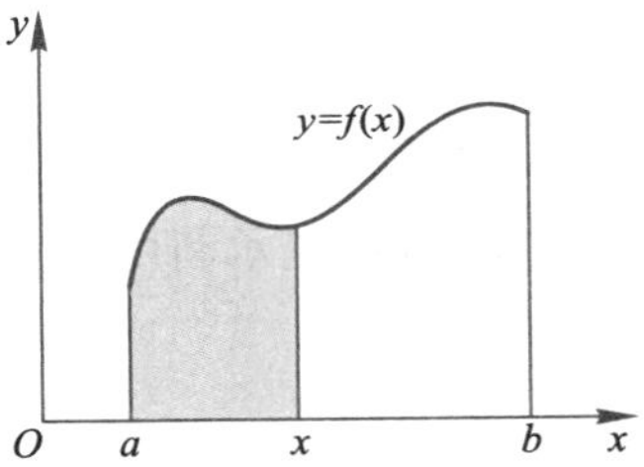

定理 1　设函数在 $f(x)$ 区间 $[a,b]$ 上连续，则积分上限函数

$$\Phi(x)=\int_a^x f(t)\,\mathrm{d}t$$

在区间 $[a,b]$ 上可导，且

$$\Phi'(x)=\frac{\mathrm{d}}{\mathrm{d}x}\int_a^x f(t)\,\mathrm{d}t=f(x).$$

图 5-7

从定理 1 可知：积分上限函数的导数等于被积函数，这说明积分上限函数 $\Phi(x)$ 是连续函数 $f(x)$ 的一个原函数.

推论 1　$\dfrac{\mathrm{d}}{\mathrm{d}x}\displaystyle\int_x^a f(t)\,\mathrm{d}t=-f(x)$；

推论 2　$\dfrac{\mathrm{d}}{\mathrm{d}x}\displaystyle\int_a^{b(x)} f(t)\,\mathrm{d}t=f[b(x)]b'(x)$；

推论 3　$\dfrac{\mathrm{d}}{\mathrm{d}x}\displaystyle\int_{a(x)}^{b(x)} f(t)\,\mathrm{d}t=f[b(x)]b'(x)-f[a(x)]a'(x)$.

定理 1 及推论请同学们自己推导或查阅相关参考书.

这个定理的重要意义是：一方面肯定了连续函数的原函数必定存在，另一方面初步揭示了积分学中定积分与原函数的联系.

例 1　已知 $\Phi(x)=\displaystyle\int_0^x \sin t^2 \mathrm{d}t$，求 $\Phi'(x)$．

解　由定理 1 知，$\Phi'(x)=\dfrac{\mathrm{d}}{\mathrm{d}x}\displaystyle\int_0^x \sin t^2 \mathrm{d}t = \sin x^2$．

例 2　计算 $\dfrac{\mathrm{d}}{\mathrm{d}x}\displaystyle\int_0^{x^2} \cos t^3 \mathrm{d}t$

解　由推论 2 可得 $\dfrac{\mathrm{d}}{\mathrm{d}x}\displaystyle\int_0^{x^2} \cos t^3 \mathrm{d}t = \cos x^6 \cdot (x^2)' = 2x\cos x^6$．

*例 3　计算 $\displaystyle\lim_{x\to 0}\dfrac{\displaystyle\int_0^{x^2}\sin\sqrt{t}\,\mathrm{d}t}{x^3}$．

解　$\displaystyle\lim_{x\to 0}\dfrac{\displaystyle\int_0^{x^2}\sin\sqrt{t}\,\mathrm{d}t}{x^3}=\lim_{x\to 0}\dfrac{\sin x \cdot (x^2)'}{3x^2}=\dfrac{2}{3}\lim_{x\to 0}\dfrac{\sin x}{x}=\dfrac{2}{3}$．

5.2.3　牛顿-莱布尼茨公式

定理 1 阐明了定积分与原函数的联系，牛顿-莱布尼茨都在此研究的基础上，找到了定积分的计算方法．

定理 2　设函数在 $f(x)$ 区间 $[a,b]$ 上连续，又 $F(x)$ 是 $f(x)$ 在区间 $[a,b]$ 上的任一原函数，则有

$$\int_a^b f(x)\,\mathrm{d}x = F(b)-F(a)，$$

我们称这个公式为**牛顿-莱布尼茨公式**．

证　因 $F(x)$ 与 $\Phi(x)=\displaystyle\int_a^x f(t)\mathrm{d}t$ 都是 $f(x)$ 的原函数，由原函数的性质，所以

$$\Phi(x)-F(x)=C，$$

令 $x=a$，因 $\Phi(a)=\displaystyle\int_a^a f(t)\mathrm{d}t=0$，所以 $C=-F(a)$，于是

$$\Phi(x)=\int_a^x f(t)\mathrm{d}t=F(x)-F(a)，$$

令 $x=b$，则 $\Phi(b)=\displaystyle\int_a^b f(t)\mathrm{d}t=F(b)-F(a)$．

为了计算方便，通常把 $F(b)-F(a)$ 记作 $F(x)\big|_a^b$，于是可写成如下形式

$$\int_a^b f(x)=F(b)-F(a)=F(x)\big|_a^b．$$

牛顿-莱布尼茨公式告诉我们，计算定积分实际上是先用不定积分的方法求出原函数，然后计算原函数从下限到上限的函数的增量．

例 4　计算 $\displaystyle\int_1^2 x^3\mathrm{d}x$．

解　$\displaystyle\int_1^2 x^3\mathrm{d}x=\dfrac{x^4}{4}\Big|_1^2=\dfrac{2^4}{4}-\dfrac{1^4}{4}=4-\dfrac{1}{4}=\dfrac{15}{4}=3\dfrac{3}{4}$．

例 5　计算 $\displaystyle\int_1^2\left(x+\dfrac{1}{x}\right)^2\mathrm{d}x$．

5.2 例 5

解　$\int_{1}^{2}\left(x+\dfrac{1}{x}\right)^{2}\mathrm{d}x=\int_{1}^{2}\left(x^{2}+2+\dfrac{1}{x^{2}}\right)\mathrm{d}x=\left(\dfrac{1}{3}x^{3}+2x-\dfrac{1}{x}\right)\Big|_{1}^{2}=\dfrac{29}{6}.$

例 6　计算 $\displaystyle\int_{-1}^{2}|x|\mathrm{d}x.$

解　被积函数 $f(x)=|x|$ 在积分区间 $[-1,2]$ 上应是分段函数,即

$$f(x)=\begin{cases}-x,&-1\leqslant x<0,\\ x,&0\leqslant x\leqslant 2.\end{cases}$$

所以有

$$\int_{-1}^{2}|x|\mathrm{d}x=\int_{-1}^{0}(-x)\mathrm{d}x+\int_{0}^{2}x\mathrm{d}x=\left(-\dfrac{1}{2}x^{2}\right)\Big|_{-1}^{0}+\left(\dfrac{1}{2}x^{2}\right)\Big|_{0}^{2}=2\dfrac{1}{2}.$$

例 7　计算下列定积分.

(1) $\displaystyle\int_{1}^{4}\sqrt{x}\,\mathrm{d}x;$　　　　　　　　　(2) $\displaystyle\int_{-1}^{1}\dfrac{1}{1+x^{2}}\mathrm{d}x.$

解　(1) $\displaystyle\int_{1}^{4}\sqrt{x}\,\mathrm{d}x=\dfrac{2}{3}x^{\frac{3}{2}}\Big|_{1}^{4}=\dfrac{2}{3}\left(4^{\frac{3}{2}}-1\right)=\dfrac{14}{3};$

(2) $\displaystyle\int_{-1}^{1}\dfrac{1}{1+x^{2}}\mathrm{d}x=\arctan x\Big|_{-1}^{1}=\arctan 1-\arctan(-1)=\dfrac{\pi}{4}-\left(-\dfrac{\pi}{4}\right)=\dfrac{\pi}{2}.$

例 8　计算正弦曲线 $y=\sin x$ 在 $[0,\pi]$ 上与 x 轴所围成的平面图形(图 5-8)的面积.

解　按曲边梯形的计算方法,它的面积为

$$A=\int_{0}^{\pi}\sin x\mathrm{d}x=(-\cos x)\Big|_{0}^{\pi}=-(-1)-(-1)=2.$$

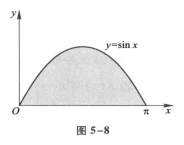

图 5-8

例 9　一个物体从某一高处由静止自由下落,经 t 秒时间后它的速度为 $v=gt$,问经过 4 s 后,这个物体下落的距离是多少?(设 $g=10$ m/s^2,下落时物体离地面足够高.)

解　物体自由下落是变速直线运动,故物体经过 4 s 后,下落的距离可用定积分计算

$$s(4)=\int_{0}^{4}v(t)\mathrm{d}t=\int_{0}^{4}gt\mathrm{d}t=\int_{0}^{4}10t\mathrm{d}t=5t^{2}\Big|_{0}^{4}=80(\mathrm{m}).$$

习题 5.2

1. 计算下列各题的导数.

(1) $F(x)=\displaystyle\int_{1}^{x}\sin t^{4}\mathrm{d}t;$　　　　　　　　(2) $F(x)=\displaystyle\int_{x}^{3}\sqrt{1+t^{2}}\,\mathrm{d}t;$

(3) $F(x)=\displaystyle\int_{1}^{x^{3}}\ln t^{2}\mathrm{d}t;$　　　　　　　　(4) $F(x)=\displaystyle\int_{x^{2}}^{x^{3}}\mathrm{e}^{-t}\mathrm{d}t.$

2. 计算下列各定积分.

(1) $\displaystyle\int_{1}^{2}x^{2}\mathrm{d}x;$　　　　　　(2) $\displaystyle\int_{0}^{1}\mathrm{e}^{x}\mathrm{d}x;$　　　　　　(3) $\displaystyle\int_{2}^{3}\left(x^{2}+\dfrac{1}{x}+4\right)\mathrm{d}x;$

（4）$\displaystyle\int_0^{\frac{\pi}{2}}\cos x\mathrm{d}x$；　　　　（5）$\displaystyle\int_0^{2\pi}|\sin x|\mathrm{d}x$；　　（6）$\displaystyle\int_4^9\sqrt{x}\,(1+\sqrt{x}\,)\mathrm{d}x$；

（7）$\displaystyle\int_{-1}^1\frac{3x^4+3x^2+1}{x^2+1}\mathrm{d}x$；　　（8）$\displaystyle\int_0^3\sqrt{4-4x+x^2}\,\mathrm{d}x$；　　（9）$\displaystyle\int_{\frac{\pi}{6}}^{\frac{\pi}{4}}\sin^2 x\mathrm{d}x$；

（10）$\displaystyle\int_1^e\frac{1+\ln x}{x}\mathrm{d}x$.

3．设 $f(x)=\begin{cases}x+1, & x\leqslant 1,\\ \dfrac{1}{2}x^2, & x>1,\end{cases}$，求 $\displaystyle\int_0^2 f(x)\,\mathrm{d}x$.

5.3　定积分的计算方法

5.3.1　定积分的换元积分法

牛顿-莱布尼茨公式揭示了定积分与不定积分的内在联系，即求原函数的增量. 我们知道计算不定积分的方法有换元积分法和分部积分法，下面我们讨论定积分的换元积分法和分部积分法.

5.3.2　定积分的换元积分法

1．定积分的凑微分法

例 1　求（1）$\displaystyle\int_1^e\frac{\ln x\mathrm{d}x}{x}$；　　　　（2）$\displaystyle\int_0^1 x(1+x^2)^3\mathrm{d}x$.

解　（1）$\displaystyle\int_1^e\frac{\ln x\mathrm{d}x}{x}=\int_1^e\ln x\mathrm{d}(\ln x)=\frac{1}{2}(\ln x)^2\Big|_1^e=\frac{1}{2}$；

（2）$\displaystyle\int_0^1 x(1+x^2)^3\mathrm{d}x=\frac{1}{2}\int_0^1(1+x^2)^3\mathrm{d}(1+x^2)=\frac{1}{8}(1+x^2)^4\Big|_0^1=1\frac{7}{8}$.

从上面例题可以看到：不定积分的凑微分法虽然引入中间变量，是对中间变量的积分，但中间变量是关于自变量 x 的函数，其结果仍是关于自变量 x 的函数，因而定积分的凑微分法不必写出新的积分变量，也不需要改变定积分的上下限.

2．定积分的第二类换元积分法

例 2　求 $\displaystyle\int_0^4\frac{\mathrm{d}x}{1+\sqrt{x}}$.

解法 1　先求它的不定积分，用不定积分的换元积分法，令

$$\sqrt{x}=t,\ 则\ t^2=x,\mathrm{d}x=2t\mathrm{d}t,$$

则　　　　$$\int\frac{\mathrm{d}x}{1+\sqrt{x}}=\int\frac{2t\mathrm{d}t}{1+t}=2\int\left(1-\frac{1}{1+t}\right)\mathrm{d}t=2(t-\ln|1+t|)+C.$$

再将变量还原为 x

$$\int\frac{\mathrm{d}x}{1+\sqrt{x}}=2(t-\ln|1+t|)+C$$

$$= 2(\sqrt{x} - \ln|1 + \sqrt{x}|) + C,$$

最后由牛顿-莱布尼茨公式得

$$\int_0^4 \frac{\mathrm{d}x}{1+\sqrt{x}} = 2(\sqrt{x} - \ln|1+\sqrt{x}|) \Big|_0^4 = 4 - 2\ln 3.$$

解法 2　设 $\sqrt{x} = t$，则 $t^2 = x$，$\mathrm{d}x = 2t\mathrm{d}t$.

当 $x = 0$ 时，$t = 0$，

当 $x = 4$ 时，$t = 2$，

于是 $\int_0^4 \dfrac{\mathrm{d}x}{1+\sqrt{x}} = \int_0^2 \dfrac{2t\mathrm{d}t}{1+t} = 2\int_0^2 \left(1 - \dfrac{1}{1+t}\right) \mathrm{d}t$

$$= 2(t - \ln|1+t|) \Big|_0^2 = 2(2 - \ln 3).$$

比较上述两种方法，都使用了第二类换元积分法. 但解法 2 是以新积分变量 t 及其积分区间来进行计算的，避开了回代原变量的麻烦，要比解法 1 简单，解法 2 就是定积分的第二换元积分法. 由此得到如下定理：

定理　设函数 $f(x)$ 在区间 $[a,b]$ 上连续，而且 $x = \varphi(t)$ 满足下列条件

（1）$x = \varphi(t)$ 在 $[\alpha, \beta]$ 上单调并有连续导数 $\varphi'(t)$；

（2）$\varphi(\alpha) = a$，$\varphi(\beta) = b$.

则有

$$\int_a^b f(x)\mathrm{d}x = \int_\alpha^\beta f[\varphi(t)]\varphi'(t)\mathrm{d}t.$$

上述定理称为定积分的**第二类换元积分公式**.

5.3 例 3

例 3　计算 $\displaystyle\int_{\ln 3}^{\ln 8} \sqrt{1+\mathrm{e}^x}\,\mathrm{d}x$.

解　令 $\sqrt{1+\mathrm{e}^x} = t$ 则 $x = \ln(t^2 - 1)$，$\mathrm{d}x = \dfrac{2t}{t^2 - 1}\mathrm{d}t$，

当 $x = \ln 3$ 时，$t = 2$，

$x = \ln 8$ 时，$t = 3$，

$$\int_{\ln 3}^{\ln 8} \sqrt{1+\mathrm{e}^x}\,\mathrm{d}x = \int_2^3 \frac{2t^2}{t^2 - 1}\mathrm{d}t = 2\int_2^3 \left(1 + \frac{1}{t^2 - 1}\right)\mathrm{d}t$$

$$= \left[2t + \ln\left|\frac{t-1}{t+1}\right|\right]\Big|_2^3 = 2 + \ln\frac{3}{2}.$$

*例 4**　求定积分 $\displaystyle\int_0^1 x^2\sqrt{1-x^2}\,\mathrm{d}x$.

解　令 $x = \sin t$，则 $\mathrm{d}x = \cos t\mathrm{d}t$，有 $\sqrt{1-x^2} = \sqrt{1-\sin^2 t} = \cos t$，

当　$x = 0$ 时，$t = 0$，

　　$x = 1$ 时，$t = \dfrac{\pi}{2}$，

故　　$\displaystyle\int_0^1 x^2\sqrt{1-x^2}\,\mathrm{d}x = \int_0^{\frac{\pi}{2}} \sin^2 t\cos t\cos t\mathrm{d}t$

$$= \int_0^{\frac{\pi}{2}} \sin^2 t\cos^2 t\mathrm{d}t = \frac{1}{4}\int_0^{\frac{\pi}{2}} \sin^2 2t\mathrm{d}t.$$

$$= \frac{1}{4} \int_0^{\frac{\pi}{2}} \frac{1 - \cos 4t}{2} dt = \frac{1}{8} \int_0^{\frac{\pi}{2}} (1 - \cos 4t) dt$$

$$= \frac{1}{8} \left(t - \frac{\sin 4t}{4} \right) \Bigg|_0^{\frac{\pi}{2}} = \frac{\pi}{16}.$$

5.3.3 定积分的分部积分法

不定积分有分部积分的方法,对于定积分同样有分部积分法,其方法是

设 $u(x), v(x)$ 在区间 $[a,b]$ 上有连续导数,则有

$$\int_a^b u \, dv = uv \Bigg|_a^b - \int_a^b v \, du.$$

这就是**定积分的分部积分公式**.

在定积分的分部积分法中,是把先积出来的部分代入上下限先求值,余下的部分继续积分再求值.

例 5 计算 $\int_0^1 x e^x dx$.

解 $\int_0^1 x e^x dx = x e^x \Bigg|_0^1 - \int_0^1 e^x dx = e - e^x \Bigg|_0^1 = 1.$

例 6 计算 $\int_1^2 x \ln x \, dx$.

解 $\int_1^2 x \ln x \, dx = \frac{1}{2} \int_1^2 \ln x \, d(x^2) = \frac{1}{2} x^2 \ln x \Bigg|_1^2 - \frac{1}{2} \int_1^2 x \, dx$

$$= 2 \ln 2 - \frac{1}{4} x^2 \Bigg|_1^2 = 2 \ln 2 - \frac{3}{4}.$$

例 7 计算 $\int_0^{\frac{\pi}{2}} x^2 \cos x \, dx$.

解 $\int_0^{\frac{\pi}{2}} x^2 \cos x \, dx = \int_0^{\frac{\pi}{2}} x^2 d(\sin x) = x^2 \sin x \Bigg|_0^{\frac{\pi}{2}} - \int_0^{\frac{\pi}{2}} 2x \sin x \, dx$

$$= \frac{\pi^2}{4} + 2 \int_0^{\frac{\pi}{2}} x \, d(\cos x) = \frac{\pi^2}{4} + 2x \cos x \Bigg|_0^{\frac{\pi}{2}} - 2 \int_0^{\frac{\pi}{2}} \cos x \, dx$$

$$= \frac{\pi^2}{4} - 2 \sin x \Bigg|_0^{\frac{\pi}{2}} = \frac{\pi^2}{4} - 2.$$

例 8 计算 $\int_0^1 e^{\sqrt{x}} dx$.

解 解此题先用换元法,后用分部积分法.

令 $\sqrt{x} = t$,则 $x = t^2$, $dx = 2t \, dt$,

当 $x = 0$ 时, $t = 0$,

$\quad x = 1$ 时, $t = 1$,

于是
$$\int_0^1 e^{\sqrt{x}} dx = 2 \int_0^{1'} t e^t dt = 2 \int_0^1 t \, d(e^t)$$

5.3 例 8

135

$$= 2\left(\left[te^t \right] \Big|_0^1 - \int_0^1 e^t \mathrm{d}t \right) = 2\left(e - e^t \right) \Big|_0^1$$

$$= 2\left[e - (e-1) \right] = 2.$$

定积分的换元积分法其核心是"换元换限",分部积分法的要点是"先积先代值",可使定积分计算快捷简便.

习题 5.3

1. 计算下列定积分.

（1）$\displaystyle\int_0^1 x(1-2x^2)^7 \mathrm{d}x$;　　　　（2）$\displaystyle\int_{\frac{\pi}{6}}^{\frac{\pi}{3}} \sin\left(x+\frac{\pi}{6}\right) \mathrm{d}x$;　　　　（3）$\displaystyle\int_0^{\frac{\pi}{2}} \sin x \cos x \mathrm{d}x$;

（4）$\displaystyle\int_e^{e^2} \frac{1}{x\ln x} \mathrm{d}x$;　　　　（5）$\displaystyle\int_0^1 x e^{-x^2} \mathrm{d}x$;　　　　（6）$\displaystyle\int_0^1 \sqrt{4+5x} \mathrm{d}x$;

（7）$\displaystyle\int_0^{\frac{\pi}{2}} \frac{\cos x}{1+\sin x} \mathrm{d}x$;　　　　（8）$\displaystyle\int_0^1 \frac{\sqrt{x}}{1+\sqrt{x}} \mathrm{d}x$;　　　　（9）$\displaystyle\int_{-1}^1 \frac{x}{\sqrt{5-4x}} \mathrm{d}x$.

2. 计算下列定积分.

（1）$\displaystyle\int_1^e x^2 \ln x \mathrm{d}x$;　　　　（2）$\displaystyle\int_0^1 \arctan x \mathrm{d}x$;　　　　（3）$\displaystyle\int_0^1 x \arctan x \mathrm{d}x$;

（4）$\displaystyle\int_0^1 x e^{2x} \mathrm{d}x$;　　　　（5）$\displaystyle\int_0^{\frac{\pi}{4}} x \cos 2x \mathrm{d}x$;　　　　*（6）$\displaystyle\int_0^{\frac{\pi}{2}} e^x \sin x \mathrm{d}x$.

5.4　定积分的几何应用

前面我们讨论了定积分的概念及计算方法,在这个基础上进一步来研究它的应用. 利用定积分解决实际问题,常用的方法是微元法,本节将介绍实际问题表示成定积分的分析方法.

5.4.1　定积分的微元法

我们曾提出的曲边梯形面积问题和变速直线运动的路程问题,它们都是采用分割、近似替代、求和、取极限四个步骤建立所求量的积分式来解决的. 可简记为

$$\Delta x_i \to f(\xi_i)\Delta x_i \to \sum_{i=1}^n f(\xi_i)\Delta x_i \to \lim_{\lambda \to 0} \sum_{i=1}^n f(\xi_i)\Delta x_i = \int_a^b f(x)\mathrm{d}x.$$

仔细观察上述四步可以看出,被积表达式的形式在第二步近似替代中就确定了. 只要将仅是替代表达式 $f(\xi_i)\Delta x_i$ 中的符号作如下替换

$$\xi_i \to x, \Delta x_i \to \Delta x = \mathrm{d}x,$$

就得到被积表达式 $f(x)\mathrm{d}x$. 而其余几步对每个可归结为定积分的问题来说都是一样的.

于是,对于能用定积分计算的量 A 来说,写出这个量 A 的积分表达式的步骤是:

（1）根据问题的具体情况,选取一个变量（如 x）为积分变量,并确定它的变化区间 $[a,b]$;

（2）设想把区间 $[a,b]$ 分成 n 个小区间，取其中任意一个小区间并记作 $[x,x+dx]$，求出相应于该小区间的部分量 ΔA 的近似值. 如果 ΔA 能近似地表示为 $[a,b]$ 上的一个连续函数在 x 处的值 $f(x)$ 与 dx 的乘积（误差是比 dx 高阶的无穷小），如图 5–9 所示，就把 $f(x)dx$ 称作 A 的微元，记作 dA，即

$$dA = f(x)dx.$$

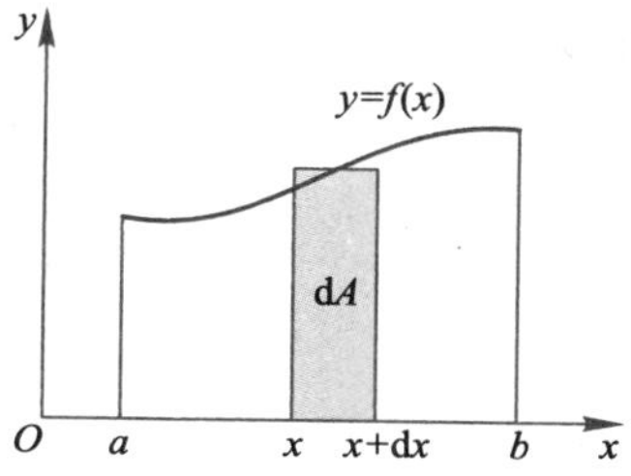

图 5–9

（3）以所求量 A 的微元 $f(x)dx$ 为被积表达式，在 $[a,b]$ 上作定积分，得

$$A = \int_a^b f(x)dx,$$

这就是所求量 A 的积分表达式. 这种方法通常称为**微元法**.

5.4.2 平面图形的面积

在直角坐标系中，我们不难用微元法将平面图形面积表示为定积分. 下面从三种情形讨论如何将平面图形的面积表示为定积分的方法.

1. 曲线 $y=f(x)$（$f(x) \geqslant 0$），$x=a$，$x=b$ 及与 x 轴所围成图形的面积

以 x 为积分变量，任取一子区间 $[x,x+dx]$ 作垂直于 x 轴的矩形面积微元 dA 代替所对应的小曲边梯形的面积，其矩形的高为 $f(x)$，宽为 dx，如图 5–10 所示，则面积微元 dA 为

$$dA = f(x)dx,$$

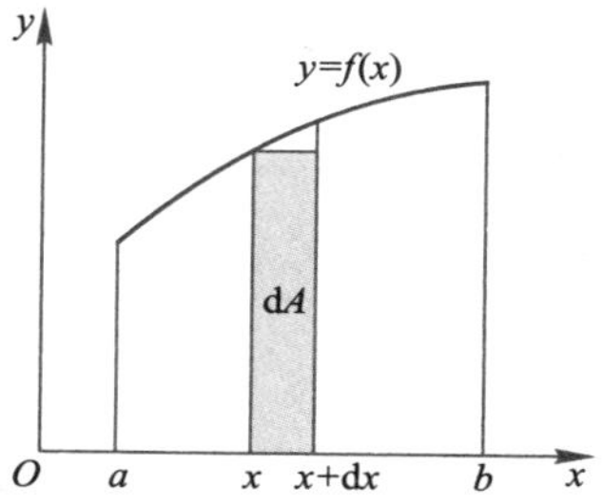

所求面积为

图 5–10

$$A = \int_a^b f(x)dx.$$

若 $f(x) \leqslant 0$，则 $dA = |f(x)|dx$，从而 $A = \int_a^b |f(x)|dx$.

2. 由上、下两条曲线 $y=f(x)$，$y=g(x)$（$f(x) \geqslant g(x)$）及 $x=a$，$x=b$ 所围成图形的面积

以 x 为积分变量，任取一子区间 $[x,x+dx]$ 作垂直于 x 轴的矩形面积微元 dA 代替所对应的小曲边梯形的面积，其矩形的高为 $f(x)-g(x)$，宽为 dx，如图 5–11 所示，则面积微元 dA 为

$$dA = [f(x)-g(x)]dx,$$

所求面积为

$$A = \int_a^b [f(x)-g(x)]dx.$$

3. 由左、右两条曲线 $x=\varphi(y)$，$x=\psi(y)$（$\varphi(y) \geqslant \psi(y)$）及 $y=c$，$y=d$ 所围成的图形的面积

以 y 为积分变量，任取一子区间 $[y,y+dy]$ 作垂直于 y 轴的矩形面积微元 dA 代替所对应的小曲边梯形的面积，其矩形的高为 $\varphi(y)-\psi(y)$，宽为 dy，如图 5–12 所示，则

面积微元 dA 为

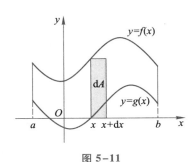

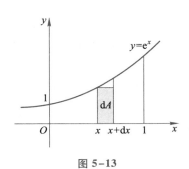

图 5-11

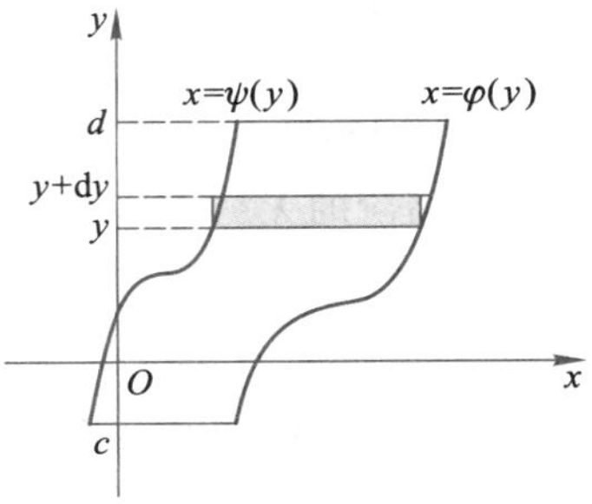

图 5-12

$$dA = \left[\varphi(y) - \psi(y) \right] dy,$$

所求面积为

$$A = \int_c^d \left[\varphi(y) - \psi(y) \right] dy.$$

　　例 1　求曲线 $y = e^x$，直线 $x = 0, x = 1$ 及 x 轴所围成的平面图形的面积.

　　解　作所围成面积的草图，如图 5-13 所示，以 x 为变量，积分区间为 $[0,1]$，取面积微元

$$dA = e^x dx,$$

所求面积为

$$A = \int_0^1 e^x dx = e^x \Big|_0^1 = e - 1.$$

　　例 2　求曲线 $y = x^3$，直线 $x = -1, x = 2$ 及 x 轴所围成的平面图形的面积.

　　解　作所围成面积的草图如图 5-14 所示，以 x 为变量，积分区间为 $[-1, 2]$. 但在 $[-1, 0]$ 内 $f(x) \leq 0$. 任取面积微元

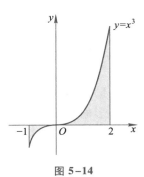

图 5-13

图 5-14

$$dA = \left| x^3 \right| dx,$$

所求面积为

$$A = \int_{-1}^2 \left| x^3 \right| dx = \int_{-1}^0 (-x^3) dx + \int_0^2 x^3 dx$$

$$= -\frac{x^4}{4} \Big|_{-1}^0 + \frac{x^4}{4} \Big|_0^2 = \frac{1}{4} + \frac{16}{4} = \frac{17}{4}.$$

例 3 求两条抛物线 $y^2=x,y=x^2$ 所围成的平面图形的面积.

解 作所围成面积的草图,如图 5-15 所示,先确定图形所在范围,由

$$\begin{cases} y^2=x, \\ y=x^2 \end{cases}$$

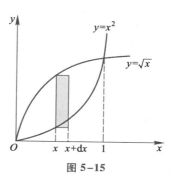

图 5-15

得交点坐标 $(0,0)$ 和 $(1,1)$,积分变量 x 的变化区间为 $[0,1]$,图形可以看成是两条曲线 $y=\sqrt{x}$ 与 $y=x^2$ 所围成的平面图形.

任取面积微元

$$\mathrm{d}A=(\sqrt{x}-x^2)\,\mathrm{d}x,$$

所求面积为

$$A=\int_0^1 (\sqrt{x}-x^2)\,\mathrm{d}x = \left(\frac{2}{3}x^{\frac{3}{2}}-\frac{1}{3}x^3\right)\Big|_0^1 = \frac{2}{3}-\frac{1}{3}=\frac{1}{3}.$$

例 4 求由曲线 $y^2=2x$ 及直线 $y=x-4$ 所围成的平面图形的面积.

解法 1 作所围成面积的草图,如图 5-16 所示,先确定图形所在范围,由

$$\begin{cases} y^2=2x, \\ y=x-4 \end{cases}$$

5.4 例 4

得交点坐标 $(2,-2)$ 和 $(8,4)$,取积分变量 y,它的变化区间为 $[-2,4]$,图形可以看成是两条曲线 $x=y+4$ 与 $x=\frac{1}{2}y^2$ 所围成的平面图形.

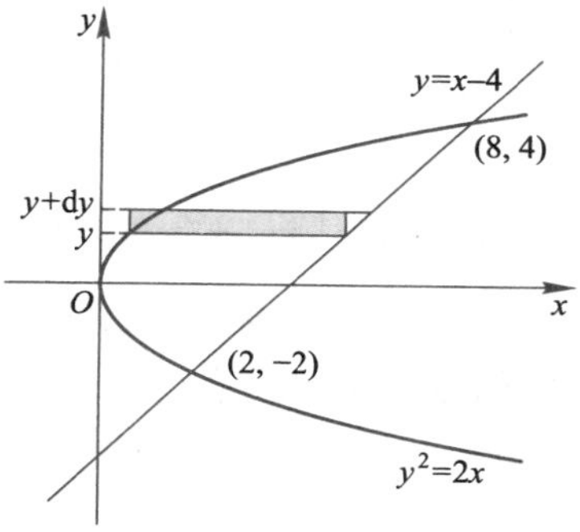

图 5-16

任取面积微元

$$\mathrm{d}A=\left(y+4-\frac{1}{2}y^2\right)\mathrm{d}y.$$

所求面积为

$$A=\int_{-2}^4 \left(y+4-\frac{1}{2}y^2\right)\mathrm{d}y = \left(\frac{1}{2}y^2+4y-\frac{1}{6}y^3\right)\Big|_{-2}^4 = 18.$$

解法 2 以 x 为积分变量,x 的变化区间为 $[0,8]$,在区间 $[0,8]$ 上面积微元不能用一个关系式表示.

在区间 $[0,2]$ 上,面积微元为

$$\mathrm{d}A=\left[\sqrt{2x}-(-\sqrt{2x})\right]\mathrm{d}x=2\sqrt{2x}\,\mathrm{d}x,$$

在区间 $[2,8]$ 上,面积微元为

$$\mathrm{d}A=(\sqrt{2x}-x+4)\,\mathrm{d}x.$$

所求面积为

$$A=\int_0^2 2\sqrt{2x}\,\mathrm{d}x+\int_2^8 (\sqrt{2x}-x+4)\,\mathrm{d}x = \left(\frac{4\sqrt{2}}{3}x^{\frac{3}{2}}\right)\Big|_0^2 + \left(\frac{2\sqrt{2}}{3}x^{\frac{3}{2}}-\frac{1}{2}x^2+4x\right)\Big|_2^8 = 18.$$

比较两种解法,解法 1 比解法 2 简单,这就是说如果积分变量选得适当,就可以使计算简单.

例 5　求抛物线 $y^2 = 4x$,直线 $y = \dfrac{1}{2}x + 2$ 及 x 轴所围成平面图形的面积.

解　作所围成面积的草图如图 5-17 所示,求出交点,由 $\begin{cases} y^2 = 4x, \\ y = \dfrac{1}{2}x + 2 \end{cases}$ 得交点坐标

$(4, 4)$. 又由 $\begin{cases} y = 0, \\ y = \dfrac{1}{2}x + 2 \end{cases}$ 得另一交点坐标 $(-4, 0)$.

由图 5-17 可知,因图形左右边界分别由一条曲线组成,故以 y 为积分变量时,其变化区间为 $[0, 4]$.

任取面积微元

$$dA = \left(\frac{1}{4}y^2 - (2y - 4) \right) dy = \left(\frac{1}{4}y^2 - 2y + 4 \right) dy,$$

所求面积为

$$A = \int_0^4 \left(\frac{1}{4}y^2 - 2y + 4 \right) dy = \left(\frac{1}{12}y^3 - y^2 + 4y \right) \Bigg|_0^4 = \frac{16}{3}.$$

例 6　求椭圆 $\dfrac{x^2}{a^2} + \dfrac{y^2}{b^2} = 1$ 所围成平面图形的面积.

解　作所围成面积的草图如图 5-18 所示,由于椭圆关于两坐标对称. 因此椭圆所围成的图形的面积为

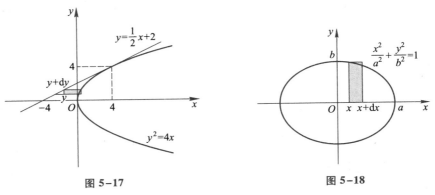

图 5-17　　　　　　　　　　　　图 5-18

$$A = 4A_1,$$

其中 A_1 是椭圆在第一象限的面积,即

$$A = 4A_1 = \int_0^a y\,dx,$$

利用椭圆的参数方程

$$\begin{cases} x = a\cos t, \\ y = b\sin t, \end{cases}$$

进行换元积分

$$当\ x=0\ 时, t=\frac{\pi}{2},$$

$$当\ x=a\ 时, t=0,$$

故椭圆所围成的平面图形的面积为

$$A = 4\int_0^a y\mathrm{d}x = 4\int_{\frac{\pi}{2}}^0 b\sin t(-a\sin t)\,\mathrm{d}t = 4ab\int_0^{\frac{\pi}{2}}\sin^2 t\mathrm{d}t$$

$$= 2ab\int_0^{\frac{\pi}{2}}(1-\cos 2t)\,\mathrm{d}t = 2ab\left(t-\frac{\sin 2t}{2}\right)\Big|_0^{\frac{\pi}{2}} = 2ab\cdot\frac{\pi}{2} = \pi ab.$$

5.4.3 空间立体的体积

1. 旋转体的体积

旋转体是由一个平面图形绕这个平面内的一条直线旋转一周而成的几何体. 这条直线叫**旋转轴**.

常见的旋转体有球体、圆柱体、圆台、圆锥、椭球体等.

（1）平面图形绕 x 轴旋转所形成的立体的体积

由连续曲线 $y=f(x)$，直线 $x=a,x=b$ 及 x 轴所围成的曲边梯形绕 x 轴旋转一周而形成立体的体积, 如图 5-19 所示.

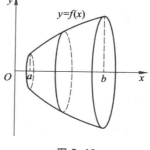

图 5-19

在 $[a,b]$ 内任取一点 x 作垂直于 x 轴的平面, 截面是半径为 $f(x)$ 的圆, 其面积为 $A=\pi f^2(x)$, 在 x 附近再取一点 $x+\mathrm{d}x$ 再作截面, 构成厚度为 $\mathrm{d}x$ 的圆柱体, 形成体积微元, 按圆柱体体积公式, 可知体积微元为

$$\mathrm{d}V = \pi f^2(x)\mathrm{d}x.$$

故所求旋转体的体积为

$$V_x = \pi\int_a^b f^2(x)\,\mathrm{d}x.$$

（2）平面图形绕 y 轴旋转所形成的立体的体积

由连续曲线 $x=\varphi(y)$，直线 $y=c,y=d$ 及 y 轴所围成的曲边梯形绕 y 轴旋转一周而形成立体的体积, 如图 5-20 所示.

同理可得体积微元为

$$\mathrm{d}V = \pi\varphi^2(y)\mathrm{d}y.$$

所求旋转体的体积为

$$V_y = \pi\int_c^d \varphi^2(y)\,\mathrm{d}y.$$

例 7 求 $y=x^2$ 及 $x=1,y=0$ 所围成的平面图形绕 x 轴旋转一周而形成的立体的体积.

解 旋转体如图 5-21 所示, 取 x 为积分变量, 变化区间为 $[0,1]$, 体积微元为

$$\mathrm{d}V = \pi(x^2)^2\mathrm{d}x = \pi x^4\mathrm{d}x.$$

所求旋转体的体积为

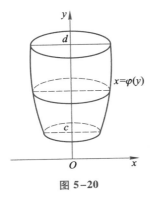

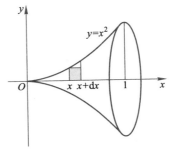

图 5-20　　　　　　　　　　　　图 5-21

$$V_x = \pi \int_0^1 x^4 \,\mathrm{d}x = \frac{\pi}{5} x^5 \Big|_0^1 = \frac{1}{5}\pi.$$

例 8　连接坐标原点 O 及点 $P(r,h)$ 的直线,直线 $y=r$ 及 y 轴围成一个直角三角形,将它绕 y 轴旋转一周构成一个底半径为 r,高为 h 的圆锥体,计算这个圆锥体的体积.

解　过原点 O 及 $P(r,h)$ 的直线方程为

$$x = \frac{r}{h} y,$$

取 y 为积分变量,它的变化区间为 $[0,h]$,作旋转体如图 5-22 所示,则体积微元为

$$\mathrm{d}V = \pi \left[\frac{r}{h} y \right]^2 \mathrm{d}y.$$

故所求旋转体的体积为

$$V_y = \pi \frac{r^2}{h^2} \int_0^h y^2 \,\mathrm{d}y = \pi \frac{r^2}{h^2} \left[\frac{y^3}{3} \right]\Big|_0^h = \frac{\pi r^2 h}{3}.$$

5.4 例 9

例 9　求椭圆 $\dfrac{x^2}{a^2} + \dfrac{y^2}{b^2} = 1$ 分别绕 x 轴和 y 轴旋转而成的旋转体的体积,如图 5-23 所示.

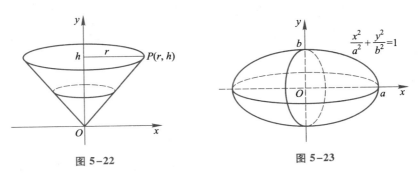

图 5-22　　　　　　　　　　　　图 5-23

解　(1) 绕 x 轴旋转生成的旋转体可以看成由半个

$$y = \frac{b}{a} \sqrt{a^2 - x^2}$$

及 x 轴围成的图形旋转一周而形成的立体. 积分变量为 x,由于体积微元

$$dV = \pi y^2 dx = \pi b^2 \left(1 - \frac{x^2}{a^2}\right) dx,$$

所以绕 x 轴旋转所形成的旋转体的体积为

$$V_x = \pi b^2 \int_{-a}^{a} \left(1 - \frac{x^2}{a^2}\right) dx = 2\pi b^2 \int_{0}^{a} \left(1 - \frac{x^2}{a^2}\right) dx$$

$$= 2\pi b^2 \left(x - \frac{x^3}{3a^2}\right) \Big|_0^a = \frac{4}{3}\pi ab^2.$$

（2）绕 y 轴旋转时，由于体积微元

$$dV = \pi x^2 dy = \pi a^2 \left(1 - \frac{y^2}{b^2}\right) dy,$$

所以绕 y 轴旋转所形成的旋转体的体积为

$$V_y = \pi a^2 \int_{-b}^{b} \left(1 - \frac{y^2}{b^2}\right) dy = 2\pi a^2 \int_{0}^{b} \left(1 - \frac{y^2}{b^2}\right) dy$$

$$= 2\pi a^2 \left(y - \frac{y^3}{3b^2}\right) \Big|_0^b = \frac{4}{3}\pi a^2 b.$$

当 $a = b$ 时，旋转体就变成了半径为 a 的球体，它的体积为

$$V = \frac{4}{3}\pi a^3.$$

2. 平行截面面积为已知的立体的体积

若某空间立体垂直于一定轴的各个截面面积已知，则这个立体的体积可用微元法求解.

设一立体如图 5-24 所示，它介于 $x = a$，$x = b$ 之间且垂直于 x 的各个截面面积是 x 的连续函数，在区间 $[a, b]$ 上任取小区间 $[x, x+dx]$ 形成一薄片的体积，近似于底面积为 $A(x)$，高为 dx 的扁柱体的体积，则体积微元为

$$dV = A(x) dx,$$

于是所求立体的体积为

$$V = \int_{a}^{b} A(x) dx.$$

例 10 设有底面半径为 R 的圆柱，被一与圆柱面成 α 角且过底直径的平面所截，求这个截下的楔形体积. 如图 5-25 所示.

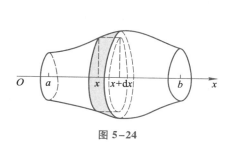

图 5-24

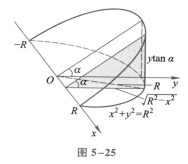

图 5-25

解　在 x 处对该几何体作垂直于 x 的截面,其截面为直角三角形,由底面圆的方程

$$x^2 + y^2 = R^2$$

得半圆的方程为

$$y = \sqrt{R^2 - x^2},$$

并可知截面为直角三角形的底为 y,高为 $y\tan\alpha$,故其面积为

$$A(x) = \frac{1}{2}y \cdot y\tan\alpha$$

$$= \frac{1}{2}y^2\tan\alpha$$

$$= \frac{1}{2}(R^2 - x^2)\tan\alpha,$$

所以楔形体积为

$$V = \int_{-R}^{R} A(x)\,\mathrm{d}x$$

$$= \int_{-R}^{R} \frac{1}{2}(R^2 - x^2)\tan\alpha\,\mathrm{d}x$$

$$= \tan\alpha\int_{0}^{R}(R^2 - x^2)\,\mathrm{d}x$$

$$= \tan\alpha\left(R^2 x - \frac{1}{3}x^3\right)\Bigg|_{0}^{R}$$

$$= \frac{2}{3}R^3\tan\alpha.$$

例 11　现有一个立体,其底是一个半径为 R 的圆,而垂直于底面上一条固定直径的所有截面都是等边三角形.求该立体的体积.如图 5-26 所示.

解　建立如图 5-26 所示的坐标,底圆的方程为

$$x^2 + y^2 = R^2,$$

则有

$$y = \sqrt{R^2 - x^2}.$$

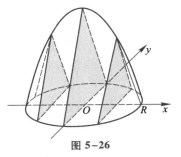

图 5-26

可知截面为等边三角形的底为 $2y$,高为 $\dfrac{\sqrt{3}}{2} \cdot 2y = \sqrt{3}\,y$,故其面积为

$$A(x) = \frac{1}{2} \cdot 2y \cdot \sqrt{3}\,y = \sqrt{3}\,y^2 = \sqrt{3}\,(R^2 - x^2),$$

所以该立体的体积为

$$V = \int_{-R}^{R} A(x)\,\mathrm{d}x$$

$$= \int_{-R}^{R} \sqrt{3}\,(R^2 - x^2)\,\mathrm{d}x$$

$$= 2\sqrt{3}\int_{0}^{R}(R^2 - x^2)\,\mathrm{d}x$$

$$= 2\sqrt{3}\left(R^2 x - \frac{1}{3}x^3\right)\Big|_0^R$$

$$= \frac{4\sqrt{3}}{3}R^3.$$

5.4.4 平面曲线的弧长

求曲线 $y=f(x)$ 上 x 从 a 到 b 的一段弧的长度,我们可用弧长微元来求解,如图 5-27 所示.

取 x 为积分变量,在 $[a,b]$ 上任取一子区间 $[x,x+\mathrm{d}x]$,其上一小段弧长的长度用曲线在点 $(x,f(x))$ 处的切线上对应的一小段长度近似代替.则弧长微元为

$$\mathrm{d}s = \sqrt{(\mathrm{d}x)^2 + (\mathrm{d}y)^2} = \sqrt{1+y'^2}\,\mathrm{d}x,$$

于是所求弧长为

$$s = \int_a^b \sqrt{1+y'^2}\,\mathrm{d}x.$$

例 12 求悬链线 $y=\left(\mathrm{e}^{\frac{x}{2}}+\mathrm{e}^{-\frac{x}{2}}\right)$ 在 $[-2,2]$ 上的弧长.

解 作图 5-28,取 x 为积分变量

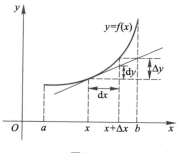

图 5-27

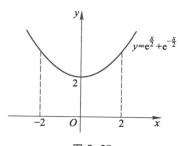

图 5-28

5.4 例 12

$$y' = \left(\mathrm{e}^{\frac{x}{2}}+\mathrm{e}^{-\frac{x}{2}}\right)' = \frac{1}{2}\left(\mathrm{e}^{\frac{x}{2}}-\mathrm{e}^{-\frac{x}{2}}\right).$$

则弧长微元为

$$\mathrm{d}s = \sqrt{1+y'^2}\,\mathrm{d}x = \sqrt{1+\frac{1}{4}\left(\mathrm{e}^{\frac{x}{2}}-\mathrm{e}^{-\frac{x}{2}}\right)^2}\,\mathrm{d}x = \frac{1}{2}\left(\mathrm{e}^{\frac{x}{2}}+\mathrm{e}^{-\frac{x}{2}}\right)\mathrm{d}x,$$

于是悬链线弧长 $s = \displaystyle\int_a^b \sqrt{1+y'^2}\,\mathrm{d}x = \int_{-2}^2 \frac{1}{2}\left(\mathrm{e}^{\frac{x}{2}}+\mathrm{e}^{-\frac{x}{2}}\right)\mathrm{d}x$

$$= \int_0^2 \left(\mathrm{e}^{\frac{x}{2}}+\mathrm{e}^{-\frac{x}{2}}\right)\mathrm{d}x = 2\left(\mathrm{e}^{\frac{x}{2}}-\mathrm{e}^{-\frac{x}{2}}\right)\Big|_0^2 = 2\left(\mathrm{e}-\mathrm{e}^{-1}\right).$$

习题 5.4

1. 求曲线 $y=x^2$ 与 $y=0,x=1$ 所围成的平面图形的面积.

2. 求 $y=x^2$ 与直线 $y=2-x$ 所围成的平面图形的面积.

3. 求曲线 $xy=1$ 与直线 $y=x, y=3$ 所围成的平面图形的面积.

4. 求下列曲线所围成的图形的面积.

（1）$x^2+y^2=4$ 与直线 $y=\dfrac{1}{3}x^2$（两部分都要计算）；

（2）$y=\dfrac{1}{x}$ 与直线 $y=x$ 及 $x=2$；

（3）$y=e^x$ 与 $y=e^{-x}$ 及直线 $x=1$.

5. 求曲线 $x=\sqrt{2-y}$ 与直线 $y=x, y=0$ 所围成的平面图形分别绕 x 轴和 y 轴旋转的体积.

6. 求下列曲线所围成的平面图形,按指定的轴旋转所形成的旋转体的体积.

（1）$y=x^2, y=0$ 与 $x=1$ 所围成的平面图形,分别绕 x 轴、y 轴旋转；

（2）$y=\sin x$　（$0 \leqslant x \leqslant \pi$）与 x 轴所围成的平面图形绕 x 轴旋转.

7. 求 $y=\dfrac{2}{3}x^{\frac{3}{2}}$ 上相应于 $0 \leqslant x \leqslant 1$ 的一段弧的长度.

5.5　定积分在物理中的应用

定积分不只是在数学上有几何应用,在物理上,工程上也有广泛的应用,其方法与定积分的几何应用一样,关键是运用微元法列出所求的微元,而建立微元关系式是以物理定律为依据.下面介绍定积分在物理中应用的典型实例.

5.5.1　变力做功问题

由物理学知道,若常力作用 F 在物体上使物体沿力的方向移动一段距离 S,则力 F 对物体所做的功为

$$W = F \cdot s.$$

若作用在物体上的力是一个变化的力,力是移动距离 x 的函数 $F(x)$,现计算力将物体从 $x=a$ 移到 $x=b$ 所做的功.

很显然,变力 $F(x)$ 做功不能用常力做功的公式来计算,但微元法的重要思想是"以常代变",我们只要把移动的距离进行分割,在每个小区间,就可以"以常代变",即用常力做功近似代替变力做功,由于功具有可加性,可用微元法进行定积分求解.

以移动距离 x 为积分变量,在 $[a, b]$ 内任取一微小段 $[x, x+dx]$,变力在这一小段所做的功用 x 处常力做的功来近似代替,力为 $F(x)$,移动的微小距离为 dx,则功微元为

$$dW = F(x)dx,$$

于是所做的功为

$$W = \int_a^b F(x)dx.$$

例 1　弹簧压缩所受的力 F 与压缩的距离成正比.现在弹簧由原长压缩了 6 cm,问需做多少功.

解 建立如图 5-29 所示坐标系,由题意可知 $F=kx$(k 是弹簧的劲度系数),取 x 为积分变量,它的变化区间为 $[0,0.06]$,功的微元为

图 5-29

$$dW=-kx dx,$$

于是需做的功为

$$W=-\int_0^{0.06} kx dx=-\frac{1}{2}kx^2\Big|_0^{0.06}=-0.001\ 8\ \text{kJ}.$$

例 2 在原点 O 有一带电量为 $+q$ 的点电荷,它产生的电场对周围电荷有作用力,现有一单位正电荷从距原点 a 处沿射线方向移到离原点距离为 b 处($a\leqslant b$),求电场力所做的功(如图 5-30).

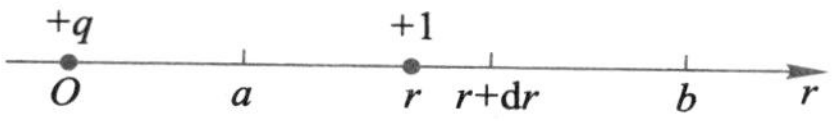

图 5-30

解 由电磁学知道,单位电荷在 q 所形成电场中受到的电场力为

$$F=k\frac{q}{r^2}.$$

这是一个变力.

以 r 为积分变量,在 $[r,r+dr]$ 上,"以常代变"得功微元

$$dW=F\cdot dr=k\frac{q}{r^2}dr,$$

于是所求的功为

$$W=\int_a^b k\frac{q}{r^2}dr$$

$$=kq\left[-\frac{1}{r}\right]\Big|_a^b=kq\left(\frac{1}{a}-\frac{1}{b}\right).$$

5.5.2 液体的压力问题

由物理学知道,在液体内深度为 h 处的压强为 $p=\rho gh$,其中 ρ 是液体的密度,g 是重力加速度,也就是说液体内部的压强是随深度变化而变化的. 若一薄板水平放在某液体深度 h 处所受压力大小为

$$F=压强\times面积=p\times A.$$

若平板垂直放入水中,由于深度不同,平板各处所受的压强也不一样,求平板一侧所受的压力.

由于压强随深度变化,而压力具有可加性,故对平板进行"分割",使压强相对小区间可以"以常压强代变压强",这就是说可用微元法进行定积分求解.

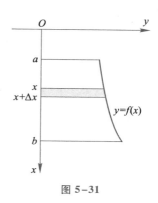

图 5-31

建立坐标系如图 5-31 所示,在 $[a,b]$ 内选取一微小区间 $[x,x+dx]$,对应的小横条上各点离液面的深度用 x 近似表示,其压强为 ρgh. 横条的长度为 $f(x)$,高为 dx,则横条的面积为 $dA=f(x)dx$,横条处所受的压力,即压力的

微元为

$$dF=\rho gx\cdot dA=\rho gx\cdot f(x)dx,$$

于是所求的压力为

$$F=\int_a^b\rho gx\cdot f(x)dx.$$

例 3　某水库有一形状为等腰梯形的闸门,它的上底边长为 10 m,下底边长为 8 m,高为 20 m,上底与水面平齐,计算闸门一侧所受的水压力.

图 5-32

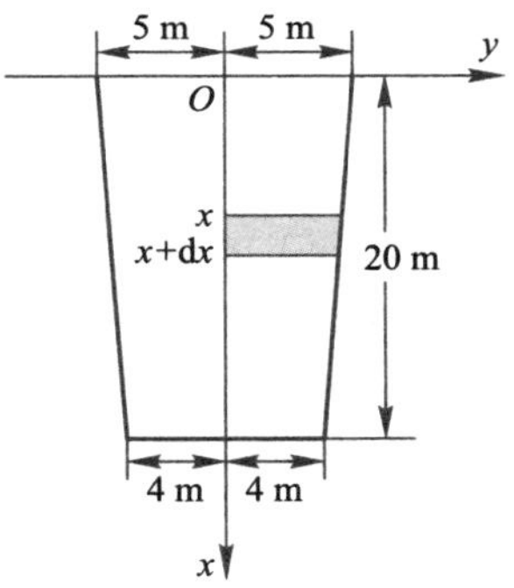

解　建立坐标系如图 5-32 所示.

等腰梯形闸门一侧的方程为 $y=5-\dfrac{x}{20}$.

取 x 为积分变量,它的变化区间为[0,20],对任一微小区间,对应的端面的微面积为

$$dA=2y\cdot dx=2\left(5-\frac{x}{20}\right)dx=\left(10-\frac{x}{10}\right)dx.$$

则闸门一侧的压力微元为

$$\begin{aligned}dF&=p\times dA=\rho gx\cdot\left(10-\frac{x}{10}\right)dx\\&=(100\ 000x-1\ 000x^2)dx\end{aligned}$$

$$(\text{取 }\rho=1\ 000\ \mathrm{kg/m^3},g\approx10\ \mathrm{m/s^2}).$$

于是闸门一侧所受的水压力

$$F=\int_0^{20}(100\ 000x-1\ 000x^2)dx=\left(50\ 000x^2-\frac{1\ 000}{3}x^3\right)\Big|_0^{20}=17\ 333\ 333\ \mathrm{N}.$$

例 4　有一底面半径为 2 m,深为 5 m 的圆柱形水池(上部与地面平行),里面盛满了水.求水对池壁的压力.

图 5-33

解　建立坐标系如图 5-33 所示,取 x 为积分变量,它的变化区间为[0,5].在其上任取一微小区间[$x,x+dx$],高为 dx 的小圆柱面的压力微元

$$dF=\rho gx\cdot2\pi\cdot2dx=4\pi\rho gxdx.$$

于是所求压力为

$$F=\int_0^5 4\pi\rho gxdx=2\pi\rho gx^2\Big|_0^5=50\pi\rho g.$$

若取 $\rho=1\ 000\ \mathrm{kg/m^3},g\approx10\ \mathrm{m/s^2}$,则有

$$F=50\pi\times10^3\times10=1\ 570\ 000\ \mathrm{N}.$$

5.5.3　引力问题

从物理学知道,质量分别为 m_1,m_2,相距为 r 的两个质点,它们之间的引力为

$$F=G\frac{m_1m_2}{r^2}.$$

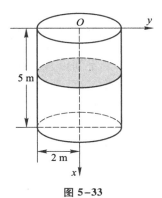

其中 G 为引力系数,引力方向沿着两质点的连线方向.

若要计算一根细棒与一个质点之间的引力,由于细棒上各质点相对于另一质点的距离是变化的,上述公式就不适用了,要计算细棒与一个质点之间的引力,我们用分割"细棒"的办法,使得细棒的每一小部分可以用质点来近似,分别计算每一小部分与另一质点之间的引力,然后求其和. 这就是定积分的思想,每一小部分实际上是取微元. 下面我们举例说明它的计算方法.

例 5 设有一根长度为 l,线密度为 ρ 的均匀细棒,在中垂线上距棒为 a 处有一质量为 m 的质点 P,求细棒对质点的引力.

解 建立坐标系如图 5-34 所示,取 x 轴为积分变量,它的变化区间为 $\left[-\dfrac{l}{2},\dfrac{l}{2}\right]$,把细棒上相应于 $[x,x+dx]$ 的一段近似地看成质点,则引力微元为

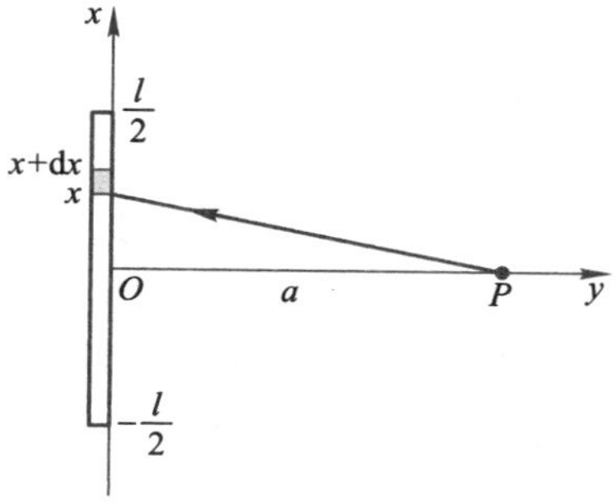

$$dF = G\frac{m \cdot \rho dx}{x^2+a^2}.$$

图 5-34

由于棒具有对称性,其合力的 x 方向相互抵消,其合力只有 y 方向的分量. 于是该棒对质点的引力为

$$F = \int_{-\frac{l}{2}}^{\frac{l}{2}} dF\cos\alpha = \int_{-\frac{l}{2}}^{\frac{l}{2}} G\frac{am\rho}{(x^2+a^2)^{\frac{3}{2}}}dx$$

$$= 2m\rho aG\int_{0}^{\frac{l}{2}} \frac{1}{(x^2+a^2)^{\frac{3}{2}}}dx = 2ma\rho G\left.\frac{x}{a^2\sqrt{x^2+a^2}}\right|_{0}^{\frac{l}{2}}$$

$$= \frac{2m\rho Gl}{a\sqrt{4a^2+l^2}}.$$

定积分的应用非常多,没有统一的公式和模式. 要求首先要熟悉和掌握微元法,这是定积分应用的根本方法,对于具体问题,有现成的公式的可使用公式,无公式则分析微元,采用微元法,建立定积分表达式.

习题 5.5

1. 由物理学知道,在弹性限度内,弹簧在拉伸过程中拉力 F 的大小与弹簧的伸长量 s 成正比. 已知由原长拉伸 1 cm 需要的力是 3 N,如果把弹簧由原长拉伸 5 cm,计算需要做的功.

2. 一矩形水闸门与水面垂直置于水中,闸门宽 20 m,高 16 m,水面与闸门顶齐,求闸门上所受到的总压力.

3. 设有一长度为 l m,质量为 M kg 的均匀细棒,另有一质量为 m kg 的质点和细棒在一条直线上,它到细棒的近端距离为 a m,试计算细棒对质点的引力.

4. 由物理学知道,地球对地球外一质量为 m kg 的物体的引力为 $F = \dfrac{mgR^2}{r^2}$,其中 r

（单位:m）为物体到地心的距离,R（单位:m）为地球的半径,g 为重力加速度. 现把一个质量为 m kg 的物体从地面铅直送到高度为 h m 的高处,问克服地球引力要做多少功?

5. 设半径为 R 的圆形门与水面垂直置于水中,水面与闸门顶齐,求闸门上所受到的总压力（水的密度为 ρ kg/m^3,g 为重力加速度）.

6. 有一半圆弧细铁丝,弧半径为 r m,质量为 M kg,均匀分布,在圆心处有一质量为 m kg 的质点,求该铁丝与质点之间的引力.

*5.6 反 常 积 分[①]

前面我们讨论了定积分,要求积分区间是有限的,且被积函数在该区间是有界函数. 但是,在实际问题中,我们常会遇到积分区间是无穷区间,也会遇到被积函数是无界的情况（有无穷间断点）,因此,需要把定积分概念从这两个方面推广,由此而形成的积分称之为**反常积分**.

5.6.1 无穷区间上的反常积分

对于无穷区间上的反常积分,分下列三种情况讨论.

1. 在无穷区间 $[a,+\infty)$ 上的反常积分

定义 1 设函数 $f(x)$ 在无穷区间 $[a,+\infty)$ 上连续. 取 $b>a$,则称极限 $\lim\limits_{b\to+\infty}\int_a^b f(x)\,\mathrm{d}x$ 为函数 $f(x)$ 在**无穷区间 $[a,+\infty)$ 上的反常积分**,记作

$$\int_a^{+\infty} f(x)\,\mathrm{d}x,$$

即

$$\int_a^{+\infty} f(x)\,\mathrm{d}x = \lim_{b\to+\infty}\int_a^b f(x)\,\mathrm{d}x.$$

如果上述极限存在,则称 $\int_a^{+\infty} f(x)\,\mathrm{d}x$ **收敛**,如果上述极限不存在,则称 $\int_a^{+\infty} f(x)\,\mathrm{d}x$ **发散**.

类似地,我们可定义在无穷区间 $(-\infty,b]$ 上的反常积分.

2. 在无穷区间 $(-\infty,b]$ 上的反常积分

定义 2 设函数 $f(x)$ 在无穷区间 $(-\infty,b]$ 上连续. 取 $a<b$,则称极限 $\lim\limits_{a\to-\infty}\int_a^b f(x)\,\mathrm{d}x$ 为函数 $f(x)$ 在**无穷区间 $[a,\infty)$ 上的反常积分**,记作

$$\int_{-\infty}^b f(x)\,\mathrm{d}x,$$

即

$$\int_{-\infty}^b f(x)\,\mathrm{d}x = \lim_{a\to-\infty}\int_a^b f(x)\,\mathrm{d}x.$$

---

① 又称作"广义积分".

如果上述极限存在,则称 $\int_{-\infty}^{b} f(x)\,\mathrm{d}x$ **收敛**,如果上述极限不存在,则称 $\int_{-\infty}^{b} f(x)\,\mathrm{d}x$ **发散**.

3. 在无穷区间 $(-\infty, +\infty)$ 上的反常积分

定义 3 设函数 $f(x)$ 在无穷区间 $(-\infty, +\infty)$ 上连续,则称

$$\int_{-\infty}^{+\infty} f(x)\,\mathrm{d}x = \int_{-\infty}^{c} f(x)\,\mathrm{d}x + \int_{c}^{+\infty} f(x)\,\mathrm{d}x = \lim_{a \to -\infty} \int_{a}^{c} f(x)\,\mathrm{d}x + \lim_{b \to +\infty} \int_{c}^{b} f(x)\,\mathrm{d}x$$

为无穷区间 $(-\infty, +\infty)$ 上的反常积分.

如果 $\int_{-\infty}^{c} f(x)\,\mathrm{d}x, \int_{c}^{+\infty} f(x)\,\mathrm{d}x$ 都收敛,则称 $\int_{-\infty}^{+\infty} f(x)\,\mathrm{d}x$ **收敛**;否则称 $\int_{-\infty}^{+\infty} f(x)\,\mathrm{d}x$ **发散**.

计算无穷区间上的反常积分,当上述三种情况的极限都存在时,在形式上仍可用牛顿–莱布尼茨公式表示

$$\int_{a}^{+\infty} f(x)\,\mathrm{d}x = F(x)\Big|_{a}^{+\infty} = F(+\infty) - F(a).$$

$$\int_{-\infty}^{b} f(x)\,\mathrm{d}x = F(x)\Big|_{-\infty}^{b} = F(b) - F(-\infty).$$

$$\int_{-\infty}^{+\infty} f(x)\,\mathrm{d}x = F(x)\Big|_{-\infty}^{+\infty} = F(+\infty) - F(-\infty).$$

例 1 计算 $\int_{0}^{+\infty} \mathrm{e}^{-x}\,\mathrm{d}x$.

解
$$\begin{aligned}
\int_{0}^{+\infty} \mathrm{e}^{-x}\,\mathrm{d}x &= \lim_{b \to +\infty} \int_{0}^{b} \mathrm{e}^{-x}\,\mathrm{d}x \\
&= \lim_{b \to +\infty} (-\mathrm{e}^{-x})\big|_{0}^{b} \\
&= \lim_{b \to +\infty} (-\mathrm{e}^{-b} + 1) = 1.
\end{aligned}$$

例 2 计算 $\int_{-\infty}^{0} x\mathrm{e}^{x^2}\,\mathrm{d}x$

解 $\int_{-\infty}^{0} x\mathrm{e}^{x^2}\,\mathrm{d}x = \dfrac{1}{2}\int_{-\infty}^{0} \mathrm{e}^{x^2}\,\mathrm{d}(x^2) = \dfrac{1}{2}\mathrm{e}^{x^2}\Big|_{-\infty}^{0} = \infty.$

所以 $\int_{-\infty}^{0} x\mathrm{e}^{x^2}\,\mathrm{d}x$ 发散.

例 3 计算 $\int_{-\infty}^{+\infty} \dfrac{\mathrm{d}x}{1+x^2}$.

解 $\int_{-\infty}^{+\infty} \dfrac{\mathrm{d}x}{1+x^2} = \arctan x \Big|_{-\infty}^{+\infty} = \dfrac{\pi}{2} - \left(-\dfrac{\pi}{2}\right) = \pi.$

5.6.2 无界函数的反常积分

对于无界函数的反常积分,也分三种情况讨论.

1. 在 $(a, b]$ 上 $x = a$ 点邻近函数无界

定义 4 设函数 $f(x)$ 在 $(a, b]$ 上连续,但 $\lim\limits_{x \to a^+} f(x) = \infty$,取 $t > a$,则称极限

$$\lim_{t \to a^+} \int_{t}^{b} f(x)\,\mathrm{d}x$$

为函数 $f(x)$ 在区间 $(a,b]$ 上的反常积分,仍记为 $\int_a^b f(x)\,\mathrm{d}x$. 即

$$\int_a^b f(x)\,\mathrm{d}x = \lim_{t\to a^+}\int_t^b f(x)\,\mathrm{d}x.$$

如果上述极限存在,则称 $\int_a^b f(x)\,\mathrm{d}x$ **收敛**;如果上述极限不存在,则称 $\int_a^b f(x)\,\mathrm{d}x$ **发散**.

类似地,我们可定义在区间 $[a,b)$ 上 $x=b$ 邻近无界的反常积分.

2. 在 $[a,b)$ 上 $x=b$ 点邻近函数无界

定义 5　设函数 $f(x)$ 在 $[a,b)$ 上连续,但 $\lim\limits_{x\to b^-}f(x)=\infty$,取 $t<b$,则称极限

$$\lim_{t\to b^-}\int_a^t f(x)\,\mathrm{d}x$$

为函数 $f(x)$ 在区间 $[a,b)$ 上的反常积分,仍记作 $\int_a^b f(x)\,\mathrm{d}x$. 即

$$\int_a^b f(x)\,\mathrm{d}x = \lim_{t\to b^-}\int_a^t f(x)\,\mathrm{d}x.$$

如果上述极限存在,则称 $\int_a^b f(x)\,\mathrm{d}x$ **收敛**,如果上述极限不存在,则称 $\int_a^b f(x)\,\mathrm{d}x$ **发散**.

3. 在 $[a,b]$ 中 $x=c$ 点邻近函数无界

定义 6　设函数 $f(x)$ 在 $[a,b]$ 上除点 $x=c(a<c<b)$ 外都连续,有 $\lim\limits_{x\to c}f(x)=\infty$. 则称

$$\int_a^c f(x)\,\mathrm{d}x + \int_c^b f(x)\,\mathrm{d}x = \lim_{t\to c^-}\int_a^t f(x)\,\mathrm{d}x + \lim_{t\to c^+}\int_t^b f(x)\,\mathrm{d}x$$

为 $f(x)$ 在区间 $[a,b]$ 上的反常积分,仍记为 $\int_a^b f(x)\,\mathrm{d}x$.

如果反常积分 $\int_a^c f(x)\,\mathrm{d}x$ 与 $\int_c^b f(x)\,\mathrm{d}x$ 都收敛,则称 $\int_a^b f(x)\,\mathrm{d}x$ **收敛**,如果上述极限不存在,则称 $\int_a^b f(x)\,\mathrm{d}x$ **发散**.

注意:反常积分使用了与定积分完全相同的记号 $\int_a^b f(x)\,\mathrm{d}x$,但两者的意义是不同的,在计算时要注意正确判断.

计算无界函数的反常积分,为了书写方便,也可直接用牛顿–莱布尼茨公式.

（1）仅 a 为无穷间断点时,有

$$\int_a^b f(x)\,\mathrm{d}x = F(x)\Big|_{a^+}^b = F(b)-F(a^+).$$

（2）仅 b 为无穷间断点时,有

$$\int_a^b f(x)\,\mathrm{d}x = F(x)\Big|_a^{b^-} = F(b^-)-F(a).$$

（3）a,b 均为无穷间断点时,有

$$\int_a^b f(x)\,\mathrm{d}x = F(x)\Big|_{a^+}^{b^-} = F(b^-)-F(a^+).$$

例 4　计算反常积分 $\int_0^3 \dfrac{1}{\sqrt{9-x^2}}\,\mathrm{d}x$.

解 因为 $\lim\limits_{x \to 3^-} \dfrac{1}{\sqrt{9-x^2}} = \infty$，所以 $x=3$ 是被积函数的无穷间断点，于是

$$\int_0^3 \frac{1}{\sqrt{9-x^2}}\mathrm{d}x = \lim_{t \to 3^-} \int_0^t \frac{1}{\sqrt{9-x^2}}\mathrm{d}x$$

$$= \lim_{t \to 3^-} \left[\arcsin \frac{x}{3} \right] \Big|_0^t$$

$$= \lim_{t \to 3^-} \arcsin \frac{t}{3} - 0 = \frac{\pi}{2}.$$

例 5 讨论 $\int_{-1}^1 \dfrac{1}{x^2}\mathrm{d}x$ 的收敛性.

解 因为 $\lim\limits_{x \to 0} \dfrac{1}{x^2} = \infty$，所以 $x=0$ 是被积函数的无穷间断点，于是

$$\int_{-1}^1 \frac{1}{x^2}\mathrm{d}x = \int_{-1}^0 \frac{1}{x^2}\mathrm{d}x + \int_0^1 \frac{1}{x^2}\mathrm{d}x$$

$$= -\frac{1}{x}\Big|_{-1}^0 + \left(-\frac{1}{x} \right)\Big|_0^1,$$

由于 $\lim\limits_{x \to 0} \dfrac{1}{x} = \infty$，可知反常积分 $\int_{-1}^1 \dfrac{1}{x^2}\mathrm{d}x$ 发散.

注意：如果疏忽了 $x=0$ 是被积函数的无穷间断点，按照定积分的计算方法会导致错误结果

$$\int_{-1}^1 \frac{1}{x^2}\mathrm{d}x = \left(-\frac{1}{x} \right)\Big|_{-1}^1 = -1 - 1 = -2.$$

习题 5.6

1. 计算下列无穷区间上的反常积分.

(1) $\int_{-\infty}^0 \mathrm{e}^x \mathrm{d}x$;

(2) $\int_1^{+\infty} \dfrac{1}{x^3}\mathrm{d}x$;

(3) $\int_1^{+\infty} \dfrac{1}{\sqrt{x}}\mathrm{d}x$;

(4) $\int_{-\infty}^{+\infty} \dfrac{1}{x^2+2x+2}\mathrm{d}x$.

2. 计算下列无界函数的反常积分.

(1) $\int_0^1 \ln x\,\mathrm{d}x$;

(2) $\int_0^1 \dfrac{1}{\sqrt{x}}\mathrm{d}x$;

(3) $\int_2^3 \dfrac{1}{\sqrt{x-2}}\mathrm{d}x$;

(4) $\int_{-1}^1 \dfrac{1}{x^4}\mathrm{d}x$.

3. 计算下列反常积分.

(1) $\int_1^{+\infty} \dfrac{1}{x^4}\mathrm{d}x$;

(2) $\int_2^{+\infty} \dfrac{1}{x \ln x}\mathrm{d}x$;

(3) $\int_{-\infty}^0 \cos x\,\mathrm{d}x$;

(4) $\int_{-\infty}^0 \mathrm{e}^{\alpha x}\mathrm{d}x\,(\alpha>0)$;

(5) $\int_1^2 \dfrac{1}{\sqrt{x-1}}\mathrm{d}x$;

(6) $\int_0^2 \dfrac{1}{x^2-4x+3}\mathrm{d}x$.

4. 证明反常积分 $\int_0^1 \dfrac{1}{x^q}\mathrm{d}x$ 当 $0<q<1$ 时收敛，当 $q \geqslant 1$ 时发散.

5.7　数学实验　定积分的计算

5.7.1　学习 MATLAB 命令

MATLAB 软件提供 int 函数用于求定积分,调用格式如下:

int(S,a,b):表示对符号表达式 S 关于默认变量在区间 $[a,b]$ 上求定积分;

int(S,v,a,b):表示对符号表达式 S 关于指定变量 v 在区间 $[a,b]$ 上求定积分,若出现无穷区间情形以 inf 代替.

5.7.2　实验内容

例 1　求 $\int_0^2 2\mathrm{d}x$.

解　使用 int(S,v,a,b) 格式的命令,在命令窗口中操作如图 5-35 所示.

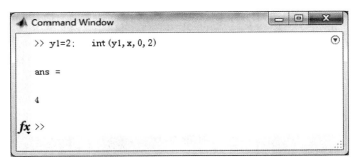

图 5-35

即计算结果为:$\int_0^2 2\mathrm{d}x = 4$.

例 2　求 $\int_1^2 (2x+1)\,\mathrm{d}x$.

解　使用 int(S,a,b) 格式的命令,在命令窗口中操作如图 5-36 所示.

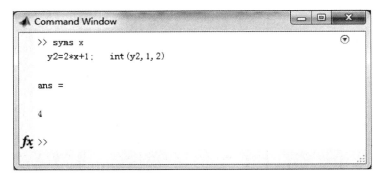

图 5-36

154

即计算结果为：$\int_1^2 (2x+1)\,\mathrm{d}x = 4$.

例 3 求 $\int_{-2}^2 \sqrt{4-x^2}\,\mathrm{d}x$.

解 使用 $\mathrm{int}(S,a,b)$ 格式的命令，在命令窗口中操作如图 5–37 所示.

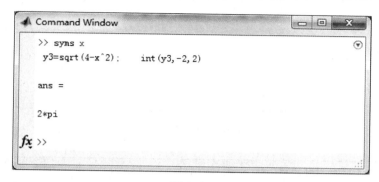

图 5–37

即计算结果为：$\int_{-2}^2 \sqrt{4-x^2}\,\mathrm{d}x = 2\pi$.

例 4 求 $\int_0^{\frac{\pi}{2}} x\sin^2 x\,\mathrm{d}x$.

解 使用 $\mathrm{int}(S,a,b)$ 格式的命令，在命令窗口中操作如图 5–38 所示.

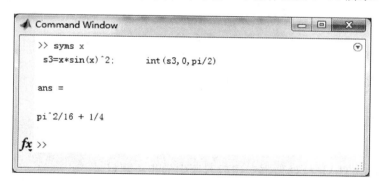

图 5–38

即计算结果为：$\int_0^{\frac{\pi}{2}} x\sin^2 x\,\mathrm{d}x = \dfrac{\pi^2}{16} + \dfrac{1}{4}$.

例 5 求 $\int_{-\infty}^{\infty} \dfrac{1}{1+9x^2}\,\mathrm{d}x$.

解 使用 $\mathrm{int}(S,a,b)$ 格式的命令，在命令窗口中操作如图 5–39 所示.

即计算结果为：$\int_{-\infty}^{\infty} \dfrac{1}{1+9x^2}\,\mathrm{d}x = \dfrac{\pi}{3}$.

例 6 求 $\int_0^1 (ax+b)\,\mathrm{d}x$.

解 使用 int(S，v，a，b)格式的命令，在命令窗口中操作如图 5-40 所示.

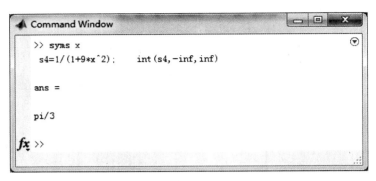

图 5-39

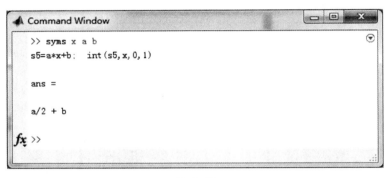

图 5-40

即计算结果为：$\int_0^1 (ax+b)\,\mathrm{d}x = \dfrac{a}{2} + b.$

5.7.3 上机实验

1. 上机验证上面各例.
2. 运用 MATLAB 软件做本章课后习题中的相关题目.

单元检测题 5

1. 填空题.

（1）$\lim\limits_{x \to 0} \dfrac{\displaystyle\int_0^x \ln(1+t)\,\mathrm{d}t}{x^2} = \underline{\qquad}.$

（2）若 $f(x)$ 区间 $[a,b]$ 上连续，且 $\int_a^b f(x)\,\mathrm{d}x = 0$，则 $\int_a^b [f(x)+1]\,\mathrm{d}x = \underline{\qquad}$

（3）函数 $f(x) = \int_0^x t(t-4)\,\mathrm{d}t$ 在 $x = \underline{\qquad}$ 处取得最小值，在 $x = \underline{\qquad}$ 处取得最大值.

（4）若 $f(x)$ 区间 $[a,b]$ 上连续，则 $\int_a^b f(x)\,dx =$ _____ $\int_b^a f(x)\,dx$.

（5） $\int_{-1}^1 \dfrac{\sin x}{1+x^2}\,dx =$ _____.

（6）设 $f''(x)$ 在 $[a,b]$ 上连续，则 $\int_a^b x f''(x)\,dx =$ _____.

（7） $\int_0^{\frac{\pi}{2}} e^{-\sin x}\cos x\,dx =$ _____.

2. 单项选择题.

（1） $\int_0^1 x^2\,dx - \int_0^1 x^3\,dx$ ( ) 0.

A. <　　　　　B. >　　　　　C. 不确定　　　　　D. =

（2）定积分的值与（ ）无关.

A. 积分区间　　B. 被积函数　　C. 积分变量符号　　D. 以上均不正确

（3）设 $f(x)$ 在区间 $(-\infty,+\infty)$ 上连续，且 $a<b$，则下列定积分的值不为零的是（ ）.

A. $\int_a^b 0\,dx$　　　B. $\int_a^a f(x)\,dx$　　C. $\int_a^b dx$　　　D. $\int_a^b f(x)\,dx + \int_b^a f(x)\,dx$

（4）若 $y=f(x)$ 在区间 $[a,b]$ 上连续，则由 $y=f(x)$ 与直线 $x=a$，$x=b$，$y=0$ 所围成的平面图形的面积为（ ）.

A. $\int_a^b f(x)\,dx$　　B. $\left|\int_a^b f(x)\,dx\right|$　　C. $\int_a^b |f(x)|\,dx$　　D. $f(\xi)(b-a)$，$a<\xi<b$

（5） $\int_{-1}^2 \dfrac{1}{x^2}\,dx = ($) .

A. 2　　　　　B. -2　　　　　C. $\dfrac{3}{4}$　　　　　D. 不存在

（6）下列反常积分收敛的是（ ）.

A. $\int_1^{+\infty} \sin x\,dx$　　B. $\int_1^{+\infty} \dfrac{1}{\sqrt{x}}\,dx$　　C. $\int_1^2 \dfrac{dx}{x\ln x}$　　D. $\int_0^1 \ln x\,dx$

3. 计算下列定积分.

（1） $\int_{-2}^{-1} \dfrac{dx}{(11+5x)^3}$；　　　（2） $\int_0^1 \left(e^x + \dfrac{1}{e^x}\right)^2\,dx$；　　　（3） $\int_1^{e^3} \dfrac{dx}{x\sqrt{1+\ln x}}$；

（4） $\int_0^{\frac{3}{4}} \dfrac{x+1}{\sqrt{x^2+1}}\,dx$；　　　（5） $\int_{-1}^1 (2x^4 + x)\arcsin x\,dx$；　　　（6） $\int_1^{+\infty} \dfrac{\ln x}{x}\,dx$.

4. 设平面图形 D 由抛物线 $y=1-x^2$ 和 x 轴围成，试求：

（1） D 的面积；

（2） D 绕 x 轴旋转而形成的旋转体的体积；

（3） D 绕 y 轴旋转而形成的旋转体的体积；

数学小故事

中国著名数学家——华罗庚

华罗庚

　　华罗庚(1910—1985)是中国最伟大的数学家之一,他是当代自学成才的典范和楷模,他有着对祖国、人民无限的热爱.

　　1910 年 11 月 12 日,华罗庚出生于江苏省常州金坛区,他在初中学习期间,因数学才能被老师王维克赏识,并尽心尽力予以培养.初中毕业后,华罗庚入上海中华职业学校就读,因家庭贫困,一年后离开了学校,他开始了顽强刻苦的自学,每天学习时间达 10 个小时以上.他用 5 年时间学完了高中和大学低年级的全部数学课程.1928 年,他不幸染上伤寒病,落下左腿残疾.1929 年,他在金坛中学任庶务会计时,开始在上海《科学》杂志发表关于代数方程式解法的论文.他的论文《苏家驹之代数五次方程式解法不能成立的理由》轰动数学界,受到清华大学数学系主任熊庆来教授的重视.经熊教授推荐,华罗庚于 1931 年到清华大学开始了他的数论研究工作.从 1931 年起,华罗庚在清华大学边工作边学习,仅用一年半时间学完了数学系全部课程.他自学了英、法、德文,在国外杂志上发表了三篇论文后,被破格任用为助教.1936 年夏,被保送到英国剑桥大学进修,两年间发表了十多篇论文,引起国际数学界赞赏.1938 年,访英回国后,受聘任昆明西南联大教授.抗战时期的西南联大,条件极为艰苦,他白天教书,晚上孜孜不倦地从事数学研究.在昆明郊外一间牛棚似的小阁楼里,在昏暗的菜油灯下写下了数学名著《堆垒素数论》.

　　1946 年 9 月,华罗庚应纽约普林斯顿大学邀请去美国讲学,并于 1946 年被美国伊利诺依大学聘为终身教授.1949 年,他毅然放弃优裕生活携全家返回祖国.1950 年回国后,先后任清华大学教授,中国科技大学数学系主任、副校长,中国科学院数学研究所所长、中国科学院应用数学研究所所长、中国科学院副院长等职.他还是第一、二、三、四、五届全国人大常委会委员和政协第六届全国委员会副主席.

　　他是中国解析数论、典型群、矩阵几何学、自守函数论与多复变函数论等很多方面研究的创始人与开拓者.他的著名学术论文《典型域上的多元复变函数论》,由于应用了前人没有用过的方法,在数学领域做出了开拓性的工作,于 1956 年荣获我国自然科学一等奖.他一生留下了二百篇学术论文,十部专著.由于他在科学研究上的卓越成就,先后被选为美国科学院外籍院士,第三世界科学院院士,法国南锡大学、美国伊利诺伊大学、香港中文大学荣誉博士,联邦德国巴伐利亚科学院院士.他的名字已载入国际著名科学家的史册.从 20 世纪 50 年代末期开始,他就走出书斋和课堂,深入到广阔的生产实践之中.他把数学方法创造性地应用于国民经济领域,筛选出了以改进生产工艺和提高质量为内容的"优选法"和处理生产组织与管理问题为内容的"统筹法"(简称"双法").

　　他是新中国中学生开展数学竞赛的创始人和组织者,引导青少年从小热爱科学,进入数学研究领域,引导和扶持他们成为我国新一代的数学家.由于青年时代受到过王维克、熊庆来等"伯乐"的知遇之恩,华罗庚对于人才的培养格外重视,培养了诸如陈景润、万哲元、陆启铿、王元、潘承洞、段学复等一批数学大师.他发现和培养陈景润的故事更是数学界的一段佳话.在他亲自关心下,陈景润被调到中科院数学研究所从事数论研究,在攻克哥德巴赫猜想问题上取得了举世瞩目的成就.

微分方程　第**6**章

本章导读

　　微积分研究的对象是函数关系,但实际问题中,往往很难直接得到所研究的变量之间的函数关系,却比较容易建立起这些变量与它们的导数或微分之间的联系,从而得到一个未知函数的导数或微分的数学模型,即微分方程.

　　例如,注入清洁水、排放污水以稀释污水是治理湖泊污染的一种办法,假设每天排污速度是以当前污染量 Q 的固定速率 k 递减,污染量是时间 t(天)的函数 $Q(t)$($Q(0)$ 为治理前的污染量),则关系式为 $\dfrac{\mathrm{d}Q}{\mathrm{d}t}=kQ(k<0)$. 若 $k=-0.001$,问要使湖泊的污染量下降95%以上,至少需要多少天?如果要求两年内达标,则 k 应为多少?

　　本章重点研究常见的微分方程的解法,如几种常用的一阶微分方程及二阶常系数线性微分方程的求解方法.并探讨其在实际问题中的应用.

6.1　微分方程的基本概念

6.1.1　微分方程的基本概念

　　含有未知函数的导数(或微分)的方程叫**微分方程**.未知函数是一元函数的微分方程,称为**常微分方程**.如果未知函数是多元函数的微分方程,称为**偏微分方程**.本章只研究常微分方程问题.

　　微分方程中未知函数导数(或微分)的最高阶数,称为该微分方程的**阶**.例如,

$y'+p(x)y=q(x)$,$(x^2+y^2)\mathrm{d}x-xy\mathrm{d}y=0$,是一阶微分方程;

$y''+P(x)y'+Q(x)y=f(x)$ 是二阶微分方程;

$y'''+(y'')^2+(y')^5+y^6=x^7$ 是三阶微分方程.

　　一般地说,n 阶微分方程可表示为 $F(x,y,y',\cdots,y^{(n)})=0$ 的形式,其中 x 为自变量,y 是 x 的函数,$y',y'',\cdots,y^{(n)}$ 分别表示未知函数的一阶、二阶、$\cdots$、n 阶导数.

若微分方程中未知函数及其各阶导数都是一次幂,则称该微分方程为**线性微分方程**. n 阶线性微分方程的基本形式是

$$y^{(n)}+a_{n-1}(x)y^{(n-1)}+\cdots+a_1(x)y'+a_0(x)y=f(x),$$

其中, $f(x)$ 叫自由项.

当 $f(x)=0$ 时,称上述微分方程为 n **阶线性齐次微分方程**;

当 $f(x)\neq0$ 时,称上述微分方程为 n **阶线性非齐次微分方程**.

例如, $y'+p(x)y=q(x)$ 是一阶线性微分方程; $y''+x^2y'+2xy=x^2e^x$ 是二阶线性微分方程; $y'''+2y''-2y=x$ 是三阶线性微分方程; $y'''+(y'')^2+(y')^5+y^6=x^7$ 是三阶微分方程,但不是线性微分方程.

又如, $y'+xy=e^x$ 是一阶线性非齐次微分方程, $y'''+xy''-2x^2y=0$ 是三阶线性齐次微分方程.

在线性微分方程中,未知函数及其各阶导数的系数全是常数的线性微分方程称为**常系数线性微分方程**. 例如 $y'''+2y''-2y=x^2$ 是三阶常系数线性非齐次微分方程.

例 指出下列微分方程的类型.

(1) $xy'+y=\cos x$;   (2) $y''+xy'+x^2y=0$;   (3) $y''-y=xe^x$;

(4) $xy'+\sin y=0$;   (5) $y'''+2y''-2y=0$.

解 (1) 是一阶线性非齐次微分方程;(2) 是二阶线性齐次微分方程;(3) 是二阶常系数线性非齐次微分方程;(4) 是一阶非线性微分方程;(5) 是三阶常系数线性齐次微分方程.

6.1.2 微分方程的解、通解、特解及初值问题

1. 微分方程的解、通解、特解

如果一个函数(或方程)代入微分方程使该微分方程成立,则称这个函数(或方程)是该**微分方程的解**.

例如,(1) $y=e^x$ 代入二阶微分方程 $y''-3y'+2y=0$ 使之成立,所以, $y=e^x$ 是它的解;同理, $y=Ce^x,y=C_1e^x+C_2e^{2x}$ (C 任意常数)也是它的解.

(2) $y=xe^x-e^x$ 是一阶微分方程 $y'=xe^x$ 的解, $y=xe^x-e^x+C$ 也是一阶微分方程 $y'=xe^x$ 的解.

由此可知,一个微分方程如果存在解,则它的解有无穷多个. 而且其解分为两类,一类是不含任意常数的解,我们称之为**微分方程的特解**;另一类是含任意常数的解,如果含任意常数的微分方程的解能表示微分方程所有的特解,则称之为**微分方程的通解**.

例如, $y=Ce^x$ 是 $y''-3y'+2y=0$ 含任意常数的解,但不是通解,而 $y=C_1e^x+C_2e^{2x}$(C 为任意常数)是 $y''-3y'+2y=0$ 的通解.

一般地,如果 n 阶微分方程的解含有 n 个任意常数 $C_1,C_2,\cdots,C_n$,且这 n 个任意常数 $C_1,C_2,\cdots,C_n$ 相互独立,则称这样的解是 n **阶微分方程的通解**. 即

如果

$$y=C_1y_1+C_2y_2+\cdots+C_ny_n$$

是 n 阶微分方程的解,且 $\dfrac{y_i}{y_j}(i,j=1,2,\cdots,n,i\neq j)$ 不为常数,则称它是 n 阶微分方程的通解,并且称 n 个任意常数 $C_1,C_2,\cdots,C_n$ 相互独立;同时称函数 $y_1,y_2,\cdots,y_n$ **线性无关**.

例如,$y=x^3+C_1x+C_2$ 是二阶微分方程 $y''=6x$ 的通解;$y=xe^x-e^x+\sin x+C$ 是一阶微分方程 $y'=xe^x+\cos x$ 的通解.

2. 微分方程的初值问题

带有**初值条件**的微分方程称为微分方程的**初值问题**.

例如,$\begin{cases} y'=2x, \\ y(0)=4 \end{cases}$ 是初值问题. 满足初值条件的特解是 $y=x^2+4$;$\begin{cases} y''-2y'+y=0, \\ y(0)=1,y'(0)=2 \end{cases}$ 是初值问题. 满足初值条件的特解是 $y=(1+x)e^x$.

习题 6.1

1. 填空题.

(1)方程 $y'+y^2+x^3y=\sin x^4$ 是_____阶微分方程;

(2)方程 $y''+(y')^3+y^4=x^5$ 是_____阶微分方程;

(3)方程 $\dfrac{d^2s}{dt^2}=mg-k\dfrac{ds}{dt}$ 是_____阶微分方程;

(4)方程 $f_1(x)g_1(y)dx+f_2(x)g_2(y)dy=0$ 是_____阶微分方程.

2. 单项选择题.

(1)下列微分方程中,(   )是线性微分方程.

A. $y''+y'-\sin y+x=0$ 　　　　B. $y''+yy'+\sin x=0$

C. $xdy+(y-2x-1)dx=0$ 　　　　D. $y''+x^3y'+xy^2=\sin x$

(2)下列线性微分方程中,(   )是齐次微分方程.

A. $y''+xy'+\cos x\cdot y=0$ 　　　　B. $xdy+(y-1)dx=0$

C. $\dfrac{dy}{dx}=\dfrac{y+1}{x}$ 　　　　D. $m\dfrac{d^2s}{dt^2}=mg-k\dfrac{ds}{dt}(m,g,k$ 为常数$)$

(3)下列微分方程的解中叙述不正确是(   ).

A. $y=x+\ln x+1$ 为微分方程 $xy''+y'=1$ 的特解

B. $y=(C_1+C_2x)e^x$ 为微分方程 $y''-2y'+y=0$ 的通解

C. $y=Ce^x$ 为微分方程 $y'-y=0$ 的通解

D. $y=e^{Cx}$ 为微分方程 $y'-y=0$ 的通解

(4)下列二阶线性微分方程中,(   )是常系数的.

A. $y''-xy'+y=5$ 　　　　B. $y''-5y'+6y=xe^{2x}$

C. $y''-5y'+xy=xe^x$ 　　　　D. $xy''-5y'+6y=xe^{2x}$

3. 验证下列函数是否是微分方程的解.

(1)$y=\dfrac{1+x}{1-x}$,$y'=\dfrac{1+y^2}{1+x^2}$;

(2)$y=e^{x^2-x}$,$y'+y=2xe^{x^2-x}$.

4. 验证下列特解是否为给定微分方程及初值条件下的特解.

（1）$y''-3y'+2y=0$，初值条件 $y(0)=2$，$y'(0)=3$，特解为 $y=\mathrm{e}^x+\mathrm{e}^{2x}$；

（2）$y''-3y'+2y=0$，初值条件 $y(0)=3$，$y'(0)=4$，特解为 $y=2\mathrm{e}^x+\mathrm{e}^{2x}$；

（3）$y''-3y'+2y=0$，初值条件 $y(0)=3$，$y'(0)=4$，特解为 $y=\mathrm{e}^x+\mathrm{e}^{2x}$.

6.2　一阶微分方程

6.2.1　分离变量法

定义　形如 $\dfrac{\mathrm{d}y}{\mathrm{d}x}=f(x)g(y)$ 的微分方程，称为**可分离变量的微分方程**.

若 $g(y)\neq0$，其求解步骤为

（1）分离变量

$$\frac{\mathrm{d}y}{g(y)}=f(x)\,\mathrm{d}x.$$

（2）两边积分

$$\int\frac{\mathrm{d}y}{g(y)}=\int f(x)\,\mathrm{d}x.$$

（3）积分后得通解

$$G(y)=F(x)+C,$$

其中 $G(y)$，$F(x)$ 分别是 $\dfrac{1}{g(y)}$，$f(x)$ 的一个原函数.

这种求解过程，我们称为**分离变量法**.

例 1　求微分方程 $\dfrac{\mathrm{d}y}{\mathrm{d}x}=\dfrac{y}{x}$ 的通解.

解　分离变量

$$\frac{\mathrm{d}y}{y}=\frac{1}{x}\mathrm{d}x,$$

6.2 例 1

两边积分

$$\int\frac{\mathrm{d}y}{y}=\int\frac{1}{x}\mathrm{d}x,$$

解得

$$\ln|y|=\ln|x|+\ln|C|,\text{即 } y=Cx\,(C\text{ 为任意常数}).$$

例 2　求微分方程 $\dfrac{\mathrm{d}y}{\mathrm{d}x}=1+y^2+x+xy^2$ 的通解.

解　$\dfrac{\mathrm{d}y}{\mathrm{d}x}=(1+x)(1+y^2),$

分离变量　$\dfrac{\mathrm{d}y}{1+y^2}=(1+x)\,\mathrm{d}x,$

两边积分 $\quad \displaystyle\int \frac{\mathrm{d}y}{1+y^2} = \int (1+x)\,\mathrm{d}x,$

解得 $\quad \arctan y = x + \dfrac{1}{2}x^2 + C$ 或 $y = \tan\left(x + \dfrac{1}{2}x^2 + C\right).$

另外,可分离变量的微分方程也可以是 $f_1(x)g_1(y)\,\mathrm{d}x + f_2(x)g_2(y)\,\mathrm{d}y = 0$ 的形式.

例 3 求微分方程 $(1+y^2)\,\mathrm{d}x - 2y\tan x\,\mathrm{d}y = 0$ 的通解.

解 移项,分离变量 $\quad \dfrac{2y\,\mathrm{d}y}{1+y^2} = \cot x\,\mathrm{d}x,$

两边积分 $\quad \displaystyle\int \frac{2y\,\mathrm{d}y}{1+y^2} = \int \frac{\cos x}{\sin x}\,\mathrm{d}x,$

解得 $\quad \ln(1+y^2) = \ln|\sin x| + \ln|C|$ 或 $y^2 = C\sin x - 1.$

6.2.2 一阶线性齐次微分方程的通解

在上一节介绍微分方程的概念中,我们知道微分方程

$$\frac{\mathrm{d}y}{\mathrm{d}x} + P(x)y = Q(x)$$

称为**一阶线性微分方程**,其中 $P(x),Q(x)$ 为已知函数.

当 $Q(x) = 0$ 时,

$$\frac{\mathrm{d}y}{\mathrm{d}x} + P(x)y = 0$$

称其为**一阶线性齐次微分方程**;而当 $Q(x) \neq 0$ 时,称其为**一阶线性非齐次微分方程**.

1. 分离变量法求一阶线性齐次微分方程的通解

一阶线性齐次微分方程是可分离变量的微分方程的一种特殊情况,我们可以用分离变量法求线性齐次方程 $\dfrac{\mathrm{d}y}{\mathrm{d}x} + P(x)y = 0$ 的通解.

(1) 分离变量得 $\dfrac{\mathrm{d}y}{y} = -P(x)\,\mathrm{d}x,$

(2) 两边积分得 $\ln|y| = -\displaystyle\int P(x)\,\mathrm{d}x + \ln|C_1|,$

即 $\qquad\qquad\qquad y = C\mathrm{e}^{-\int P(x)\,\mathrm{d}x} \quad (C = \pm C_1).$

这就是 $\dfrac{\mathrm{d}y}{\mathrm{d}x} + P(x)y = 0$ 的通解.

2. 积分因子法求一阶线性齐次微分方程的通解

对于一阶线性齐次微分方程 $\dfrac{\mathrm{d}y}{\mathrm{d}x} + P(x)y = 0$,等式两边同乘 $\mathrm{e}^{\int P(x)\,\mathrm{d}x}$ 得

$$\mathrm{e}^{\int P(x)\,\mathrm{d}x}y' + \mathrm{e}^{\int P(x)\,\mathrm{d}x}P(x)y = \left(\mathrm{e}^{\int P(x)\,\mathrm{d}x}y\right)' = 0,$$

所以

$$\mathrm{e}^{\int P(x)\,\mathrm{d}x}y = C.$$

从而解得 $\dfrac{\mathrm{d}y}{\mathrm{d}x} + P(x)y = 0$ 的通解:$y = C\mathrm{e}^{-\int P(x)\,\mathrm{d}x}.$

这种解法我们称为**积分因子法**. 我们把函数 $e^{\int P(x)dx}$ 称为方程 $\dfrac{dy}{dx}+P(x)y=0$ 的**积分因子**.

从上述两种方法可知,**一阶线性齐次微分方程 $\dfrac{dy}{dx}+P(x)y=0$ 的通解公式为**

$$y=Ce^{-\int P(x)dx}.$$

例 4　用分离变量法求一阶线性齐次微分方程 $y'+xy=0$ 的通解.

解　方程变形为 $\dfrac{dy}{dx}=-xy$,为可分离变量的微分方程.

分离变量得
$$\frac{dy}{y}=-xdx \quad (y\neq 0),$$

两边积分得
$$\int\frac{dy}{y}=-\int xdx,$$

求积分得
$$\ln|y|=-\frac{1}{2}x^2+\ln C_1,$$

所以
$$|y|=e^{-\frac{1}{2}x^2+\ln C_1}=C_1 e^{-\frac{1}{2}x^2},$$

即
$$y=\pm C_1 e^{-\frac{1}{2}x^2}=Ce^{-\frac{1}{2}x^2}(C=\pm C_1),$$

所以方程的通解为　$y=Ce^{-\frac{1}{2}x^2}$　(C 为任意常数).

例 5　用积分因子法求一阶线性齐次微分方程 $y'+\dfrac{2x}{1+x^2}y=0$ 的通解.

解　因为 $P(x)=\dfrac{2x}{1+x^2}$,积分因子为 $e^{\int P(x)dx}=e^{\int\frac{2x}{1+x^2}dx}=e^{\ln(1+x^2)}=1+x^2$,

所以,等式两边同乘积分因子 $(1+x^2)$ 得 $\left[(1+x^2)\cdot y\right]'=0$.

所以,$(1+x^2)y=C$,方程的通解为 $y=\dfrac{C}{1+x^2}$.

例 6　在禁止向湖泊中排放污水的同时,注入清洁水、排出污水以稀释污水是治理湖泊污染的一种办法,假设每天排污速度以当天污染量 Q 的固定速率 k 递减($k<0$),则污染量是时间 t(天)的函数 $Q(t)$($Q(0)=Q_0$ 为治理前的污染量),由此可得关系式为 $\dfrac{dQ}{dt}=kQ(k<0)$. 若 $k=-0.002$,问要使湖泊的污染量下降 95% 以上,至少需要多少天? 如果要求两年内达标,则 k 应为多少?

解　由微分方程 $\dfrac{dQ}{dt}=kQ$,分离变量得 $\dfrac{dQ}{dt}-kQ=0$,

$$P(x)=-k,$$

用通解公式得通解为:$y=Ce^{-\int P(x)dx}=Ce^{\int kdt}=Ce^{k\cdot t}$.

由 $Q(0)=Q_0$ 得 $C=Q_0$,所以 $Q=Q_0 e^{k\cdot t}$.

当 $k=-0.002$,要使污染量下降 95%,即 t 天后污染量是当初 Q_0 的 5%.

由 $5\%Q_0=Q_0 e^{-0.002\cdot t}$ 解得:$t=1\ 498$(天),$1\ 498\div 365=4.1$(年).

所以,要两年内达标,即 $Q_0 e^{2\times 365k}<5\%Q_0$,即至少 $k<-0.004$.

6.2.3　一阶线性非齐次微分方程的解法

对于一阶线性非齐次微分方程

$$y' + P(x)y = Q(x),$$

我们可以用常数变易法求其通解（请同学们参看本科教材）. 下面, 我们介绍用一种方法: 积分因子求其通解.

等式两边同乘积分因子 $e^{\int P(x)\mathrm{d}x}$ 得

$$e^{\int P(x)\mathrm{d}x}y' + e^{\int P(x)\mathrm{d}x}P(x)y = e^{\int P(x)\mathrm{d}x}Q(x),$$

可以看出等式左边

$$e^{\int P(x)\mathrm{d}x}y' + e^{\int P(x)\mathrm{d}x}P(x)y = \left(e^{\int P(x)\mathrm{d}x}y\right)',$$

所以方程为

$$\left(e^{\int P(x)\mathrm{d}x}y\right)' = e^{\int P(x)\mathrm{d}x}Q(x),$$

两边积分得

$$e^{\int P(x)\mathrm{d}x}y = \int e^{\int P(x)\mathrm{d}x}Q(x)\mathrm{d}x + C.$$

所以, **一阶线性非齐次微分方程 $y' + P(x)y = Q(x)$ 的通解**为

$$y = e^{-\int P(x)\mathrm{d}x}\left(\int e^{\int P(x)\mathrm{d}x}Q(x)\mathrm{d}x + C\right).$$

以后我们把上述公式作为**一阶线性非齐次微分方程的通解公式**.

例 7　$y' + 2xy = x.$

解　由于 $P(x) = 2x, Q(x) = x$, 所以, 其通解为

$$y = e^{-\int P(x)\mathrm{d}x}\left(\int e^{\int P(x)\mathrm{d}x}Q(x)\mathrm{d}x + C\right) = e^{-\int 2x\mathrm{d}x}\left(\int xe^{\int 2x\mathrm{d}x}\mathrm{d}x + C\right)$$

$$= e^{-x^2}\left(\int xe^{x^2}\mathrm{d}x + C\right) = e^{-x^2}\left(\frac{1}{2}e^{x^2} + C\right) = \frac{1}{2} + Ce^{-x^2}.$$

例 8　求方程 $y' = \dfrac{y + x\ln x}{x}$ 的通解.

6.2 例 8

解　原方程化为 $y' - \dfrac{1}{x}y = \ln x,$

因为 $P(x) = -\dfrac{1}{x}, Q(x) = \ln x$, 所以, 其通解为

$$y = e^{-\int P(x)\mathrm{d}x}\left(\int e^{\int P(x)\mathrm{d}x}Q(x)\mathrm{d}x + C\right) = e^{\int \frac{1}{x}\mathrm{d}x}\left(\int \ln x \cdot e^{-\int \frac{1}{x}\mathrm{d}x}\mathrm{d}x + C\right)$$

$$= e^{\ln x}\left(\int \ln x \cdot e^{-\ln x}\mathrm{d}x + C\right) = x\left(\int \frac{\ln x}{x}\mathrm{d}x + C\right) = \frac{x}{2}(\ln x)^2 + Cx.$$

例 9　在串联电路（如图 6-1）中, 设有电阻 R, 电感 L 和交流电动势 $E = E_0\sin \omega t$, 在时刻 $t = 0$ 时接通电路, 求电流 i 与时间 t 的关系（E_0, ω 为常数）.

解　设任一时刻 t 的电流为 i. 电流在电阻 R 上产生的电压降是 $U_R = Ri$, 在电感 L 上产生的电压降是 $U_L = L\dfrac{\mathrm{d}i}{\mathrm{d}t}$, 由

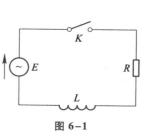

图 6-1

回路电压定律知道,闭合电路中电动势等于电压降之和,即

$$U_R + U_L = E,$$

$$Ri + L\frac{\mathrm{d}i}{\mathrm{d}t} = E_0 \sin \omega t,$$

因此

$$\frac{\mathrm{d}i}{\mathrm{d}t} + \frac{R}{L}i = \frac{E_0}{L}\sin \omega t,$$

此时

$$P(t) = \frac{R}{L}, Q(t) = \frac{E_0}{L}\sin \omega t,$$

所以,通解为: $i(t) = \mathrm{e}^{-\int \frac{R}{L}\mathrm{d}t} \left(\int \frac{E_0}{L}\mathrm{e}^{\int \frac{R}{L}\mathrm{d}t} \sin \omega t \mathrm{d}t + C \right)$

$$= C\mathrm{e}^{-\frac{R}{L}t} + \frac{E_0}{R^2 + \omega^2 L^2}(R\sin \omega t - \omega L \cos \omega t).$$

它是方程的通解. 由初始条件 $i\mid_{t=0} = 0$. 得 $C = \frac{\omega L E_0}{R^2 + \omega^2 L^2}$. 于是特解为

$$i(t) = \frac{E_0}{R^2 + \omega^2 L^2}(\omega L \mathrm{e}^{-\frac{R}{L}t} + R\sin \omega t - \omega L \cos \omega t).$$

　　有些特殊的高阶微分方程可以通过各种变换的方法化为一阶方程来求解. 下面介绍三种特殊的可降为一阶的高阶微分方程.

*6.2.4　几类可降为一阶的微分方程

　　1. $y'' = f(x)$ 型微分方程(推广 $y^{(n)} = f(x)$)

　　在第一节中,已经有所介绍. 对于这类方程只需通过二次(n 次)积分即可得到方程的通解.

　　例 10　 $y'' = x^2 + \cos x$.

　　解　 $y' = \int (x^2 + \cos x)\mathrm{d}x = \frac{1}{3}x^3 + \sin x + C_1$,

$$y = \int \left(\frac{1}{3}x^3 + \sin x + C_1\right)\mathrm{d}x = \frac{1}{12}x^4 - \cos x + C_1 x + C_2.$$

　　例 11　 $y''' = \mathrm{e}^x + \sin x + 6x$.

　　解　 $y'' = \int (\mathrm{e}^x + \sin x + 6x)\mathrm{d}x = \mathrm{e}^x - \cos x + 3x^2 + C_1$,

$$y' = \int (\mathrm{e}^x - \cos x + 3x^2 + C_1)\mathrm{d}x = \mathrm{e}^x - \sin x + x^3 + C_1 x + C_2,$$

$$y = \int (\mathrm{e}^x - \sin x + x^3 + C_1 x + C_2)\mathrm{d}x$$

$$= \mathrm{e}^x + \cos x + \frac{1}{4}x^3 + \frac{1}{2}C_1 x^2 + C_2 x + C_3.$$

　　2. $y'' = f(x, y')$ 型的微分方程

　　其特点是微分方程中不含 y,令 $y' = p$,则原方程变为一个一阶微分方程 $p' = f(x, p)$,解出一阶方程的通解 $p = g(x)$,即 $p = y' = g(x)$,再求解一阶微分方程即可.

　　例 12　 $xy'' + y' = 0$.

解 令 $y'=p$,则 $y''=p'$,

则方程化为 $xp'+p=0$,即 $(xp)'=0$.

所以
$$xp=C_1,xy'=C_1,y'=\frac{C_1}{x},$$

故
$$y=C_1\ln|x|+C_2.$$

3. $y''=f(y,y')$ 型的微分方程

其特点是微分方程中不含 x,令 $y'=p$,则 $y''=\frac{\mathrm{d}p}{\mathrm{d}x}=\frac{\mathrm{d}p}{\mathrm{d}y}\cdot\frac{\mathrm{d}y}{\mathrm{d}x}=p\frac{\mathrm{d}p}{\mathrm{d}y}$.

原方程为 $p\frac{\mathrm{d}p}{\mathrm{d}y}=f(y,p)$ 它可以看作 y 是自变量,p 是函数的新微分方程.解出 $p=g(y)$,即 $p=y'=g(y)$,再积分即可.

例 13 求微分方程 $yy''-(y')^2=0$ 的通解.

解 令 $y'=p$,则 $y''=p\frac{\mathrm{d}p}{\mathrm{d}y}$,原方程化为 $yp\frac{\mathrm{d}p}{\mathrm{d}y}-(p)^2=0$.

整理得 $\frac{\mathrm{d}p}{\mathrm{d}y}-\frac{1}{y}p=0$,为一阶线性齐次微分方程,积分因子为 $\mathrm{e}^{-\int\frac{1}{y}\mathrm{d}y}=\frac{1}{y}$,两边乘以积分因子得

$$\left(\frac{1}{y}p\right)'=0,$$

解得 $\frac{p}{y}=C_1$,所以 $p=C_1y$,即 $\frac{\mathrm{d}y}{\mathrm{d}x}=C_1y$,

整理得 $\frac{1}{y}\mathrm{d}y=C_1\mathrm{d}x$,两边积分得 $\ln|y|=C_1x+\ln|C_2|$,

所以,方程的通解为 $y=C_2\mathrm{e}^{C_1x}$.

例 14 求微分方程 $y''-4y=0$,在初始条件 $y(0)=2,y'(0)=4$ 下的特解.

解 令 $y'=p$,则 $y''=p\frac{\mathrm{d}p}{\mathrm{d}y}$,原方程化为 $p\frac{\mathrm{d}p}{\mathrm{d}y}-4y=0$,

整理得 $p\mathrm{d}p=4y\mathrm{d}y$,两边积分得 $p^2=4y^2+C_1$,

即 $(y')^2=4y^2+C_1$,

由初始条件 $y(0)=2,y'(0)=4$ 得 $C_1=0$.

所以,$y'=\pm2y,\frac{1}{y}\mathrm{d}y=\pm2\mathrm{d}x$,

两边积分得 $\ln|y|=\pm2x+\ln|C_2|$,

由 $y(0)=2$,得 $C_2=2$.

所以,方程的特解为 $y=2\mathrm{e}^{\pm2x}$.

习题 6.2

1. 用分离变量法求下列微分方程的通解.

(1) $y'=\frac{3x^2}{2y}$;　　　　　　　　(2) $xy'-y\ln y=0$;

（3）$y'=2xy$；

（4）$(1+y^2)\,\mathrm{d}x-(1+x^2)\,\mathrm{d}y=0$；

（5）$\dfrac{\mathrm{d}y}{\mathrm{d}x}=10^{x+y}$；

（6）$\dfrac{\mathrm{d}y}{\mathrm{d}x}=\dfrac{y}{\sqrt{1-x^2}}$.

2．求下列一阶线性非齐次微分方程的通解及初始条件下的特解.

（1）$(1+x^2)y'+2xy-4x=0$；

（2）$y'+y\cdot\cos x=x\cdot\mathrm{e}^{-\sin x}$；

（3）$(x+1)y'-y=x(x+1)^2$；

（4）$y'+2xy-\mathrm{e}^{-x^2}=0$；

（5）$y'+\tan x\cdot y=\sec x,y\big|_{x=0}=0$；

（6）$y'-\dfrac{y}{x+1}=x+1,y\big|_{x=-2}=3$.

3．求下列 $y^{(n)}=f(x)$ 型可降阶的微分方程的解.

（1）$(x^2+1)y''-2x=0$；　　（2）$(x^2+1)y''=1$；　　（3）$x^2y'''+1=0$.

*4．求下列 $y''=f(x,y')$ 型可降阶的微分方程的解.

（1）$(1+x^2)y''+2xy'=0$；　　（2）$y''-\dfrac{1}{x}y'-x=0$.

*5．求 $y''=f(y,y')$ 型可降阶微分方程 $yy''+(y')^2=y'$ 的通解.

6．一曲线过点 $(1,0)$，且曲线上任意点 (x,y) 处的切线斜率等于该点横坐标的平方，求该曲线方程.

7．曲线在点 $(0,1)$ 处的切线斜率等于该点横坐标与纵坐标的乘积，写出曲线所满足的微分方程.

6.3　二阶常系数线性微分方程

力学中，物体在有阻力的情况下的自由振动微分方程和强迫振动微分方程，以及电学中串联电路的振动方程都是二阶线性微分方程.

本节简要介绍二阶常系数线性齐次（非齐次）微分方程的求解方法.

6.3.1　二阶常系数齐次线性微分方程

形如

$$y''+P(x)y'+Q(x)y=f(x)$$

的二阶微分方程为**二阶线性微分方程**.

如果自由项 $f(x)\neq0$，则称方程为**二阶线性非齐次微分方程**；如果自由项 $f(x)=0$，则称方程为**二阶线性齐次微分方程**.

形如

$$y''+py'+qy=f(x)\quad(p,q\text{ 为常数})$$

的二阶微分方程称为**二阶常系数线性微分方程**.

如果自由项 $f(x)\neq0$，则称方程为**二阶常系数线性非齐次微分方程**；如果自由项 $f(x)=0$，即 $y''+py'+qy=0$ 称为**二阶常系数线性齐次微分方程**.

定理 1（线性齐次方程解的结构）　如果函数 $y_1(x)$ 与 $y_2(x)$ 是方程

$$y''+P(x)y'+Q(x)y=0$$

的两个解,那么,

$$y=C_1y_1(x)+C_2y_2(x)(C_1,C_2 \text{ 是任意常数})$$

也是该方程的解.

如果函数 $y_1(x)$ 与 $y_2(x)$ 之比不为常数$\left(\text{即} \dfrac{y_1(x)}{y_2(x)}\neq k \text{ 为常数}\right)$,则

$$y=C_1y_1(x)+C_2y_2(x)$$

是该方程的**通解**(请同学们自己证明).

定理 1 对二阶常系数线性齐次微分方程 $y''+py'+qy=0$ 同样成立.

下面主要介绍二阶常系数线性齐次微分方程解的结构,从而导出求二阶常系数线性齐次微分方程的通解公式.由定理 1 知,只需求出它的两个其比不为常数的解即可.

由指数函数 e^x 的导数特征,该方程应有 $y=e^{\lambda x}$ 形式的解,其中 λ 为待定常数.将 $y=e^{\lambda x}, y'=\lambda e^{\lambda x}, y''=\lambda^2 e^{\lambda x}$ 代入方程 $y''+py'+qy=0$,得

$$e^{\lambda x}(\lambda^2+p\lambda+q)=0.$$

因为 $e^{\lambda x}\neq 0$,所以

$$\lambda^2+p\lambda+q=0.$$

即当 λ 是一元二次方程 $\lambda^2+p\lambda+q=0$ 的根时,$y=e^{\lambda x}$ 就是线性齐次微分方程的解.

于是,我们把一元二次方程

$$\lambda^2+p\lambda+q=0$$

称为二阶常系数线性齐次微分方程 $y''+py'+qy=0$ 的**特征方程**,特征方程的根称为**特征根**.下面就特征方程的特征根的不同情形讨论其对应的二阶常系数线性齐次微分方程的通解.

(1)当特征方程有两个不同的实根 $\lambda_1\neq\lambda_2$ 时,则方程有两个线性无关的解 $y=e^{\lambda_1 x}$,$y=e^{\lambda_2 x}$.此时方程有通解

$$y=C_1e^{\lambda_1 x}+C_2e^{\lambda_2 x}.$$

(2)当特征方程有两个相同的实根 λ 时,即 $\lambda_1=\lambda_2=\lambda$,方程有一个解 $y_1=e^{\lambda x}$,这时直接验证可知 $y_2=xe^{\lambda x}$ 是方程的另一个解,且 y_1 与 y_2 线性无关,此时方程的通解

$$y=C_1e^{\lambda x}+C_2xe^{\lambda x}=(C_1+C_2x)e^{\lambda x}.$$

(3)当特征方程有一对共轭复根 $\lambda=\alpha\pm i\beta$(其中 α,β 均为实常数且 $\beta\neq 0$)时,方程有两个线性无关的解 $e^{(\alpha+i\beta)x},e^{(\alpha-i\beta)x}$.由定理 1 及欧拉公式 $e^{i\theta}=\cos\theta+i\sin\theta$ 可知

$$y_1=\frac{1}{2}(e^{(\alpha+i\beta)x}+e^{(\alpha-i\beta)x})=e^{\alpha x}\cos\beta x,$$

$$y_2=\frac{1}{2i}(e^{(\alpha+i\beta)x}-e^{(\alpha-i\beta)x})=e^{\alpha x}\sin\beta x$$

也是方程的两个线性无关的解,因此方程的实数形式的通解为

$$y=C_1y_1+C_2y_2=e^{\alpha x}(C_1\cos\beta x+C_2\sin\beta x).$$

综上所述,求二阶常系数线性齐次微分方程的通解的步骤如下:

第一步 写出微分方程的特征方程 $\lambda^2+p\lambda+q=0$;

第二步 求出特征根；

第三步 根据特征根的情况按表 6-1 写出对应微分方程的通解.

表 6-1

特征方程的根	$y''+py'+qy=0$ 的通解
两个不等实根 $\lambda_1 \neq \lambda_2$	$y = C_1 \mathrm{e}^{\lambda_1 x} + C_2 \mathrm{e}^{\lambda_2 x}$
两个相等实根 $\lambda_1 = \lambda_2 = \lambda$	$y = C_1 \mathrm{e}^{\lambda x} + C_2 x \mathrm{e}^{\lambda x}$
一对共轭复根 $\lambda = \alpha \pm \mathrm{i}\beta$	$y = \mathrm{e}^{\alpha x}(C_1 \cos \beta x + C_2 \sin \beta x)$

6.3 例 1

例 1 求方程 $y''-5y'-6y=0$ 的通解.

解 方程 $y''-5y'-6y=0$ 的特征方程为
$$\lambda^2 - 5\lambda - 6 = 0.$$
有两个不相同的特征根为 $\lambda_1 = 6, \lambda_2 = -1$，所以方程的通解为
$$y = C_1 \mathrm{e}^{6x} + C_2 \mathrm{e}^{-x}.$$

6.3 例 2

例 2 求方程 $y''+2y'+y=0$ 的通解.

解 方程 $y''+2y'+y=0$ 的特征方程为
$$\lambda^2 + 2\lambda + 1 = 0,$$
有两个相同的特征根为 $\lambda_1 = \lambda_2 = -1$，所以方程的通解为
$$y = (C_1 + C_2 x) \mathrm{e}^{-x}.$$

6.3 例 3

例 3 求方程 $y''+4y'+13y=0$ 的通解.

解 方程 $y''+4y'+13y=0$ 的特征方程为
$$\lambda^2 + 4\lambda + 13 = 0,$$
有一对共轭的复数特征根为 $\lambda = -2 \pm \mathrm{i}3$，所以方程的通解为
$$y = C_1 y_1 + C_2 y_2 = \mathrm{e}^{-2x}(C_1 \cos 3x + C_2 \sin 3x).$$

6.3.2 二阶常系数线性非齐次微分方程

定理 2 设 $y^*(x)$ 是二阶常系数线性非齐次方程 $y''+py'+qy=f(x)(p,q$ 为常数)的一个**特解**，$Y(x)$ 是该方程所对应的二阶常系数线性齐次方程的通解，则
$$y = Y(x) + y^*(x)$$
是二阶常系数线性非齐次方程 $y''+py'+qy=f(x)$ 的一个**通解**.（证明略）

由定理 2，要求二阶常系数线性非齐次方程的通解，先求出其对应的齐次方程的通解 $Y(x)$，再求出该方程的一个特解 $y^*(x)$. 那么，如何求方程的一个特解 $y^*(x)$ 呢？

1. $f(x) = \mathrm{e}^{\mu x} P_n(x)$ 的情形

在此情形中，μ 是常数，$P_n(x)$ 是 x 的一个 n 次多项式，即
$$P_n(x) = a_0 x^n + a_1 x^{n-1} + \cdots + a_{n-1} x + a_n.$$
这时，非齐次方程为
$$y'' + py' + qy = P_n(x) \mathrm{e}^{\mu x},$$
由于方程的右边是一个 n 次多项式与指数函数的乘积，根据其特征，不妨设方程的一

个特解为
$$y^* = Q_m(x)\mathrm{e}^{\mu x},$$
则
$$y^{*\prime} = Q_m'(x)\mathrm{e}^{\mu x} + \mu Q_m(x)\mathrm{e}^{\mu x},$$
$$y^{*\prime\prime} = Q_m''(x)\mathrm{e}^{\mu x} + 2\mu Q_m'(x)\mathrm{e}^{\mu x} + \mu^2 Q_m(x)\mathrm{e}^{\mu x},$$
将 $y^*, y^{*\prime}$ 和 $y^{*\prime\prime}$ 代入方程整理得
$$Q_m''(x) + (2\mu+p)Q_m'(x) + (\mu^2+p\mu+q)Q_m(x) = P_n(x).$$

（1）如果 μ 不是对应齐次方程的特征根，即 $\mu^2+p\mu+q \neq 0$，此时，$Q_m(x)$ 是一个与 $P_n(x)$ 同次的多项式，即 n 次多项式.

（2）如果 μ 是对应齐次方程的特征单根，即 $\mu^2+p\mu+q = 0$，而 $2\mu+q \neq 0$，此时，$Q_m'(x)$ 是一个 n 次多项式，则 $Q_m(x)$ 是一个 $n+1$ 次多项式.

（3）如果 μ 是对应齐次方程的特征重根，即 $\mu^2+p\mu+q = 0$ 且 $2\mu+q = 0$，此时，$Q_m''(x)$ 是一个 n 次多项式，则 $Q_m(x)$ 是一个 $n+2$ 次多项式.

综上所述，有如下结论：

二阶常系数线性非齐次方程
$$y'' + py' + qy = P_n(x)\mathrm{e}^{\mu x}$$
具有形如
$$y^* = x^k Q_n(x)\mathrm{e}^{\mu x}$$
的特解，其中 $Q_n(x)$ 与 $P_n(x)$ 都是 n 次多项式，k 的取值为
$$k = \begin{cases} 0, & \mu \text{ 不是特征根；} \\ 1, & \mu \text{ 是特征单根；} \\ 2, & \mu \text{ 是特征重根.} \end{cases}$$

例 4 求方程 $9y''+6y'+y = 7\mathrm{e}^{2x}$ 的一个特解.

解 原方程对应的齐次方程为
$$9y''+6y'+y = 0,$$
它的特征方程为
$$9\lambda^2+6\lambda+1 = 0,$$
其特征根为 $\lambda_1 = \lambda_2 = -\dfrac{1}{3}$，因为 $\mu = 2$ 不是特征根，

故设特解为
$$y^* = A\mathrm{e}^{2x},$$
将 $y^*, y^{*\prime}$ 和 $y^{*\prime\prime}$ 代入原方程，得 $49A = 7$，解得 $A = \dfrac{1}{7}$，故原方程的一个特解为：$y^* = \dfrac{1}{7}\mathrm{e}^{2x}$.

例 5 求方程 $y''-2y' = 3x+1$ 的通解.

解 原方程对应的齐次方程为 $y''-2y' = 0$，
其特征方程为 $\lambda^2-2\lambda = 0$，
其特征根为 $\lambda_1 = 0, \lambda_2 = 2$，
原方程对应的齐次方程的通解为 $Y = C_1 + C_2\mathrm{e}^{2x}$.

因为 $\mu = 0$ 是特征单根，设特解为
$$y^* = x(Ax+B),$$

6.3 例 4

171

则
$$y^{*\prime} = 2Ax + B,$$
$$y^{*\prime\prime} = 2A,$$

将 $y^*, y^{*\prime}$ 和 $y^{*\prime\prime}$ 代入原方程,得
$$-4Ax + (2A - 2B) = 3x + 1,$$

即
$$\begin{cases} -4A = 3, \\ 2A - 2B = 1. \end{cases}$$

解得　$A = -\dfrac{3}{4}$，$B = -\dfrac{5}{4}$，故原方程的特解为
$$y^* = -\frac{3}{4}x^2 - \frac{5}{4}x,$$

因此原方程的通解为
$$y = Y + y^* = C_1 + C_2 e^{2x} - \frac{3}{4}x^2 - \frac{5}{4}x.$$

2. $f(x) = e^{\alpha x}[P_m(x)\cos\beta x + Q_n(x)\sin\beta x]$ 的情形

在此情形中,$P_m(x)$，$P_n(x)$ 分别是 x 的 m 次,n 次多项式,α, β 为常数. 这时,二阶常系数线性非齐次微分方程为
$$y'' + py' + qy = e^{\alpha x}[P_m(x)\cos\beta x + Q_n(x)\sin\beta x].$$

容易知道,它有形如
$$y^* = x^k e^{\alpha x}[P_l(x)\cos\beta x + Q_l(x)\sin\beta x]$$

的特解,其中 $P_l(x), Q_l(x)$ 是 l 次多项式,$l = \max\{n, m\}$. 而
$$k = \begin{cases} 0, \alpha \pm i\beta & \text{不是特征根;} \\ 1, \alpha \pm i\beta & \text{是特征单根.} \end{cases}$$

例 6　设置下列方程的特解形式.

（1）$y'' + y = x\cos 2x$.

（2）$y'' - 2y' + 5y = e^x \sin 2x$.

（3）$y'' - 6y' + 9y = (x+1)e^{3x}\sin x$.

解　（1）因为特征方程为 $\lambda^2 + 1 = 0$，特征根为 $\lambda_{1,2} = \pm i$，而 $\alpha \pm i\beta = 2i$ 不是特征根,所以取 $k = 0$，而 $l = \max\{1, 0\} = 1$，故应设特解为
$$y^* = (a_0 x + a_1)\cos 2x + (b_0 x + b_1)\sin 2x.$$

（2）因为特征方程为 $\lambda^2 - 2\lambda + 5 = 0$，特征根为 $\lambda_{1,2} = 1 \pm 2i$，而 $\alpha \pm i\beta = 1 \pm i$ 是特征单根,所以取 $k = 1$，而 $l = \max\{0, 0\} = 0$，故应设特解为
$$y^* = xe^x(a\cos 2x + b\sin 2x).$$

（3）因为特征方程为 $\lambda^2 - 6\lambda + 9 = 0$，特征根 $\lambda_{1,2} = 3$，而 $\alpha \pm i\beta = 3 \pm i$ 不是特征根,所以取 $k = 0$，而 $l = \max\{1, 0\} = 1$，故应设特解为
$$y^* = e^{3x}[(a_0 x + a_1)\cos x + (b_0 x + b_1)\sin x].$$

*3. $f(x) = e^{\mu x}P_n(x) + e^{\alpha x}(P_m(x)\cos\beta x + Q_l(x)\sin\beta x)$ 形式

相应地也有特解的结构性定理——叠加原理.

定理 3（叠加原理）：设 y_1^* 是 $y'' + py' + qy = f_1(x)$ 的特解,y_2^* 是 $y'' + py' + qy = f_2(x)$ 的

特解. 则 $y_1^* + y_2^*$ 是 $y'' + py' + qy = f_1(x) + f_2(x)$ 的特解.

我们也可以尝试着求解这样一类的微分方程. 如求 $y'' - 4y' + 13y = xe^x + e^{2x}\sin 3x$ 的特解.

习题 6.3

1. 填空题.

（1）微分方程 $y'' - 5y' + 4y = 0$ 的特征根是_____.

（2）微分方程 $y'' - 5y' + 4y = xe^x$ 的特解应设为_____形式.

（3）微分方程 $y'' - 2y' + 5y = e^x\sin 2x$ 的特解应设为_____形式.

2. 单项选择题.

（1）微分方程 $y'' - y' = 0$ 的通解为（   ）.

A. $y = C_1 e^x + C_2 e^{-x}$ B. $y = C_1 e^x + C_2$

C. $y = C_1 e^x + C_2 x e^x$ D. $y = e^x(A\cos x + B\sin x)$

（2）设方程 $y'' - 2y' + 5y = f(x)$ 的特解为 $y^* = \left(\dfrac{1}{5}x - \dfrac{4}{5}\right)e^{2x}$，则 $f(x) = ($ $)$.

A. $f(x) = e^{2x}$ B. $f(x) = e^x\cos 2x$

C. $f(x) = xe^x$ D. $f(x) = \left(x - \dfrac{18}{5}\right)e^{2x}$

3. 求下列二阶常系性齐次线性微分方程的通解.

（1）$y'' - 7y' + 12y = 0$；   （2）$4y'' - 4y' + y = 0$；   （3）$y'' - 6y' + 25y = 0$.

4. 求下列二阶常系性线性非齐次方程的通解.

（1）$y'' - 5y' + 6y = xe^x$；   （2）$y'' - y' = x$；

（3）$y'' - 2y' + y = e^x$；   （4）$y'' - 2y' + 5y = e^x\cos 2x$.

5. 求下列方程的初值问题

$y'' + y' - 2y = 2x, y|_{x=0} = 0, y'|_{x=0} = 1$.

*6.4 微分方程的应用

本节将通过一些实例来探讨微分方程这一重要的数学模型,在工程技术、经济管理和社会科学等领域中的应用.

例 1 从静脉给一个刚进行过大手术的病人体内以 100 mg/h 的速率注入抗生素药,该抗生素药以 10% 的当前人体中该药物量的固定比例从人体中排出,试建立 t 小时后人体中该抗生素的药量 Q（单位：mg）.

解 人体内的抗生素药量以每小时 100 mg 的固定速度在增加,同时也以当前总药量 Q 的 0.1 倍在递减,每小时 100 mg 的注入量对 dQ/dt 的变化有一个正的贡献,而每小时 $0.1Q$ 当前的排出量对 dQ/dt 的变化有一个负的贡献. 且 $Q(0) = 0$,综上所述,可得

药物变化率 = 注入量 − 排出量,即 $\dfrac{dQ}{dt} = 100 - 0.1Q$.

它是一阶线性非齐次微分方程,解得 $Q(t) = 1\,000(1 - e^{-0.1t})$.

由此可得出结论,在足够长(如 48 小时以后)时间内不断给病人以 100 mg/h 的速率注入抗生素药,人体内药物量可以稳定在 1 000 mg 左右.

例 2 车辆驾驶人员血液中的酒精含量大于 80 mg/10^2mL 为"醉酒驾驶",大于 20 mg/10^2 mL 为"饮酒驾驶";据调查,喝完酒后一小时血液中酒精含量最高,酒后一小时随着新陈代谢,体内的酒精会慢慢稀释,假设体内酒精含量以每小时 5% 的量从人体排出,某驾驶员酒后一小时的酒精含量为 100 mg/10^2 mL,请(1) 写出描述余留在人体中酒精 $A(t)$(以 mg/10^2 mL 为单位)的微分方程;(2) 问驾驶员要多长时间以后才能驾车?

解 设 $A(t)$ 表示酒后一小时后时间 t 时体内酒精的含量,则酒后一小时 $t=0$,$A(0)=100$.

分析:酒精变化率=时间 t 时体内酒精含量的 0.05.

由于体内酒精量是递减的,所以,$\dfrac{\mathrm{d}A}{\mathrm{d}t}=-0.05A$,解得

$$A(t)=Ce^{-0.05t}.$$

由 $A(0)=100$,得 $A(t)=100e^{-0.05t}$,

当 $A(t)=20$ 时,即 $20=100e^{-0.05t}$,得 $t\approx 32.19$.

所以,驾驶员至少在饮酒 33 小时以后才能驾车.

例 3 (死亡年代的测定)动物死亡之后,体内 C_{14}(碳-14)的含量就不断减少,已知 C_{14} 的衰减率与当时体内含量成正比,试建立任意时刻遗体内 C_{14} 含量应满足的方程.

解 设 t 时刻遗体内 C_{14} 含量为 $P(t)$,根据题意有

$$\frac{\mathrm{d}P(t)}{\mathrm{d}t}=-kP(t)\,(k>0),$$

等式右边的负号表示 $P(t)$ 随时间 t 的增加而减少.

例 4 (刑事侦察中死亡时间的鉴定)牛顿(Newton)冷却定律指出.物体在空气中冷却的速度与物体温度和空气温度之差成正比,现将牛顿冷却定律应用于刑事侦查中死亡时间的鉴定. 当某次谋杀事件发生后,尸体的温度从原来的 37 ℃ 按照牛顿冷却定律开始下降,如果两个小时后尸体的温度变为 35 ℃,并且假定周围空气的温度保持 20 ℃ 不变,试求出尸体温度 H 随时间 t 的变化规律. 又如果尸体发现时的温度是 30 ℃,时间是下午 4 点整,那么谋杀是何时发生的?

解 设尸体的温度为 $H(T)$,其冷却速度为 $\dfrac{\mathrm{d}H}{\mathrm{d}t}$,由题意得

$$\begin{cases}\dfrac{\mathrm{d}H}{\mathrm{d}t}=-k(H-20),\\H(0)=37\end{cases}(k>0)$$

解得 $$H=20+17e^{-kt},$$
再把条件 $H(2)=35$ 代入有

$$35=20+17e^{-2k},$$

求得 $k\approx 0.063$,于是温度函数为

$$H=20+17e^{-0.063t}.$$

将 $H=30$ 代入上式,得

$$\frac{10}{17} = e^{-0.063t},$$

即得

$$t \approx 8.4(\mathrm{h}),$$

于是可以判定谋杀发生在尸体被发现前的 8 小时 24 分钟. 因此结论为谋杀是在上午 7 点 36 分发生的.

例 5 (人口问题) 最简单的人口增长模型是若今年人口为 x_0, k 年后人口为 x_k, 年增长率为 r, 则

$$x_k = x_0(1+r)^k.$$

这个公式的基本条件是年增长率为 r 保持不变, 这种描述是很不准确的.

英国学者马尔萨斯(Malthus, 1766—1834)认为人口的相对增长率为常数, 即人口增长速度 $\frac{\mathrm{d}x}{\mathrm{d}t}$ 与时刻 t 人口总量 $x(t)$ 成正比, 从而建立了马尔萨斯人口模型

$$\begin{cases} \dfrac{\mathrm{d}x}{\mathrm{d}t} = ax & (a > 0), \\ x(t_0) = x_0. \end{cases} \tag{1}$$

解方程, 得

$$x(t) = x_0 e^{a(t-t_0)},$$

它表明在假设人口增长速度与同一时刻人口总量成正比的情况下, 人口总数按指数规律增长. 当 $t \to +\infty$ 时, 人口数量 $x(t) \to +\infty$. 但常识告诉我们, 这是不可能的.

事实上, 人口数量还受环境、地理等各方面因素的约束, 不可能无限制地增长. 随着人口逐渐趋于饱和, 人口数量必定停止增长, 即 $\frac{\mathrm{d}x}{\mathrm{d}t} \to 0$.

因此, 1837 年荷兰生物学家 Verhuist 对马尔萨斯模型加以修改, 得出人口阻滞增长模型(Logistic 模型)

$$\begin{cases} \dfrac{\mathrm{d}x}{\mathrm{d}t} = (a - bx)x, \\ x(t_0) = x_0. \end{cases} \tag{2}$$

其中 $a > 0, b > 0$ 为常数. (2)式中的第一式表示人口的相对增长率 $(a-bx)x$ 不再是一个常数, 它会随人口总量 x 的增加而减少. 当 $x \neq 0$ 或 $x \neq \dfrac{a}{b}$ 时, 初值问题(2)的解为

$$x(t) = \frac{ax_0 e^{a(t-t_0)}}{a - bx_0 + bx_0 e^{a(t-t_0)}}.$$

由此得

$$\lim_{t \to +\infty} x(t) = \frac{a}{b}. \tag{3}$$

现在用式(3)分析我国人口总数的变化趋势, 其中 $a = 0.029$, 而 b 可如下求得.

1980 年 5 月 1 日我国公布的人口总数表明, 1979 年年底我国人口为 9.709 2 亿人, 当时人口增长率为 1.45%, 于是

$$a-b \times 9.709\ 2 \times 10^8 \approx 0.014\ 5,$$

从而求得

$$b = \frac{0.029 - 0.014\ 5}{9.709\ 2 \times 10^8} = \frac{0.014\ 5}{9.709\ 2 \times 10^8},$$

因此 $\dfrac{a}{b} \approx 19.42$(亿),即我国人口极限约为 19.42 亿人.

例 6 (第二宇宙速度)地球对物体的引力 F 与物体的质量 m 以及物体离地心的距离 s 之间的关系为 $F = -\dfrac{mgR^2}{s^2}$,其中 g 是重力加速度,R 为地球半径. 验证如果物体以 $v_0 \geqslant \sqrt{2gR}$ 的初速度发射,则永远不会返回地球.

解 由牛顿第二定律 $F = ma$,其中 $a = \dfrac{\mathrm{d}v}{\mathrm{d}t}$,有

$$F = m\frac{\mathrm{d}v}{\mathrm{d}t} = m\frac{\mathrm{d}v}{\mathrm{d}s} \cdot \frac{\mathrm{d}s}{\mathrm{d}t} = m\frac{\mathrm{d}v}{\mathrm{d}s} \cdot v,$$

故有

$$mv\frac{\mathrm{d}v}{\mathrm{d}s} = -mg\frac{R^2}{s^2},$$

其解为

$$\frac{v^2}{2} = \frac{gR^2}{s} + C.$$

将条件 $s = R$,$v = v_0$ 代入得

$$C = \frac{1}{2}v_0^2 - gR,$$

即

$$v^2 = \frac{2gR^2}{s} + v_0^2 - 2gR.$$

由此可见,当 s 很大时,$\dfrac{2gR^2}{s}$ 很小,即当 $v_0 \geqslant \sqrt{2gR} = 11.2$(km/s)时,速度 v 永远大于 0,所以物体永远不会返回地面. 我们称 $v_0 = 11.2$(km/s)为第二宇宙速度.

习题 6.4

1. (冷却时间)一块温度为 100 ℃ 的物体放在室温为 20 ℃ 的房中,10 分钟后温度降到 60 ℃,假设物体的温度满足牛顿冷却定律,如果需要温度降到 25 ℃,问需要多长时间?

2. 某林区现有木材 10^5 m³,如果在每一瞬时木材的变化率与当时木材数成正比,假设 10 年内这林区能有木材 2×10^5 m³,试确定木材数 p 与时间 t 的关系.

3. 加热后的物体在空气中冷却的速度与每一瞬时物体温度与空气温度之差成正比,试确定物体温度 T 与时间 t 的关系.

4. (气压问题)已知气压相对于高度的变化率与气压成正比,如果当 $h = 0$ 时,气压 $p = 100$ kPa,$h = 2\ 000$ m 时,$p = 80$ kPa,试建立气压与高度的关系式.

5. 在某池塘内养鱼,该池塘最多能养鱼 1 000 尾. 在时刻 t,鱼数 y 是时间 t 的函

数 $y=y(t)$,其变化率与鱼数 y 及 1 000$-y$ 成正比. 已知在鱼塘内放养 100 尾,3 个月后池塘内有鱼 250 尾,求放养 t 月后池塘内鱼数 $y(t)$ 的公式 .

6. 放射性元素的质量随着时间的增加而逐渐减小,这种现象称为衰变. 镭的衰变有如下规律,它的衰变速度与它的现存量 m 成正比,即 $\dfrac{m'}{m}=-\lambda$ ($\lambda>0$ 为衰变常数). 已知 $t=0$ 时,镭的质量为 m_0 ,求在衰变过程中镭的质量随时间变化的规律.

7. 用微分方程表示一个物理命题:某种气体的气压 p 对于温度 T 的变化率与气压成正比,与温度的平方成反比.

6.5 数学实验 解常微分方程

6.5.1 学习 MATLAB 命令

MATLAB 软件提供 dsolve 函数用于求微分方程(组)的解析解,调用格式如下:
dsolve('eqn1','eqn2',…,'con1','con2',…,'v'):eqn1、eqn2、…为输入方程组,con1、con2、…为初始条件,v 表示求导变量,省略时系统默认变量为 t. 在表达微分方程时,用 Dy 表示 y 关于自变量的一阶导数,D2y 表示 y 关于自变量的二阶导数,Dny 表示 n 阶导数.

6.5.2 实验内容

例 1 求 $\dfrac{\mathrm{d}y}{\mathrm{d}x}=x^2+y$ 的通解.

解 使用 dsolve('eqn1','v')格式的命令,在命令窗口中操作如图 6-2 所示.

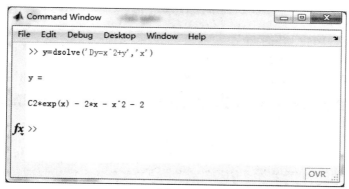

图 6-2

即所求通解为: $y=C_1\mathrm{e}^x-2x-x^2-2$.

例 2 求 $\dfrac{\mathrm{d}y}{\mathrm{d}x}=y+x^3-1$, $y(0)=1$ 的特解.

解 使用 dsolve('eqn1','con1','v')格式的命令,在命令窗口中操作如图 6-3 所示.

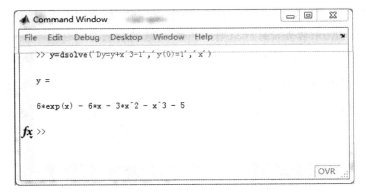

图 6-3

即所求特解为：$y = 6e^x - 6x - 3x^2 - 3x^3 - 5$.

例 3 求方程 $y'' - 5y' - 6y = 0$ 的通解.

解 使用 dsolve('eqn1','v')格式的命令,在命令窗口中操作如图 6-4 所示.

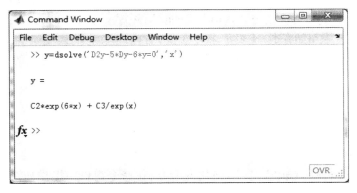

图 6-4

即所求通解为：$y = C_1 e^{-6x} + C_2 e^x$.

例 4 求方程 $y'' - 3y' + 2y = xe^x$ 的通解.

解 使用 dsolve('eqn1','v')格式的命令,在命令窗口中操作如图 6-5 所示.

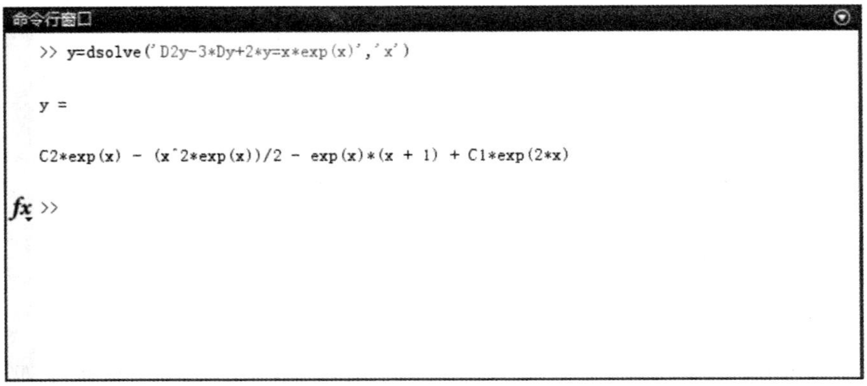

```
命令行窗口
>> y=dsolve('D2y-3*Dy+2*y=x*exp(x)','x')

y =

C2*exp(x) - (x^2*exp(x))/2 - exp(x)*(x + 1) + C1*exp(2*x)

fx >>
```

图 6-5

即所求通解为：$y = C_1 e^{2x} + C_2 e^x - \left(\dfrac{1}{2} x^2 - x - 1 \right) e^x$.

6.5.3 上机实验

1. 上机验证上面各例.
2. 运用 MATLAB 软件做本章课后习题中的相关题目.

单元检测题 6

1. 填空题.

（1）微分方程 $y'' = 6x$ 的通解是_____.

（2）微分方程 $y' - y = 0$ 的通解是_____.

（3）微分方程 $y'' = 1 + (y')^2$，令 $p = y'$，则原方程可化为一阶微分方程_____.

（4）微分方程 $(1 + x^2) y' + 2xy = 1$ 的积分因子是_____.

（5）微分方程 $y'' - 3y' + 2y = 0$ 的特征根是_____.

（6）微分方程 $y'' - 3y' + 2y = x e^x$ 的特解应设为 $y^* = $_____.

2. 单项选择题.

（1）微分方程 $y''' + (y'')^2 + (y')^5 + y^6 = x^7$ 是（　　　）微分方程.

A. 4 阶 　　　　　　　　　　　　　B. 6 阶

C. 3 阶 　　　　　　　　　　　　　D. 7 阶

（2）微分方程 $y''' + 2y'' - y' - 2y = x$ 的通解中含有（　　　）独立任意常数.

A. 1 个 　　　　　　　　　　　　　B. 2 个

C. 3 个 　　　　　　　　　　　　　D. 4 个

（3）下列方程中（　　　）是可分离变量的微分方程.

A. $y' + xy = \sin x$ 　　　　　　　B. $2xy \, dx - \sqrt{1 + x^2} \, dy = 0$

C. $(x^2 + y^2) \, dx - xy \, dy = 0$ 　　D. $dy + (y - x^2 - x) \, dx = 0$

（4）下列方程中（　　　）是线性微分方程.

A. $y'' + y' - y^2 + x = 0$ 　　　　　B. $y'' + y' + \sin y = 0$

C. $y \, dy + (y - x^2 - x) \, dx = 0$ 　　D. $y'' + x^3 y' + xy = \sin x$

（5）下列方程中（　　　）是二阶常系数线性非齐次微分方程.

A. $y'' - e^x y' + y = 5$ 　　　　　　B. $y'' - 5y' + 6y = x e^{2x}$

C. $y'' - 5y' + 6y = 0$ 　　　　　　D. $y'' - 5y' + 6y^2 = x e^{2x}$

3. 求下列微分方程的通解.

（1）$y \, dx - (1 + x^2) \, dy = 0$； 　　　　（2）$x^2 y' + 2xy = x^3 e^x$；

（3）$xy'' + y' = 0$； 　　　　　　　　　（4）$y'' - 4y' + 4y = e^{2x}$.

数学小故事

费马大定理

费马大定理起源于三百多年前,挑战人类三个世纪,多次震惊全世界,耗尽人类众多最杰出大脑的精力,也让千千万万业余者痴迷,终于在 1994 年被安德鲁·怀尔斯攻克.古希腊的丢番图写过一本著名的《算术》,经历中世纪的愚昧黑暗到文艺复兴的时候,《算术》的残本重新被发现研究.1637 年,法国业余大数学家费马在《算术》的关于勾股数问题的页边上,写下猜想:$x^n+y^n=z^n$ 是不可能的(这里 n 大于 2; x,y,z,n 都是非零整数).此猜想后来就称为费马大定理.费马还写道"我对此有绝妙的证明,但此页边太窄写不下".一般公认,他当时不可能有正确的证明.猜想提出后,经欧拉等代数天才努力,两百年间只解决了 $n=3,4,5,7$ 四种情形.1847 年,库木尔创立"代数数论"这一现代重要学科,对许多 n(例如 100 以内)证明了费马大定理,是一次大飞跃.

费马

历史上费马大定理高潮迭起,传奇不断.其惊人的魅力,曾在最后时刻挽救自杀青年于不死.他就是德国的沃尔夫斯克勒,他后来为费马大定理设悬赏 10 万马克(相当于现在 150 多万美元),期限 1908—2007.无数人耗尽心力,空留浩叹.最现代的电脑加数学技巧,验证了 400 万以内的 n,但这对最终证明无济于事.1983 年德国的法尔廷斯证明了:对任一固定的 n,最多只有有限多个 x,y,z,震动了世界,获得菲尔兹奖(数学界最高奖).

历史的新转机发生在 1986 年夏,贝克莱·瑞波特证明了:费马大定理包含在"谷山丰–志村五朗猜想"之中.童年就痴迷于此的怀尔斯,闻此立刻潜心于顶楼书房 7 年,曲折卓绝,汇集了 20 世纪数论所有的突破性成果.终于在 1993 年 6 月 23 日剑桥大学牛顿研究所的"世纪演讲"最后,宣布证明了费马大定理,立刻震动世界,普天同庆.不幸的是,数月后逐渐发现此证明有漏洞,一时更成世界焦点.这个证明体系是千万个最现代的定理、事实和计算所组成的千百回转的逻辑网络,任何一个环节的问题都会导致前功尽弃.怀尔斯绝境搏斗,毫无出路.1994 年 9 月 19 日,星期一的早晨,怀尔斯在思维的闪电中突然找到了迷失的钥匙:解答原来就在废墟中! 他热泪夺眶而出.怀尔斯的历史性长文"模椭圆曲线和费马大定理",1995 年 5 月发表在美国《数学年刊》第 142 卷,实际占满了全卷,共五章,130 页.1997 年 6 月 27 日,怀尔斯获得沃尔夫斯克勒 10 万马克悬赏大奖,离截止期 10 年,圆了历史的梦.他还获得沃尔夫奖(1996.3),美国国家科学家奖(1996.6),菲尔兹特别奖(1998.8).

多元函数的微积分学 第 **7** 章

前面我们研究了一元函数及其微积分,但在自然科学、工程学及经济生活等众多领域中,往往涉及多个因素之间关系的问题,这在数学上就表现为一个变量依赖于多个变量的情形,这就导致了多元函数的概念的出现.对多元函数及图像的研究,使得我们从研究单一因素的影响发展到研究多个因素的相互影响,从研究平面问题发展到空间问题,甚至 n 维空间问题,从而解决了许多初等数学无法解决的问题.

例如,某厂要生产一个体积为 $2\ \mathrm{m}^3$ 的有盖长方体水箱,问怎样设计,才能使用料最省?

要解决这一问题,就需要建立以长与宽为自变量的二元函数:设长为 $x\ \mathrm{m}$,宽为 $y\ \mathrm{m}$,此水箱所用材料的面积为 $A(x,y)$,则

$$A(x,y) = 2\left(xy + y \cdot \frac{2}{xy} + x \cdot \frac{2}{xy}\right)$$

$$= 2\left(xy + \frac{2}{x} + \frac{2}{y}\right)\ (x>0, y>0).$$

这一问题就转换成了求二元函数 $A(x,y)$ 的最小值问题,我们将在本章加以阐述.

随着对多元函数的深入研究,使得多元函数的应用越来越多、越来越重要.如研究导弹的飞行轨迹要用多元函数的偏微分方程;研究多种商品价格间的相互影响要用多元函数的偏导性.

本章在一元函数微积分学的基础上,讨论多元函数的微积分方法及应用.以讨论二元函数为主,但所得到的概念、性质与结论一般可以推广到二元以上的多元函数.同时注意一些与一元函数微积分学显著不同的性质与特点.

7.1　多元函数的概念

7.1.1　多元函数的概念

1. 邻域

在讨论一元函数时,一些概念与理论都是基于实数集 **R** 中的点集或区间. 为了研究多元函数的微积分,就需要引入平面 $\mathbf{R}^2$ 及 n 维空间 $\mathbf{R}^n$ 中的点集或区域. 下面只讨论平面中的点集或区域的相关概念.

（1）**邻域**：设点 $P_0(x_0,y_0)$ 是平面 xOy 上的一个点,δ 是某一正数,则称

$$U(P_0,\delta)=\{P\,|\,|P_0P|<\delta\}$$

$$=\{(x,y)\,|\,\sqrt{(x-x_0)^2+(y-y_0)^2}<\delta\}$$

为点 $P_0(x_0,y_0)$ 的 δ 邻域（如图 7-1）.

（2）**去心邻域**：$\mathring{U}(P_0,\delta)=\{P\,|\,0<|P_0P|<\delta\}$（如图 7-2）.

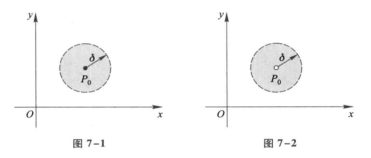

图 7-1　　　　　　　　　　　图 7-2

2. 点与点集的关系

设点 P 为平面 $\mathbf{R}^2$ 上任意一点,点集 $E\subset\mathbf{R}^2$.

（1）**内点**：若存在点 P 的某个邻域 $U(P)\subset E$,则称点 P 为 E 的**内点**.

（2）**外点**：若存在点 P 的某个邻域 $U(P)\cap E=\varnothing$,则称点 P 为 E 的**外点**.

（3）**边界点**：若点 P 的任意一个邻域内既有属于 E 的点,又有不属于 E 的点,则称点 P 为 E 的**边界点**. 由边界点构成的集合称为 E 的**边界**.

例如,图 7-3 中,点 P_1 为 E 的内点,P_2 为 E 的外点,P_3 为 E 的边界点.

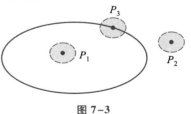

图 7-3

3. 开集与闭集

（1）**开集**：若点集 E 内的点都是 E 的内点,则称点集 E 为**开集**.

（2）**闭集**：若 E 的余集 E^c 是开集,则称点集 E 为**闭集**.

例如,$\{(x,y)\,|\,1<x^2+y^2<2\}$ 是开集,$\{(x,y)\,|\,x^2+y^2\leqslant2\}$ 是闭集,$\{(x,y)\,|\,1<x^2+y^2\leqslant2\}$ 既不是开集,也不是闭集.

（3）**连通集**：若点集 E 内的任意两点都可以用折线联结起来,则称 E 是**连通集**.

4. 区域

（1）**开区域**：连通的开集 E 称为**开区域**.

（2）**闭区域**：开区域连同它的边界所构成的点集 E，称为**闭区域**.

如果一个区域总可以被包含在一个以原点为圆心的一个圆域的内部，则此区域称为有界区域，否则，称为无界区域.

5. 多元函数的概念

定义 1   若 D 是 $\mathbf{R}^n$ 一个非空的子集，称对应规则 $f:D\to\mathbf{R}^n$ 为定义在 D 上的 **n 元函数**，记为

$$y=f(x_1,x_2,\cdots,x_n),(x_1,x_2,\cdots,x_n)\in D.$$

其中，变量 $x_1,x_2,\cdots,x_n$ 称为**自变量**，y 称为**因变量**，D 为**定义域**.

当 $n=1$ 时，$y=f(x)$ 即一元函数.

当 $n=2$ 时，我们用 x,y 表示自变量，z 表示因变量，那么 $z=f(x,y)$ 为**二元函数**. 二元及二元以上的函数称为**多元函数**.

求二元函数 $z=f(x,y)$ 的定义域与一元函数类似. 例如，$f(x,y)=\sqrt{x+y-1}+\dfrac{1}{\sqrt{3-x-y}}$ 的定义域（见图 7-4）为 $D=\{(x,y)\mid 1\leqslant x+y<3\}$.

例 1   求函数 $z=\dfrac{\sqrt{x-y^2}}{\ln(1-x^2-y^2)}$ 的定义域，并用图形表示.

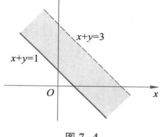

图 7-4

解   由已知函数，自变量 x,y 应满足

$$\begin{cases} x-y^2\geqslant 0, \\ 1-x^2-y^2>0, \\ 1-x^2-y^2\neq 1, \end{cases} \text{即} \begin{cases} x\geqslant y^2, \\ x^2+y^2<1, \\ x\neq 0,y\neq 0, \end{cases}$$

于是，函数的定义域（见图 7-5）为

$$D=\{(x,y)\mid x\geqslant y^2,x^2+y^2<1,x\neq 0,y\neq 0\}.$$

对于二元函数 $z=f(x,y)$，在空间直角坐标系中其图像是平面或曲线. 例如，$z=x^2+y^2$ 其图像是旋转抛物面. 如图 7-6 所示.

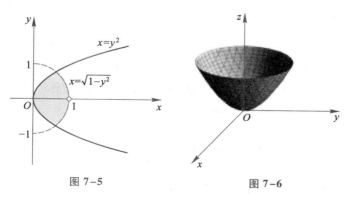

图 7-5   图 7-6

一般地，二元函数的图像为三维空间中的曲面. 常见的有

（1）三元一次方程：$Ax+By+Cz=D$（A,B,C,D 为常数）或二元一次函数在空间直角坐标系中其图像是一个平面. 如图 7-7 所示. 特别地

$$x=0\ \text{为}\ yOz\ \text{平面}; y=0\ \text{为}\ xOz\ \text{平面}; z=0\ \text{为}\ xOy\ \text{平面}.$$

（2）二元二次函数或三元二次方程在三维空间中，其图像一般为曲面. 例如

二元函数 $z=\sqrt{R^2-x^2-y^2}$ 的图像是位于 xOy 平面上方的半球面, 如图 7-8 所示.

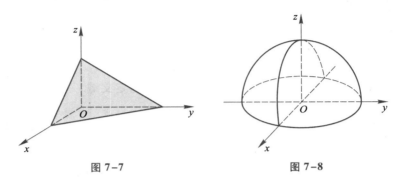

图 7-7　　　　　　　　　图 7-8

$x^2+y^2=R^2$ 表示以 $x^2+y^2=R^2$ 为准线, 母线是平行于 z 轴的直线, 以平行于 z 轴的直线沿 xOy 平面上的圆 $x^2+y^2=R^2$ 移动而形成的圆柱面, 如图 7-9 所示.

$z=y^2-x^2$ 的图像是双曲抛物面. 如图 7-10 所示.

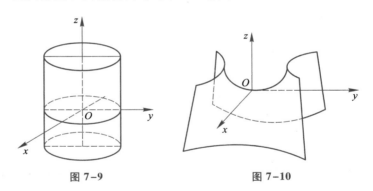

图 7-9　　　　　　　　　图 7-10

7.1.2　二元函数的极限与连续

定义 2　如果函数 $z=f(x,y)$ 在点 $P_0(x_0,y_0)$ 的某一去心邻域 $\mathring{U}(P_0,\delta)$ 内有定义, 当点 $P(x,y)$ 以任意方式趋近于点 $P_0(x_0,y_0)$ 时, 函数 $f(x,y)$ 就无限趋近于一个常数 A, 则称常数 A 为函数 $f(x,y)$ 当点 P 趋近于点 P_0 时的**极限**, 记作

$$\lim_{\substack{x\to x_0\\ y\to y_0}} f(x,y)=A \quad \text{或} \quad \lim_{P\to P_0} f(x,y)=A.$$

当点 (x,y) 以任何方式无限趋近于 (x_0,y_0), 是指平面上的点 $P(x,y)$ 以任何路径无限趋近于 $P_0(x_0,y_0)$. 例如,

函数 $f(x,y)=x+\cos xy$, 无论点 $P(x,y)$ 以何种路径无限趋近于 $P_0(0,0)$ 时, 函数 $f(x,y)=x+\cos xy$ 都无限趋近于 1, 即

$$\lim_{\substack{x \to 0 \\ y \to 0}} (x + \cos xy) = 1.$$

又如，$f(x,y) = \dfrac{xy}{x^2+y^2}$，当点 $P(x,y)$ 以直线 $y=x$ 路径无限趋近于 $P_0(0,0)$ 时，$f(x,y)$

无限趋近于 $\dfrac{1}{2}$；当点 $P(x,y)$ 以直线 $y=2x$ 路径无限趋近于 $P_0(0,0)$ 时，$f(x,y)$ 无限趋近

于 $\dfrac{2}{5}$，由极限的唯一性，所以 $\lim\limits_{\substack{x \to 0 \\ y \to 0}} \dfrac{xy}{x^2+y^2}$ 不存在.

求二元函数的极限的运算法则与方法和一元函数的类似.

例 2 求下列极限.

$(1)\ \lim\limits_{\substack{x \to 0 \\ y \to 0}} \dfrac{\sqrt{4+xy}-2}{xy};$
$\qquad (2)\ \lim\limits_{\substack{x \to 0 \\ y \to 2}} \dfrac{\sin(xy)}{x};$
$\qquad (3)\ \lim\limits_{\substack{x \to 0 \\ y \to 0}} (1-2xy)^{\frac{1}{xy}}.$

解 $(1)\ \lim\limits_{\substack{x \to 0 \\ y \to 0}} \dfrac{\sqrt{4+xy}-2}{xy} = \lim\limits_{\substack{x \to 0 \\ y \to 0}} \dfrac{4+xy-4}{xy(\sqrt{4+xy}+2)} = \lim\limits_{\substack{x \to 0 \\ y \to 0}} \dfrac{1}{\sqrt{4+xy}+2} = \dfrac{1}{4};$

$(2)\ \lim\limits_{\substack{x \to 0 \\ y \to 2}} \dfrac{\sin(xy)}{x} = \lim\limits_{\substack{x \to 0 \\ y \to 2}} \dfrac{\sin(xy)}{xy} \cdot y = \lim\limits_{\substack{x \to 0 \\ y \to 2}} \dfrac{\sin(xy)}{xy} \cdot \lim\limits_{\substack{x \to 0 \\ y \to 2}} y = 2;$

$(3)\ \lim\limits_{\substack{x \to 0 \\ y \to 0}} (1-2xy)^{\frac{1}{xy}} = \lim\limits_{\substack{x \to 0 \\ y \to 0}} \left[(1-2xy)^{\frac{1}{-2xy}} \right]^{-2} = e^{-2}.$

定义 3 设函数 $z=f(x,y)$ 在点 $P_0(x_0,y_0)$ 的某一邻域 $U(P_0,\delta)$ 内有定义，并且

$$\lim_{(x,y) \to (x_0,y_0)} f(x,y) = f(x_0,y_0),$$

则称函数 $f(x,y)$ 在点 $P_0(x_0,y_0)$ 处 **连续**. 称点 $P_0(x_0,y_0)$ 是函数 $f(x,y)$ 的连续点.

若函数 $f(x,y)$ 在点 $P_0(x_0,y_0)$ 处不连续，则称点 $P_0(x_0,y_0)$ 为该函数的 **间断点**.

如果函数 $z=f(x,y)$ 在平面区域 D 内的每一点都连续，则称该函数在区域 D 内连续.

闭区域上连续的二元函数与闭区间上的连续的一元函数有着类似的性质，即定义在有界闭区域 D 上连续的二元函数 $f(x,y)$ 一定是有界的，且在 D 上取得最大值和最小值.

习题 7.1

1. 求下列函数的定义域，并在直角坐标系中表示出来.

$(1)\ z = \sqrt{4-x^2-y^2} + \dfrac{1}{\sqrt{x^2+y^2-1}};$
$\qquad\qquad (2)\ z = \dfrac{1}{\ln(x+y)};$

$(3)\ z = \sqrt{1-x^2} + \sqrt{1-y^2};$
$\qquad\qquad (4)\ z = \sqrt{y-x^2} + \arccos(x^2+y^2).$

2. 求下列极限.

$(1)\ \lim\limits_{\substack{x \to 0 \\ y \to 1}} (e^{x+y} + 2y);$
$\qquad\qquad (2)\ \lim\limits_{\substack{x \to 2 \\ y \to 0}} \dfrac{\sin xy}{y};$

$(3)\ \lim\limits_{\substack{x \to 0 \\ y \to 0}} \dfrac{\sqrt{1+xy}-1}{xy};$
$\qquad\qquad (4)\ \lim\limits_{\substack{x \to 0 \\ y \to 0}} \dfrac{\ln(1+2xy)}{xy}.$

3. 极限 $\lim\limits_{\substack{x\to 0\\y\to 0}}\dfrac{xy}{x^2+2y^2}$ 是否存在？请说明理由.

7.2 偏导数和全微分

7.2.1 偏导数

在这一节中, 我们讨论二元函数的变化率问题. 下面先介绍关于二元函数增量的几个概念.

设函数 $z=f(x,y)$ 在点 (x_0,y_0) 的某个邻域内有定义. 当 x 从 x_0 取得增量 $\Delta x(\Delta x\neq 0)$, 而 $y=y_0$ 保持不变时, 函数 z 得到一个增量

$$\Delta_x z=f(x_0+\Delta x,y_0)-f(x_0,y_0),$$

称为函数 $f(x,y)$ 对于 x 的**偏增量**. 类似地, 定义函数 $f(x,y)$ 对于 y 的**偏增量**

$$\Delta_y z=f(x_0,y_0+\Delta y)-f(x_0,y_0).$$

对于自变量分别从 x_0,y_0 取得增量 $\Delta x,\Delta y$, 函数 z 的相应的增量

$$\Delta z=f(x_0+\Delta x,y_0+\Delta y)-f(x_0,y_0)$$

称为函数 $f(x,y)$ 的**全增量**.

定义 1 设函数 $z=f(x,y)$ 在点 $P_0(x_0,y_0)$ 的某一邻域内有定义, 如果极限

$$\lim_{\Delta x\to 0}\frac{\Delta_x z}{\Delta x}=\lim_{\Delta x\to 0}\frac{f(x_0+\Delta x,y_0)-f(x_0,y_0)}{\Delta x}$$

存在, 则称此极限值为函数 $f(x,y)$ 在点 $P_0(x_0,y_0)$ 处**对 x 的偏导数**, 记作

$$f'_x(x_0,y_0)\ \text{或}\ \frac{\partial f(x_0,y_0)}{\partial x}\ \text{或}\ \frac{\partial z}{\partial x}\bigg|_{\substack{x=x_0\\y=y_0}}\ \text{或}\ z'_x\bigg|_{\substack{x=x_0\\y=y_0}}.$$

类似地, 如果极限

$$\lim_{\Delta y\to 0}\frac{\Delta_y z}{\Delta x}=\lim_{\Delta y\to 0}\frac{f(x_0,y_0+\Delta y)-f(x_0,y_0)}{\Delta y}$$

存在, 则称此极限值为函数 $f(x,y)$ 在点 $P_0(x_0,y_0)$ 处**对 y 的偏导数**, 记作

$$f'_y(x_0,y_0)\ \text{或}\ \frac{\partial f(x_0,y_0)}{\partial y}\ \text{或}\ \frac{\partial z}{\partial y}\bigg|_{\substack{x=x_0\\y=y_0}}\ \text{或}\ z'_y\bigg|_{\substack{x=x_0\\y=y_0}}.$$

如果函数 $z=f(x,y)$ 在平面区域 D 内每一点 $P(x,y)$ 处对 x（或 y）的偏导数都存在, 则称函数 $f(x,y)$ 在 D 内可导. 对 x（或 y）的偏导函数, 简称**偏导数**, 记作

$$f'_x(x,y)\ \text{或}\ \frac{\partial f(x,y)}{\partial x}\ \text{或}\ \frac{\partial z}{\partial x}\ \text{或}\ z'_x,\quad f'_y(x,y)\ \text{或}\ \frac{\partial f(x,y)}{\partial y}\ \text{或}\ \frac{\partial z}{\partial y}\ \text{或}\ z'_y.$$

由偏导数的定义可知, 求多元函数对一个自变量的偏导数时, 只需将其他自变量看成常数, 用一元函数求导法即可求得.

例 1 设 $f(x,y)=x^3-2x^2y+3y^4$, 求 $f'_x(x,y),\ f'_y(x,y),\ f'_x(1,1)$ 和 $f'_y(1,-1)$.

解 $f'_x(x,y)=(x^3-2x^2y+3y^4)'_x=3x^2-4xy,$

$f'_y(x,y)=(x^3-2x^2y+3y^4)'_y=-2x^2+12y^3,$

$$f'_x(1,1) = 3 \times 1^2 - 4 \times 1 \times 1 = -1,$$
$$f'_y(1,-1) = -2 \times 1^2 + 12 \times (-1)^3 = -14.$$

例 2 设 $z = y^x$，求 z'_x, z'_y.

解 $z'_x = (y^x)'_x = y^x \ln y,$

$z'_y = (y^x)'_y = xy^{x-1}.$

7.2 例 3

例 3 设 $z = (x^2+y^2)\ln(x^2+y^2)$，求 $\dfrac{\partial z}{\partial x}, \dfrac{\partial z}{\partial y}$.

解 $\dfrac{\partial z}{\partial x} = (x^2+y^2)'_x \ln(x^2+y^2) + (x^2+y^2)\left[\ln(x^2+y^2)\right]'_x$

$$= 2x\ln(x^2+y^2) + (x^2+y^2)\frac{1}{x^2+y^2}(x^2+y^2)'_x$$

$$= 2x\ln(x^2+y^2) + 2x = 2x\left[1 + \ln(x^2+y^2)\right].$$

类似可得

$$\frac{\partial z}{\partial y} = 2y\ln(x^2+y^2) + (x^2+y^2)\frac{2y}{x^2+y^2} = 2y\left[1 + \ln(x^2+y^2)\right].$$

由上面的例子可以看出：函数 $z = f(x,y)$ 对于 x 或 y 的偏导数仍是 x, y 的二元函数，如果一阶偏导数 $\dfrac{\partial z}{\partial x}, \dfrac{\partial z}{\partial y}$ 对自变量 x 和 y 的偏导数也存在，则一阶偏导数的偏导数称为 $f(x,y)$ 的**二阶偏导数**，记为

$$\frac{\partial^2 z}{\partial x^2} = \frac{\partial}{\partial x}\left(\frac{\partial z}{\partial x}\right), \quad \frac{\partial^2 z}{\partial x \partial y} = \frac{\partial}{\partial y}\left(\frac{\partial z}{\partial x}\right), \quad \frac{\partial^2 z}{\partial y \partial x} = \frac{\partial}{\partial x}\left(\frac{\partial z}{\partial y}\right), \quad \frac{\partial^2 z}{\partial y^2} = \frac{\partial}{\partial y}\left(\frac{\partial z}{\partial y}\right),$$

或简记为

$$z''_{xx}, \quad z''_{xy}, \quad z''_{yx}, \quad z''_{yy} \quad 或 \quad f''_{xx}, \quad f''_{xy}, \quad f''_{yx}, \quad f''_{yy},$$

其中，$\dfrac{\partial^2 z}{\partial x \partial y}$ 和 $\dfrac{\partial^2 z}{\partial y \partial x}$（$f''_{xy}$ 与 f''_{yx}）叫二阶混合偏导数.

二阶混合偏导数不一定相等，只有在某些条件下它们才是相等的. 即函数 $z = f(x,y)$ 在区域 D 内连续，并且存在一阶偏导数和二阶混合偏导数 $\dfrac{\partial^2 z}{\partial x \partial y}$ 和 $\dfrac{\partial^2 z}{\partial y \partial x}$，如果在点 (x_0, y_0) 处 $\dfrac{\partial^2 z}{\partial x \partial y}$ 和 $\dfrac{\partial^2 z}{\partial y \partial x}$ 连续，则

$$\frac{\partial^2 z}{\partial x \partial y} = \frac{\partial^2 z}{\partial y \partial x}.$$

例 4 设 $z = \arctan\dfrac{y}{x}$，求 $\dfrac{\partial^2 z}{\partial x^2}, \dfrac{\partial^2 z}{\partial x \partial y}, \dfrac{\partial^2 z}{\partial y \partial x}, \dfrac{\partial^2 z}{\partial y^2}$.

解 $\dfrac{\partial z}{\partial x} = \dfrac{1}{1+\left(\dfrac{y}{x}\right)^2}\left(-\dfrac{y}{x^2}\right) = \dfrac{-y}{x^2+y^2}, \dfrac{\partial z}{\partial y} = \dfrac{1}{1+\left(\dfrac{y}{x}\right)^2} \cdot \dfrac{1}{x} = \dfrac{x}{x^2+y^2},$

$$\frac{\partial^2 z}{\partial x^2} = \frac{2xy}{(x^2+y^2)^2},$$

$$\frac{\partial^2 z}{\partial x \partial y} = \left(\frac{-y}{x^2+y^2} \right)_y' = -\frac{(x^2+y^2)-2y^2}{(x^2+y^2)^2} = \frac{y^2-x^2}{(x^2+y^2)^2},$$

$$\frac{\partial^2 z}{\partial y \partial x} = \left(\frac{x}{x^2+y^2} \right)_x' = \frac{(x^2+y^2)-x \cdot 2x}{(x^2+y^2)^2} = \frac{y^2-x^2}{(x^2+y^2)^2},$$

$$\frac{\partial^2 z}{\partial y^2} = \frac{-2xy}{(x^2+y^2)^2}.$$

7.2.2　全微分

一元函数 $y=f(x)$ 在点 $x=x_0$ 处的微分是 $\Delta y=A \cdot \Delta x+\alpha$,其中 A 与 Δx 无关,α 是比 Δx 高阶的无穷小量,即 $\lim\limits_{\Delta x \to 0} \frac{\alpha}{\Delta x}=0$. 那么,$A \cdot \Delta x$ 是函数 $y=f(x)$ 在 $x=x_0$ 处的微分. 或称函数 $y=f(x)$ 在点 x_0 处可微.

类似地,二元函数也有相应的定义. 先看下面的例子.

设矩形的边长分别为 x,y,则矩形面积 $S=xy$,如图 7-11 所示,如果边长 x,y 分别取得增量 $\Delta x,\Delta y$,则面积 S 的**全增量**

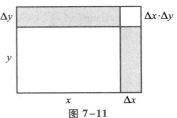

图 7-11

$$\Delta S=(x+\Delta x)(y+\Delta y)-xy=y\Delta x+x\Delta y+\Delta x\Delta y.$$

上式右端中的 $y\Delta x+x\Delta y$ 是关于 $\Delta x,\Delta y$ 的**线性函数**,而当 $\Delta x \to 0,\Delta y \to 0$ 时,$\rho=\sqrt{(\Delta x)^2+(\Delta y)^2} \to 0$ 且 $\Delta x\Delta y \to 0$,又因为

$$\rho=\sqrt{(\Delta x)^2+(\Delta y)^2} \geqslant \sqrt{2|\Delta x\Delta y|}>0,$$

所以,

$$0<\frac{|\Delta x\Delta y|}{\rho} \leqslant \sqrt{\frac{|\Delta x\Delta y|}{2}}.$$

因 $\lim\limits_{\substack{\Delta x \to 0 \\ \Delta y \to 0}} \sqrt{\frac{|\Delta x\Delta y|}{2}}=0$,由函数极限的两边夹法则得

$$\lim_{\substack{\Delta x \to 0 \\ \Delta y \to 0}} \frac{|\Delta x \cdot \Delta y|}{\rho}=0, \quad 即 \lim_{\substack{\Delta x \to 0 \\ \Delta y \to 0}} \frac{\Delta x \cdot \Delta y}{\rho}=0.$$

所以,当 $\Delta x \to 0,\Delta y \to 0$ 时,$\Delta x\Delta y$ 是比 ρ 高阶的无穷小量,即

当 $\Delta x \to 0,\Delta y \to 0$ 时,$\Delta x\Delta y=o(\rho)$,

于是

$$\Delta S=y\Delta x+x\Delta y+o(\rho).$$

那么,我们称 $S=xy$ 在 $P(x,y)$ 处可微. 并称 $y\Delta x+x\Delta y$ 为 $S=xy$ 的微分,记为

$$dS=y\Delta x+x\Delta y.$$

一般地,我们可引入如下定义.

定义 2　设函数 $z=f(x,y)$ 对于自变量在点 $P(x,y)$ 处的增量为 $\Delta x,\Delta y$,对应的全增量为

$$\Delta z=A\Delta x+B\Delta y+o(\rho), \quad \rho=\sqrt{(\Delta x)^2+(\Delta y)^2},$$

其中 A,B 是 x,y 的函数,与 $\Delta x,\Delta y$ 无关,$o(\rho)$ 是比 ρ 高阶的无穷小量,则称函数 $z=f(x,y)$ 在点 $P(x,y)$ 处**可微**.或称 $A\Delta x+B\Delta y$ 为函数 $z=f(x,y)$ 在点 $P(x,y)$ 处的**全微分**,记作 dz 或 d$f(x,y)$,即

$$\mathrm{d}z=\mathrm{d}f(x,y)=A\Delta x+B\Delta y.$$

如果函数 $z=f(x,y)$ 在点 (x,y) 的某一邻域内有连续偏导数 $f'_x(x,y)$ 和 $f'_y(x,y)$,则函数 $f(x,y)$ 在点 (x,y) 处**可微**,且

$$\mathrm{d}z=f'_x(x,y)\,\mathrm{d}x+f'_y(x,y)\,\mathrm{d}y.$$

注:二元函数的全微分的概念类似于一元函数,在一元函数微分学中,可导即可微;但是,在二元函数中,两个偏导数 $f'_x(x,y)$ 和 $f'_y(x,y)$ 存在,也不能保证函数 $f(x,y)$ 在点 (x,y) 处可微.而 $f(x,y)$ 在点 (x,y) 处可微时,偏导数 $f'_x(x,y)$ 和 $f'_y(x,y)$ 存在.

由公式可知,计算函数 $z=f(x,y)$ 的全微分时,只需求出 $f'_x(x,y)$ 和 $f'_y(x,y)$,再代入上式就可得到 dz,由于全微分 dz 可以近似地表示全增量 Δz,于是

$$\Delta z=f(x+\Delta x,y+\Delta y)-f(x,y)\approx f'_x(x,y)\,\mathrm{d}x+f'_y(x,y)\,\mathrm{d}y.$$

所以

$$f(x+\Delta x,y+\Delta y)\approx f(x,y)+f'_x(x,y)\,\mathrm{d}x+f'_y(x,y)\,\mathrm{d}y.$$

这一结论在近似计算中有一定的应用.

例 5 求函数 $z=\arcsin\dfrac{x}{y}$ 的全微分 dz.

解 $z'_x=\dfrac{1}{\sqrt{1-\left(\dfrac{x}{y}\right)^2}}\cdot\dfrac{1}{y}=\dfrac{1}{\sqrt{y^2-x^2}},\ z'_y=\dfrac{1}{\sqrt{1-\left(\dfrac{x}{y}\right)^2}}\cdot\left(-\dfrac{x}{y^2}\right)=-\dfrac{x}{y\sqrt{y^2-x^2}},$

所以

$$\mathrm{d}z=z'_x\mathrm{d}x+z'_y\mathrm{d}y=\dfrac{1}{y\sqrt{y^2-x^2}}(y\mathrm{d}x-x\mathrm{d}y).$$

7.2.3 复合函数的微分法

设函数 $z=f(u,v)$,而 $u=\varphi(x,y),v=\psi(x,y)$,于是 z 通过中间变量 u,v 成为 x,y 的复合函数

$$z=f(\varphi(x,y),\psi(x,y)).$$

定理 如果函数 $u=\varphi(x,y)$ 和 $v=\psi(x,y)$ 在点 (x,y) 的偏导数 $\dfrac{\partial u}{\partial x},\dfrac{\partial u}{\partial y}$ 和 $\dfrac{\partial v}{\partial x},\dfrac{\partial v}{\partial y}$ 都存在,且在对应于 (x,y) 的点 (u,v) 处,函数 $z=f(u,v)$ 可微,则复合函数 $z=f(\varphi(x,y),\psi(x,y))$ 对 x 和 y 的偏导数存在,且

$$\frac{\partial z}{\partial x}=\frac{\partial z}{\partial u}\cdot\frac{\partial u}{\partial x}+\frac{\partial z}{\partial v}\cdot\frac{\partial v}{\partial x},$$

$$\frac{\partial z}{\partial y}=\frac{\partial z}{\partial u}\cdot\frac{\partial u}{\partial y}+\frac{\partial z}{\partial v}\cdot\frac{\partial v}{\partial y}.$$

例如,设 $z=f(u,v)$,而 $u=\varphi(x),v=\psi(x)$,因此函数 z 通过中间变量成为自变量 x 的一元函数

$$z=f(\varphi(x),\psi(x)),$$

利用变量关系,根据定理就得到

$$\frac{\mathrm{d}z}{\mathrm{d}x}=\frac{\partial z}{\partial u}\cdot\frac{\mathrm{d}u}{\mathrm{d}x}+\frac{\partial z}{\partial v}\cdot\frac{\mathrm{d}v}{\mathrm{d}x},$$

这个公式也称为全导数公式.

在利用复合函数微分法时,应先分清变量间的关系:哪些是中间变量,哪些是自变量.一般地,可画出变量关系图,明确复合关系,然后运用公式得到正确结果.

例 6　设 $z=(x^2-2y)^{xy}$,求 $\frac{\partial z}{\partial x},\frac{\partial z}{\partial y}$.

解　设 $u=x^2-2y,v=xy$,则 $z=u^v$,因此

$$\frac{\partial z}{\partial u}=vu^{v-1},\qquad\frac{\partial z}{\partial v}=u^v\ln u,\qquad\frac{\partial u}{\partial x}=2x,\qquad\frac{\partial u}{\partial y}=-2,\qquad\frac{\partial v}{\partial x}=y,\qquad\frac{\partial v}{\partial y}=x,$$

7.2 例6

于是

$$\begin{aligned}\frac{\partial z}{\partial x}&=\frac{\partial z}{\partial u}\cdot\frac{\partial u}{\partial x}+\frac{\partial z}{\partial v}\cdot\frac{\partial v}{\partial x}=v\cdot u^{v-1}\cdot 2x+u^v\ln u\cdot y\\&=2x^2y(x^2-2y)^{xy-1}+y(x^2-2y)^{xy}\ln(x^2-2y),\\\frac{\partial z}{\partial y}&=\frac{\partial z}{\partial u}\cdot\frac{\partial u}{\partial y}+\frac{\partial z}{\partial v}\cdot\frac{\partial v}{\partial y}=v\cdot u^{v-1}\cdot(-2)+u^v\ln u\cdot x\\&=-2xy(x^2-2y)^{xy-1}+x(x^2-2y)^{xy}\ln(x^2-2y).\end{aligned}$$

例 7　设 $z=f(x^2+y^2,xy)$,求 $\frac{\partial z}{\partial x},\frac{\partial z}{\partial y}$.

解　$u=x^2+y^2,v=xy$,则 $z=f(u,v)$. 所以

$$\frac{\partial z}{\partial x}=\frac{\partial z}{\partial u}\cdot\frac{\partial u}{\partial x}+\frac{\partial z}{\partial v}\cdot\frac{\partial v}{\partial x}=2xf_u'+yf_v',$$

$$\frac{\partial z}{\partial y}=\frac{\partial z}{\partial u}\cdot\frac{\partial u}{\partial y}+\frac{\partial z}{\partial v}\cdot\frac{\partial v}{\partial y}=2yf_u'+xf_v'.$$

例 8　设 $z=xyf\left(\frac{y}{x}\right)$,其中 $f(u)$ 可导,证明:$xz_x'+yz_y'=2z$.

证　$z_x'=(xy)_x'f\left(\frac{y}{x}\right)+xy\cdot f'\left(\frac{y}{x}\right)\cdot\left(\frac{y}{x}\right)_x'=yf\left(\frac{y}{x}\right)-\frac{y^2}{x}f'\left(\frac{y}{x}\right),$

$z_y'=(xy)_y'f\left(\frac{y}{x}\right)+xy\cdot f'\left(\frac{y}{x}\right)\cdot\left(\frac{y}{x}\right)_y'=xf\left(\frac{y}{x}\right)+yf'\left(\frac{y}{x}\right),$

所以

$$xz_x'+yz_y'=2xyf\left(\frac{y}{x}\right)=2z.$$

7.2.4　隐函数的微分法

如果三元方程 $F(x,y,z)=0$ 能确定 z 是 x,y 的函数 $z=f(x,y)$,且 $f(x,y)$ 在点 $P(x,y)$ 的某一邻域内具有连续偏导数,则

$$F(x,y,f(x,y))\equiv 0.$$

利用复合函数微分法,有

$$\frac{\partial F}{\partial x}+\frac{\partial F}{\partial z}\cdot\frac{\partial z}{\partial x}=0,\qquad\frac{\partial F}{\partial y}+\frac{\partial F}{\partial z}\cdot\frac{\partial z}{\partial y}=0.$$

如果 $\dfrac{\partial F}{\partial z} \neq 0$，得

$$\frac{\partial z}{\partial x} = -\frac{\dfrac{\partial F}{\partial x}}{\dfrac{\partial F}{\partial z}}, \quad \frac{\partial z}{\partial y} = -\frac{\dfrac{\partial F}{\partial y}}{\dfrac{\partial F}{\partial z}}.$$

特别地，对于由二元方程 $F(x,y) = 0$ 确定的一元函数 $y = f(x)$ 有类似的结果：当 $\dfrac{\partial F}{\partial y} \neq 0$ 时，有

$$\frac{\mathrm{d}y}{\mathrm{d}x} = -\frac{\dfrac{\partial F}{\partial x}}{\dfrac{\partial F}{\partial y}}$$

例 9 设方程 $\mathrm{e}^z = xyz$ 确定隐函数 $z = f(x,y)$，求 $\dfrac{\partial z}{\partial x}, \dfrac{\partial z}{\partial y}$.

解 设 $F(x,y,z) = \mathrm{e}^z - xyz = 0$，则

$$\frac{\partial F}{\partial x} = -yz, \quad \frac{\partial F}{\partial y} = -xz, \quad \frac{\partial F}{\partial z} = \mathrm{e}^z - xy.$$

于是

$$\frac{\partial z}{\partial x} = -\frac{\dfrac{\partial F}{\partial x}}{\dfrac{\partial F}{\partial z}} = \frac{yz}{\mathrm{e}^z - xy}, \quad \frac{\partial z}{\partial y} = -\frac{\dfrac{\partial F}{\partial y}}{\dfrac{\partial F}{\partial z}} = \frac{xz}{\mathrm{e}^z - xy}.$$

注意：应把原方程中所有项移到等号左边以得到 $F(x,y,z)$，在计算偏导数 F_x' 时，要把其他的变量 y 和 z 当做常量，在计算 F_y', F_z' 时也应注意这一点.

例 10 设方程 $\ln\sqrt{x^2+y^2} = \arctan\dfrac{y}{x}$ 确定隐函数 $y = f(x)$，求 y'.

解 设 $F(x,y) = \dfrac{1}{2}\ln(x^2+y^2) - \arctan\dfrac{y}{x}$，则

$$\frac{\partial F}{\partial x} = \frac{x}{x^2+y^2} - \frac{1}{1+\left(\dfrac{y}{x}\right)^2} \cdot \left(-\frac{y}{x^2}\right) = \frac{x+y}{x^2+y^2},$$

$$\frac{\partial F}{\partial y} = \frac{y}{x^2+y^2} - \frac{1}{1+\left(\dfrac{y}{x}\right)^2} \cdot \frac{1}{x} = \frac{y-x}{x^2+y^2}.$$

于是

$$y' = -\frac{\dfrac{\partial F}{\partial x}}{\dfrac{\partial F}{\partial y}} = \frac{x+y}{x-y}.$$

习题 7.2

1. 求下列函数的一阶偏导数.

(1) $z = x^2y + \dfrac{x}{y}$;
(2) $z = x^2\ln(x^2+y^2)$;
(3) $z = \mathrm{e}^{\sin(xy)}$;

（4）$z = \ln \tan \dfrac{x}{y}$；　　　（5）$u = x^{\frac{y}{z}}$；　　　　　（6）$u = \arctan (x-y)^z$.

2. 求下列函数的高阶偏导数.

（1）$z = x \ln y$, 求 $\dfrac{\partial^2 z}{\partial x \partial y}$；　　　　　　　（2）$u = \mathrm{e}^{xyz}$, 求 $\dfrac{\partial^2 u}{\partial x \partial y}$.

3. 求下列函数的全微分.

（1）$z = \mathrm{e}^{xy}$；　　　　　　　　　　（2）$z = \sin(x-y)$；

（3）$z = \ln(1 + x^2 + y^2)$ 在点 $(1, 2)$ 处的全微分.

4. 求下列函数的导数或偏导数.

（1）$z = \dfrac{y}{x}$, 而 $x = \mathrm{e}^t$, $y = 1 - \mathrm{e}^{2t}$, 求 $\dfrac{\mathrm{d}z}{\mathrm{d}t}$.

（2）$z = u^2 \ln v$, 而 $u = \dfrac{x}{y}$, $v = 3x - 2y$, 求 $\dfrac{\partial z}{\partial x}$, $\dfrac{\partial z}{\partial y}$.

（3）$z = (x + 2y)^x$, 求 $\dfrac{\partial z}{\partial x}$, $\dfrac{\partial z}{\partial y}$.

（4）$z = f(u, v)$, 且 $f(u, v)$ 可微, $u = xy$, $v = \dfrac{x}{y}$, 求 $\dfrac{\partial z}{\partial x}$, $\dfrac{\partial z}{\partial y}$.

5. 求由下列各方程确定的隐函数的偏导数.

（1）$x^2 + y^2 + 2x - 2yz = \mathrm{e}^z$, 求 $\dfrac{\partial z}{\partial x}$, $\dfrac{\partial z}{\partial y}$.

（2）$z^3 = a^3 + 3xyz$, 求 $\dfrac{\partial z}{\partial x}$, $\dfrac{\partial z}{\partial y}$.

6. 设 $z = xy + xF(u)$, 而 $u = \dfrac{y}{x}$, $F(u)$ 为可导函数, 证明

$$x \frac{\partial z}{\partial x} + y \frac{\partial z}{\partial y} = z + xy.$$

7.3　多元函数的极值

7.3.1　无条件极值

定义　设函数 $z = f(x, y)$ 在点 (x_0, y_0) 的某一邻域内有定义, 如果对邻域内的任意异于 (x_0, y_0) 的点 (x, y), 有
$$f(x, y) < f(x_0, y_0), \quad (x, y) \neq (x_0, y_0),$$
则称 $f(x_0, y_0)$ 是函数 $f(x, y)$ 的**极大值**；如果总有
$$f(x, y) > f(x_0, y_0), \quad (x, y) \neq (x_0, y_0),$$
则称 $f(x_0, y_0)$ 是函数 $f(x, y)$ 的**极小值**.

函数 $f(x, y)$ 的极大值和极小值统称为极值, 使 $f(x, y)$ 取得极值的点称为**极值点**. 在求函数 $f(x, y)$ 的极值时, 如果没有其他任何限制条件, 则此极值问题称为**无条件极**

值问题;否则称为**条件极值**问题.

例 1 求 $f(x,y)=\sqrt{4-x^2-y^2}$ 的极值.

解 $z=f(x,y)$ 在点 $(0,0)$ 的某邻域内,对任意的点 $(x,y)\neq(0,0)$,有

$$f(x,y)=\sqrt{4-x^2-y^2}<\sqrt{4}=2=f(0,0).$$

所以,函数 $f(x,y)$ 在 $(0,0)$ 处有极大值 $f(0,0)=2$.

例 1 比较简单,可以利用极值的定义直接判断. 对于一般的二元函数极值问题,则可以利用下述定理进行计算.

定理 1(极值存在的必要条件) 如果函数 $z=f(x,y)$ 在点 (x_0,y_0) 处有极值,且在 (x_0,y_0) 处存在一阶偏导数,则

$$f'_x(x_0,y_0)=0,\quad f'_y(x_0,y_0)=0.$$

使一阶偏导数等于零的点 (x_0,y_0) 称为二元函数的驻点. 但应注意:根据定理 1,当函数存在一阶偏导数时,极值点必为驻点. 但是,驻点未必是极值点. 二元函数的极值也可能在偏导数不存在的点处达到. 这与一元函数极值的有关结论是十分相似的.

定理 2(极值存在的充分条件) 如果函数 $z=f(x,y)$ 在点 (x_0,y_0) 的某一邻域内有二阶连续偏导数,且 $f'_x(x_0,y_0)=0,f'_y(x_0,y_0)=0$,记

$$A=f''_{xx}(x_0,y_0),B=f''_{xy}(x_0,y_0),C=f''_{yy}(x_0,y_0),$$

则

(1)当 $B^2-AC>0$ 时,$f(x_0,y_0)$ 不是极值;

(2)当 $B^2-AC<0$ 时,且 $A<0$ 时,$f(x_0,y_0)$ 是极大值;

(3)当 $B^2-AC<0$ 时,且 $A>0$ 时,$f(x_0,y_0)$ 是极小值;

(4)当 $B^2-AC=0$ 时,不能判定 $f(x_0,y_0)$ 是否为极值. 这时,需用其他方法判定.

利用以上定理,可以得到**求二元函数 $z=f(x,y)$ 的极值步骤**:

第一步　求解 $\begin{cases}f'_x(x,y)=0,\\f'_y(x,y)=0\end{cases}$ 得到所有的驻点;

第二步　求二阶偏导数;

第三步　对于每一驻点 (x_0,y_0),计算 $z=f(x,y)$ 的二阶偏导数在该点的值:

$$A=f''_{xx}(x_0,y_0),B=f''_{xy}(x_0,y_0),C=f''_{yy}(x_0,y_0),$$

并利用极值的充分条件,判断驻点是否为极值点.

7.3 例 2

例 2 求函数 $z=x^3+y^3-3xy$ 的极值.

解 $z'_x=3x^2-3y,z'_y=3y^2-3x$,令 $z'_x=0,z'_y=0$,即解

$$\begin{cases}3x^2-3y=0,\\3y^2-3x=0,\end{cases}$$

可得驻点 $(0,0)$ 和 $(1,1)$,又 $f''_{xx}(x,y)=6x,f''_{xy}(x,y)=-3,f''_{yy}(x,y)=6y$.

对于驻点 $(0,0)$,$A=f''_{xx}(0,0)=0,B=f''_{xy}(0,0)=-3,C=f''_{yy}(0,0)=0$,所以

$$B^2-AC>0.$$

根据定理 2,点 $(0,0)$ 不是极值点.

对于驻点 $(1,1)$，$A=f''_{xx}(1,1)=6>0$，$B=f''_{xy}(1,1)=-3$，$C=f''_{yy}(1,1)=6$，所以

$$B^2-AC=(-3)^2-6\times6=-27<0.$$

根据定理 2，函数在点 $(1,1)$ 处取得极小值 $z=f(1,1)=-1$。

例 3 求函数 $f(x,y)=x^3-y^3+3x^2+3y^2-9x$ 的极值。

解 求一阶偏导数，并令一阶偏导数等于 0，得

$$\begin{cases} f'_x(x,y)=3x^2+6x-9=0, \\ f'_y(x,y)=-3y^2+6y=0, \end{cases}$$

求得驻点 $(1,0)$，$(1,2)$，$(-3,0)$ 与 $(-3,2)$。

又 $f''_{xx}(x,y)=6x+6$，$f''_{xy}(x,y)=0$，$f''_{yy}(x,y)=-6y+6$。

对于驻点 $(1,0)$，$A=f''_{xx}(1,0)=12>0$，$B=f''_{xy}(1,0)=0$，$C=f''_{yy}(1,0)=6$，所以

$$B^2-AC=0-12\times6=-72<0,$$

根据定理 2，点 $(1,0)$ 是极小值点。函数在点 $(1,0)$ 处取极小值 $f(1,0)=-5$。

对于驻点 $(1,2)$，$A=f''_{xx}(1,2)=12>0$，$B=f''_{xy}(1,2)=0$，$C=f''_{yy}(1,2)=-6$，所以

$$B^2-AC=0-12\times(-6)=72>0,$$

根据定理 2，函数在点 $(1,2)$ 处无极值。

对于驻点 $(-3,0)$，$A=f''_{xx}(-3,0)=-12<0$，$B=f''_{xy}(-3,0)=0$，$C=f''_{yy}(-3,0)=6$，所以

$$B^2-AC=0-(-12)\times6=72>0,$$

根据定理 2，函数在点 $(-3,0)$ 处无极值。

对于驻点 $(-3,2)$，$A=f''_{xx}(-3,2)=-12<0$，$B=f''_{xy}(-3,2)=0$，$C=f''_{yy}(-3,2)=-6$，所以

$$B^2-AC=0-(-12)\times(-6)=-72<0,$$

根据定理 2，点 $(-3,2)$ 是极大值点。函数在点 $(-3,2)$ 处取得极大值 $f(-3,2)=31$。

例 4 要造一个容量一定的长方体箱子，问选择怎样的尺寸，才能使所用的材料最少？

解 设箱子的长、宽、高分别为 x,y,z，容量为 V，则 $V=xyz$，设箱子的表面积为 S，则有

$$S=2(xy+yz+zx),$$

由于 $z=\dfrac{V}{xy}$，所以

$$S=2\left(xy+\frac{V}{x}+\frac{V}{y}\right).$$

这是关于 x,y 的二元函数，定义域 $D=\{(x,y)\mid x>0,y>0\}$。

由 $\dfrac{\partial S}{\partial x}=2\left(y-\dfrac{V}{x^2}\right)=0$，$\dfrac{\partial S}{\partial y}=2\left(x-\dfrac{V}{y^2}\right)=0$，得驻点 $(\sqrt[3]{V},\sqrt[3]{V})$。

根据实际问题可知 S 一定存在最小值,所以 $(\sqrt[3]{V},\sqrt[3]{V})$ 是使 S 取得最小值的点. 即当 $x=y=z=\sqrt[3]{V}$ 时,函数 S 取得最小值 $6V^{\frac{2}{3}}$;亦即当箱子的长、宽、高相等时,所有材料最少.

7.3.2 条件极值

求函数 $z=f(x,y)$ 的极值时,如果自变量 x,y 必须满足条件 $g(x,y)=0$,这样的极值问题称为条件极值问题,$g(x,y)=0$ 称为**约束条件或约束方程**,所求函数的极值称为**条件极值**.

如果由约束条件 $g(x,y)=0$ 可解出一个变量用另一变量表示的解析表达式,则可将此表达式代入 $z=f(x,y)$ 中,于是此条件极值问题就化为一元函数的无条件极值问题. 但在许多情形,我们不能由约束条件解得这样的表达式. 下面,我们学习求解条件极值问题的方法——**拉格朗日乘数法**.

拉格朗日乘数法:求函数在约束条件下的极值的步骤:

第一步　构造拉格朗日函数,即
$$L(x,y,\lambda)=f(x,y)+\lambda g(x,y),$$
其中称 λ 为拉格朗日乘数;

第二步　求 $L(x,y,\lambda)=f(x,y)+\lambda g(x,y)$ 关于 x,y,λ 的偏导数,并令它们等于零,即得方程组为
$$\begin{cases} L'_x=f'_x(x,y)+\lambda g'_x(x,y)=0, \\ L'_y=f'_y(x,y)+\lambda g'_y(x,y)=0, \\ L'_\lambda=g(x,y)=0. \end{cases}$$
此方程组的解 (x_0,y_0) 就是函数的驻点.

第三步　由于驻点唯一,根据问题的实际背景,此驻点即为所求最值点.

上述方法具有可推广性,它可以推广到二元以上的多元函数的条件极值.

例5　用拉格朗日乘数法求本节例4的容量一定的长方体表面积最小值问题. 此时即求函数 $S=2(xy+yz+zx)$,在约束条件 $V-xyz=0$ 下的最小值.

解　因为只有一个约束条件,所以拉格朗日乘数只有一个.

令 $L(x,y,z,\lambda)=2(xy+yz+zx)+\lambda(V-xyz)$,则由
$$\begin{cases} L'_x=2(y+z)-\lambda yz=0, \\ L'_y=2(x+z)-\lambda xz=0, \\ L'_z=2(y+x)-\lambda xy=0, \\ L'_\lambda=V-xyz=0, \end{cases}$$
联立消去 λ,解出 $x=y=z=\sqrt[3]{V}$.

由于驻点唯一,根据问题的实际,此驻点即为所求最小值点.

它与本节中例4的结论相同,但比例4相对简单些.

例6　设三个正数 x,y,z 之和为6,求函数 $f(x,y,z)=x^3y^2z$ 的最大值.

解　约束条件为 $x+y+z-6=0$,所以拉格朗日乘数只有一个.

令 $L(x,y,z,\lambda)=x^3y^2z+\lambda(x+y+z-6)$，则由

$$\begin{cases} L'_x=3x^2y^2z+\lambda=0, \\ L'_y=2x^3yz+\lambda=0, \\ L'_z=2x^3y^2+\lambda=0, \\ L'_\lambda=x+y+z-6=0, \end{cases}$$

联立消去 λ，解得驻点为 $(3,2,1)$.

由于驻点唯一，此驻点即为所求最小值点. 即 x,y,z 分别为 $3,2,1$ 时，$f_{max}=108$.

例 7 某化妆品公司可以通过报纸和电视台做销售化妆品的广告. 根据统计资料，销售收入 R（百万元）与报纸广告费用 x（百万元）和电视广告费 y（百万元）之间的关系有如下的经验公式，即

$$R=15+14x+32y-8xy-2x^2-10y^2.$$

（1）如果不限制广告费用的支出，求最优广告策略；

（2）如果可供使用的广告费用为 150 万元，求相应的最优广告策略.

解 （1）设该公司的净销售收入为

$$\begin{aligned} z=f(x,y) &= 15+14x+32y-8xy-2x^2-10y^2-(x+y) \\ &= 15+13x+31y-8xy-2x^2-10y^2, \end{aligned}$$

令

$$\begin{cases} \dfrac{\partial z}{\partial x}=13-8y-4x=0, \\ \dfrac{\partial z}{\partial y}=31-8x-20y=0, \end{cases}$$

得驻点 $x=0.75,y=1.25$.

因为驻点 $(0.75,1.25)$ 唯一，所以，函数 $z=f(x,y)$ 在 $(0.75,1.25)$ 处有最大值. 最优广告策略为报纸广告费为 75 万元，电视广告费为 125 万元.

（2）如果广告费限定为 150 万元，则需求函数 $z=f(x,y)$ 在条件 $x+y=1.5$ 下的条件极值

$$L(x,y,\lambda)=15+13x+31y-8xy-2x^2-10y^2+\lambda(x+y-1.5),$$

求解

$$\begin{cases} L'_x=-4x-8y+13+\lambda=0, \\ L'_y=-8x-20y+31+\lambda=0, \\ L'_\lambda=x+y-1.5=0, \end{cases}$$

得 $x=0,y=1.5$.

因为驻点 $(0,1.5)$ 唯一，所以，函数 $z=f(x,y)$ 在 $(0,1.5)$ 处有最大值. 即将广告费全部用于电视广告，可使净收入最大.

习题 7.3

1. 点 $(0,0)$ 是函数 $f(x,y)=x^2-y^2$ 的（　　）.

A. 不是驻点　　　B. 驻点而非极值点　　C. 极大值点　　　D. 极小值点

2. 求下列函数的极值.

（1）$f(x,y)=4(x-y)-x^2-y^2$；

（2）$z=(x+y^2)\mathrm{e}^{\frac{x}{2}}$；

（3）$z=x^2+xy+y^2+x-y+1$；

（4）$f(x,y)=(6x-x^2)(4y-y^2)$.

3. （1）求 $z=x^2+y^2$ 在约束条件 $x+y=1$ 下的极值；

（2）求 $z=xy$ 在约束条件 $x+y=2$ 下的极值.

4. 某厂家生产的某种产品同时在不同的市场销售,售价分别为 P_1 和 P_2,销售量分别为 Q_1 和 Q_2,且需求函数 $Q_1=24-0.2P_1$,$Q_2=10-0.05P_2$,总成本函数 $C=35+40(Q_1+Q_2)$,试问厂家应如何确定两个市场产品的售价,使其所获总利润最大? 最大利润是多少?

5. 要制造一个容积为 V_0 的无盖长方体容器,当长、宽、高为多少时,可使长方体容器用料最省?

6. 形状为椭球 $4x^2+y^2+4z^2\leqslant16$ 的空间探测器进入地球大气层,其表面开始受热,1 小时后在探测器的 (x,y,z) 处温度为 $T=8x^2+4yz-16z+600$,求探测器表面上最热的点.

7.4　二重积分的概念与性质

这一节,我们将把一元函数定积分的概念及基本性质推广到二元函数的定积分,即二重积分.

7.4.1　二重积分的概念

1. 曲顶柱体的体积

设函数 $z=f(x,y)$ 在有界闭区域 D 上连续,且 $f(x,y)\geqslant0$,$(x,y)\in D$. 在空间直角坐标系中以曲面 $z=f(x,y)$ 为顶,以区域 D 为底,以平行 Z 轴的直线为母线所构成的几何体,我们称之为曲顶柱体(见图 7-12).

现在我们依照定义曲边梯形面积的方法来求曲顶柱体的体积.

（1）分割

将区域 D 任意分成 n 个小区域:$\Delta\sigma_1,\Delta\sigma_2,\cdots,\Delta\sigma_n$,且以 $\Delta\sigma_i$ 表示第 i 个小区域的面积. 这样就把曲顶柱体分成了 n 个小曲顶柱体. 以 ΔV_i 表示以 $\Delta\sigma_i$ 为底的第 i 个小曲顶柱体的体积,V 表示以区域 D 为底的曲顶柱体的体积,则有 $V=\sum\limits_{i=1}^{n}\Delta V_i$.

（2）近似替换

在每个小区域 $\Delta\sigma_i(i=1,2,\cdots,n)$ 内,任取一点 (ξ_i,η_i),把以 $f(\xi_i,\eta_i)$ 为高、$\Delta\sigma_i$ 为底的平顶柱体的体积 $f(\xi_i,\eta_i)\Delta\sigma_i$,作为 ΔV_i 的近似值,见图 7-13. 即

$$\Delta V_i\approx f(\xi_i,\eta_i)\Delta\sigma_i \quad (i=1,2,\cdots,n).$$

（3）求和

把 n 个小曲顶柱体的体积加起来,就得到曲顶柱体的体积 V 的近似值 V_n

$$V_n = \sum_{i=1}^{n} f(\xi_i, \eta_i) \Delta\sigma_i.$$

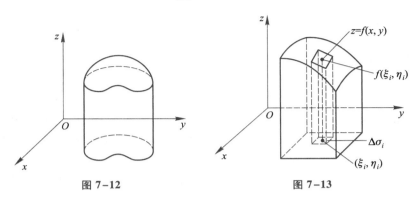

图 7-12　　　　　　　　　　图 7-13

（4）取极限

当分割愈来愈细，小区域 $\Delta\sigma_i$ 越来越小，而逐渐收缩接近于一点时，总和 V_n 就越来越接近于 V.

我们用 λ_i 表示 $\Delta\sigma_i$ 内任意两点间距离的最大值，称为该区域的直径（$i=1,2,\cdots,n$），设 $\lambda = \max\{\lambda_1, \lambda_2, \cdots, \lambda_n\}$.

如果当 λ 趋于 0 时（$n\to\infty$），V_n 的极限存在，我们就将这个极限定义为曲顶柱体的体积 V. 即

$$V = \lim_{\lambda \to 0} \sum_{i=1}^{n} f(\xi_i, \eta_i) \Delta\sigma_i.$$

下面我们将一般地研究上述和式的极限，给出二重积分的定义.

2. 二重积分的定义

定义　设 $f(x,y)$ 是定义在有界闭区域 D 上的二元函数，将 D 任意分成 n 个小区域

$$\Delta\sigma_1, \quad \Delta\sigma_2, \quad \cdots, \quad \Delta\sigma_n,$$

在每个小区域 $\Delta\sigma_i$ 中任取一点 (ξ_i, η_i)，作**积分和**

$$\sum_{i=1}^{n} f(\xi_i, \eta_i) \Delta\sigma_i,$$

当 n 无限增大，各小区域中的最大直径 $\lambda = \max\limits_{1 \leqslant i \leqslant n}\{\lambda_1, \lambda_2, \cdots, \lambda_n\}$ 趋于 0 时，如果积分和的极限存在，且与小区域的分割及点 (ξ_i, η_i) 的选取无关，则称此极限为函数 $f(x,y)$ 在区域 D 上的**二重积分**，记作

$$\iint\limits_{D} f(x,y)\, \mathrm{d}\sigma = \lim_{\lambda \to 0} \sum_{i=1}^{n} f(\xi_i, \eta_i) \Delta\sigma_i,$$

其中，D 称为**积分区域**，$f(x,y)$ 称为**被积函数**，$\mathrm{d}\sigma$ 称为**面积元素**.

关于二重积分的定义，我们要注意如下几点：

（1）当 $f(x,y)$ 在有界闭区域 D 上连续，则二重积分必存在.

（2）二重积分仅与 $f(x,y)$ 和区域 D 有关，与积分变量符号无关，即

$$\iint\limits_{D} f(x,y)\,\mathrm{d}\sigma = \iint\limits_{D} f(u,v)\,\mathrm{d}\sigma.$$

（3）由二重积分定义可知,如果 $f(x,y)$ 在 D 上可积,则积分和的极限存在,且与 D 的分法无关. 因此,在直角坐标系中常用平行于 x 轴和 y 轴的两组直线分割 D,于是小区域的面积为 $\Delta\sigma_i = \Delta x_i \Delta y_i$,可以证明,取极限后,面积元素为 $\mathrm{d}\sigma = \mathrm{d}x\mathrm{d}y$,所以在直角坐标系中,二重积分可记为

$$\iint\limits_{D} f(x,y)\,\mathrm{d}\sigma = \iint\limits_{D} f(x,y)\,\mathrm{d}x\mathrm{d}y.$$

3. 二重积分的几何意义

当 $f(x,y) \geqslant 0$ 时,二重积分 $\iint\limits_{D} f(x,y)\,\mathrm{d}\sigma$ 表示曲顶柱体的体积.

当 $f(x,y) \leqslant 0$ 时,二重积分 $\iint\limits_{D} f(x,y)\,\mathrm{d}\sigma$ 表示曲顶柱体的体积的相反数.

当 $f(x,y)$ 在 D 上有正有负时,二重积分 $\iint\limits_{D} f(x,y)\,\mathrm{d}\sigma$ 表示 xOy 面上方曲顶柱体的体积之和减去 xOy 面下方曲顶柱体的体积之和.

例如,设区域 $D:x^2+y^2 \leqslant 1$,则 $\iint\limits_{D} \sqrt{1-x^2-y^2}\,\mathrm{d}\sigma$ 表示以圆面 D 为底面,以曲面（半球面）$z = \sqrt{1-x^2-y^2}$ 为顶面所构成的曲顶柱体（半球）的体积 $\dfrac{2}{3}\pi$;设区域 $D:x^2+y^2 \leqslant 1$,则 $\iint\limits_{D} \mathrm{d}\sigma$ 表示以圆面 D 为底面,以平面 $z=1$ 为顶面所构成的平顶柱体（圆柱体）的体积 π.

7.4.2 二重积分的性质

二重积分与一元函数定积分具有相应的性质（证明从略）.

性质 1 函数代数和的积分等于各个函数积分的代数和. 即

$$\iint\limits_{D} [f(x,y) \pm g(x,y)]\,\mathrm{d}\sigma = \iint\limits_{D} f(x,y)\,\mathrm{d}\sigma \pm \iint\limits_{D} g(x,y)\,\mathrm{d}\sigma.$$

性质 2 常数因子可提到积分号外面. 即

$$\iint\limits_{D} kf(x,y)\,\mathrm{d}\sigma = k\iint\limits_{D} f(x,y)\,\mathrm{d}\sigma.$$

性质 3（可加性） 如果积分区域 D 被一曲线分成 D_1,D_2 两个区域,如图 7-14 所示,则

$$\iint\limits_{D} f(x,y)\,\mathrm{d}\sigma = \iint\limits_{D_1} f(x,y)\,\mathrm{d}\sigma + \iint\limits_{D_2} f(x,y)\,\mathrm{d}\sigma.$$

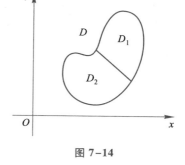

图 7-14

性质 4 如果在区域 D 上总有 $f(x,y) \leqslant g(x,y)$,则

$$\iint\limits_{D} f(x,y)\,\mathrm{d}\sigma \leqslant \iint\limits_{D} g(x,y)\,\mathrm{d}\sigma,$$

特别有

$$\left| \iint\limits_{D} f(x,y)\,\mathrm{d}\sigma \right| \le \iint\limits_{D} |f(x,y)|\,\mathrm{d}\sigma.$$

性质 5　如果在区域 D 上有 $f(x,y) \equiv 1$, σ 是 D 的面积,则

$$\iint\limits_{D} \mathrm{d}\sigma = \sigma.$$

性质 6(估值定理)　设 M 与 m 分别是函数 $z = f(x,y)$ 在 D 上的最大值与最小值, σ 是 D 的面积,则

$$m\sigma \le \iint\limits_{D} f(x,y)\,\mathrm{d}\sigma \le M\sigma.$$

性质 7(二重积分的中值定理)　如果 $f(x,y)$ 在闭区域 D 上连续, σ 是 D 的面积. 则在 D 内至少存在一点 (ξ,η),使得

$$\iint\limits_{D} f(x,y)\,\mathrm{d}\sigma = f(\xi,\eta)\sigma.$$

积分中值定理的几何意义:在区域 D 上以曲面 $f(x,y)$ 为顶的曲顶柱体的体积,等于区域 D 上以某一点 (ξ,η) 的函数值 $f(\xi,\eta)$ 为高的平顶柱体的体积.

例 1　估计 $I = \iint\limits_{D} \mathrm{e}^{(x^2+y^2)}\,\mathrm{d}\sigma$ 的值,其中 D 是椭圆闭区域: $\dfrac{x^2}{a^2} + \dfrac{y^2}{b^2} = 1\,(0 < b < a)$.

解　区域 D 的面积 $\sigma = \pi a b$, 在 D 上, $0 \le x^2 + y^2 \le a^2$, 因此,

$$\mathrm{e}^0 \le \mathrm{e}^{(x^2+y^2)} \le \mathrm{e}^{a^2},$$

由性质 6 知

$$\sigma \le \iint\limits_{D} \mathrm{e}^{(x^2+y^2)}\,\mathrm{d}\sigma \le \sigma \mathrm{e}^{a^2},$$

即

$$\pi a b \le \iint\limits_{D} \mathrm{e}^{(x^2+y^2)}\,\mathrm{d}\sigma \le \pi a b.$$

例 2　比较积分 $\iint\limits_{D} \ln(x+y)\,\mathrm{d}\sigma$ 与 $\iint\limits_{D} \ln^2(x+y)\,\mathrm{d}\sigma$ 的大小,其中 D 是三角形闭区域, 三顶点分别为 $(1,0)$, $(1,1)$, $(2,0)$.

解　三角形斜边方程 $x + y = 2$, 在 D 内有　$1 \le x + y \le 2 < \mathrm{e}$, 故

$$0 < \ln(x+y) < 1, \ln(x+y) > \ln^2(x+y),$$

因此

$$\iint\limits_{D} \ln(x+y)\,\mathrm{d}\sigma > \iint\limits_{D} \ln^2(x+y)\,\mathrm{d}\sigma.$$

习题 7.4

1. 设有一平面薄片占 xOy 面上的闭区域 D, 它在点 (x,y) 处的面密度为 $\rho(x,y)$, 这里 $\rho(x,y) > 0$, 且在 D 上连续, 试用二重积分表示该薄片的质量 M.

2. 设 $I_1 = \iint\limits_{D_1} (x^2+y^2)^3\,\mathrm{d}\sigma$, 其中 D_1 是矩形闭区域: $-1 \le x \le 1$, $-2 \le y \le 2$; 又 $I_2 = \iint\limits_{D_2} (x^2+y^2)^3\,\mathrm{d}\sigma$, 其中 D_2 是矩形闭区域: $0 \le x \le 1$, $0 \le y \le 2$. 试利用二重积分的几何意义

说明 I_1 与 I_2 之间的关系.

3. 比较下列积分的大小.

(1) $\iint\limits_{D}(x+y)^2\mathrm{d}\sigma$ 与 $\iint\limits_{D}(x+y)^3\mathrm{d}\sigma$,其中 D 是由 x 轴、y 轴与直线 $x+y=1$ 所围成的闭区域.

(2) $\iint\limits_{D}\ln(x+y)\mathrm{d}\sigma$ 与 $\iint\limits_{D}\ln^2(x+y)\mathrm{d}\sigma$,其中 D 是矩形闭区域:$3 \leqslant x \leqslant 5, 0 \leqslant y \leqslant 1$.

4. 估计积分 $I=\iint\limits_{D}(x^2+4y^2+9)\mathrm{d}\sigma$ 的值,其中 D 是圆形区域:$x^2+y^2 \leqslant 4$.

7.5　二重积分的计算方法

利用二重积分的定义来计算二重积分显然是不切实际的,本节将介绍将二重积分化为两个单次积分(二次积分)来计算的方法.

7.5.1　利用直角坐标系计算二重积分

1. 化二重积分 $\iint\limits_{D}f(x,y)\mathrm{d}\sigma$ 为二次积分

设函数 $z=f(x,y)$ 在区域 D 上连续,且当 $(x,y) \in D$ 时,$f(x,y) \geqslant 0$. 如果区域 D 是由直线 $x=a$、$x=b$ 与曲线 $y=\varphi_1(x)$、$y=\varphi_2(x)$ 所围成,见图 7-15,即

$D:=\{(x,y) \mid a \leqslant x \leqslant b, \varphi_1(x) \leqslant y \leqslant \varphi_2(x)\}$(此时称 D 为 X 型区域).

则二重积分 $\iint\limits_{D}f(x,y)\mathrm{d}\sigma$ 是区域 D 上以曲面 $z=f(x,y)$ 为顶的曲顶柱体的体积 V.

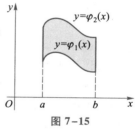

图 7-15

如图 7-16 所示,可用平行于 yOz 平面的平行截面去截曲顶柱体,设截面面积为 $A(x)$,则由第六章定积分的应用部分,可知平行截面面积为 $A(x)$ 的立体体积公式为 $\int_a^b A(x)\mathrm{d}x$,于是有

$$\iint\limits_{D}f(x,y)\mathrm{d}\sigma = \int_a^b A(x)\mathrm{d}x.$$

如图 7-17 所示,$A(x)$ 是一个曲边梯形的面积. 对固定的 x,此曲边梯形的曲边是由 $z=f(x,y)$ 确定的关于 y 的一元函数的曲线,而底边沿着 y 轴方向从 $\varphi_1(x)$ 变到 $\varphi_2(x)$. 因此由曲边梯形的面积公式得

$$A(x)=\int_{\varphi_1(x)}^{\varphi_2(x)}f(x,y)\mathrm{d}y,$$

故有

$$\iint\limits_{D}f(x,y)\mathrm{d}\sigma = \iint\limits_{D}f(x,y)\mathrm{d}x\mathrm{d}y = \int_a^b\left[\int_{\varphi_1(x)}^{\varphi_2(x)}f(x,y)\mathrm{d}y\right]\mathrm{d}x,$$

通常写成

$$\iint\limits_{D} f(x,y)\,\mathrm{d}x\mathrm{d}y = \int_{a}^{b}\mathrm{d}x\int_{\varphi_1(x)}^{\varphi_2(x)} f(x,y)\,\mathrm{d}y,$$

右端的积分叫作**先对 y 后对 x 的二次积分**.

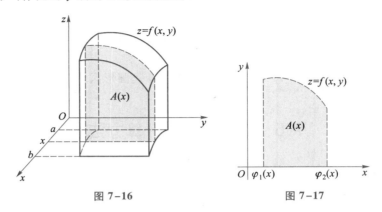

图 7-16　　　　　　　　　　图 7-17

于是二重积分就化为计算两次定积分. 第一次计算单积分 $A(x) = \int_{\varphi_1(x)}^{\varphi_2(x)} f(x,y)\,\mathrm{d}y$ 时, x 应看成常量, 这时 y 是积分变量; 第二次积分时, x 是积分变量.

同理, 如果用平行于坐标平面 xOz 的平面去截区域 D 上以曲面 $z=f(x,y)$ 为顶的曲顶柱体, 此时

$$D = \{(x,y)\,|\,c \leqslant y \leqslant d, \psi_1(y) \leqslant x \leqslant \psi_2(y)\}\,(\text{此时 } D \text{ 称为 } Y \text{ 型区域}).$$

则可以得到

$$\iint\limits_{D} f(x,y)\,\mathrm{d}x\mathrm{d}y = \int_{c}^{d}\mathrm{d}y\int_{\psi_1(y)}^{\psi_2(y)} f(x,y)\,\mathrm{d}x.$$

即将二重积分化为先对 x 后对 y 的二次积分.

2. 计算二重积分的步骤

(1) 画出积分区域 D 的图形, 确定区域 D 的类型;

(2) 用不等式组表示积分区域 D;

(3) 把二重积分化为二次积分, 并计算.

若区域 D 既不是 **X 型区域**, 又不是 **Y 型区域**, 则要将 D 分成几个小的 **X 型区域**或 **Y 型区域**. 然后应用二重积分的可加性来计算.

例 1　计算二重积分 $\iint\limits_{D} \mathrm{e}^{x+y}\mathrm{d}x\mathrm{d}y$, 其中区域 D 是由 $x=0, x=1, y=0, y=1$ 所围成的矩形区域.

解　如图 7-18 所示, X 型区域 $D: 0 \leqslant x \leqslant 1, 0 \leqslant y \leqslant 1$, 则

$$\iint\limits_{D} \mathrm{e}^{x+y}\mathrm{d}x\mathrm{d}y = \left(\int_{0}^{1}\mathrm{e}^{x}\mathrm{d}x\right)\left(\int_{0}^{1}\mathrm{e}^{y}\mathrm{d}y\right) = (\mathrm{e}-1)^{2}.$$

例 2　计算二重积分 $\iint\limits_{D} xy\mathrm{d}\sigma$, 其中, 区域 D 是由直线 $y=1, x=2$ 及 $y=x$ 所围成的闭区域.

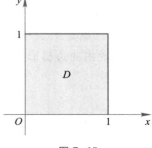

图 7-18

7.5 例 2

解 如图 7-19 所示,X 型区域 $D:1 \leqslant x \leqslant 2,1 \leqslant y \leqslant x$,则,

$$\iint\limits_{D} xy\mathrm{d}\sigma = \int_1^2 \mathrm{d}x \int_1^x xy\mathrm{d}y = \int_1^2 x\left(\frac{y^2}{2}\right)\Big|_1^x \mathrm{d}x$$

$$= \frac{1}{2}\int_1^2 (x^3-x)\mathrm{d}x = \frac{1}{2}\left(\frac{x^4}{4}-\frac{x^2}{2}\right)\Big|_1^2 = \frac{9}{8}.$$

例 3 计算二重积分 $\iint\limits_{D}(2x-y)\mathrm{d}x\mathrm{d}y$,其中区域 D 是

由直线 $y=1,2x-y+3=0$ 及 $x+y-3=0$ 所围成的闭区域.

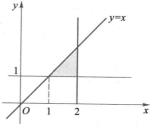

图 7-19

解 如图 7-20 所示. 如果按 X 型区域计算,则需将区域 D 分割成两个 X 型区域,利用二重积分的可加性再化为两个二次积分来计算. 如果按 Y 型区域计算,区域 D 刚好是 Y 型区域:$D = \left\{(x,y) \mid 1 \leqslant y \leqslant 3, \frac{1}{2}(y-3) \leqslant x \leqslant 3-y\right\}.$

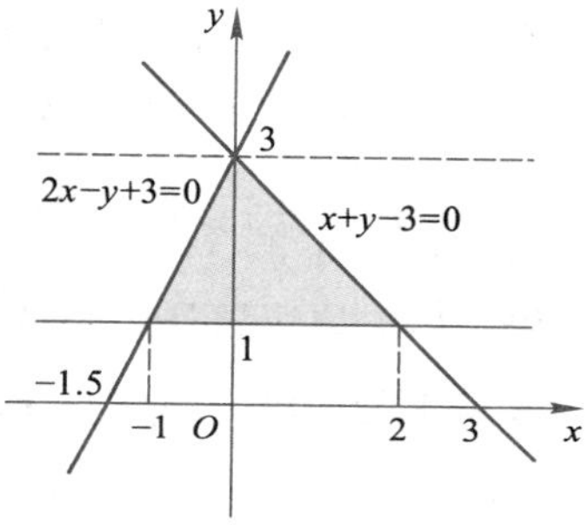

$$\iint\limits_{D}(2x-y)\mathrm{d}x\mathrm{d}y = \int_1^3 \mathrm{d}y \int_{\frac{1}{2}(y-3)}^{3-y}(2x-y)\mathrm{d}x$$

$$= \int_1^3 \left[x^2-xy\right]_{\frac{1}{2}(y-3)}^{3-y} \mathrm{d}y$$

$$= \frac{9}{4}\int_1^3 (y^2-4y+3)\mathrm{d}y$$

$$= \frac{9}{4}\left(\frac{1}{3}y^3-2y^2+3y\right)\Big|_1^3 = -3.$$

图 7-20

例 3 说明,把二重积分化为二次积分时,正确选择区域 D 可简化二次积分的计算. 下面例 4 如果选择区域 D 为 Y 型区域,就无法积分.

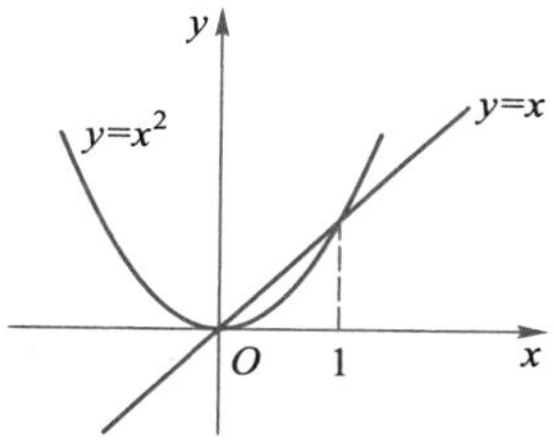

例 4 计算二重积分 $\iint\limits_{D}\frac{\sin x}{x}\mathrm{d}x\mathrm{d}y$. 其中区域 D 由直线 $y=x$ 与抛物线 $y=x^2$ 所围成.

解 如图 7-21 所示. X 型区域 $D:0 \leqslant x \leqslant 1,x^2 \leqslant y \leqslant x.$ 则

图 7-21

$$\iint\limits_{D}\frac{\sin x}{x}\mathrm{d}x\mathrm{d}y = \int_0^1 \mathrm{d}x \int_{x^2}^x \frac{\sin x}{x}\mathrm{d}y = \int_0^1 \frac{\sin x}{x}(x-x^2)\mathrm{d}x$$

$$= \int_0^1 (\sin x-x\sin x)\mathrm{d}x = (-\cos x+x\cos x-\sin x)\Big|_0^1 = 1-\sin 1.$$

从例 4 我们发现,对于某些二重积分的计算,正确选择积分区域,是计算二重积分的关键. 如果选择区域的类型不恰当,那么,我们可以考虑交换二次积分的次序. 下面通过例题来学习如何交换积分次序.

3. 交换积分次序

例 5 计算 $\int_0^1 \mathrm{d}y \int_y^1 \mathrm{e}^{x^2}\mathrm{d}x.$

分析 此二次积分的区域是 Y 型区域 $D:0 \leqslant y \leqslant 1,y \leqslant x \leqslant 1$,无法先对 x 积分. 这时就应考虑将积分区域转化成 X 型区域,因而需要画出积分区域图(如图 7-22),写

出 X 型区域 $D:0 \leqslant x \leqslant 1, 0 \leqslant y \leqslant x$, 于是二次积分就比较容易积分了.

解　如图 7-22 所示. X 型区域 $D:0 \leqslant x \leqslant 1, 0 \leqslant y \leqslant x$.

$$\int_0^1 \mathrm{d}y \int_y^1 \mathrm{e}^{x^2} \mathrm{d}x = \int_0^1 \mathrm{d}x \int_0^x \mathrm{e}^{x^2} \mathrm{d}y = \int_0^1 \mathrm{e}^{x^2}(x-0) \mathrm{d}x = \int_0^1 x \mathrm{e}^{x^2} \mathrm{d}x = \frac{1}{2} \mathrm{e}^{x^2} \Big|_0^1 = \frac{1}{2}(\mathrm{e}-1).$$

通过例 5 得到**交换二次积分次序的步骤:**

（1）根据二次积分写出原积分区域,画出积分区域图;

（2）根据积分区域图写出新的类型积分区域（即原来是 X 型区域,新的类型积分区域就写成 Y 型区域;反之亦然）,并写出新的二次积分.

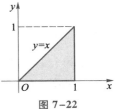

图 7-22

若新的类型积分区域无法写出,我们可以分割成若干个新类型积分区域,然后根据积分的可加性写出新的类型积分区域下的二次积分.

例 6　交换下列二次积分的次序.

$$(1) \int_0^1 \mathrm{d}x \int_{x^2}^{\sqrt{x}} f(x,y) \mathrm{d}y; \qquad\qquad (2) \int_1^2 \mathrm{d}x \int_{2-x}^{\sqrt{2x-x^2}} f(x,y) \mathrm{d}y.$$

解　（1）原区域是 X 型区域 $D:0 \leqslant x \leqslant 1, x^2 \leqslant y \leqslant \sqrt{x}$. 如图 7-23 所示.

改写 Y 型区域 $D:0 \leqslant y \leqslant 1, y^2 \leqslant x \leqslant \sqrt{y}$, 所以

$$\int_0^1 \mathrm{d}x \int_{x^2}^{\sqrt{x}} f(x,y) \mathrm{d}y = \int_0^1 \mathrm{d}y \int_{y^2}^{\sqrt{y}} f(x,y) \mathrm{d}x.$$

（2）原区域是 X 型区域 $D:1 \leqslant x \leqslant 2, 2-x \leqslant y \leqslant \sqrt{2x-x^2}$. 如图 7-24 所示.

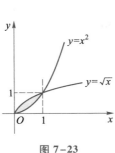

图 7-23

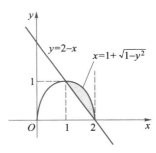

图 7-24

改写 Y 型区域 $D:0 \leqslant y \leqslant 1, 2-y \leqslant x \leqslant 1+\sqrt{1-y^2}$, 所以,

$$\int_1^2 \mathrm{d}x \int_{2-x}^{\sqrt{2x-x^2}} f(x,y) \mathrm{d}y = \int_0^1 \mathrm{d}y \int_{2-y}^{1+\sqrt{1-y^2}} f(x,y) \mathrm{d}x.$$

但在实际计算二重积分的过程中,有时会遇到在直角坐标系下,无论选择 X 型区域还是 Y 型区域都很难计算,这就需要借助极坐标系来进行转换计算. 下面简要介绍极坐标系下的二重积分计算.

7.5.2　利用极坐标系计算二重积分

1. 极坐标系简介

极坐标系如图 7-25 所示. Ox 叫极轴, O 叫极点, θ 叫点 P 的极角, OP 叫点 P 的极

径 ρ 的极角，(ρ,θ) 叫点 P 的极坐标.

把极坐标系放入直角坐标系中(如图 7-26)，得到极坐标与直角坐标的关系如下

$$x=\rho\cos\theta,\quad y=\rho\sin\theta.$$

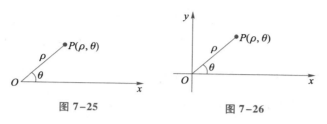

图 7-25

图 7-26

2. 化二重积分为极坐标系下的二次积分

因二重积分值与积分区域 D 的分割无关，因此，取 ρ 为不同常数，圆心为极点得到同心圆族，取 θ 为不同的常数的始点为极点的射线分割积分区域 D，如图 7-27 所示.

图 7-27

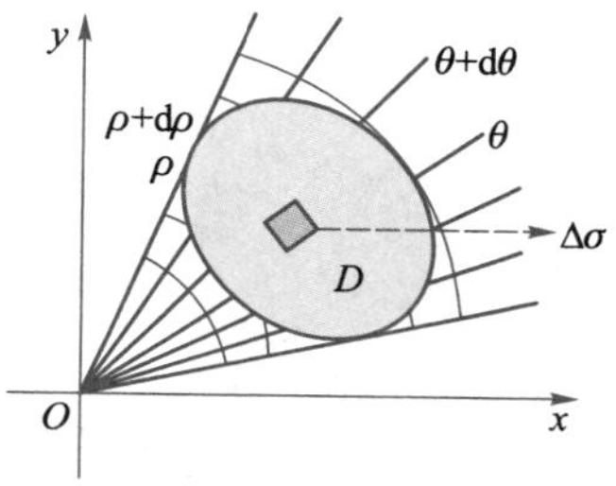

设 $\Delta\sigma$ 是半径 ρ 与 $\rho+\mathrm{d}\rho$ 的两个圆弧及极角为 θ 与 $\theta+\mathrm{d}\theta$ 的射线所围成的小区域，则

$$\Delta\sigma=\frac{1}{2}\mathrm{d}\theta\,(\rho+\mathrm{d}\rho)^2-\frac{1}{2}\mathrm{d}\theta\rho^2=\rho\mathrm{d}\theta\mathrm{d}\rho+\frac{1}{2}\mathrm{d}\theta\,(\mathrm{d}\rho)^2.$$

由微分可知，面积微元为：$\mathrm{d}\sigma=\rho\mathrm{d}\theta\mathrm{d}\rho$. 再利用极坐标与直角坐标的关系，得到**极坐标系下的二重积分**

$$\iint_D f(x,y)\,\mathrm{d}\sigma=\iint_D f(\rho\cos\theta,\rho\sin\theta)\rho\mathrm{d}\theta\mathrm{d}\rho.$$

下面给出**极坐标系下二重积分化为二次积分三种类型**：

(1) 极坐标系下区域 $D:\alpha\leqslant\theta\leqslant\beta,0\leqslant\rho\leqslant\rho_1(\theta)$，如图 7-28 所示，则

$$\begin{aligned}\iint_D f(x,y)\,\mathrm{d}\sigma&=\iint_D f(\rho\cos\theta,\rho\sin\theta)\rho\mathrm{d}\theta\mathrm{d}\rho\\&=\int_\alpha^\beta\mathrm{d}\theta\int_0^{\rho_1(\theta)}f(\rho\cos\theta,\rho\sin\theta)\rho\mathrm{d}\rho.\end{aligned}$$

(2) 极坐标系下区域 $D:\alpha\leqslant\theta\leqslant\beta,\rho_1(\theta)\leqslant\rho\leqslant\rho_2(\theta)$，如图 7-29 所示，则

$$\begin{aligned}\iint_D f(x,y)\,\mathrm{d}\sigma&=\iint_D f(\rho\cos x,\rho\sin x)\rho\mathrm{d}\theta\mathrm{d}\rho\\&=\int_\alpha^\beta\mathrm{d}\theta\int_{\rho_1(\theta)}^{\rho_2(\theta)}f(\rho\cos\theta,\rho\sin\theta)\rho\mathrm{d}\rho.\end{aligned}$$

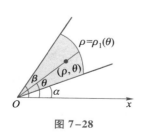

图 7-28

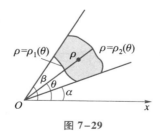

图 7-29

（3）极坐标系下区域 $D:0\leqslant\theta\leqslant2\pi,0\leqslant\rho\leqslant\rho(\theta)$，如图 7-30 所示，则

$$\iint\limits_{D}f(x,y)\,\mathrm{d}\sigma=\iint\limits_{D}f(\rho\cos\theta,\rho\sin\theta)\rho\mathrm{d}\theta\mathrm{d}\rho$$

$$=\int_{0}^{2\pi}\mathrm{d}\theta\int_{0}^{\rho(\theta)}f(\rho\cos\theta,\rho\sin\theta)\rho\mathrm{d}\rho.$$

例 7　在极坐标系下计算二重积分 $\iint\limits_{D}\mathrm{e}^{-x^2-y^2}\mathrm{d}\sigma.$ 其中，区域 $D:0\leqslant x^2+y^2\leqslant r^2.$

解　极坐标系下区域 $D:0\leqslant\theta\leqslant2\pi,0\leqslant\rho\leqslant r$，如图 7-31 所示，则

$$\iint\limits_{D}f(x,y)\,\mathrm{d}\sigma=\iint\limits_{D}f(\rho\cos\theta,\rho\sin\theta)\rho\mathrm{d}\theta\mathrm{d}\rho$$

$$=\int_{0}^{2\pi}\mathrm{d}\theta\int_{0}^{r}\rho\mathrm{e}^{-\rho^2}\mathrm{d}\rho$$

$$=2\pi\cdot\left(-\frac{1}{2}\mathrm{e}^{-\rho^2}\right)\Big|_{0}^{r}=\pi(1-\mathrm{e}^{-r^2}).$$

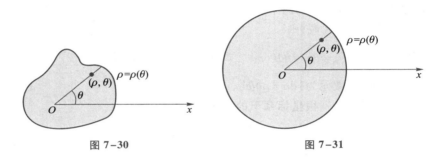

图 7-30　　　　　　　　　　　　　　图 7-31

例 8　在极坐标系下计算二重积分 $\iint\limits_{D}xy\mathrm{d}\sigma.$ 其中，区域 $D:y\geqslant0$ 且 $1\leqslant x^2+y^2\leqslant2x.$

解　极坐标系下区域 $D:0\leqslant\theta\leqslant\dfrac{\pi}{3},1\leqslant\rho\leqslant2\cos\theta$，如图 7-32 所示，则

$$\iint\limits_{D}f(x,y)\,\mathrm{d}\sigma=\iint\limits_{D}f(\rho\cos\theta,\rho\sin\theta)\rho\mathrm{d}\theta\mathrm{d}\rho$$

$$=\int_{0}^{\frac{\pi}{3}}\mathrm{d}\theta\int_{1}^{2\cos\theta}\rho^3\cos\theta\sin\theta\mathrm{d}\rho$$

$$=-\int_{0}^{\frac{\pi}{3}}\left(4\cos^5\theta-\frac{1}{4}\cos\theta\right)\mathrm{d}(\cos\theta)$$

$$=\left(\frac{1}{8}\cos^2\theta-\frac{4}{6}\cos^6\theta\right)\Big|_{0}^{\frac{\pi}{3}}=\frac{9}{16}.$$

例 9　在极坐标系下计算二重积分 $\iint\limits_{D}\sqrt{x^2+y^2}\,\mathrm{d}\sigma.$ 其中，区域 D 是 $1\leqslant x^2+y^2\leqslant4$ 位于第一象限部分.

解　极坐标系下区域 $D:0\leqslant\theta\leqslant\dfrac{\pi}{2},1\leqslant\rho\leqslant2$，如图 7-33 所示，则

$$\iint\limits_{D} f(x,y)\,\mathrm{d}\sigma = \iint\limits_{D} f(\rho\cos\theta,\rho\sin\theta)\rho\,\mathrm{d}\theta\mathrm{d}\rho$$

$$= \int_{0}^{\frac{\pi}{2}}\mathrm{d}\theta\int_{1}^{2}\rho^{2}\mathrm{d}\rho = \frac{\pi}{2}\cdot\frac{1}{3}\rho^{3}\Big|_{1}^{2} = \frac{7}{6}\pi.$$

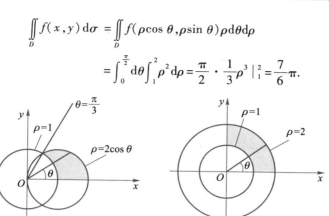

图 7-32　　　　　　　　图 7-33

习题 7.5

1. 在直角坐标系下计算二重积分.

（1）$\iint\limits_{D}(x+y)\mathrm{d}\sigma$. 其中，$D$ 是由 y 轴，$y=1$ 及 $y=x$ 围成的区域；

（2）$\iint\limits_{D}xy\mathrm{d}\sigma$. 其中，$D$ 是由直线 $y=x$，$y=1$ 及 $x=2$ 围成的区域；

（3）$\iint\limits_{D}xy\mathrm{d}\sigma$. 其中，$D$ 是 $x^{2}+y^{2}\leqslant1$ 位于第一象限的部分；

（4）$\iint\limits_{D}x\mathrm{d}\sigma$. 其中，$D$ 是由 x 轴，$y=\ln x$ 及 $x=\mathrm{e}$ 围成的区域；

（5）$\iint\limits_{D}y\sqrt{1+x^{2}-y^{2}}\mathrm{d}\sigma$. 其中，$D$ 是由直线 $y=x$，$y=1$ 及 $x=-1$ 围成的区域.

2. 交换二次积分的次序.

（1）$\int_{0}^{1}\mathrm{d}x\int_{x^{2}}^{x}f(x,y)\mathrm{d}y$；　　（2）$\int_{1}^{\mathrm{e}}\mathrm{d}y\int_{0}^{\ln y}f(x,y)\mathrm{d}x$；　　*（3）$\int_{0}^{1}\mathrm{d}y\int_{y}^{1+\sqrt{1-y^{2}}}f(x,y)\mathrm{d}x$.

3. 在极坐标系下计算下列二重积分.

（1）$\iint\limits_{D}(x^{2}+y^{2})^{\frac{3}{2}}\mathrm{d}\sigma$. 其中，$D$ 是 $x^{2}+y^{2}\leqslant1$ 位于第一象限的部分；

（2）$\iint\limits_{D}\mathrm{e}^{-x^{2}-y^{2}}\mathrm{d}\sigma$. 其中，区域 $D:1\leqslant x^{2}+y^{2}\leqslant2$.

（3）$\iint\limits_{D}\dfrac{\sin(\pi\sqrt{x^{2}+y^{2}})}{\sqrt{x^{2}+y^{2}}}\mathrm{d}\sigma$. 其中，$D$ 是 $1\leqslant x^{2}+y^{2}\leqslant4$ 位于第一象限的部分；

（4）$\iint\limits_{D}\ln(1+x^{2}+y^{2})\mathrm{d}\sigma$. 其中，$D$ 是由 $x^{2}+y^{2}=2x$ 围成的区域.

（5）$\iint\limits_{D}\arctan\dfrac{y}{x}\mathrm{d}\sigma$. 其中，$D$ 是由 $x^{2}+y^{2}=1$，$x^{2}+y^{2}=4$，$y=x$ 及 $y=0$ 所围成的区域位

于第一象限的部分.

7.6 数学实验 多元函数微积分

7.6.1 学习 MATLAB 命令

1. MATLAB 软件提供 diff 函数用于求多元函数的偏导数.

调用格式 1 如下:syms x y ⋯

diff(多元函数,自变量,n):表示多元函数对指定自变量的 n 阶偏导数;

2. MATLAB 软件提供 int 函数用于直角坐标系下二重积分的计算.

调用格式 2 如下:syms x y

f=f(x,y)

int(int(f,x,a,b),y,c,d) % 表示对符号表达式 f 关于变量 x 在区间[a,b]求定积分,再关于变量 y 在区间[c,d]求定积分.

7.6.2 实验内容

例 1 已知 $z = x^2 \sin 2y$,求 $\dfrac{\partial z}{\partial x}, \dfrac{\partial^2 z}{\partial x^2}, \dfrac{\partial^2 z}{\partial x \partial y}$.

解 使用格式 1 的命令,在命令窗口中操作如图 7-34 所示.

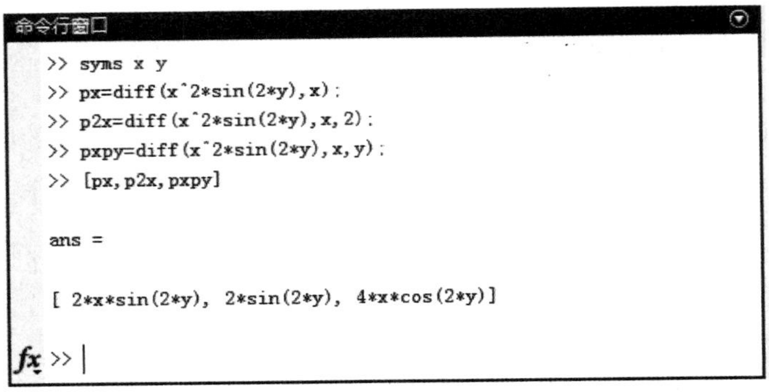

```
命令行窗口
>> syms x y
>> px=diff(x^2*sin(2*y),x);
>> p2x=diff(x^2*sin(2*y),x,2);
>> pxpy=diff(x^2*sin(2*y),x,y);
>> [px,p2x,pxpy]

ans =

[ 2*x*sin(2*y), 2*sin(2*y), 4*x*cos(2*y)]

fx >> |
```

图 7-34

即计算结果为:$\dfrac{\partial z}{\partial x} = 2x\sin 2y, \dfrac{\partial^2 z}{\partial x^2} = 2\sin 2y, \dfrac{\partial^2 z}{\partial x \partial y} = 4x\cos 2y.$

例 2 已知 $e^z - xyz = 0$,求 $\dfrac{\partial z}{\partial x}, \dfrac{\partial z}{\partial y}$.

解 使用格式 1 的命令,在命令窗口中操作如图 7-35 所示.

即计算结果为:$\dfrac{\partial z}{\partial x} = \dfrac{yz}{e^z - xy}, \dfrac{\partial z}{\partial y} = \dfrac{xz}{e^z - xy}.$

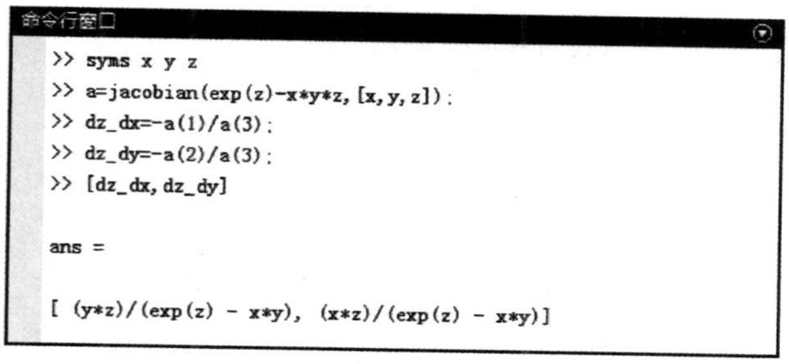

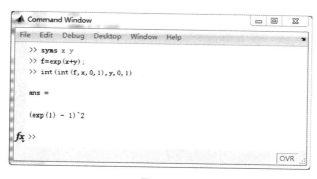

图 7-35

例3 计算二重积分 $\iint\limits_{D} e^{x+y}dxdy$，区域 D 是由 $x=0,x=1,y=0,y=1$ 围成的矩形区域.

解 使用 $int(int(f,x,a,b),y,c,d)$ 格式的命令，在命令窗口中操作如图 7-36 所示.

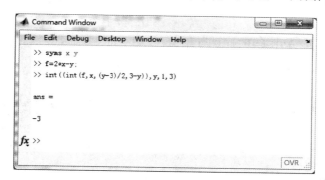

图 7-36

即计算结果为：$\iint\limits_{D} e^{x+y}dxdy = (e-1)^{2}$.

例4 计算二重积分 $\iint\limits_{D}(2x-y)dxdy$，区域 D 是由 $2x-y+3=0,x+y-3=0,y=1$ 围成的矩形区域.

解 使用 $int(int(f,x,a,b),y,c,d)$ 格式的命令，在命令窗口中操作如图 7-37 所示.

图 7-37

即计算结果为：$\iint\limits_D (2x-y)\,\mathrm{d}x\mathrm{d}y = -3.$

7.6.3　上机实验

1. 上机验证上面各例.
2. 运用 MATLAB 软件做本章课后习题中的相关题目.

单元检测题 7

1. 填空题.

（1）函数 $f(x,y) = \sqrt{4-x^2-y^2} + \dfrac{1}{\sqrt{y-x^2}}$ 的定义域是 _____.

（2）$\lim\limits_{\substack{x \to 2 \\ y \to 0}} \dfrac{y}{\sin xy} =$ _____.

（3）已知 $f(x,y) = xy$，$\mathrm{d}z\big|_{\substack{x=1 \\ y=1}} =$ _____.

（4）点 $(0,0)$ 是函数 $f(x,y) = x^2+y^2$ 的极____值点.

（5）已知区域 D 是由 y 轴，$y=1$ 及 $y=x$ 围成，则 $\iint\limits_D f(x,y)\,\mathrm{d}x\mathrm{d}y$ 化为二次积分为 _____.

2. 单项选择题.

（1）$\lim\limits_{\substack{x \to 0 \\ y \to 1}} \dfrac{\sqrt{y^2+xy}-y}{x} = ($ 　　　$).$

A. 0 　　　　　　B. $\dfrac{1}{2}$ 　　　　　　C. 2 　　　　　　D. 1

（2）已知函数 $f(x) = \mathrm{e}^{xy}$，则 $\mathrm{d}z\big|_{\substack{x=0 \\ y=1}} = ($ 　　　$).$

A. $\mathrm{e}\mathrm{d}x+\mathrm{e}\mathrm{d}y$ 　　B. $\mathrm{d}x+\mathrm{d}y$ 　　　C. $\mathrm{e}\mathrm{d}x$ 　　　　　D. $\mathrm{d}x$

（3）对于函数 $f(x,y) = 2x^2-y^2$，点 $(0,0)$（　　　）.

A. 不是驻点 　　　　　　　　　　B. 是驻点，但不是极值点

C. 是极大值点 　　　　　　　　　D. 极小值点

（4）已知区域 D 是由 $x=0, y=0$ 与直线 $x+y=1$ 围成，则下列不等式正确的是（　　　）.

A. $\iint\limits_\sigma \ln(x+y)\,\mathrm{d}\sigma < 0$ 　　　　　　B. $\iint\limits_\sigma \ln(x+y)\,\mathrm{d}\sigma > 0$

C. $\iint\limits_\sigma (x+y)\,\mathrm{d}\sigma < \iint\limits_\sigma (x+y)^2\,\mathrm{d}\sigma$ 　　D. $\iint\limits_\sigma \sin(x+y)\,\mathrm{d}\sigma < \iint\limits_\sigma \sin(x+y)^2\,\mathrm{d}\sigma$

（5）设函数 $f(x,y)$ 是连续函数，则 $\int_0^1 \mathrm{d}x \int_0^{\sqrt{x}} f(x,y)\,\mathrm{d}y = ($ 　　　$).$

A. $\int_0^1 \mathrm{d}y \int_0^1 f(x,y)\,\mathrm{d}x$ 　　　　　　B. $\int_0^1 \mathrm{d}y \int_{y^2}^1 f(x,y)\,\mathrm{d}x$

C. $\int_0^1 dy \int_1^{y^2} f(x,y)dx$　　　　　　　D. $\int_0^1 dy \int_0^{y^2} f(x,y)dx$

3. 计算下列各题.

（1）已知 $z=x^y$, 求 $\dfrac{\partial z}{\partial x}, \dfrac{\partial z}{\partial y}$.

（2）已知 $z=u^2+v^2$, 且 $u=xy, v=x+y$, 求 $\dfrac{\partial z}{\partial x}, \dfrac{\partial z}{\partial y}$.

（3）已知 $z^2-xyz+4=0$, 求 $\dfrac{\partial z}{\partial x}, \dfrac{\partial z}{\partial y}$.

（4）求函数 $z=x^2+xy+y^2+x-y+1$ 的极值.

（5）求内接于半球面 $x^2+y^2+z^2=a^2 (z\geqslant 0)$ 的长方体的最大值.

（6）计算二重积分 $\displaystyle\iint\limits_{D}(2x-y)dxdy$, 其中区域 D 是由直线 $y=1, 2x-y+3=0$ 及 $x+y-3=0$ 所围成的闭区域.

数学小故事

陈景润与哥德巴赫猜想

在人类进入 20 世纪的第一年,被誉为 20 世纪最伟大的数学家之一的德国人希尔伯特在巴黎数学家大会上提出了数学"23 个最重要的问题",哥德巴赫猜想就是其中之一.

什么是哥德巴赫猜想? 事情还要追溯到 18 世纪,1742 年 6 月 7 日,德国数学家哥德巴赫在写给著名数学家欧拉的一封信中,提出了两个大胆的猜想:一、任何不小于 6 的偶数都是两个奇质数之和(简称 1+1)如 6=3+3,12=5+7 等;二、任何不小于 9 的奇数都是三个奇质数之和.并请欧拉帮助作出证明.这就是数学史上著名的"哥德巴赫猜想".显然,第一个猜想是基础,第二个猜想是第一个猜想的推论.因此,只需在两个猜想中证明一个就足够了.第一个猜想人们常说是哥德巴赫猜想.

陈景润

欧拉在 6 月 30 日给他的回信中确信了这个猜想的正确性,但他不能证明.叙述如此简单的问题,连欧拉这样的数学家都不能证明,这个猜想便引起了更多的数学家的注意.两百年过去了,没有人证明它.哥德巴赫猜想由此成为数学皇冠上一颗可望而不可即的"明珠".到了 20 世纪 20 年代,才有人开始向它靠近.

1920 年,挪威数学家布朗用一种古老的筛选法证明,得出了一个结论:每一个大的偶数都可以表示为"9+9".所谓"9+9",用数学语言解释就是:"任何一个足够大的偶数,都可以表示成其他两个数之和,而这两个数中的每个数,都是 9 个奇质数之积".于是数学家们从"9+9"开始,随着时间的推移,数学家的努力也使每个数里所含质数因子的个数逐步减少,其最终的目标是最后能使每个数里都是一个质数为止,即"1+1",其主要进展如下:

1924 年,德国数学家拉德马哈尔证明了"7+7";

1932 年,英国数学家爱斯特曼证明了"6+6";

1937 年,意大利数学家里奇证明了"5+7","4+9","3+15","2+366";

1938 年,苏联数学家布赫斯塔勃证明了"5+5";

1940 年,证明了"4+4";

1957 年,中国数学家王元证明了"2+3";

1962 年,中国数学家王元、潘承洞,苏联数学家巴尔班分别证明了"1+4";

1965 年,苏联数学家布赫斯塔勃等人分别独立证明了"1+3".

最后,中国年轻的数学家陈景润也投入到对哥德巴赫猜想的研究之中,经过 10 年的刻苦钻研,终于在前人研究的基础上取得重大的突破,率先证明了"1+2".至此,哥德巴赫猜想只剩下最后一步"1+1"了.陈景润的论文于 1973 年发表在中国科学院的《科学通报》第 17 期上,这一成果受到国际数学界的重视,从而使中国的数论研究跃居世界领先地位.

陈景润(1933 年 5 月 22 日—1996 年 3 月 19 日),福建福州人,中国当代杰出的数学家.1953 年毕业于厦门大学数学系.由于他对数论中一系列问题的出色研究,受到华罗庚的重视,1956 年调入中国科学院数学研究所.他研究哥德巴赫猜想和其他数论问题的成就,至今仍然在世界上遥遥领先,被誉为哥德巴赫猜想第一人.

无穷级数

本章导读

　　人类认识事物在数量方面的特性,往往有一个近似到精确的过程,在这种认识过程中,经常会遇到由有限个数量相加到无穷个数量相加的问题.

　　例如,全国每年空调机的生产量和销售量都大约稳定在 2 000 万台,假设每年淘汰空调机的数量是上一年家庭空调机拥有量的 5%. 问 N 年后,全国有多少台空调机在使用? 假设全国空调机的最终保有量(市场稳定点)为 60 000 万台. 长此以往生产的空调机是否会过剩?

　　设每年的生产销售量 $a=2\,000$, $p=0.95$, 现有家庭空调机数量为 M_0,所以,

　　第一年家庭空调机的拥有量为　　$M_1=a+M_0 p$,

　　第二年家庭空调机的拥有量为　　$M_2=a+M_1 p=a+ap+M_0 p^2$,

　　第三年家庭空调机的拥有量为　　$M_3=a+(a+M_2 p)p=a+ap+ap^2+M_0 p^3$,

　　……

　　第 N 年家庭空调机的拥有量为 $M_N=a+ap+ap^2+\cdots+ap^{N-1}+M_0 p^N$,

　　长此以往, $M=a+ap+ap^2+ap^3+\cdots+ap^n+\cdots$

　　它是无穷多个数相加,它是否无限接近于某个数?

　　无穷多个数相加有时无限接近某个常数,有时趋于无穷大,有时不存在.

　　如, $\dfrac{1}{2}+\dfrac{1}{4}+\dfrac{1}{8}+\cdots+\dfrac{1}{2^n}+\cdots\to 1$,

　　但　$1+\dfrac{1}{2}+\dfrac{1}{3}+\dfrac{1}{4}+\dfrac{1}{5}+\cdots\to\infty$,　　　　(以后的学习中我们将给出证明)

　　而　$1-1+1-1+\cdots$ 没有确定的结果.

　　上述无穷个数量的和就叫**常数项级数**. 它是一种特殊的无穷级数.

　　那么上述常数项级数为什么有的结果存在,而有的结果却不存在呢? 通过本章的学习,我们不仅能解决这个问题,而且能更深入地认识与理解无穷级数.

　　另外,在不定积分一章中我们知道"初等函数在其定义区间上的原函数一定存

在,但它的原函数却未必能用初等函数来表示". 如 $\dfrac{\sin x}{x}$ 的原函数无法用初等函数表示. 试想,我们是否可以用运算性质最好的幂函数的叠加表示呢?

在电子学中,很多电子元器件在示波器上呈三角波和方波等波形,它们都是周期函数. 那么,这种图形的函数能否用我们熟知的周期函数——三角函数的叠加来表示它们,从而可以利用函数的分析方法来分析电子元器件的有关特点?

以上问题,都是本章要讨论的问题,19 世纪上半叶,法国数学家柯西建立了严密的无穷级数的基础理论,是无穷级数的理论研究与应用的奠基石. 使得无穷级数成为研究函数的表达式和进行数值计算的强有力的数学工具,在科学与工程技术领域具有广泛的应用.

8.1　常数项级数的基本概念及其性质

8.1.1　常数项级数的基本概念

定义 1　设有无穷数列 $\{u_n\}$,则称表达式 $u_1+u_2+u_3+\cdots+u_n+\cdots$ 为**常数项无穷级数**,简称**数项级数**,记为

$$\sum_{n=1}^{\infty} u_n = u_1+u_2+u_3+\cdots+u_n+\cdots,$$

其中 u_n 叫做级数的一般**项**或**通项**.

一般地,有限多项相加总有确定的结果. 但数项级数有无限多个数相加,故不能把级数的和式 $\displaystyle\sum_{n=1}^{\infty} u_n$ 理解为通常意义下的和,它只是形式上的和而已.

定义 2　设有级数 $\displaystyle\sum_{n=1}^{\infty} u_n$,则称前 n 项的和 $s_n = u_1+u_2+u_3+\cdots+u_n$ 为级数 $\displaystyle\sum_{n=1}^{\infty} u_n$ 的**部分和**,并称数列 $\{s_n\}$ 为级数 $\displaystyle\sum_{n=1}^{\infty} u_n$ 的**部分和数列**.

定义 3　若当 $n\to\infty$ 时,级数 $\displaystyle\sum_{n=1}^{\infty} u_n$ 的部分和数列 $\{s_n\}$ 有极限 s,即 $\displaystyle\lim_{n\to\infty} s_n = s$,则称级数 $\displaystyle\sum_{n=1}^{\infty} u_n$ **收敛**. 其中极限 s 叫做级数 $\displaystyle\sum_{n=1}^{\infty} u_n$ 的**和**,即 $\displaystyle\sum_{n=1}^{\infty} u_n = s$;否则,若当 $n\to\infty$ 时,数列 $\{s_n\}$ 的极限不存在,则称级数 $\displaystyle\sum_{n=1}^{\infty} u_n$ **发散**.

例 1　讨论等比级数

$a+aq+aq^2+aq^3+\cdots+aq^{n-1}+\cdots$ 的敛散性　　（其中 $a\neq 0, q\neq 0$ 为常数）.

解　当 $q\neq 1$ 时,级数的部分和

$$s_n = a+aq+aq^2+aq^3+\cdots+aq^{n-1} = \frac{a(1-q^n)}{1-q}.$$

当 $|q|<1$ 时,$\displaystyle\lim_{n\to\infty} q^n = 0$,故有 $\displaystyle\lim_{n\to\infty} s_n = \frac{a}{1-q}$,此时级数收敛,其和为

$$\sum_{n=0}^{\infty} aq^n = \frac{a}{1-q};$$

当 $|q| > 1$ 时,因 $\lim\limits_{n \to \infty} q^n = \infty$,故 $\lim\limits_{n \to \infty} s_n = \infty$,此时级数发散;

当 $|q| = 1$ 时,$q = 1$,$\lim\limits_{n \to \infty} s_n = \lim\limits_{n \to \infty} an = \infty$,级数发散;

$q = -1$,因 $\lim\limits_{n \to \infty} s_n = \begin{cases} a, & n \text{ 为奇数}, \\ 0, & n \text{ 为偶数}, \end{cases}$ 所以 $\lim\limits_{n \to \infty} s_n$ 不存在,故级数发散.

由上讨论得:当 $|q| < 1$ 时,等比级数收敛.

当 $|q| \geqslant 1$ 时,等比级数发散.

例 2 求级数 $\sum\limits_{n=1}^{\infty} \dfrac{1}{n(n+1)}$ 的和.

解 因为 $s_n = \dfrac{1}{1 \times 2} + \dfrac{1}{2 \times 3} + \dfrac{1}{3 \times 4} + \cdots + \dfrac{1}{n(n-1)}$

$$= \left(1 - \frac{1}{2}\right) + \left(\frac{1}{2} - \frac{1}{3}\right) + \left(\frac{1}{3} - \frac{1}{4}\right) + \cdots + \left(\frac{1}{n} - \frac{1}{n+1}\right) = 1 - \frac{1}{n+1},$$

所以

$$\lim_{n \to \infty} s_n = \lim_{n \to \infty} \left(1 - \frac{1}{n+1}\right) = 1,$$

所以级数收敛,且和为

$$\sum_{n=1}^{\infty} \frac{1}{n(n+1)} = 1.$$

例 3 判别调和级数

$$\sum_{n=1}^{\infty} \frac{1}{n} = 1 + \frac{1}{2} + \frac{1}{3} + \cdots + \frac{1}{n} + \cdots \text{ 的敛散性.}$$

8.1 例 3

解 考察曲线 $f(x) = \dfrac{1}{x}$(如图 8-1),

在 x 轴上取 $x = 1$,$x = 2$,$x = 3$,$\cdots$,

在区间 $n \leqslant x \leqslant n+1$($n > 1$)上作宽为 1(区间长度为宽),高为 $\dfrac{1}{n}$(取小区间的左端点所对应的函数值为矩形的高)的矩形,将 n 个小矩形的面积之和 s_n 与曲线 $y = \dfrac{1}{x}$、直线 $x = 1$,$x =$ $n+1$ 及 x 轴所围成的面积比较,有如下关系

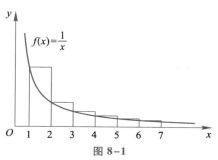

图 8-1

$$s_n = 1 + \frac{1}{2} + \frac{1}{3} + \cdots + \frac{1}{n} > \int_1^{n+1} \frac{1}{x} \mathrm{d}x = \ln(n+1).$$

当 $n \to \infty$ 时,$\ln(n+1) \to \infty$,所以 $s_n \to \infty$,即 $\lim\limits_{n \to \infty} s_n$ 不存在. 故调和级数 $\sum\limits_{n=1}^{\infty} \dfrac{1}{n}$ 是发散的.

8.1.2 级数的性质

性质 1(必要条件) 若级数 $\sum\limits_{n=1}^{\infty} u_n$ 收敛,则它的一般项的极限为零,即 $\lim\limits_{n \to \infty} u_n = 0$.

证 已知级数 $\sum_{n=1}^{\infty} u_n$ 收敛,则有 $\lim_{n\to\infty} s_n = s$,所以

$$\lim_{n\to\infty} u_n = \lim_{n\to\infty}(s_n - s_{n-1}) = s - s = 0.$$

性质 1 的逆否命题一定成立,即

推论 若级数 $\sum_{n=1}^{\infty} u_n$ 的一般项极限不为零,即 $\lim_{n\to\infty} u_n \neq 0$,则该级数一定发散.

例如,级数 $\sum_{n=1}^{\infty} \dfrac{n+1}{n} = 2 + \dfrac{3}{2} + \dfrac{4}{3} + \cdots$,因为 $\lim_{n\to\infty} u_n = \lim_{n\to\infty} \dfrac{n+1}{n} = 1 \neq 0$,所以该级数发散.

性质 2 若级数 $\sum_{n=1}^{\infty} u_n$ 收敛,其和为 s,则 $\sum_{n=1}^{\infty} k \cdot u_n$ 仍收敛,且其和为 ks.

证 设级数 $\sum_{n=1}^{\infty} u_n$ 与级数 $\sum_{n=1}^{\infty} k \cdot u_n$ 的部分和分别为 s_n 与 σ_n,则有 $s_n = \sum_{i=1}^{n} u_i$,$\sigma_n = \sum_{i=1}^{n} k \cdot u_i$,因为 $\lim_{n\to\infty} \sigma_n = \lim_{n\to\infty} k s_n = ks$,故性质 2 成立.

推论 级数的每一项同乘一个不为零的常数,其敛散性不变.

性质 3 设 $\sum_{n=1}^{\infty} u_n$ 与 $\sum_{n=1}^{\infty} v_n$ 均收敛,其和分别为 s 与 σ,则级数 $\sum_{n=1}^{\infty} (u_n \pm v_n)$ 仍收敛,且其和为 $s \pm \sigma$(由同学们自己证明).

注意:级数 $\sum_{n=1}^{\infty} (u_n \pm v_n)$ 收敛,但 $\sum_{n=1}^{\infty} u_n$ 与 $\sum_{n=1}^{\infty} v_n$ 不一定收敛.(请同学举例说明)

性质 4 在级数的前面增加、减少或改变有限项,不影响级数的敛散性.

注意:但级数收敛时其和可能要改变.

习题 8.1

1. 填空题.

(1) $\dfrac{2}{1\times3} - \dfrac{3}{2\times4} + \dfrac{4}{3\times5} - \dfrac{5}{4\times6} + \cdots$ 的一般项 $u_n =$ _____.

(2) $\sum_{n=1}^{\infty} \sqrt{\dfrac{n+1}{n}}$ 是发散的,是因为 _____.

(3) 因级数 $\sum_{n=1}^{\infty} \dfrac{1}{2^n}$ 与 $\sum_{n=1}^{\infty} \dfrac{1}{3^n}$ 收敛,所以 $\sum_{n=1}^{\infty} \left(\dfrac{1}{2^n} + \dfrac{1}{3^n}\right)$ 是 _____.

(4) 级数 $\dfrac{1}{2\times4} + \dfrac{1}{4\times6} + \cdots + \dfrac{1}{2n(2n+2)} + \cdots$ 的和是 _____.

2. 单项选择题.

(1) 若级数 $\sum_{n=1}^{\infty} (u_n + v_n)$ 收敛,则下列结论一定错误的是(   ).

A. $\sum_{n=1}^{\infty} u_n$ 与 $\sum_{n=1}^{\infty} v_n$ 都收敛　　　　B. $\sum_{n=1}^{\infty} u_n$ 与 $\sum_{n=1}^{\infty} v_n$ 都发散

C. $\sum\limits_{n=1}^{\infty} u_n$ 与 $\sum\limits_{n=1}^{\infty} v_n$ 仅且仅有一个收敛　　　D. $\sum\limits_{n=1}^{\infty} u_n$ 与 $\sum\limits_{n=1}^{\infty} v_n$ 都收敛或都发散

（2）下列级数收敛的是(　　).

A. $\sum\limits_{n=1}^{\infty}\left(\dfrac{3}{2}\right)^n$　　　B. $\sum\limits_{n=1}^{\infty}(-1)^n$　　　C. $\sum\limits_{n=1}^{\infty}\dfrac{1}{n}$　　　D. $\sum\limits_{n=1}^{\infty}\left(\dfrac{2}{3}\right)^n$

3. 级数 $\sum\limits_{n=1}^{\infty}\dfrac{1}{(2n-1)(2n+1)}$ 收敛吗？若收敛，请求其和 s.

4. 判别下列级数的敛散性.

（1）$\sum\limits_{n=1}^{\infty} u_n\,(u_n=0.001)$;　　　　　　（2）$\sum\limits_{n=1}^{\infty}(-1)^{n-1}\cdot\dfrac{n+1}{n}$;

（3）$\sum\limits_{n=1}^{\infty}\left(\dfrac{4}{5}\right)^n$;　　　　　　　　　（4）$\sum\limits_{n=1}^{\infty}\dfrac{5}{2n}$.

8.2　正项级数的判别法

　　一般的数项级数，它的各项可以是正数、负数或零，利用级数收敛性的定义来判断所有数项级数的收敛性是很困难的. 能否找到更简单有效的判断方法呢？我们先讨论各项是正数或零的级数，这种级数叫正项级数. 正项级数特别重要，以后将看到许多级数的收敛性问题可归结为正项级数的收敛性问题.

8.2.1　正项级数收敛的充要条件

　　定义　若 $u_n\geqslant 0,(n=1,2,3,\cdots)$，则称数项级数 $\sum\limits_{n=1}^{\infty} u_n$ 为 **正项级数**.

　　对于正项级数的部分和数列 $\{s_n\}$：

　　因 $u_n\geqslant 0(n=1,2,3,\cdots)$，所以 $s_1\leqslant s_2\leqslant\cdots\leqslant s_n\leqslant\cdots$. 即正项级数的部分和数列 $\{s_n\}$ 是单调递增的. 由于单调有界数列必收敛. 于是我们得到：

　　定理 1　**正项级数 $\sum\limits_{n=1}^{\infty} u_n$ 收敛的充要条件是**：它的部分和数列 $\{s_n\}$ 为有界数列.

　　由正项级数收敛的充要条件可得到下述一系列正项级数收敛的判别法.

8.2.2　正项级数的判别法

　　定理 2（比较判别法）　设 $\sum\limits_{n=1}^{\infty} u_n$ 与 $\sum\limits_{n=1}^{\infty} v_n$ 均为正项级数，且 $u_n\leqslant v_n(n=1,2,\cdots)$，则

　　（1）若 $\sum\limits_{n=1}^{\infty} v_n$ 收敛，则 $\sum\limits_{n=1}^{\infty} u_n$ 也收敛.　　　（2）若 $\sum\limits_{n=1}^{\infty} u_n$ 发散，则 $\sum\limits_{n=1}^{\infty} v_n$ 也发散.

　　证　设 $s_n=u_1+u_2+\cdots+u_n$，$\sigma_n=v_1+v_2+\cdots+v_n$，则有 $s_n\leqslant\sigma_n$.

　　（1）若 $\sum\limits_{n=1}^{\infty} v_n$ 收敛，则 σ_n 有界，所以 s_n 也有界，故 $\sum\limits_{n=1}^{\infty} u_n$ 收敛.

（2）若 $\sum\limits_{n=1}^{\infty} u_n$ 发散，则 s_n 无界，因而 σ_n 也无界，所以 $\sum\limits_{n=1}^{\infty} v_n$ 发散.

例1 证明级数 $\sum\limits_{n=1}^{\infty} \dfrac{1}{\sqrt{n(n+1)}}$ 是发散级数.

证 因为 $0<n(n+1)<(n+1)^2$，所以 $\dfrac{1}{\sqrt{n(n+1)}}>\dfrac{1}{n+1}>0$. 而级数 $\sum\limits_{n=1}^{\infty} \dfrac{1}{n+1}$ 是发散的，

根据比较判别法可知级数 $\sum\limits_{n=1}^{\infty} \dfrac{1}{\sqrt{n(n+1)}}$ 发散.

例2 讨论 p 级数：$1+\dfrac{1}{2^p}+\dfrac{1}{3^p}+\dfrac{1}{4^p}+\cdots+\dfrac{1}{n^p}+\cdots$ 的敛散性，其中常数 $p>0$.

解 设 $p\leqslant 1$，则 $u_n=\dfrac{1}{n^p}\geqslant\dfrac{1}{n}$，而调和级数发散，由比较判别法可知，当 $p\leqslant 1$ 时，p

级数发散.

设 $p>1$，当 $k-1\leqslant x\leqslant k$ 时，有 $\dfrac{1}{k^p}\leqslant\dfrac{1}{x^p}$，所以有

$$\frac{1}{k^p}=\int_{k-1}^{k}\frac{1}{k^p}\mathrm{d}x \leqslant \int_{k-1}^{k}\frac{1}{x^p}\mathrm{d}x\,(k=2,3,\cdots).$$

因而级数的部分和
$$s_n=1+\sum_{k=2}^{n}\frac{1}{k^p}\leqslant 1+\sum_{k=2}^{n}\int_{k-1}^{k}\frac{1}{x^p}\mathrm{d}x=1+\int_{1}^{n}\frac{1}{x^p}\mathrm{d}x$$

$$=1+\frac{1}{p-1}\left(1-\frac{1}{n^{p-1}}\right)<1+\frac{1}{p-1}\,(n=2,3,\cdots).$$

这说明级数的部分和数列 $\{s_n\}$ 是有界数列，因此级数收敛.

由上述讨论得到如下结论：当 $p>1$ 时，p 级数收敛；当 $p\leqslant 1$ 时，p 级数发散.

例3 证明级数 $\sum\limits_{n=1}^{\infty} \dfrac{1}{n\sqrt{n}}$ 是收敛的.

解 因 $\sum\limits_{n=1}^{\infty} \dfrac{1}{n\sqrt{n}}=\sum\limits_{n=1}^{\infty} \dfrac{1}{n^{\frac{3}{2}}}$ 是 p 级数，且 $p=\dfrac{3}{2}>1$，所以级数 $\sum\limits_{n=1}^{\infty} \dfrac{1}{n\sqrt{n}}$ 是收敛的.

定理3（比较判别法的极限形式） 设 $\sum\limits_{n=1}^{\infty} u_n$ 和 $\sum\limits_{n=1}^{\infty} v_n$ 都是正项级数，

（1）若 $\lim\limits_{n\to\infty}\dfrac{u_n}{v_n}=l\,(0<l<+\infty)$，且级数 $\sum\limits_{n=1}^{\infty} v_n$ 与级数 $\sum\limits_{n=1}^{\infty} u_n$ 具有相同的敛散性；

（2）若 $\lim\limits_{n\to\infty}\dfrac{u_n}{v_n}=0$，且级数 $\sum\limits_{n=1}^{\infty} v_n$ 收敛，则级数 $\sum\limits_{n=1}^{\infty} u_n$ 收敛；

（3）若 $\lim\limits_{n\to\infty}\dfrac{u_n}{v_n}=\infty$，且级数 $\sum\limits_{n=1}^{\infty} v_n$ 发散，则级数 $\sum\limits_{n=1}^{\infty} u_n$ 发散.

有兴趣的同学请查阅相关参考书.

例4 判断下列级数的敛散性.

（1）$\sum\limits_{n=1}^{\infty} \sin\dfrac{1}{n}$；　　　　　　　　（2）$\sum\limits_{n=1}^{\infty} \dfrac{n}{4n^3-2}$.

8.2 例3

解　（1）因为 $\lim\limits_{n\to\infty}\dfrac{\sin\dfrac{1}{n}}{\dfrac{1}{n}}=1$，而调和级数 $\sum\limits_{n=1}^{\infty}\dfrac{1}{n}$ 是发散的，所以级数 $\sum\limits_{n=1}^{\infty}\sin\dfrac{1}{n}$ 是发散的.

（2）因为 $\lim\limits_{n\to\infty}\dfrac{\dfrac{n}{4n^{3}-2}}{\dfrac{1}{n^{2}}}=\dfrac{1}{4}$，而级数 $\sum\limits_{n=1}^{\infty}\dfrac{1}{n^{2}}$ 是收敛的，所以级数 $\sum\limits_{n=1}^{\infty}\dfrac{n}{4n^{3}-2}$ 是收敛的.

应用比较判别法及比较判别法的极限形式，是通过已经知道敛散性的级数来判断目标级数的敛散性. 但实际上，一些数项级数很难找到与它关联的已经知道了敛散性的参考级数，因而无法用比较判别法或比较判别法的极限形式来判断它的敛散性，这就需要找到不需要参考级数的新的判断方法——比值判别法.

定理 4（比值判别法（D'Alembert 法））　设 $\sum\limits_{n=1}^{\infty}u_{n}$ 为正项级数，且 $\lim\limits_{n\to\infty}\dfrac{u_{n+1}}{u_{n}}=\rho$，则

（1）当 $\rho<1$ 时，级数 $\sum\limits_{n=1}^{\infty}u_{n}$ 收敛；

（2）当 $\rho>1$ 时，级数 $\sum\limits_{n=1}^{\infty}u_{n}$ 发散；

（3）当 $\rho=1$ 时，级数 $\sum\limits_{n=1}^{\infty}u_{n}$ 可能收敛，也可能发散.

有兴趣的同学请查阅相关参考书.

例 5　判断下列级数的敛散性.

（1）$\sum\limits_{n=1}^{\infty}\dfrac{n^{4}}{n!}$；　　　　　　　　（2）$\sum\limits_{n=1}^{\infty}\dfrac{2^{n}}{n^{2}}$；　　　　　　　　（3）$\sum\limits_{n=1}^{\infty}\dfrac{1}{2n(2n-1)}$.

解　（1）因 $\rho=\lim\limits_{n\to\infty}\dfrac{u_{n+1}}{u_{n}}=\lim\limits_{n\to\infty}\dfrac{(n+1)^{4}}{(n+1)!}\cdot\dfrac{n!}{n^{4}}=\lim\limits_{n\to\infty}\dfrac{1}{n+1}\cdot\left(1+\dfrac{1}{n}\right)^{4}=0<1$，所以根据比

8.2 例 5

值判别法可知级数 $\sum\limits_{n=1}^{\infty}\dfrac{n^{4}}{n!}$ 收敛.

（2）$\rho=\lim\limits_{n\to\infty}\dfrac{u_{n+1}}{u_{n}}=\lim\limits_{n\to\infty}\dfrac{2^{n+1}}{(n+1)^{2}}\cdot\dfrac{n^{2}}{2^{n}}=\lim\limits_{n\to\infty}2\cdot\left(\dfrac{n}{n+1}\right)^{2}=2>1$，

根据比值判别法可知级数 $\sum\limits_{n=1}^{\infty}\dfrac{2^{n}}{n^{2}}$ 发散.

（3）$\rho=\lim\limits_{n\to\infty}\dfrac{u_{n+1}}{u_{n}}=\lim\limits_{n\to\infty}\dfrac{1}{2(n+1)(2n+1)}\cdot 2n(2n-1)=1$.

因为 $\rho=1$，所以本级数用比值判别法失效. 但可用比较判别法判断：

因为 $n<2n-1<2n$，所以 $\dfrac{1}{2n(2n-1)}<\dfrac{1}{n^{2}}$，而级数 $\sum\limits_{n=1}^{\infty}\dfrac{1}{n^{2}}$ 收敛，故级数 $\sum\limits_{n=1}^{\infty}\dfrac{1}{2n(2n-1)}$ 收敛.

习题 8.2

1. 设 $\sum\limits_{n=1}^{\infty} u_n$ 与 $\sum\limits_{n=1}^{\infty} v_n$ 均为正项级数,且 $u_n \leqslant v_n (n=1,2,\cdots)$,则下列命题正确的是

_____.

(1) 若 $\sum\limits_{n=1}^{\infty} u_n$ 收敛,则 $\sum\limits_{n=1}^{\infty} v_n$ 也收敛　　　　(2) 若 $\sum\limits_{n=1}^{\infty} u_n$ 发散,则 $\sum\limits_{n=1}^{\infty} v_n$ 也发散

(3) 若 $\sum\limits_{n=1}^{\infty} v_n$ 收敛,则 $\sum\limits_{n=1}^{\infty} u_n$ 也收敛　　　　(4) 若 $\sum\limits_{n=1}^{\infty} v_n$ 发散,则 $\sum\limits_{n=1}^{\infty} u_n$ 也发散

2. 用比较判别法或比较判别法的极限形式判别下列正项级数的敛散性.

(1) $\sum\limits_{n=1}^{\infty} \dfrac{2}{5n+4}$;　　　　(2) $\sum\limits_{n=1}^{\infty} \dfrac{1}{(n+1)(n+4)}$;　　　　(3) $\sum\limits_{n=1}^{\infty} \dfrac{1}{(2n-1)2^n}$;

(4) $\sum\limits_{n=1}^{\infty} \dfrac{n}{4n^3-n+5}$;　　　　(5) $\sum\limits_{n=1}^{\infty} \dfrac{1}{\ln(1+n)}$;　　　　(6) $\sum\limits_{n=1}^{\infty} \sin\dfrac{\pi}{2^n}$.

3. 用比值判别法判别下列正项级数的敛散性.

(1) $\sum\limits_{n=1}^{\infty} \dfrac{n^2}{3^n}$;　　(2) $\sum\limits_{n=1}^{\infty} \dfrac{3^n}{n \cdot 2^n}$;　　(3) $\sum\limits_{n=1}^{\infty} \dfrac{(n+1)!}{2^n}$;　　(4) $\sum\limits_{n=1}^{\infty} \dfrac{2^n n!}{n^n}$.

4. 选择适当判别法判别下列正项级数的敛散性.

(1) $\sum\limits_{n=1}^{\infty} \dfrac{n^n}{(n!)^2}$;　　(2) $\sum\limits_{n=1}^{\infty} n^2 \sin\dfrac{\pi}{2^n}$;　　(3) $\sum\limits_{n=1}^{\infty} \dfrac{100}{n\sqrt{n+1}}$;　　(4) $\sum\limits_{n=1}^{\infty} \dfrac{n+1}{n(n+2)}$.

*5. 设级数 $\sum\limits_{n=1}^{\infty} a_n$ 与 $\sum\limits_{n=1}^{\infty} b_n$ 都收敛,且 $a_n \leqslant c_n \leqslant b_n$,试证 $\sum\limits_{n=1}^{\infty} c_n$ 收敛.

8.3　任意项级数及其判别法

设级数 $\sum\limits_{n=1}^{\infty} u_n$ 中的 u_n 为任意实数,则称此级数为任意项级数. 任意项级数中最常见的是交错级数. 本节先讨论交错级数,再讨论任意项级数.

8.3.1　交错级数及其判别法

定义 1　设 $u_n > 0$,则级数 $\sum\limits_{n=1}^{\infty} (-1)^n u_n$ 或 $\sum\limits_{n=1}^{\infty} (-1)^{n-1} u_n$ 称为交错级数.

对于交错项数 $\sum\limits_{n=1}^{\infty} (-1)^{n-1} u_n$,有下列判别法:

定理 1(莱布尼茨判别法)　设交错级数 $\sum\limits_{n=1}^{\infty} (-1)^{n-1} u_n$ 满足:

(1) $u_n \geqslant u_{n+1}$ 　$(n=1,2,3,\cdots)$;

(2) $\lim\limits_{n\to\infty} u_n = 0$,

则交错级数 $\sum\limits_{n=1}^{\infty}(-1)^{n-1}u_n$ **收敛**.

有兴趣的同学请查阅相关参考书.

例1 判断级数 $\sum\limits_{n=1}^{\infty}(-1)^{n-1}\dfrac{1}{n}$ 的敛散性.

解 所给级数是交错级数,且 $u_n=\dfrac{1}{n}$ 满足

$$\lim_{n\to\infty}u_n=\lim_{n\to\infty}\frac{1}{n}=0,\text{且}\frac{1}{n}>\frac{1}{n+1},\quad\text{即}\ u_n\geqslant u_{n+1},$$

所以级数 $\sum\limits_{n=1}^{\infty}(-1)^{n-1}\dfrac{1}{n}$ 收敛.

8.3.2 任意项级数判别法

定理2 若级数 $\sum\limits_{n=1}^{\infty}|u_n|$ 收敛,则级数 $\sum\limits_{n=1}^{\infty}u_n$ 一定收敛.

证 因 $\sum\limits_{n=1}^{\infty}|u_n|$ 收敛,所以 $\sum\limits_{n=1}^{\infty}2|u_n|$ 收敛.

又 $0\leqslant|u_n|+u_n\leqslant2|u_n|$,由正项级数的比较判别法知:$\sum\limits_{n=1}^{\infty}(|u_n|+u_n)$ 收敛.

由级数收敛的性质 3 知:$\sum\limits_{n=1}^{\infty}\left[(|u_n|+u_n)-|u_n|\right]=\sum\limits_{n=1}^{\infty}u_n$ 收敛.

定义2 若任意项级数 $\sum\limits_{n=1}^{\infty}u_n$ 对应的正项级数 $\sum\limits_{n=1}^{\infty}|u_n|$ 收敛,则称级数 $\sum\limits_{n=1}^{\infty}u_n$ **绝对收敛**.

若级数 $\sum\limits_{n=1}^{\infty}u_n$ 收敛,而级数 $\sum\limits_{n=1}^{\infty}|u_n|$ 发散,则称级数 $\sum\limits_{n=1}^{\infty}u_n$ **条件收敛**.

定义2告诉我们:判断任意项级数 $\sum\limits_{n=1}^{\infty}u_n$ 的收敛性可优先考虑对应的正项级数 $\sum\limits_{n=1}^{\infty}|u_n|$ 是否收敛.若级数 $\sum\limits_{n=1}^{\infty}|u_n|$ 收敛,则级数 $\sum\limits_{n=1}^{\infty}u_n$ 绝对收敛;若级数 $\sum\limits_{n=1}^{\infty}|u_n|$ 发散,则级数 $\sum\limits_{n=1}^{\infty}u_n$ 可能收敛,也可能发散,需用其他方法判断 $\sum\limits_{n=1}^{\infty}u_n$ 的敛散性.

例2 判断级数 $\sum\limits_{n=1}^{\infty}\dfrac{\sin na}{2^n}$ 的敛散性.

解 因为 $\left|\dfrac{\sin na}{2^n}\right|\leqslant\dfrac{1}{2^n}$,而等比级数 $\sum\limits_{n=1}^{\infty}\dfrac{1}{2^n}$ 是收敛级数,所以由比较判别法知级数 $\sum\limits_{n=1}^{\infty}\left|\dfrac{\sin na}{2^n}\right|$ 是收敛的,故级数 $\sum\limits_{n=1}^{\infty}\dfrac{\sin na}{2^n}$ 绝对收敛.

8.3 例2

例3 证明级数 $\sum\limits_{n=1}^{\infty}(-1)^{n-1}\dfrac{2n-1}{n^2}$ 是条件收敛级数.

解 正项级数 $\sum\limits_{n=1}^{\infty}\left|(-1)^{n-1}\dfrac{2n-1}{n^2}\right|=\sum\limits_{n=1}^{\infty}\dfrac{2n-1}{n^2}$，因为 $\dfrac{2n-1}{n^2}>\dfrac{n}{n^2}=\dfrac{1}{n}$，而调和级数

$\sum\limits_{n=1}^{\infty}\dfrac{1}{n}$ 是发散的，所以 $\sum\limits_{n=1}^{\infty}\left|(-1)^{n-1}\dfrac{2n-1}{n^2}\right|$ 发散.

而级数 $\sum\limits_{n=1}^{\infty}(-1)^{n-1}\dfrac{2n-1}{n^2}$ 满足交错级数判别法的收敛条件，因此交错级数

$\sum\limits_{n=1}^{\infty}(-1)^{n-1}\dfrac{2n-1}{n^2}$ 收敛，且是条件收敛的.

习题 8.3

1. 判断下列交错级数的敛散性.

(1) $\sum\limits_{n=1}^{\infty}(-1)^n\dfrac{1}{\sqrt{n}}$；　　　(2) $\sum\limits_{n=1}^{\infty}(-1)^n\dfrac{1}{\ln(1+n)}$；　　(3) $\sum\limits_{n=1}^{\infty}(-1)^n\dfrac{n}{2n-1}$.

2. 判断下列级数是绝对收敛、条件收敛还是发散.

(1) $\sum\limits_{n=1}^{\infty}\dfrac{(-1)^n}{\sqrt{n(n+1)}}$；　　　　　(2) $\sum\limits_{n=1}^{\infty}(-1)^{n-1}\dfrac{1}{3\cdot 2^n}$；

(3) $\sum\limits_{n=1}^{\infty}(-1)^{n-1}n\cdot\left(\dfrac{4}{3}\right)^n$；　　　(4) $\sum\limits_{n=1}^{\infty}(-1)^{n-1}\ln\dfrac{n+1}{n}$；

(5) $\sum\limits_{n=1}^{\infty}(-1)^n\dfrac{n^3}{2^n}$；　　　　　　(6) $\sum\limits_{n=1}^{\infty}\dfrac{\sin na}{(n+1)^2}\quad(a\neq 0)$.

8.4 幂 级 数

8.4.1 函数项级数的基本概念

定义 1 设 $u_n(x)\ \ (n=1,2,3,\cdots)$ 是定义在区间 I 上的函数，则称

$$\sum_{n=1}^{\infty}u_n(x)=u_1(x)+u_2(x)+u_3(x)+\cdots+u_n(x)+\cdots$$

为区间 I 上的**函数项级数**.

对于函数项级数 $\sum\limits_{n=1}^{\infty}u_n(x)$，当 x 取定区间 I 上的某一个值 x_0 时，得到一个**数项级数**

$$\sum_{n=1}^{\infty}u_n(x_0)=u_1(x_0)+u_2(x_0)+u_3(x_0)+\cdots+u_n(x_0)+\cdots,$$

如果该数项级数收敛，则称点 x_0 为函数项级数的**收敛点**. 所有收敛点的集合称为**收敛域**.

如果该数项级数发散，则称点 x_0 为函数项级数的**发散点**. 所有发散点的集合称为**发散域**.

对于收敛域内的每一点 x，函数项级数都收敛于某个和，显然函数项级数的和是 x 的函数，称为函数项级数的**和函数**，记作

$$s(x) = \sum_{n=1}^{\infty} u_n(x).$$

如果把函数项级数 $\sum_{n=1}^{\infty} u_n(x)$ 的前 n 项的部分和记作 $s_n(x)$，则在收敛域上有 $\lim_{n \to \infty} s_n(x) = s(x)$. 例如，公比 $q = -x$ 的等比级数

$$\sum_{n=0}^{\infty} (-1)^n x^n = 1 - x + x^2 - x^3 + \cdots + (-1)^n x^n + \cdots,$$

当 $|q| = |-x| = |x| \geqslant 1$ 时，等比级数发散；当 $|q| = |x| < 1$ 时，等比级数收敛，且收敛于 $\dfrac{1}{1+x}$. 即等比级数 $\sum_{n=0}^{\infty} (-1)^n x^n$ 的收敛域为 $(-1, 1)$，和函数为

$$s(x) = \sum_{n=0}^{\infty} (-1)^n x^n = \frac{1}{1+x}.$$

8.4.2　幂级数及其收敛半径

定义 2　形如

$$\sum_{n=1}^{\infty} a_n x^n = a_0 + a_1 x + a_2 x^2 + a_3 x^3 + \cdots + a_n x^n + \cdots \tag{1}$$

的级数，称为**幂级数**. 其中常数 $a_0, a_1, a_2, \cdots a_n, \cdots$ 称为幂级数的**系数**.

而对于更一般的形式为

$$a_0 + a_1(x - x_0) + a_2(x - x_0)^2 + \cdots + a_n(x - x_0)^n + \cdots \tag{2}$$

的函数项级数称为 $x - x_0$ 的幂级数. 这类幂级数只要令 $t = x - x_0$，幂级数 $\sum_{n=0}^{\infty} a_n(x - x_0)^n$ 即为幂级数 $\sum_{n=0}^{\infty} a_n t^n$. 所以仅讨论（1）式就行了.

当 x 取某一确定的值时，幂级数 $\sum_{n=0}^{\infty} a_n x^n$ 是一个数项级数，可用比值判别法判断它对应的正项级数的敛散性. 因为

$$\lim_{n \to \infty} \left| \frac{a_{n+1} x^{n+1}}{a_n x^n} \right| = \lim_{n \to \infty} \left| \frac{a_{n+1}}{a_n} \right| |x| = \rho |x|, \text{ 其中 } \rho = \lim_{n \to \infty} \left| \frac{a_{n+1}}{a_n} \right|.$$

根据比值判别法，当 $\rho |x| < 1$ 时，即 $|x| < \dfrac{1}{\rho} = R$ 时，幂级数 $\sum_{n=0}^{\infty} |a_n x^n|$ 收敛，因而幂级数 $\sum_{n=0}^{\infty} a_n x^n$ 绝对收敛. 当 $\rho |x| > 1$ 时，即 $|x| > \dfrac{1}{\rho} = R$，可证明 $\sum_{n=0}^{\infty} a_n x^n$ 发散. 即当 $-R < x < R$ 时，幂级数是收敛的. 当 $|x| > R$ 时，幂级数是发散的. 当 $|x| = R$ 时，敛散性需单独判断. 我们把 R 称为幂级数 $\sum_{n=0}^{\infty} a_n x^n$ 的**收敛半径**；$(-R, R)$ 称为幂级数 $\sum_{n=0}^{\infty} a_n x^n$ 的**收敛区间**；收敛区间与收敛端点集的并集称为幂级数 $\sum_{n=0}^{\infty} a_n x^n$ 的**收敛域**. 于是得到如下定理：

定理　幂级数 $\sum_{n=0}^{\infty} a_n x^n$ 的收敛半径 $R = \lim_{n \to \infty} \left| \dfrac{a_n}{a_{n+1}} \right|$，

（1）当 $R = +\infty$ 时，幂级数 $\sum\limits_{n=0}^{\infty} a_n x^n$ 的收敛区间为 $(-\infty, +\infty)$.

（2）当 $R \neq 0$ 时，幂级数的收敛区间为 $(-R, R)$.

（3）当 $R = 0$ 时，幂级数收敛区间为点 $x = 0$，其和为 a_0.

例 1 求幂级数 $\sum\limits_{n=1}^{\infty} (-1)^n \dfrac{x^n}{n} = -x + \dfrac{x^2}{2} - \dfrac{x^3}{3} + \cdots + (-1)^n \dfrac{x^n}{n} \cdots$ 的收敛半径和收敛域.

解 因为 $R = \lim\limits_{n \to \infty} \left| \dfrac{a_n}{a_{n+1}} \right| = \lim\limits_{n \to \infty} \dfrac{\dfrac{1}{n}}{\dfrac{1}{n+1}} = 1$，

所以幂级数 $\sum\limits_{n=1}^{\infty} (-1)^n \dfrac{x^n}{n}$ 的收敛区间为 $(-1, 1)$.

当 $x = 1$ 时，$\sum\limits_{n=1}^{\infty} (-1)^n \dfrac{x^n}{n} = \sum\limits_{n=1}^{\infty} (-1)^n \dfrac{1}{n}$ 为交错级数，由交错级数判别法可知级数条件收敛；

当 $x = -1$ 时，$\sum\limits_{n=1}^{\infty} (-1)^n \dfrac{x^n}{n} = \sum\limits_{n=1}^{\infty} \dfrac{1}{n}$ 是调和级数，它是发散的.

所以幂级数 $\sum\limits_{n=1}^{\infty} (-1)^n \dfrac{x^n}{n}$ 的收敛域为 $(-1, 1]$.

8.4 例2

例 2 求幂级数 $\sum\limits_{n=1}^{\infty} \dfrac{2n+1}{2^{n+1}} x^{2n}$ 的收敛域.

解 级数没有奇次幂项，不能应用上述定理，可用正项级数比值判别法求.

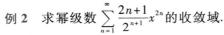

$$\lim\limits_{n \to \infty} \left| \dfrac{u_{n+1}}{u_n} \right| = \lim\limits_{n \to \infty} \left| \dfrac{\dfrac{2n+3}{2^{n+2}} x^{2n+2}}{\dfrac{2n+1}{2^{n+1}} x^{2n}} \right| = \lim\limits_{n \to \infty} \left| \dfrac{2n+3}{2(2n+1)} \right| \cdot |x^2| = \dfrac{x^2}{2}.$$

由比值判别法可知，当 $\dfrac{x^2}{2} < 1$ 时，即 $|x| < \sqrt{2}$ 时，级数收敛. 所以得级数 $\sum\limits_{n=1}^{\infty} \dfrac{2n+1}{2^{n+1}} x^{2n}$ 收敛区间为 $(-\sqrt{2}, \sqrt{2})$；

当 $|x| = \sqrt{2}$ 时，得到数项级数 $\sum\limits_{n=1}^{\infty} \dfrac{2n+1}{2}$，因 $\lim\limits_{n \to \infty} u_n = \infty \neq 0$ 而发散，所以幂级数 $\sum\limits_{n=1}^{\infty} \dfrac{2n+1}{2^{n+1}} x^{2n}$ 的收敛域 D 为 $(-\sqrt{2}, \sqrt{2})$.

例 3 求幂级数 $\sum\limits_{n=0}^{\infty} \dfrac{1}{2^n} \left(\dfrac{x-2}{3} \right)^n$ 的收敛区间.

解 令 $t = \dfrac{x-2}{3}$，级数 $\sum\limits_{n=0}^{\infty} \dfrac{1}{2^n} \left(\dfrac{x-2}{3} \right)^n$ 变成 $\sum\limits_{n=0}^{\infty} \dfrac{1}{2^n} t^n$，对于后者，因

$$R = \lim\limits_{n \to \infty} \left| \dfrac{a_n}{a_{n+1}} \right| = \lim\limits_{n \to \infty} \dfrac{\dfrac{1}{2^n}}{\dfrac{1}{2^{n+1}}} = 2,$$

故级数 $\sum\limits_{n=0}^{\infty} \dfrac{1}{2^n} t^n$ 的收敛区间是 $(-2,2)$,由此可得原级数的收敛区间为 $(-4,8)$.

8.4.3 幂级数的运算性质

设幂级数 $\sum\limits_{n=0}^{\infty} a_n x^n$ 和 $\sum\limits_{n=0}^{\infty} b_n x^n$ 的收敛半径分别为 R_1,R_2,其和函数分别为 $s_1(x),s_2(x)$,又设 $R = \min(R_1,R_2)$,则幂级数具有如下运算性质.

性质 1 幂级数的加、减法

$$\sum_{n=0}^{\infty} a_n x^n \pm \sum_{n=0}^{\infty} b_n x^n = \sum_{n=0}^{\infty}(a_n \pm b_n)x^n = s_1(x) \pm s_2(x),$$

其收敛半径为 $R = \min(R_1,R_2)$.

性质 2 幂级数的乘法

$$\left(\sum_{n=0}^{\infty} a_n x^n\right) \cdot \left(\sum_{n=0}^{\infty} b_n x^n\right) = s_1(x) \cdot s_2(x),$$

其收敛半径为 $R = \min(R_1,R_2)$.

性质 3 幂级数的和函数在收敛区间内可导,并且有逐项求导公式

$$s'(x) = \left(\sum_{n=0}^{\infty} a_n x^n\right)' = \sum_{n=0}^{\infty} n a_n x^{n-1}.$$

求导后得到的新的幂级数的收敛半径与原级数的收敛半径相同,端点的敛散性可能不同.

性质 4 幂级数的和函数在收敛区间内可积,并且有逐项积分公式

$$\int_0^x s(x)\,\mathrm{d}x = \int_0^x \left(\sum_{n=0}^{\infty} a_n x^n\right)\mathrm{d}x = \sum_{n=0}^{\infty} \int_0^x a_n x^n \mathrm{d}x = \sum_{n=0}^{\infty} \frac{a_n}{n+1} x^{n+1}.$$

积分后,新的幂级数收敛半径与原幂级数相同,但端点的敛散性可能不同. 幂级数的和函数在收敛区间内是一个连续函数,利用幂级数在收敛区间内具有逐项求导和逐项积分的性质,可以求某些幂级数的和函数.

例 4 求幂级数 $\sum\limits_{n=0}^{\infty}(n+1)x^n$ 在收敛区间内的和函数,并求 $\sum\limits_{n=0}^{\infty} \dfrac{n+1}{2^n}$ 的和.

解 幂级数的收敛半径 $R = \lim\limits_{n \to \infty}\left|\dfrac{a_n}{a_{n+1}}\right| = \lim\limits_{n \to \infty}\dfrac{n+1}{n+2} = 1$,所以幂级数的收敛区间为 $(-1,1)$.

设和函数为 $s(x)$,则 $s(x) = \sum\limits_{n=0}^{\infty}(n+1)x^n$,在收敛区间内有

$$\int_0^x s(x)\,\mathrm{d}x = \sum_{n=0}^{\infty} \int_0^x (n+1)x^n \mathrm{d}x = \sum_{n=0}^{\infty} x^{n+1} = \frac{x}{1-x},$$

所以

$$s(x) = \left[\int_0^x s(x)\,\mathrm{d}x\right]' = \left(\frac{x}{1-x}\right)' = \frac{1}{(1-x)^2}, \quad -1 < x < 1.$$

因 $x = \dfrac{1}{2}$ 在收敛区间 $(-1,1)$ 内,所以 $\sum\limits_{n=0}^{\infty} \dfrac{n+1}{2^n} = s\left(\dfrac{1}{2}\right) = \dfrac{1}{(1-x)^2}\bigg|_{x=\frac{1}{2}} = 4$.

例 5 求幂级数 $\displaystyle\sum_{n=1}^{\infty} \frac{x^n}{n}$ 在收敛区间内的和函数,并求 $\displaystyle\sum_{n=0}^{\infty} \frac{1}{2^{n+1} n}$ 的和.

解 幂级数的收敛半径 $R = \lim\limits_{n\to\infty} \left| \dfrac{a_n}{a_{n+1}} \right| = \lim\limits_{n\to\infty} \dfrac{n}{n+1} = 1$,所以幂级数的收敛区间为 $(-1,1)$.

设级数在收敛区间内的和函数为 $s(x)$,即 $s(x) = \displaystyle\sum_{n=1}^{\infty} \frac{x^n}{n}$,则有

$$s'(x) = \sum_{n=1}^{\infty} \left(\frac{x^n}{n} \right)' = \sum_{n=1}^{\infty} x^{n-1} = \frac{1}{1-x},$$

$$s(x) = \int_0^x \frac{1}{1-x} \mathrm{d}x = -\ln(1-x), \quad x \in (-1,1).$$

因 $x = \dfrac{1}{2}$ 在收敛区间 $(-1,1)$ 内,所以 $\displaystyle\sum_{n=0}^{\infty} \frac{1}{2^{n+1} n} = \frac{1}{2} \sum_{n=0}^{\infty} \frac{\left(\frac{1}{2}\right)^n}{n} = \frac{1}{2} s\left(\frac{1}{2}\right) = \frac{1}{2}\ln 2$.

习题 8.4

1. 求下列幂级数的收敛区间与收敛域.

(1) $\displaystyle\sum_{n=1}^{\infty} n(n+1) x^n$;   (2) $\displaystyle\sum_{n=1}^{\infty} \frac{2^n}{n^2+1} \cdot x^n$;   (3) $\displaystyle\sum_{n=1}^{\infty} \frac{x^n}{n \cdot 3^n}$;

(4) $\displaystyle\sum_{n=1}^{\infty} (-1)^n \frac{x^{2n+1}}{2n+1}$;   (5) $\displaystyle\sum_{n=1}^{\infty} \frac{n}{2^n} \cdot x^{2n}$.

2. 求下列幂级数在收敛区间内的和函数.

(1) $\displaystyle\sum_{n=1}^{\infty} n x^{n-1}$,并利用和函数求级数 $\displaystyle\sum_{n=1}^{\infty} \frac{(-1)^{n-1} n}{2^n}$ 的和.

(2) $\displaystyle\sum_{n=0}^{\infty} \frac{x^{2n+1}}{2n+1}$.

*8.5   函数展开成幂级数

在上节中曾讨论过求幂级数在其收敛区间内和函数 $s(x)$ 的问题,但在实际应用中经常遇到的却是与此相反的问题,即已知一个函数 $f(x)$,要求一个幂级数 $\displaystyle\sum_{n=0}^{\infty} a_n x^n$,使该幂级数 $\displaystyle\sum_{n=0}^{\infty} a_n x^n$ 在其收敛区间内的和函数等于 $f(x)$,这就是把已知函数展开成幂级数的问题.下面我们讨论如何把一个函数 $f(x)$ 展开成幂级数.

8.5.1   泰勒级数

1. 泰勒级数

设 $f(x)$ 在点 x_0 的附近有直到 $n+1$ 阶导数,则当 x 在点 x_0 的邻域内时,把下列公式

$$f(x) = f(x_0) + f'(x_0)(x - x_0) + \frac{f''(x_0)}{2!}(x - x_0)^2 + \cdots + \frac{f^{(n)}(x - x_0)}{n!}(x - x_0)^n + R_n(x)$$

称为**泰勒公式**. 其中 $R_n(x) = \dfrac{f^{(n+1)}(\xi)}{(n+1)!}(x - x_0)^{n+1}$ (ξ 在 x 和 x_0 之间), 称为**拉格朗日余项**.

如果当 $n \to \infty$ 时, $R_n(x) \to 0$, 则函数 $f(x)$ 在点 x_0 邻域内能展开成**泰勒级数**

$$f(x) = f(x_0) + f'(x_0)(x - x_0) + \frac{f''(x_0)}{2!}(x - x_0)^2 + \cdots + \frac{f^{(n)}(x - x_0)}{n!}(x - x_0)^n + \cdots.$$

在泰勒级数中, 令 $x_0 = 0$ 得到麦克劳林级数.

2. 麦克劳林级数

设 $f(x)$ 在区间 $(-R, R)$ 内有任意阶导数, 则当 $x \in (-R, R)$ 时, 则称下列级数

$$f(x) = f(0) + \frac{f'(0)}{1!}x + \frac{f''(0)}{2!}x^2 + \cdots + \frac{f^{(n)}(0)}{n!}x^n + \cdots$$

称为区间 $(-R, R)$ 内的**麦克劳林级数**. 其中

$$a_0 = f(0), \quad a_1 = \frac{f'(0)}{1!}, \quad a_2 = \frac{f''(0)}{2!}, \quad \cdots, \quad a_n = \frac{f^{(n)}(0)}{n!}, \quad \cdots.$$

8.5.2 函数展开成幂级数

函数 $f(x)$ 能否展开成 $x - x_0$ 的幂级数, 根据泰勒公式, 取决于它在 $x = x_0$ 处的任意阶导数是否存在, 以及当 $n \to \infty$ 时, 它的余项是否趋于零. 将函数展开成幂级数的方法有直接展开法和间接展开法两种.

1. 直接展开法

(1) 求出函数 $f(x)$ 在 $x = 0$ 处的各阶导数值;

(2) 按照麦克劳林级数写出幂级数, 写出收敛区间.

例1 求函数 $f(x) = \mathrm{e}^x$ 的幂级数展开式.

解 由 $f^{(n)}(x) = \mathrm{e}^x$ ($n = 1, 2, \cdots$), 得

$$f(0) = 1, \quad f^{(n)}(0) = 1 \quad (n = 1, 2, \cdots).$$

于是有

$$a_0 = 1, a_n = \frac{1}{n!}.$$

所以, 幂级数为

$$1 + x + \frac{1}{2!}x^2 + \cdots + \frac{1}{n!}x^n + \cdots.$$

用比值判别法可知它的收敛区间是 $(-\infty, +\infty)$. 所以

$$\mathrm{e}^x = 1 + x + \frac{1}{2!}x^2 + \cdots + \frac{1}{n!}x^n + \cdots \quad (-\infty < x < +\infty).$$

将 $x = 1$ 代入上式得 $\quad \mathrm{e} = 1 + 1 + \dfrac{1}{2!} + \cdots + \dfrac{1}{n!} + \cdots = \displaystyle\sum_{n=0}^{\infty} \frac{1}{n!}$.

例2 把函数 $f(x) = \sin x$ 展开为 x 的幂级数.

解 因为 $\sin x$ 的各阶导数 $f^{(n)}(x) = \sin\left(x + \dfrac{n\pi}{2}\right)$ ($n = 1, 2, \cdots$), 所以 $f^{(n)}(0)$ 依次循

环地取 $0,1,0,-1(n=0,1,2,\cdots)$.

所以,幂级数为

$$x-\frac{x^3}{3!}+\frac{x^5}{5!}-\cdots+(-1)^n\frac{x^{2n+1}}{(2n+1)!}+\cdots.$$

其收敛区间是 $(-\infty,+\infty)$. 所以,

$$\sin x=x-\frac{x^3}{3!}+\frac{x^5}{5!}-\cdots+(-1)^n\frac{x^{2n+1}}{(2n+1)!}+\cdots\quad(-\infty<x<\infty).$$

2. 间接展开法

间接展开法是利用已知函数的幂级数展开式,运用级数的运算性质,即级数的加减法或乘法运算,逐项求导或逐项积分,变量代换等方法,将函数展开成幂级数.

例 3 把函数 $f(x)=\cos x$ 展开成 x 的幂级数.

解 因为 $(\sin x)'=\cos x$, 而由例 2 知

$$\sin x=x-\frac{x^3}{3!}+\frac{x^5}{5!}-\cdots+(-1)^n\frac{x^{2n+1}}{(2n+1)!}+\cdots\quad(-\infty<x<\infty).$$

将上式两边求导,得

$$\cos x=1-\frac{x^2}{2!}+\frac{x^4}{4!}-\cdots+(-1)^n\frac{x^{2n}}{(2n)!}+\cdots\quad(-\infty<x<\infty).$$

例 4 把函数 $f(x)=\dfrac{1}{1+x^2}$ 展开成 x 的幂级数.

解 因为 $\dfrac{1}{1-x}=1+x+x^2+\cdots+x^n+\cdots\quad(-1<x<1)$,

把上式中的 x 换成 $-x^2$,得

$$\frac{1}{1+x^2}=1-x^2+x^4-\cdots+(-1)^nx^{2n}+\cdots\quad(-1<x<1).$$

注:设函数 $f(x)$ 在开区间 $(-R,R)$ 内的展开式为 $f(x)=\sum_{n=0}^{\infty}a_nx^n(-R<x<R)$,如果幂级数在该区间的端点仍收敛,而函数 $f(x)$ 在 $x=R$(或 $-R$)处有定义且连续,则根据幂级数的和函数的连续性,展开式在 $x=R$(或 $-R$)也连续.

例 5 将函数 $f(x)=\ln(1+x)$ 展开成 x 的幂级数.

解 因为 $f'(x)=\dfrac{1}{1+x}$ 是收敛的等比级数 $\sum_{n=0}^{\infty}(-1)^nx^n$ 的和函数.

$$\frac{1}{1+x}=1-x+x^2-x^3+\cdots+(-1)^nx^n+\cdots\quad(-1<x<1).$$

将上式两边由 0 到 x 积分,得

$$\ln(1+x)=x-\frac{x^2}{2}+\frac{x^3}{3}-\cdots+(-1)^n\frac{x^{n+1}}{n+1}+\cdots\quad(-1<x\leqslant1).$$

上式右端幂级数 $x=1$ 时收敛,而 $\ln(1+x)$ 在 $x=1$ 处有定义且连续,所以 $\ln(1+x)$ 展开成幂级数的收敛域为 $(-1,1]$.

例 6 将函数 $f(x)=\arctan x$ 展开成 x 的幂级数.

解 $(\arctan x)' = \dfrac{1}{1+x^2}$ 是收敛的等比级数 $\displaystyle\sum_{n=0}^{\infty}(-1)^n x^{2n}$ 的和函数,

$$\frac{1}{1+x^2} = 1 - x^2 + x^4 - \cdots + (-1)^n x^{2n} + \cdots \quad (-1 < x < 1),$$

将上式两边从 0 到 x 积分,得

$$\arctan x = x - \frac{x^3}{3} + \frac{x^5}{5} - \cdots + (-1)^n \frac{x^{2n+1}}{2n+1} + \cdots \quad (-1 < x < 1),$$

由于上式右端幂级数在 $x = \pm 1$ 时,均是收敛的交错级数,而函数 $\arctan x$ 在 $x = \pm 1$ 处有定义且连续,因此函数 $\arctan x$ 展开成幂级数为

$$\arctan x = x - \frac{x^3}{3} + \frac{x^5}{5} - \cdots + (-1)^n \frac{x^{2n+1}}{2n+1} + \cdots \quad (-1 \leqslant x \leqslant 1).$$

习题 8.5

1. 用直接展开法将下列函数展开成幂级数.

(1) $f(x) = \cos x$;　　　　　(2) $f(x) = a^x$;　　　　　(3) $f(x) = \dfrac{1}{1+x}$.

2. 用间接展开法将下列函数展开成幂级数.

(1) $f(x) = \cos x^2$;　　　　(2) $f(x) = e^{x^2}$;　　　　(3) $f(x) = \dfrac{1}{1+x^2}$.

3. 将函数 $f(x) = x\arctan x$ 展开成幂级数.

*8.6　傅里叶级数

本节将讨论由三角函数构成的函数项级数,即所谓的三角级数. 重点研究如何把函数展开成三角级数.

8.6.1　三角级数与三角函数系的正交性

1. 三角级数

一般形如

$$\frac{a_0}{2} + \sum_{n=1}^{\infty}(a_n \cos nx + b_n \sin nx) \tag{1}$$

的级数叫**三角级数**. 其中系数 a_0, a_n, b_n 都是常数.

同讨论幂级数时一样,我们要讨论三角级数(1)的收敛问题,以及给定周期为 2π 的周期函数如何把它展开成三角级数(1). 为此,首先介绍三角函数系的正交性.

2. 三角函数系的正交性

所谓三角函数系

$$1, \sin x, \cos x, \sin 2x, \cos 2x, \cdots, \sin nx, \cos nx, \cdots \tag{2}$$

在区间 $[-\pi, \pi]$ 上的**正交性**是指三角函数系(2)中任何两个不同的函数的乘积在区

间 $[-\pi,\pi]$ 上的积分为零. 即

$$\int_{-\pi}^{\pi} \sin nx\,\mathrm{d}x = 0 \qquad\qquad (n=1,2,3,\cdots).$$

$$\int_{-\pi}^{\pi} \cos nx\,\mathrm{d}x = 0 \qquad\qquad (n=1,2,3,\cdots).$$

$$\int_{-\pi}^{\pi} \sin kx\cos nx\,\mathrm{d}x = 0 \qquad\qquad (k,n=1,2,3,\cdots).$$

$$\int_{-\pi}^{\pi} \sin kx\sin nx\,\mathrm{d}x = 0 \qquad\qquad (k,n=1,2,3,\cdots,k\neq n).$$

$$\int_{-\pi}^{\pi} \cos kx\cos nx\,\mathrm{d}x = 0 \qquad\qquad (k,n=1,2,3,\cdots,k\neq n).$$

现将第 3 个等式式验证如下：

利用积化和差公式：当 $k\neq n$ 时

$$\int_{-\pi}^{\pi} \sin kx\cos nx\,\mathrm{d}x = \frac{1}{2}\int_{-\pi}^{\pi}\left[\sin(k+n)x+\sin(k-n)x\right]\mathrm{d}x$$

$$= -\frac{1}{2}\left[\frac{\cos(k+n)x}{k+n}+\frac{\cos(k-n)x}{k-n}\right]_{-\pi}^{\pi} = 0 \quad (k,n=1,2,3,\cdots;k\neq n).$$

其余等式请同学们自己予以验证.

在三角函数系 (2) 中两个相同函数的乘积在区间 $[-\pi,\pi]$ 上的积分不等于零. 即

$$\int_{-\pi}^{\pi} 1^2\,\mathrm{d}x = 2\pi$$

$$\int_{-\pi}^{\pi} \sin^2 nx\,\mathrm{d}x = \pi \qquad\qquad (n=1,2,3,\cdots).$$

$$\int_{-\pi}^{\pi} \cos^2 nx\,\mathrm{d}x = \pi \qquad\qquad (n=1,2,3,\cdots).$$

8.6.2　函数展开成傅里叶级数

1. 将定义在 $(-\infty,+\infty)$ 上周期为 2π 的函数 $f(x)$ 展开成傅里叶级数

设函数 $f(x)$ 是定义在 $(-\infty,+\infty)$ 上周期为 2π 的周期函数，并且能展开成三角级数

$$f(x) = \frac{a_0}{2} + \sum_{n=1}^{\infty}(a_n\cos nx + b_n\sin nx), \qquad\qquad (3)$$

为了能确定系数 a_0,a_n,b_n，进一步假设级数 (3) 可以逐项积分，为求 a_0，将 (3) 式两边从 $-\pi$ 到 π 逐项积分，得

$$\int_{-\pi}^{\pi} f(x)\,\mathrm{d}x = \int_{-\pi}^{\pi}\frac{a_0}{2}\mathrm{d}x + \sum_{n=1}^{\infty}\left[a_n\int_{-\pi}^{\pi}\cos nx\,\mathrm{d}x + b_n\int_{-\pi}^{\pi}\sin nx\,\mathrm{d}x\right].$$

根据三角函数系的正交性，等式右边除第一项外，其余各项都为零. 所以有

$$\int_{-\pi}^{\pi} f(x)\,\mathrm{d}x = \int_{-\pi}^{\pi}\frac{a_0}{2}\mathrm{d}x = a_0\pi,$$

于是得

$$a_0 = \frac{1}{\pi} \int_{-\pi}^{\pi} f(x) \, \mathrm{d}x.$$

为求 a_n，用 $\cos kx$ 乘（3）式两边，并且两边由 $-\pi$ 到 π 逐项积分，得

$$\int_{-\pi}^{\pi} f(x) \cos kx \mathrm{d}x = \frac{a_0}{2} \int_{-\pi}^{\pi} \cos kx \mathrm{d}x + \sum_{n=1}^{\infty} \left[a_n \int_{-\pi}^{\pi} \cos kx \cos nx \mathrm{d}x + b_n \int_{-\pi}^{\pi} \cos kx \sin nx \mathrm{d}x \right].$$

根据三角函数系正交性，等式右边只有 $k = n$ 项不为零，其余项都为零，所以

$$\int_{-\pi}^{\pi} f(x) \cos nx \mathrm{d}x = a_n \int_{-\pi}^{\pi} \cos^2 nx \mathrm{d}x = a_n \pi.$$

于是得

$$a_n = \frac{1}{\pi} \int_{-\pi}^{\pi} f(x) \cos nx \mathrm{d}x \qquad (n = 1, 2, 3, \cdots).$$

类似地，用 $\sin kx$ 乘以（3）式两边，再两边从由 $-\pi$ 到 π 逐项积分，可得

$$b_n = \frac{1}{\pi} \int_{-\pi}^{\pi} f(x) \sin nx \mathrm{d}x \qquad (n = 1, 2, 3, \cdots).$$

当 $n = 0$ 时，a_n 的表达式恰好就是 a_0 的表达式. 所以

$$a_n = \frac{1}{\pi} \int_{-\pi}^{\pi} f(x) \cos nx \mathrm{d}x \quad (n = 0, 1, 2, 3, \cdots)$$

$$b_n = \frac{1}{\pi} \int_{-\pi}^{\pi} f(x) \sin nx \mathrm{d}x \quad (n = 1, 2, 3, \cdots)$$

$$(4)$$

如果公式（4）中的积分都存在，这时由公式（4）所确定的系数 $a_0, a_1, b_1, a_2, b_2, \cdots$ 叫做函数 $f(x)$ 的**傅里叶（Fourier）系数**，代入（3）式，所得的三角级数

$$\frac{a_0}{2} + \sum_{n=1}^{\infty} (a_n \cos nx + b_n \sin nx) \tag{5}$$

称为 $f(x)$ 的**傅里叶级数**.

一个定义在 $(-\infty, +\infty)$ 上周期为 2π 的函数 $f(x)$，如果它在一个周期上可积，则一定可以作出 $f(x)$ 的傅里叶级数. 但是，函数 $f(x)$ 的傅里叶级数是否一定收敛？如果收敛，是否收敛于函数 $f(x)$？关于傅里叶级数的收敛问题，有下面的结论.

定理（狄利克雷 Dirichlet 充分条件）   设 $f(x)$ 是周期为 2π 的周期函数，如果它满足

（1）在一个周期内连续或只有有限个第一类间断点；

（2）在一个周期内至多只有有限个极值点，

则 $f(x)$ 的傅里叶级数收敛，且

当 x 是 $f(x)$ 的连续点时，级数收敛于 $f(x)$；

当 x 是 $f(x)$ 的间断点时，级数收敛于 $\frac{1}{2}[f(x-0) + f(x+0)]$.

例 1   设 $f(x)$ 是周期为 2π 的函数，它在 $[-\pi, \pi)$ 上的表达式为

$$f(x) = \begin{cases} -1, & -\pi \leq x < 0, \\ 1, & 0 \leq x < \pi. \end{cases}$$

试将 $f(x)$ 展开成傅里叶级数.

解　函数 $f(x)$ 满足收敛定理的条件,它在 $x=k\pi$　 $(k=0,\pm 1,\pm 2,\cdots)$ 处不连续,在其他点处连续,由收敛定理可知傅里叶级数收敛,且当 $x=k\pi$ 时级数收敛于

$$\frac{-1+1}{2}=\frac{1+(-1)}{2}=0.$$

当 $x\neq k\pi$ 时级数收敛于 $f(x)$. 和函数的图形见图 8-2. 计算傅里叶级数系数

$$a_n=\frac{1}{\pi}\int_{-\pi}^{\pi}f(x)\cos nx\mathrm{d}x$$

$$=\frac{1}{\pi}\left[\int_{-\pi}^{0}(-1)\cos nx\mathrm{d}x+\int_{0}^{\pi}1\cdot\cos nx\mathrm{d}x\right]=0\quad(n=0,1,2,3,\cdots),$$

$$b_n=\frac{1}{\pi}\int_{-\pi}^{\pi}f(x)\sin nx\mathrm{d}x$$

$$=\frac{1}{\pi}\left[\int_{-\pi}^{0}(-1)\sin nx\mathrm{d}x+\int_{0}^{\pi}1\cdot\sin nx\mathrm{d}x\right]$$

$$=\frac{1}{\pi}\left[\frac{\cos nx}{n}\bigg|_{0}^{\pi}+\frac{-\cos nx}{n}\bigg|_{0}^{\pi}\right]$$

$$=\frac{1}{n\pi}\left[1-\cos n\pi-\cos n\pi+1\right]$$

$$=\frac{2}{n\pi}\left[1-(-1)^n\right]=\begin{cases}\dfrac{4}{n\pi},&n=1,3,5\cdots,\\[2mm]0,&n=2,4,6\cdots.\end{cases}$$

所以 $f(x)$ 的傅里叶级数展开式为

$$f(x)=\frac{4}{\pi}\left[\sin x+\frac{\sin 3x}{3}+\cdots+\frac{\sin(2n-1)x}{2n-1}+\cdots\right],(-\infty<x<+\infty,x\neq k\pi,k\in\mathbf{Z})$$

例 2　设函数 $f(x)$ 是周期为 2π 的周期函数,它在 $[-\pi,\pi]$ 上的表达式为

$$f(x)=\begin{cases}1-x,&-\pi\leqslant x<0,\\1+x,&0\leqslant x<\pi,\end{cases}$$

将它展开成傅里叶级数.

解　函数满足收敛定理条件,且函数没有间断点,所以函数在区间 $(-\infty<x<+\infty)$ 内收敛于 $f(x)$. 和函数图形见图 8-3.

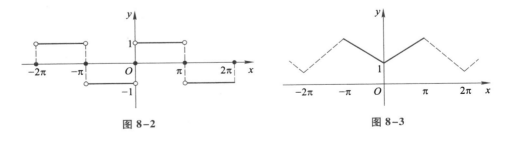

图 8-2　　　　　　　　　　　　　　　　图 8-3

傅里叶级数系数计算如下

因为 $f(-x)=f(x)$,于是 $f(x)\sin nx$ 为奇函数,所以 $b_n=0(n=1,2,3,\cdots)$.

$$a_0 = \frac{1}{\pi} \int_{-\pi}^{\pi} f(x) dx = \frac{2}{\pi} \int_0^{\pi} (1+x) dx = \frac{1}{\pi} (1+x)^2 \Big|_0^{\pi} = \pi + 2,$$

$$a_n = \frac{1}{\pi} \int_{-\pi}^{\pi} f(x) \cos nx dx = \frac{2}{\pi} \int_0^{\pi} (1+x) \cos nx dx$$

$$= \frac{2}{n\pi} \left(x \sin nx + \frac{1}{n} \cos nx + \sin nx \right) \Big|_0^{\pi}$$

$$= \frac{2}{n^2\pi} [(-1)^n - 1] = \begin{cases} -\dfrac{4}{n^2\pi}, & n = 1,3,5,\cdots, \\ 0, & n = 2,4,6,\cdots. \end{cases}$$

把上述傅里叶级数系数代入(5)式得函数 $f(x)$ 的傅里叶级数展开式为

$$f(x) = \frac{\pi}{2} + 1 - \frac{4}{\pi} \left(\cos x + \frac{\cos 3x}{3^2} + \frac{\cos 5x}{5^2} + \cdots \right) \quad (-\infty < x < +\infty).$$

例3 设 $f(x)$ 是周期为 2π 的函数，它在 $[-\pi, \pi]$ 上的表达式为

$$f(x) = \begin{cases} x, & -\pi \leq x < 0, \\ 0, & 0 \leq x < \pi, \end{cases}$$

将 $f(x)$ 展开成傅里叶级数.

解 函数满足收敛定理的条件，它在点 $x = (2k+1)\pi$ （$k = 0, \pm1, \pm2\cdots$）处不连续，在这些点处函数收敛于 $\dfrac{0+(-\pi)}{2} = \dfrac{(-\pi)+0}{2} = -\dfrac{\pi}{2}$，连续点处收敛于 $f(x)$. 和函数图形见图 8-4.

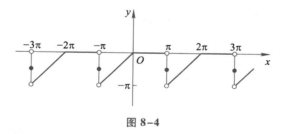

图 8-4

计算傅里叶级数系数

$$a_0 = \frac{1}{\pi} \int_{-\pi}^{\pi} f(x) dx = \frac{1}{\pi} \int_{-\pi}^0 x dx = \frac{1}{\pi} \left[\frac{x^2}{2} \right] \Big|_{-\pi}^0 = -\frac{\pi}{2},$$

$$a_n = \frac{1}{\pi} \int_{-\pi}^{\pi} f(x) \cos nx dx = \frac{1}{\pi} \int_{-\pi}^0 x \cos nx dx$$

$$= \frac{1}{\pi} \left[\frac{x \sin nx}{n} + \frac{\cos nx}{n^2} \right] \Big|_{-\pi}^0$$

$$= \frac{1}{n^2\pi} (1 - \cos n\pi) = \begin{cases} \dfrac{2}{n^2\pi}, & n = 1,3,5,\cdots, \\ 0, & n = 2,4,6,\cdots. \end{cases}$$

$$b_n = \frac{1}{\pi} \int_{-\pi}^{\pi} f(x) \sin nx \mathrm{d}x = \frac{1}{\pi} \int_{-\pi}^{0} x \cdot \sin nx \mathrm{d}x$$

$$= \frac{1}{\pi} \left[-\frac{x \cos nx}{n} + \frac{\sin nx}{n^2} \right] \Bigg|_{-\pi}^{0} = -\frac{\cos n\pi}{n} = \frac{(-1)^{n+1}}{n}.$$

将求得的上述系数代入(5)式得

$$f(x) = -\frac{\pi}{4} + \left(\frac{2}{\pi} \cos x + \sin x \right) - \frac{1}{2} \sin 2x + \left(\frac{2}{3^2\pi} \cos 3x + \frac{1}{3} \sin 3x \right) -$$

$$\frac{1}{4} \sin 4x + \left(\frac{2}{5^2\pi} \cos 5x + \frac{1}{5} \sin 5x \right) - \cdots (-\infty < x < +\infty, x \neq \pm\pi, \pm 3\pi, \cdots).$$

2. 将定义在 $[-\pi, \pi]$ 的函数 $f(x)$ 展开成傅里叶级数

设函数 $f(x)$ 在 $[-\pi, \pi]$ 上分段光滑, 但在 $[-\pi, \pi]$ 之外没有定义, 为了要在 $[-\pi, \pi]$ 上将函数 $f(x)$ 展开成傅里叶级数, 根据收敛定理, 必须将 $f(x)$ 的定义域予以扩充或修改为 $-\infty < x < +\infty$, 且使扩充或修改后的函数 $F(x)$ 成为以 2π 为周期的函数. 经过周期延拓的函数 $F(x)$ 展开成傅里叶级数后, 把结果限制在 $[-\pi, \pi]$ 内, 问题得到解决.

对函数 $f(x)$ 定义域的这种扩充或修改后的函数 $F(x)$ 成为以 2π 为周期的函数过程叫做**周期延拓**.

此时由上述三个例题可知, 当函数 $f(x)$ 展开成傅里叶级数时, 函数 $f(x)$ 是周期的奇函数, 它的傅里叶级数展开式只含有正弦项. 函数 $f(x)$ 是周期的偶函数时, 它的傅里叶级数展开式只含有余弦项. 函数 $f(x)$ 是非奇非偶的周期函数时, 它的傅里叶级数展开式中既有正弦项又有余弦项.

8.6.3　将函数展开成正弦级数(余弦级数)

一般地, 把只含有正弦项的傅里叶级数称为**正弦级数**, 只含有余弦项的傅里叶级数称为**余弦级数**.

1. 展开成正弦级数

由傅里叶级数的这一特点, 可以把仅定义在 $[0, \pi]$ 上分段光滑函数 $f(x)$ 作周期延拓, 使得周期延拓后的函数 $F(x)$ 在 $-\infty < x < +\infty$ 上成为奇函数(叫**奇延拓**), 且在 $[0, \pi]$ 上 $F(x) = f(x)$, 那么其展开成的傅里叶级数就是余弦级数. 并将结果限制在 $[0, \pi]$ 上.

2. 展开成正弦级数

由傅里叶级数的这一特点, 可以把仅定义在 $[0, \pi]$ 上分段光滑函数 $f(x)$ 作周期延拓, 使得周期延拓后的函数 $F(x)$ 在 $-\infty < x < +\infty$ 上成为偶函数(叫**偶延拓**), 且在 $[0, \pi]$ 上 $F(x) = f(x)$, 那么其展开成的傅里叶级数就是正弦级数. 并将结果限制在 $[0, \pi]$ 上.

根据收敛定理, 在区间端点 $x = \pm\pi$ 处, 级数收敛于

$$\frac{f(\pi-0) + f(\pi+0)}{2}.$$

例 4　将函数 $f(x) = \frac{\pi-x}{2} (0 \leqslant x \leqslant \pi)$ 分别展开成正弦级数和余弦级数.

解　(1) 展开成正弦级数. 对函数进行奇延拓(图 8-5)

$$b_n = \frac{2}{\pi} \int_0^\pi f(x) \sin nx \, \mathrm{d}x$$

$$= \frac{2}{\pi} \int_0^\pi \frac{\pi - x}{2} \sin nx \, \mathrm{d}x$$

$$= \frac{1}{\pi} \left[-\left(\frac{\pi - x}{n} + \frac{\sin nx}{n^2} \right) \right] \Bigg|_0^\pi$$

$$= \frac{1}{n} \, (n = 1, 2, 3, \cdots).$$

因为 $f(-x) = -f(x)$，于是 $f(x) \cos nx$ 为奇函数，所以 $a_n = 0 \,(n = 1, 2, 3, \cdots)$.

把傅里叶系数代入(5)式得函数 $f(x) = \dfrac{\pi - x}{2}$　$(0 \leqslant x \leqslant \pi)$ 的傅里叶级数展开式为

$$f(x) = \sin x + \frac{\sin 2x}{2} + \frac{\sin 3x}{3} + \cdots + \frac{\sin nx}{n} + \cdots (0 < x \leqslant \pi).$$

（2）展开成余弦级数. 对函数 $f(x)$ 进行偶延拓（如图 8-6）.

$$a_0 = \frac{1}{\pi} \int_{-\pi}^\pi f(x) \, \mathrm{d}x = \frac{2}{\pi} \int_0^\pi \frac{\pi - x}{2} \mathrm{d}x = \frac{1}{\pi} \left(\pi x - \frac{x^2}{2} \right) \Bigg|_0^\pi = \frac{\pi}{2}.$$

$$a_n = \frac{1}{\pi} \int_{-\pi}^\pi f(x) \cos nx \, \mathrm{d}x = \frac{2}{\pi} \int_0^\pi \frac{\pi - x}{2} \cos nx \, \mathrm{d}x$$

$$= \frac{\pi - x}{n\pi} \sin nx - \frac{\cos nx}{n^2 \pi} \Bigg|_0^\pi$$

$$= \frac{1}{n^2 \pi} (1 - \cos n\pi)$$

$$= \frac{1}{n^2 \pi} \left[1 - (-1)^n \right] = \begin{cases} \dfrac{2}{n^2 \pi}, & n = 1, 3, 5, \cdots, \\ 0, & n = 2, 4, 6, \cdots. \end{cases}$$

因 $f(-x) = f(x)$，于是 $f(x) \sin nx$ 为奇函数，所以 $b_n = 0 \,(n = 0, 1, 2, \cdots)$

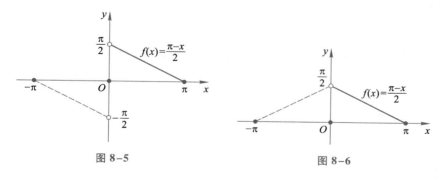

图 8-5　　　　　　　　　　　图 8-6

把上述傅里叶级数系数代入(5)式得到

$$f(x) = \frac{\pi}{4} + \frac{2}{\pi} \cdot \left(\cos x + \frac{1}{3^2} \cos 3x + \frac{1}{5^2} \cos 5x + \cdots \right) (0 < x \leqslant \pi).$$

8.6.4 周期为任意常数 $2l$ 的函数展开成傅里叶级数

前面讨论的都是以 2π 为周期的周期函数或可以作周期延拓成周期为 2π 的非周期函数展开傅里叶级数的问题,但在实际问题中,所遇到的周期函数的周期不一定是 2π,而是 $2l$,那么这类函数如何展开成傅里叶级数呢?

设 $f(x)$ 是周期为 $2l$ 的函数,可作变量代换 $t=\dfrac{\pi}{l}x$,于是

$$\varphi(t+2\pi)=f\left[\frac{l}{\pi}(t+2\pi)\right]=f\left(\frac{l}{\pi}t+2l\right)=f\left(\frac{l}{\pi}t\right)=\varphi(t).$$

又当 $x=-l$ 时,$t=-\pi$;当 $x=l$ 时,$t=\pi$.

$f(x)$ 转换成了以 2π 为周期的周期函数 $\varphi(t)$,且在 $[-\pi,\pi]$ 内,$\varphi(t)=f\left(\dfrac{l}{\pi}t\right)$.

若 $\varphi(t)$ 满足收敛条件,则 $\varphi(t)$ 可展开成傅里叶级数

$$\varphi(t)=\frac{a_0}{2}+\sum_{n=1}^{\infty}(a_n\cos nt+b_n\sin nt).$$

其中
$$a_n=\frac{1}{\pi}\int_{-\pi}^{\pi}\varphi(t)\cos nt\mathrm{d}t \quad (n=0,1,2,3,\cdots),$$

$$b_n=\frac{1}{\pi}\int_{-\pi}^{\pi}\varphi(t)\sin nt\mathrm{d}t \quad (n=1,2,3,\cdots).$$

对 $\varphi(t)$ 的傅里叶级数进行变量回代 $t=\dfrac{\pi}{l}x$,得到周期为 $2l$ 的函数 $f(x)$ 的傅里叶级数展开式

$$f(x)=\frac{a_0}{2}+\sum_{n=1}^{\infty}\left(a_n\cos\frac{n\pi x}{l}+b_n\sin\frac{n\pi x}{l}\right), \tag{6}$$

其中系数 a_n,b_n 为

$$\begin{cases} a_n=\dfrac{1}{l}\displaystyle\int_{-l}^{l}f(x)\cos\dfrac{n\pi x}{l}\mathrm{d}x & (n=0,1,2,3,\cdots), \\[3mm] b_n=\dfrac{1}{l}\displaystyle\int_{-l}^{l}f(x)\sin\dfrac{n\pi x}{l}\mathrm{d}x & (n=1,2,3,\cdots). \end{cases} \tag{7}$$

例 5 设 $f(x)$ 是周期为 4 的函数,它在 $[-2,2)$ 的表达式为

$$f(x)=\begin{cases} 0, & -2\leqslant x<0, \\ k, & 0\leqslant x<2, \end{cases}$$

常数 $k\neq0$,将函数 $f(x)$ 展开成傅里叶级数.

解 $2l=4$, $l=2$,按照公式 (7) 计算

$$a_0=\frac{1}{2}\int_{-2}^{2}f(x)\mathrm{d}x=\frac{1}{2}\int_{0}^{2}k\mathrm{d}x=\frac{1}{2}kx\Big|_{0}^{2}=k.$$

$$a_n=\frac{1}{2}\int_{-2}^{2}f(x)\cos\frac{n\pi x}{2}\mathrm{d}x=\frac{1}{2}\int_{0}^{2}k\cos\frac{n\pi x}{2}\mathrm{d}x=\frac{k}{n\pi}\sin\frac{n\pi x}{2}\Big|_{0}^{2}=0.$$

$$b_n = \frac{1}{2}\int_{-2}^{2} f(x)\sin\frac{n\pi x}{2}\mathrm{d}x = \frac{1}{2}\int_{0}^{2} k\sin\frac{n\pi x}{2}\mathrm{d}x$$

$$= -\frac{k}{n\pi}\cos\frac{n\pi x}{2}\Big|_{0}^{2} = \frac{k}{n\pi}(1-\cos n\pi)$$

$$= \frac{k}{n\pi}\left[1-(-1)^{n}\right] = \begin{cases} \dfrac{2k}{n\pi}, & n=1,3,5,\cdots, \\ 0, & n=2,4,6,\cdots. \end{cases}$$

把傅里叶级数系数代入(6)式得到函数 $f(x)$ 的傅里叶级数展开式为

$$f(x) = \frac{k}{2} + \frac{2k}{\pi}\left(\sin\frac{\pi x}{2} + \frac{1}{3}\sin\frac{3\pi x}{2} + \frac{1}{5}\sin\frac{5\pi x}{2} + \cdots\right)$$

$$(-\infty < x < +\infty, x \neq 0, \pm 2, \pm 4, \cdots)$$

在 $x=0,\pm 2,\pm 4,\cdots$ 处收敛于 $\dfrac{k}{2}$.

习题 8.6

1. 填空题.

（1）将周期为 2π 的函数 $f(x)$ 展开成傅里叶级数中,当 $f(x)$ 为奇函数时,系数 _____ $=0$;当 $f(x)$ 为偶函数时,系数 _____ $=0$.

（2）若周期为 2π 的函数 $f(x)$ 的傅里叶级数收敛,当 x 为连续点时,傅里叶级数收敛于 _____;当 x 为第一间断点时,傅里叶级数收敛于 _____.

2. 将下列周期为 2π 的函数 $f(x)$ 展开成傅里叶级数.

（1）$f(x)=x,x\in(-\pi,\pi)$;

（2）$f(x)=|\sin x|,x\in(-\pi,\pi)$　（函数图形为交流电压经全波整流得出的波形）;

（3）$f(x)=\begin{cases} E_0\sin x, & 0\leqslant x\leqslant\pi, \\ 0, & -\pi\leqslant x<0, \end{cases} x\in[-\pi,\pi]$（$E_0$ 为常数,函数图形是交流电压经半波整流得出的波形）.

3. 将下列函数按要求展开成傅里叶级数.

（1）$f(x)=\mathrm{e}^x,x\in(0,\pi)$ 展开为余弦级数;

（2）$f(x)=\dfrac{\pi}{4}-\dfrac{x}{2},x\in(0,\pi)$ 展开为正弦级数;

4. 将 $f(x)=|x|$,在 $(-l,l)$ 内展开成以 $2l$ 为周期的傅里叶级数.

8.7　数学实验　无穷级数

8.7.1　学习 MATLAB 命令

1. MATLAB 软件提供 symsum 函数用于求级数的和,调用格式如下:

```
syms n x
f=f(n, x)
```

symsum(f,n,a,b)

f 为级数的通项表达式,n 是通项中的求和变量,a 和 b 分别为求和变量的起点和终点,如果 a,b 省略,则 n 从 0 变到 n-1,如果 n 也省略,则系统对 f 中的默认变量求和.

2. MATLAB 软件提供 taylor 函数用于求一个函数的泰勒展开式,调用格式如下:

syms x

f=f(x)

taylor(f, n, x, a)

f 为待展开的函数表达式,n 为展开项数,即最高次数为 n-1,省略时默认为展开 6 项,即 5 次幂,x 是 f 中的变量,a 为函数的展开点,省略时默认为在 0 点展开,即麦克劳林展开.

8.7.2 实验内容

例 1 判断 $\sum_{n=1}^{\infty} \dfrac{1}{n}$ 是否收敛.

解 使用 symsum(f, n, a, b) 格式的命令,在命令窗口中操作如图 8-7 所示.

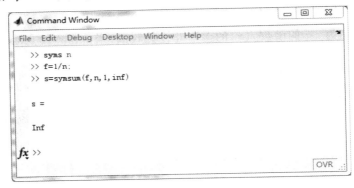

图 8-7

即计算结果为:级数 $\sum_{n=1}^{\infty} \dfrac{1}{n}$ 发散.

例 2 判断 $\sum_{n=1}^{\infty} \dfrac{1}{(2n-1)(2n+1)}$ 是否收敛.

解 使用 symsum(f, n, a, b) 格式的命令,在命令窗口中操作如图 8-8 所示.

即计算结果为:级数 $\sum_{n=1}^{\infty} \dfrac{1}{(2n-1)(2n+1)}$ 收敛,且收敛于 $\dfrac{1}{2}$.

例 3 判断 $\sum_{n=1}^{\infty} \dfrac{(-1)^{n-1}}{2^n}$ 是否收敛.

解 使用 symsum(f, n, a, b) 格式的命令,在命令窗口中操作如图 8-9 所示.

即计算结果为:级数 $\sum_{n=1}^{\infty} \dfrac{(-1)^{n-1}}{2^n}$ 收敛,且级数的和为 $\dfrac{1}{3}$.

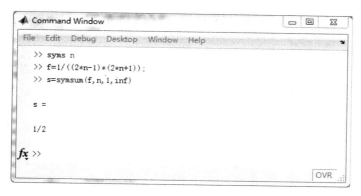

图 8-8

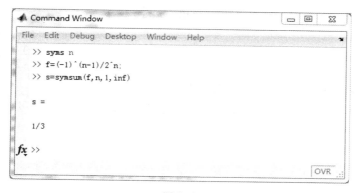

图 8-9

例 4 判断幂级数 $\displaystyle\sum_{n=1}^{\infty}(-1)^n x^n$ 的收敛性,并求出收敛区间与和函数.

解 使用 symsum(f, n, a, b)格式的命令,在命令窗口中操作如图 8-10 所示.

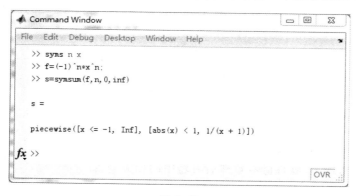

图 8-10

即计算结果为:当 $|x|<1$ 时,级数 $\displaystyle\sum_{n=0}^{\infty}(-1)^n x^n$ 收敛,且和函数为 $\dfrac{1}{1+x}$.

例 5 判断幂级数 $\displaystyle\sum_{n=1}^{\infty}\frac{n}{2^n}x^{2n}$ 的收敛性,并求出收敛区间与和函数.

解 使用 symsum(f, n, a, b)格式的命令,在命令窗口中操作如图 8-11 所示.

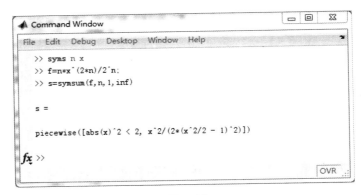

图 8-11

即计算结果为:当 $|x| < \sqrt{2}$ 时,级数 $\sum_{n=1}^{\infty} \dfrac{n}{2^n} x^{2n}$ 收敛,且和函数为 $\dfrac{2x^2}{(x^2-2)^2}$.

例 6 求函数 e^x 在 $x=0$ 处的三阶展开式.

解 使用 taylor(f, n, x, a)格式的命令,在命令窗口中操作如图 8-12 所示.

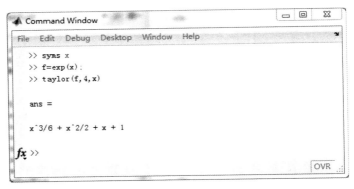

图 8-12

即函数 e^x 在 $x=0$ 处的三阶展开式为: $\dfrac{x^3}{6} + \dfrac{x^2}{2} + x + 1$.

8.7.3 上机实验

1. 上机验证上面各例;

2. 运用 MATLAB 软件做本章课后习题中的相关题目.

单元检测题 8

1. 填空题.

(1) 级数 $\dfrac{1}{1\times 4} + \dfrac{1}{4\times 7} + \dfrac{1}{7\times 10} + \cdots + \dfrac{1}{(3n-2)\times(3n+1)} + \cdots$ 的和是_____.

（2）级数 $\sum\limits_{n=1}^{\infty} u_n$ 收敛的必要条件是_____.

（3）当 p __ 1 时，级数 $\sum\limits_{n=1}^{\infty} \dfrac{1}{n^p}$ 收敛；当 p __ 1 时，级数 $\sum\limits_{n=1}^{\infty} \dfrac{1}{n^p}$ 发散.

（4）若级数 $\sum\limits_{n=1}^{\infty} |u_n|$ 收敛，则级数 $\sum\limits_{n=1}^{\infty} u_n$ 一定_____；若级数 $\sum\limits_{n=1}^{\infty} u_n$ 条件收敛，则级数 $\sum\limits_{n=1}^{\infty} |u_n|$ 一定_____.

（5）函数 $f(x)=\mathrm{e}^x$ 展开成麦克劳林级数为_____.

2. 单项选择题.

（1）设 $\sum\limits_{n=1}^{\infty} u_n$ 与 $\sum\limits_{n=1}^{\infty} v_n$ 均为正项级数，且 $u_n \leqslant v_n (n=1,2,\cdots)$，则下列命题正确的是（　　）.

A. 若 $\sum\limits_{n=1}^{\infty} u_n$ 收敛，则 $\sum\limits_{n=1}^{\infty} v_n$ 也收敛　　　　B. 若 $\sum\limits_{n=1}^{\infty} u_n$ 收敛，则 $\sum\limits_{n=1}^{\infty} v_n$ 也发散

C. 若 $\sum\limits_{n=1}^{\infty} v_n$ 收敛，则 $\sum\limits_{n=1}^{\infty} u_n$ 也收敛　　　　D. 若 $\sum\limits_{n=1}^{\infty} v_n$ 发散，则 $\sum\limits_{n=1}^{\infty} u_n$ 也发散

（2）下列级数收敛的是（　　）.

A. $\sum\limits_{n=1}^{\infty} (-1)^n$　　　　B. $\sum\limits_{n=1}^{\infty} 0.001$　　　　C. $\sum\limits_{n=1}^{\infty} \dfrac{1}{\sqrt{n}}$　　　　D. $\sum\limits_{n=1}^{\infty} \dfrac{(-1)^n}{n}$

（3）幂级数 $\sum\limits_{n=1}^{\infty} \dfrac{x^{2n}}{2^n}$ 的收敛半径是（　　）.

A. 2　　　　　　　B. $\dfrac{1}{2}$　　　　　　C. $\sqrt{2}$　　　　　D. $\dfrac{\sqrt{2}}{2}$

（4）幂级数 $\sum\limits_{n=1}^{\infty} \dfrac{x^n}{n}$ 的收敛域是（　　）.

A. $[-1,1)$　　　　B. $[-1,1]$　　　　C. $(-1,1)$　　　D. $(-1,1]$

（5）幂级数 $\sum\limits_{n=1}^{\infty} \dfrac{x^n}{n}$ 的和函数是（　　）.

A. $\ln(1+x)$　　　B. $\ln(1-x)$　　　C. $\dfrac{1}{(1-x)^2}$　　　D. $-\dfrac{1}{(1+x)^2}$

3. 判断下列级数的敛散性.

（1）$\sum\limits_{n=1}^{\infty} \dfrac{n^2}{3^n}$；　　　　　　　　　　　　（2）$\sum\limits_{n=1}^{\infty} \dfrac{2^n n!}{n^n}$.

4. 判断下列级数的是绝对收敛、条件收敛还是发散.

（1）$\sum\limits_{n=1}^{\infty} (-1)^n \sin \dfrac{\pi}{2^n}$；　　　　　　　　（2）$\sum\limits_{n=1}^{\infty} (-1)^n \dfrac{1}{\sqrt{n}}$.

5. 求幂级数 $\sum\limits_{n=1}^{\infty} nx^{n-1}$ 的和函数及 $\sum\limits_{n=1}^{\infty} \dfrac{n}{2^n}$ 的和.

数学小故事

"能画出都有公共边界的五个区域吗?"——四色问题

四色问题又称四色猜想,它与哥德巴赫猜想、费马大定理称为是世界近代三大数学难题.它也被称为"世界最迷人数学难题"之一.

凯莱

"四色问题"源于"一个国王的遗嘱".从前有个国王,因担心自己死后五个儿子会因争夺土地而互相残杀,临终前立下遗嘱:他死后请孩子们将国土划分为五个区域,每人一块,形状任意,但任意一块区域必须与其他四块土地都有公共边界.如果在划分疆土时遇到困难,可以打开锦囊寻找答案.国王死后,孩子们开始设法按照遗嘱划分国土,但绞尽脑汁,仍没能如愿划分,无奈之下,他们打开了国王留下的锦囊,在锦囊中他们只找到一封国王的亲笔信,信中嘱托五位王子要精诚团结,不要分裂,合则存,分则亡.

这个故事告诉我们,在平面上,使得任一区域都与其他四个区域有公共边界的五个区域可能是不存在的.因此,可以猜想:在平面上绘制任一地图,最多只要四种颜色就够了.

四色猜想的提出来自英国.1852 年,毕业于伦敦大学的弗朗西斯·格思里毕业后在从事地图的着色工作时,发现了一种有趣的现象:"每幅地图都可以用四种颜色着色,使得有共同边界的国家都被着上不同的颜色."很明显,三种颜色不会满足条件,而且也不难证明五种颜色满足条件且绰绰有余.这个现象能不能从数学上加以严格证明呢? 他和他的兄弟弗雷德里克·格思里及格思里的老师,著名数学家奥古斯·德·摩根,与摩根的好友,著名数学家哈密顿也没有找到解决这个问题的途径.

1872 年,英国当时最著名的数学家亚瑟·凯莱正式向伦敦数学学会提出了这个问题,于是四色猜想成了世界数学界关注的问题.直到 1976 年四色猜想才最终由美国人肯尼斯·阿佩尔和沃尔夫冈·哈肯用计算机完成了证明.他们得到了科赫在算法工作上的支持.证明方法将地图上的无限种可能情况归纳为 1 936 种状态(稍后减少为 1 476 种),这些状态由电脑一个接一个进行检查,并由不同的程序和电脑进行了独立的复检.在 1996 年,尼尔·罗伯逊、丹尼尔·桑德斯、保罗·西蒙和罗宾·托马斯使用了一种类似的证明方法,检查了 633 种特殊情况.这一新证明也使用了电脑,如果由人工来检查的话是不切实际的.四色定理是第一个主要由电脑证明的理论,这一证明并不被所有的数学家接受,因为采用的方法不能由人工直接验证.最终,人们必须对电脑编译的正确性以及运行这一程序的硬件设备充分信任.主要是因为此证明缺乏数学应有的规范,以至于有人这样评论"一个好的数学证明应当像一首诗——而这纯粹是一本电话簿!"

一百多年来数学家们为证明这个猜想付出了艰苦的努力,所引进的概念与方法刺激了拓扑学与图论的产生和发展.

拉普拉斯变换 第 **9** 章

本章导读

所谓积分变换就是通过积分运算,把一个函数变成另一个函数的变换.即把某函数类 A 中任意的函数 $f(x)$,乘一个确定的二元函数 $K(x,s)$,然后计算积分,即

$$F(s) = \int_a^b f(x)K(x,s)\,\mathrm{d}x,$$

这样,便变成了另一个函数类 B 中的函数 $F(s)$,其中积分域是确定的. $K(x,s)$ 的形式决定着变换的不同名称,通常把 $K(x,s)$ 称作**核**,把 $f(x)$ 称作**像原函数**,把 $F(s)$ 称作 $f(x)$ 的**像函数**.在一定的条件下,它们是一一对应的,并且变换是可逆的.

用积分变换去解微分方程或其他方程,是基于这样的一种想法:假若不容易从原方程中直接求得未知解 x,那么,便去求它的某种变换的像函数 X,然后由求得的 X 去找 x.这样的变换选择,当然应当使得后者更容易求出未知解 x.下列结构图 9-1 清晰表述了积分变换的基本思想.

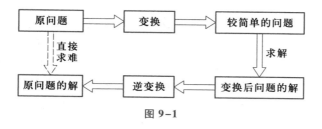

图 9-1

在初等数学里,也有类似作法.例如解代数方程: $e^{2x} - 3e^x + 2 = 0$,作代换 $X = e^x$,求出 X,然后利用对数求未知解 x.从上例中我们得到的启示是:

1. 对特定的方程,必须选用适宜的变换;

2. 对变换应制成备查用的变换表.

常用的积分变换有:拉普拉斯变换与傅里叶变换.积分变换在数学上主要用于解常微分方程,偏微分方程以及卷积与普通乘积之间的转化;在工程上,主要用于频谱分

析、信号分析、线性系统分析等. 本章主要学习拉普拉斯变换.

9.1 拉普拉斯变换的概念与性质

9.1.1 拉普拉斯变换的概念

在数学中,经常利用某种运算,先把复杂的问题变换为比较简单的问题,然后求解,再由此求其逆运算就可得到原问题的解,如代数中的换元法解方程、对数运算以及解析几何中的坐标变换. 本节将要介绍基于这种思想来解决有关问题的拉普拉斯变换.

定义 设函数 $f(t)$ 定义在 $t \geqslant 0$ 上,若反常积分

$$\int_0^{+\infty} f(t) e^{-st} dt$$

收敛,则此积分就确定了一个参变量 s 的函数,记为 $F(s)$,即

$$F(s) = \int_0^{+\infty} f(t) e^{-st} dt.$$

则称 $F(s)$ 为 $f(t)$ 的**拉普拉斯变换**(或**像函数**),记作

$$\mathscr{L}[f(t)] = F(s).$$

若 $F(s)$ 是 $f(t)$ 的拉普拉斯变换,则称 $f(t)$ 为 $F(s)$ 的**拉普拉斯逆变换**(或**像原函数**),记作

$$\mathscr{L}^{-1}[F(s)] = f(t).$$

关于拉普拉斯变换的定义,作如下说明:

(1) 在拉普拉斯变换的定义中,只要求函数 $f(t)$ 在当 $t \geqslant 0$ 时有定义,为了方便,以后总假定当 $t < 0$ 时 $f(t) \equiv 0$. 这种假定是符合实际情况的,在一个物理过程中,研究过程一般总是从时间 $t = 0$ 开始的,当 $t < 0$ 时,过程还未发生,所以表示过程的函数取零值.

(2) 在许多实际问题中,拉普拉斯变换式中的参数 s 是在复数范围内取值的,即 $s = \sigma + \omega i$,为运用的方便,本章只讨论 s 为实数的情形.

(3) 拉普拉斯变换是一种积分变换,是将给定的函数 $f(t)$ 通过拉普拉斯积分转换成一个新的函数 $F(s)$. 一般说来,在工程技术中所遇到的函数,它的拉普拉斯变换总是存在的. 如单位阶跃函数,指数函数,正弦余弦函数等的拉普拉斯变换都存在.

例 1 常函数 $f(t) = 1(t \geqslant 0)$ 的拉普拉斯变换.

解 $\mathscr{L}[f(t)] = \int_0^{+\infty} e^{-st} dt = \lim_{T \to +\infty} \int_0^T e^{-st} dt = \lim_{T \to +\infty} \left(\frac{1}{s} - \frac{e^{-sT}}{s} \right).$

当 $s < 0$ 时,反常积分发散.

当 $s > 0$ 时,反常积分收敛于 $\frac{1}{s}$,常函数 $f(t) = 1$ 的拉普拉斯变换为

$$\mathscr{L}[1] = \frac{1}{s} \quad (s > 0).$$

几种常用函数的拉普拉斯变换:

1. 指数函数的拉普拉斯变换

由拉普拉斯变换定义可以推出**指数函数** $f(t) = e^{at}$(a 为常数)的拉普拉斯变换为

$$\mathscr{L}[e^{at}] = \int_0^{+\infty} e^{at} e^{-st} dt = \int_0^{+\infty} e^{-(s-a)t} dt$$

$$= \left[-\frac{e^{-(s-a)t}}{s-a} \right]_0^{+\infty} = \frac{1}{s-a} \quad (s > a).$$

2. 斜坡函数的拉普拉斯变换

由拉普拉斯变换定义可以推出**斜坡函数** $f(t) = t$ 的拉普拉斯变换为

$$\mathscr{L}[t] = \int_0^{+\infty} t e^{-st} dt = -\frac{1}{s} [t e^{-st}]_0^{+\infty} + \frac{1}{s} \int_0^{+\infty} e^{-st} dt$$

$$= \frac{1}{s} \left[-\frac{e^{-st}}{s} \right]_0^{+\infty} = \frac{1}{s^2} \quad (s > 0).$$

3. 三角函数的拉普拉斯变换

由拉普拉斯变换定义可以推出**正弦函数** $f(t) = \sin \omega t$ 的拉普拉斯变换为

$$\mathscr{L}[\sin \omega t] = \int_0^{+\infty} \sin \omega t \cdot e^{-st} dt = \left[-\frac{e^{-st}(s \sin \omega t + \omega \cos \omega t)}{s^2 + \omega^2} \right]_0^{+\infty}$$

$$= \frac{\omega}{s^2 + \omega^2} \quad (s > 0).$$

同理,可以推出**余弦函数** $f(t) = \cos \omega t$ 的拉普拉斯变换为

$$\mathscr{L}[\cos \omega t] = \frac{s}{s^2 + \omega^2} \quad (s > 0).$$

4. 单位阶跃函数的拉普拉斯变换

分段函数 $u(t) = \begin{cases} 0, & t < 0 \\ 1, & t \geq 0 \end{cases}$,称为**单位阶跃函数**,其拉普拉斯变换为

$$\mathscr{L}[u(t)] = \int_0^{+\infty} u(t) e^{-st} dt$$

$$= \int_0^{+\infty} 1 \cdot e^{-st} dt = \frac{1}{s} \quad (s > 0).$$

5. 单位脉冲函数(δ 函数)的拉普拉斯变换

在物理和工程技术中,常常遇到具有冲击性质的量,也就是集中在某一瞬间内的作用量,例如在机械系统中要研究在冲击力作用后的运动状态,在线性电路中要研究接脉冲电压后所产生的电流分布等.研究此类问题会涉及单位脉冲函数(δ 函数).

δ 函数是一个广义函数,没有通常意义下的"函数值",因此不能用"值的对应关系"来定义.工程上通常将它定义为一个函数序列的极限,例如将 δ **函数定义**为

$$\delta_\varepsilon(t) = \begin{cases} 0, & t < 0, \\ \dfrac{1}{\varepsilon}, & 0 \leq t \leq \varepsilon, \\ 0, & t > \varepsilon, \end{cases}$$

当 $\varepsilon \to 0^+$ 时的极限,即

$$\delta(t) = \lim_{\varepsilon \to 0^+} \delta_\varepsilon(t).$$

根据拉普拉斯变换的定义,即可推出 δ **函数**的拉普拉斯变换为

$$\mathscr{L}[\delta(t)] = \int_0^{+\infty} \delta(t)\,\mathrm{e}^{-st}\,\mathrm{d}t = \int_0^\varepsilon \delta(t)\,\mathrm{e}^{-st}\,\mathrm{d}t + \int_\varepsilon^{+\infty} \delta(t)\,\mathrm{e}^{-st}\,\mathrm{d}t$$

$$= \int_0^\varepsilon \left(\lim_{\varepsilon \to 0^+} \frac{1}{\varepsilon}\right)\mathrm{e}^{-st}\,\mathrm{d}t = \lim_{\varepsilon \to 0^+}\int_0^\varepsilon \frac{1}{\varepsilon}\mathrm{e}^{-st}\,\mathrm{d}t$$

$$= \lim_{\varepsilon \to 0^+}\frac{1}{\varepsilon}\left[-\frac{\mathrm{e}^{-st}}{s}\right]_0^\varepsilon = \frac{1}{s}\lim_{\varepsilon \to 0^+}\frac{1-\mathrm{e}^{-s\varepsilon}}{\varepsilon} = \frac{s}{s} = 1.$$

以上是我们常用函数的拉普拉斯变换,为了方便查公式,将常用函数的拉普拉斯变换列为一个简表(见表 9-1).

表 9-1 常用函数的拉普拉斯变换

序号	$f(t)$	$F(s)$	序号	$f(t)$	$F(s)$
1	1	$\dfrac{1}{s}$	11	$\sin(\omega t + \varphi)$	$\dfrac{s\sin\varphi + \omega\cos\varphi}{s^2 + \omega^2}$
2	t	$\dfrac{1}{s^2}$	12	$\cos(\omega t + \varphi)$	$\dfrac{s\cos\varphi - \omega\sin\varphi}{s^2 + \omega^2}$
3	t^n	$\dfrac{n!}{s^{n+1}}$	13	$t\sin\omega t$	$\dfrac{2\omega s}{(s^2 + \omega^2)^2}$
4	$\delta(t)$	1	14	$t\cos\omega t$	$\dfrac{s^2 - \omega^2}{(s^2 + \omega^2)^2}$
5	$u(t)$	$\dfrac{1}{s}$	15	$\mathrm{e}^{at} \cdot \sin\omega t$	$\dfrac{\omega}{(s-a)^2 + \omega^2}$
6	e^{at}	$\dfrac{1}{s-a}$	16	$\mathrm{e}^{at} \cdot \cos\omega t$	$\dfrac{s-a}{(s-a)^2 + \omega^2}$
7	$t\mathrm{e}^{at}$	$\dfrac{1}{(s-a)^2}$	17	$\mathrm{sh}\,\omega t$	$\dfrac{\omega}{s^2 - \omega^2}$
8	$t^n \cdot \mathrm{e}^{at}$	$\dfrac{n!}{(s-a)^{n+1}}$	18	$\mathrm{ch}\,\omega t$	$\dfrac{s}{s^2 - \omega^2}$
9	$\sin\omega t$	$\dfrac{\omega}{s^2 + \omega^2}$	19	$2\sqrt{\dfrac{t}{\pi}}$	$\dfrac{1}{s\sqrt{s}}$
10	$\cos\omega t$	$\dfrac{s}{s^2 + \omega^2}$	20	$\dfrac{1}{\sqrt{\pi t}}$	$\dfrac{1}{\sqrt{s}}$

9.1.2 拉普拉斯变换的性质

性质 1(线性性质) 若 a, b 是常数,且 $\mathscr{L}[f_1(t)] = F_1(s)$,$\mathscr{L}[f_2(t)] = F_2(s)$,则

$$\mathscr{L}[af_1(t) + bf_2(t)] = a\mathscr{L}[f_1(t)] + b\mathscr{L}[f_2(t)]$$

$$= aF_1(s) + bF_2(s).$$

此性质由拉普拉斯变换的定义和积分性质很容易证明.

例 2 计算双曲函数的拉普拉斯变换.

解 由拉普拉斯变换的线性性质知

$$\mathscr{L}[\,\mathrm{sh}at\,]=\mathscr{L}\left[\frac{\mathrm{e}^{at}-\mathrm{e}^{-at}}{2}\right]=\frac{1}{2}\mathscr{L}[\,\mathrm{e}^{at}\,]-\frac{1}{2}\mathscr{L}[\,\mathrm{e}^{-at}\,],$$

由表 9-1 知

$$\mathscr{L}[\,\mathrm{e}^{at}\,]=\frac{1}{s-a}\quad(s>a),$$

$$\mathscr{L}[\,\mathrm{e}^{-at}\,]=\frac{1}{s+a}\quad(s>-a),$$

故

$$\mathscr{L}[\,\mathrm{sh}at\,]=\frac{a}{s^2-a^2}\quad(s>|a|).$$

类似地有

$$\mathscr{L}[\,\mathrm{ch}at\,]=\frac{s}{s^2-a^2}\quad(s>|a|).$$

性质 2(平移性质) 若 $\mathscr{L}[f(t)]=F(s)$,则有

$$\mathscr{L}[\,\mathrm{e}^{at}f(t)\,]=F(s-a)(a\text{ 为常数}).$$

证明 由拉普拉斯变换的定义,有

$$\mathscr{L}[\,\mathrm{e}^{at}f(t)\,]=\int_0^{+\infty}\mathrm{e}^{at}f(t)\mathrm{e}^{-st}\mathrm{d}t=\int_0^{+\infty}f(t)\mathrm{e}^{-(s-a)t}\mathrm{d}t=F(s-a).$$

这个性质指出:从图像上讲,$f(t)$ 乘以 e^{at} 的拉普拉斯变换等于 $F(s)$ 作位移 $|a|$ 个单位,因此这个性质也称为**位移性质**.

例 3 求 $\mathscr{L}[\,\mathrm{e}^{5t}\cos 2t\,]$ 的拉普拉斯变换.

解 因 $\mathscr{L}[\cos 2t]=\dfrac{s}{s^2+2^2}$,由平移性质知,

$$\mathscr{L}[\,\mathrm{e}^{5t}\cos 2t\,]=\frac{s-5}{(s-5)^2+2^2}\quad(s>5).$$

性质 3(延滞性质) 设 $\mathscr{L}[f(t)]=F(s)$,则

$$\mathscr{L}[f(t-a)]=\mathrm{e}^{-as}F(s)\quad(a>0).$$

证明 由拉普拉斯变换定义,有

$$\mathscr{L}[f(t-a)]=\int_0^{+\infty}f(t-a)\mathrm{e}^{-st}\mathrm{d}t=\int_0^{a}f(t-a)\mathrm{e}^{-st}\mathrm{d}t+\int_a^{+\infty}f(t-a)\mathrm{e}^{-st}\mathrm{d}t.$$

因 $t<a$ 时,$t-a<0$,所以 $f(t-a)\equiv0$,故上式右端第一个积分为零,对于第二个积分,令 $t-a=u$,则

$$\mathscr{L}[f(t-a)]=\int_0^{+\infty}f(u)\mathrm{e}^{-s(a+u)}\mathrm{d}u=\mathrm{e}^{-as}\int_0^{+\infty}f(u)\mathrm{e}^{-su}\mathrm{d}u=\mathrm{e}^{-as}F(s).$$

这个性质指出:从图像上讲,$F(s)$ 乘以 e^{-as} 的拉普拉斯逆变换等于 $f(t)$ 的图像沿 t 轴向右平移个 a 单位,而 $f(t-a)$ 表示函数 $f(t)$ 在时间上滞后 a 的函数,所以这个性质称为延滞性质.

例 4 求函数 $u(t-a)=\begin{cases}0,&t<a,\\1,&t\geq a\end{cases}$ 的拉普拉斯变换.

单位阶跃函数为 $u(t)=\begin{cases}0,&t<0,\\1,&t\geq0,\end{cases}$ 可以知道,函数 $u(t)$ 是从 $t=0$ 开始的,而函数 $u(t-a)$ 表示从 $t=a$ 开始的,故由延滞性质可求出其拉普拉斯变换.

解　因为 $\mathscr{L}[u(t)] = \dfrac{1}{s}$，所以由延滞性质，有

$$\mathscr{L}[u(t-a)] = \frac{1}{s}\mathrm{e}^{-as}.$$

例 5　求 $f(t) = tu(t) + (t-a)u(t-a) + au(t-a)$ 的拉普拉斯变换.

解　对于单位阶跃函数

$$u(t) = \begin{cases} 0, & t<0, \\ 1, & t\geqslant 0. \end{cases}$$

当 $t\geqslant 0$ 时，$f(t)u(t) = f(t)$. 这里单位阶跃函数 $u(t)$ 起了"1"的作用，故当 $t\geqslant 0$ 时，$tu(t) = t$. 由延滞性质，有

$$
\begin{aligned}
F(s) &= \mathscr{L}[f(t)] \\
&= \mathscr{L}[tu(t)] + \mathscr{L}[(t-a)u(t-a)] + a\mathscr{L}[u(t-a)] \\
&= \frac{1}{s^2} + \frac{1}{s^2}\mathrm{e}^{-as} + \frac{a}{s}\mathrm{e}^{-as}.
\end{aligned}
$$

性质 4（微分性质）

（1）像原函数的微分性质　若 $\mathscr{L}[f(t)] = F(s)$，则
$$\mathscr{L}[f'(t)] = sF(s) - f(0);$$

（2）像函数的微分性质　若 $\mathscr{L}[f(t)] = F(s)$，则
$$\mathscr{L}[tf(t)] = -F'(s).$$

证明　（1）由拉普拉斯变换的定义

$$
\begin{aligned}
\mathscr{L}[f'(t)] &= \int_0^{+\infty} f'(t)\mathrm{e}^{-st}\mathrm{d}t = \int_0^{+\infty} \mathrm{e}^{-st}\mathrm{d}f(t) \\
&= [f(t)\mathrm{e}^{-st}]_0^{+\infty} + s\int_0^{+\infty} f(t)\mathrm{e}^{-st}\mathrm{d}t \\
&= 0 - f(0) + s\mathscr{L}[f(t)] \\
&= sF(s) - f(0);
\end{aligned}
$$

性质 4 的（2）证明略.

推论 1　若 $\mathscr{L}[f(t)] = F(s)$，则有
$$\mathscr{L}[f^{(n)}(t)] = s^n F(s) - s^{n-1}f(0) - s^{n-2}f'(0) - \cdots - f^{(n-1)}(0),$$

特别地，当初值 $f(0) = f'(0) = \cdots = f^{(n-1)}(0) = 0$ 时，有
$$\mathscr{L}[f^{(n)}(t)] = s^n F(s) \quad (n = 1, 2, \cdots).$$

推论 2　若 $\mathscr{L}[f(t)] = F(s)$，则
$$\mathscr{L}[t^n f(t)] = (-1)^n F^{(n)}(s).$$

利用该微分性质，可将函数的微分运算化为代数运算，微分方程化为代数方程，这是拉普拉斯变换的一个重要特性.

例 6　已知 $f(t) = \mathrm{e}^{-3t}$，求其一阶、二阶导数的拉普拉斯变换.

解　因为 $\mathscr{L}[f(t)] = \mathscr{L}[\mathrm{e}^{-3t}] = \dfrac{1}{s+3}$，所以由微分性质，得

$$\mathscr{L}[f'(t)] = sF(s) - f(0) = \frac{s}{s+3} - 1 = -\frac{3}{s+3}$$

$$\mathcal{L}[f''(t)] = s^2 F(s) - sf(0) - f'(0)$$
$$= \frac{s^2}{s+3} - s - (-3) = \frac{9}{s+3}.$$

例 7 求函数 $f(t) = t \cdot \sin \omega t$ 的拉普拉斯变换.

9.1 例 7

解 因为 $\mathcal{L}[\sin \omega t] = \dfrac{\omega}{s^2+\omega^2} = F(s)$ ，由拉普拉斯变换的性质，所以

$$F'(s) = \mathcal{L}[-tf(t)] = \mathcal{L}[-t\sin \omega t] = -\mathcal{L}[t\sin \omega t],$$

于是

$$\mathcal{L}[t\sin \omega t] = -F'(s) = -\left(\frac{\omega}{s^2+\omega^2}\right)' = \frac{2s\omega}{(s^2+\omega^2)^2}.$$

性质 5（积分性质）

（1）像原函数的积分性质　若 $\mathcal{L}[f(t)] = F(s)$ ，则

$$\mathcal{L}\left[\int_0^t f(t)\,\mathrm{d}t\right] = \frac{F(s)}{s};$$

（2）对像函数的积分性质　若 $\mathcal{L}[f(t)] = F(s)$ ，则

$$\mathcal{L}[t^{-1}f(t)] = \int_s^{+\infty} F(s)\,\mathrm{d}s.$$

证明　（1）设 $\varphi(t) = \int_0^t f(t)\,\mathrm{d}t$ ，则

$$\varphi'(t) = f(t) \text{ 且 } \varphi(0) = 0,$$

由微分性质，有

$$\mathcal{L}[\varphi'(t)] = s\mathcal{L}[\varphi(t)] - \varphi(0),$$

又因为

$$\mathcal{L}[\varphi'(t)] = \mathcal{L}[f(t)] = F(s),$$

于是

$$F(s) = s\mathcal{L}[\varphi(t)] - 0 = s\mathcal{L}\left[\int_0^t f(t)\,\mathrm{d}t\right],$$

即

$$\mathcal{L}\left[\int_0^t f(t)\,\mathrm{d}t\right] = \frac{F(s)}{s}.$$

性质 5 的（2）证明略.

由性质 5 的（1）知

$$\mathcal{L}\left[\underbrace{\int_0^t \mathrm{d}t \int_0^t \mathrm{d}t \cdots \int_0^t f(t)\,\mathrm{d}t}_{n\text{次积分}}\right] = \frac{1}{s^n}F(s).$$

例 8 求 $\mathcal{L}[t], \mathcal{L}[t^2], \cdots, \mathcal{L}[t^n]$ （n 是正整数）.

解　因 $t = \int_0^t \mathrm{d}t, t^2 = \int_0^t 2t\,\mathrm{d}t, t^3 = \int_0^t 3t^2\,\mathrm{d}t, \cdots, t^n = \int_0^t nt^{n-1}\,\mathrm{d}t,$
所以，由积分性质，有

$$\mathcal{L}[t] = \mathcal{L}\left[\int_0^t \mathrm{d}t\right] = \frac{\mathcal{L}[1]}{s} = \frac{1}{s^2}.$$

$$\mathscr{L}\left[t^2\right]=\mathscr{L}\left[\int_0^t 2t\mathrm{d}t\right]=\frac{2\mathscr{L}\left[t\right]}{s}=\frac{2}{s^3}.$$

$$\mathscr{L}\left[t^3\right]=\mathscr{L}\left[\int_0^t 3t^2\mathrm{d}t\right]=\frac{3\mathscr{L}\left[t^2\right]}{s}=\frac{3!}{s^4}.$$

······

一般地,有

$$\mathscr{L}\left[t^n\right]=\mathscr{L}\left[\int_0^t nt^{n-1}\mathrm{d}t\right]=\frac{n\mathscr{L}\left[t^{n-1}\right]}{s}=\frac{n!}{s^{n+1}}.$$

例 9　求 $\mathscr{L}\left[\dfrac{\sin\omega t}{t}\right].$

解　因为 $\mathscr{L}\left[\sin\omega t\right]=\dfrac{\omega}{s^2+\omega^2}$,所以由积分性质,有

$$\mathscr{L}\left[\frac{\sin\omega t}{t}\right]=\int_s^{+\infty}\frac{\omega}{s^2+\omega^2}\mathrm{d}s=\left[\arctan\frac{s}{\omega}\right]_s^{+\infty}$$

$$=\frac{\pi}{2}-\arctan\frac{s}{\omega}=\arctan\frac{\omega}{s}.$$

习题 9.1

1. 求下列函数的拉普拉斯变换(用定义).

(1) $f(t)=t^2$;

(2) $f(t)=\mathrm{e}^{-4t}$;

(3) $f(t)=t\mathrm{e}^{-t}$;

(4) $f(t)=\begin{cases}3, & 0\leqslant t<2, \\ -1, & 2\leqslant t<4, \\ 0, & t\geqslant 4.\end{cases}$

2. 利用表 9-1,求下列各函数的拉普拉斯变换.

(1) $f(t)=\mathrm{e}^{-2t}$;

(2) $f(t)=\cos\dfrac{1}{2}t$;

(3) $f(t)=t^4$;

(4) $f(t)=\mathrm{e}^{3t}$;

(5) $f(t)=2\sin t\cos t$;

(6) $f(t)=\mathrm{ch}5t$.

3. 利用拉普拉斯变换的性质,求下列函数的拉普拉斯变换.

(1) $f(t)=t^2+5t-3$;

(2) $f(t)=3\sin 2t-2\cos t$;

(3) $f(t)=\cos\left(\dfrac{\pi}{3}+2t\right)$;

(4) $f(t)=\sin^2 t$;

(5) $f(t)=t^2\mathrm{e}^{-2t}$;

(6) $f(t)=1+t\mathrm{e}^t$;

(7) $f(t)=\mathrm{e}^{3t}\sin 4t$;

(8) $f(t)=t\mathrm{e}^{-3t}\sin 2t$;

(9) $f(t)=u(2t-1)$;

(10) $f(t)=\dfrac{2}{t}\mathrm{sh}at$.

9.2　拉普拉斯逆变换

前面介绍了由像原函数求它的像函数的方法,但在工程实际问题中,还希望从像

函数求出像原函数,这就是拉普拉斯逆变换.拉普拉斯逆变换,可借助于拉普拉斯变换表以及拉普拉斯变换的性质来解决.

9.2.1　拉普拉斯逆变换的性质

性质 1(线性性质)　若 a,b 是常数,$\mathscr{L}[f_1(t)]=F_1(s)$,$\mathscr{L}[f_2(t)]=F_2(s)$,则

$$\mathscr{L}^{-1}[aF_1(s)+bF_2(s)]=a\mathscr{L}^{-1}[F_1(s)]+b\mathscr{L}^{-1}[F_2(s)]=af_1(t)+bf_2(t).$$

性质 2(位移性质)　设 $\mathscr{L}[f(t)]=F(s)$,则

$$\mathscr{L}^{-1}[F(s-a)]=\mathrm{e}^{at}\mathscr{L}^{-1}[F(s)]=\mathrm{e}^{at}f(t).$$

性质 3(延滞性质)　设 $\mathscr{L}[f(t)]=F(s)$,则

$$\mathscr{L}^{-1}[\mathrm{e}^{-as}F(s)]=f(t-a)u(t-a).$$

例 1　求下列像函数的拉普拉斯逆变换.

(1) $F(s)=\dfrac{1}{s+2}$;

(2) $F(s)=\dfrac{1}{(s+2)^2}$;

(3) $F(s)=\dfrac{2s-5}{s^2}$;

(4) $F(s)=\dfrac{4s-3}{s^2+4}$.

解　(1) 由拉普拉斯变换表 9-1 中的变换 6 知 $a=-2$,所以

$$f(t)=\mathscr{L}^{-1}\left[\frac{1}{s+2}\right]=\mathrm{e}^{-2t};$$

(2) 由拉普拉斯变换表 9-1 中的变换 7 知 $a=-2$,所以

$$f(t)=\mathscr{L}^{-1}\left[\frac{1}{(s+2)^2}\right]=t\mathrm{e}^{-2t};$$

(3) 由 $F(s)=\dfrac{2s-5}{s^2}=\dfrac{2}{s}-\dfrac{5}{s^2}$,再根据线性性质,并结合查表,得

$$f(t)=\mathscr{L}^{-1}\left[\frac{2}{s}-\frac{5}{s^2}\right]=2\mathscr{L}^{-1}\left[\frac{1}{s}\right]-5\mathscr{L}^{-1}\left[\frac{1}{s^2}\right]=2-5t;$$

(4) 由 $F(s)=\dfrac{4s}{s^2+4}-\dfrac{3}{2}\times\dfrac{2}{s^2+4}$,再根据线性性质,并结合查表,得

$$f(t)=\mathscr{L}^{-1}\left[\frac{4s-3}{s^2+4}\right]=4\mathscr{L}^{-1}\left[\frac{s}{s^2+4}\right]-\frac{3}{2}\mathscr{L}^{-1}\left[\frac{2}{s^2+4}\right]$$

$$=4\cos 2t-\frac{3}{2}\sin 2t.$$

例 2　求 $F(s)=\dfrac{s+3}{s^2+2s+2}$ 的拉普拉斯逆变换.

解　
$$f(t)=\mathscr{L}^{-1}\left[\frac{s+3}{s^2+2s+2}\right]=\mathscr{L}^{-1}\left[\frac{s+1+2}{(s+1)^2+1}\right]$$

$$=\mathscr{L}^{-1}\left[\frac{s+1}{(s+1)^2+1}\right]+2\mathscr{L}^{-1}\left[\frac{1}{(s+1)^2+1}\right]$$

$$=\mathrm{e}^{-t}\cos t+2\mathrm{e}^{-t}\sin t.$$

9.2 例 2

从上面例子可以看出,对于比较简单的像函数,其拉普拉斯逆变换可以直接利用性质和通过查表求得,或经简单的变形,然后查表求得.但对于比较复杂的像函数,要

先用部分分式法将像函数分解为几个分式的和,然后再求之.

例 3　求函数 $F(s) = \dfrac{1}{s(s+6)}$ 的拉普拉斯逆变换.

解　因 $F(s) = \dfrac{1}{s(s+6)} = \dfrac{1}{6}\left[\dfrac{1}{s} - \dfrac{1}{s+6}\right]$,所以

$$f(t) = \mathscr{L}^{-1}\left[\dfrac{1}{s(s+6)}\right] = \dfrac{1}{6}\mathscr{L}^{-1}\left[\dfrac{1}{s} - \dfrac{1}{s+6}\right]$$

$$= \dfrac{1}{6}\mathscr{L}^{-1}\left[\dfrac{1}{s}\right] - \dfrac{1}{6}\mathscr{L}^{-1}\left[\dfrac{1}{s+6}\right]$$

$$= \dfrac{1}{6} - \dfrac{1}{6}e^{-6t}.$$

例 4　已知 $F(s) = \ln\dfrac{s-1}{s+1}$,求 $f(t)$.

解　因 $F(s) = \ln\dfrac{s-1}{s+1} = \ln(s-1) - \ln(s+1)$,所以

$$F'(s) = \dfrac{1}{s-1} - \dfrac{1}{s+1}.$$

由微分性质　$f(t) = \mathscr{L}^{-1}[F'(s)] = -tf(t)$,得

$$f(t) = -\dfrac{1}{t}\mathscr{L}^{-1}[F'(s)] = -\dfrac{e^t - e^{-t}}{t}.$$

例 5　求 $\mathscr{L}^{-1}\left[\dfrac{se^{-2s}}{s^2+16}\right]$.

解　因为 $\mathscr{L}^{-1}\left[\dfrac{s}{s^2+16}\right] = \cos 4t$,所以

$$\mathscr{L}^{-1}\left[\dfrac{se^{-2s}}{s^2+16}\right] = \cos 4(t-2) \cdot u(t-2) = \begin{cases} 0, & t<2, \\ \cos 4(t-2), & t>2. \end{cases}$$

9.2.2　卷积

下面将要介绍拉普拉斯变换(以下简称拉氏变换)的卷积,它不仅被用来求某些函数的逆变换及一些积分值,而且在线性系统的分析中起着重要的作用.

定义　设函数 $f_1(t)$ 与 $f_2(t)$ 在 $(-\infty, +\infty)$ 上有定义.若反常积分 $\displaystyle\int_{-\infty}^{+\infty} f_1(\tau)f_2(t-\tau)\,d\tau$ 对任何实数 t 都收敛,则称它为函数 $f_1(t)$ 与 $f_2(t)$ 的卷积,记为 $f_1(t) * f_2(t)$,即

$$f_1(t) * f_2(t) = \int_{-\infty}^{+\infty} f_1(\tau)f_2(t-\tau)\,d\tau. \tag{1}$$

如果 $f_1(t)$ 与 $f_2(t)$ 都满足条件:当 $t<0$ 时,$f_1(t) = f_2(t) = 0$,则上式可以写成

$$f_1(t) * f_2(t) = \int_{-\infty}^{0} f_1(\tau)f_2(t-\tau)\,d\tau + \int_0^t f_1(\tau)f_2(t-\tau)\,d\tau + \int_t^{+\infty} f_1(\tau)f_2(t-\tau)\,d\tau \tag{2}$$

$$= \int_0^t f_1(\tau)f_2(t-\tau)\,d\tau.$$

卷积的运算规则如下:

（1）交换律：$f_1(t) * f_2(t) = f_2(t) * f_1(t)$；

（2）结合律：$f_1(t) * [f_2(t) * f_3(t)] = [f_1(t) * f_2(t)] * f_3(t)$；

（3）分配律：$f_1(t) * [f_2(t) + f_3(t)] = f_1(t) * f_2(t) + f_1(t) * f_3(t)$.

以下如不特别声明，都假设这些函数在 $t<0$ 时恒为零，它们的卷积都按式（2）计算.

例 6 求 $t * \sin t$.

解 由卷积的定义式（2）可得

$$t * \sin t = \int_0^t \tau \sin(t-\tau)\,\mathrm{d}\tau = \tau\cos(t-\tau)\,\Big|_0^t - \int_0^t \cos(t-\tau)\,\mathrm{d}\tau = t - \sin t.$$

定理（卷积定理） 若 $f_1(t)$ 与 $f_2(t)$ 满足拉氏变换存在定理中的条件，且

$$\mathscr{L}[f_1(t)] = F_1(s), \quad \mathscr{L}[f_2(t)] = F_2(s),$$

则 $f_1(t) * f_2(t)$ 的拉氏变换一定存在，且有

$$\mathscr{L}[f_1(t) * f_2(t)] = F_1(s)F_2(s) \quad 或 \quad \mathscr{L}^{-1}[F_1(s)F_2(s)] = f_1(t) * f_2(t).$$

该定理表明：两个函数卷积的拉氏变换等于这两个函数拉氏变换的乘积. 正因为这个性质，使卷积在实际应用中有着相当重要的地位. 下面介绍用卷积求拉氏逆变换.

例 7 若 $F(s) = \dfrac{1}{s^2(s^2+1)}$，求 $f(t)$.

解 因为 $F(s) = \dfrac{1}{s^2(s^2+1)} = \dfrac{1}{s^2} \cdot \dfrac{1}{s^2+1} = F_1(s)F_2(s)$，其中

$$F_1(s) = \frac{1}{s^2} \quad F_2(s) = \frac{1}{s^2+1}.$$

于是
$$f_1(t) = t, \quad f_2(t) = \sin t.$$

根据卷积定理和例 6，得

$$f(t) = \mathscr{L}^{-1}[F(s)] = \mathscr{L}^{-1}[F_1(s)F_2(s)] = f_1(t) * f_2(t) = t * \sin t = t - \sin t.$$

例 8 若 $F(s) = \dfrac{s^2}{(s^2+1)^2}$，求 $f(t)$.

解 因为 $F(s) = \dfrac{s^2}{(s^2+1)^2} = \dfrac{s}{s^2+1} \cdot \dfrac{s}{s^2+1}$，所以

$$f(t) = \mathscr{L}^{-1}\Big[\frac{s}{s^2+1} \cdot \frac{s}{s^2+1}\Big] = \cos t * \cos t$$

$$= \int_0^t \cos(\tau)\cos(t-\tau)\,\mathrm{d}\tau = \frac{1}{2}\int_0^t [\cos(t) + \cos(2\tau-t)]\,\mathrm{d}\tau$$

$$= \frac{1}{2}(t\cos t + \sin t).$$

习题 **9.2**

1. 求下列函数的拉普拉斯逆变换（a,b 为常数）.

（1）$F(s) = \dfrac{1}{s^2+a^2}$；

（2）$F(s) = \dfrac{2s-a-b}{(s-a)(s-b)}$；

（3）$F(s)=\dfrac{s+1}{s^2+4}$；　　　　　　（4）$F(s)=\dfrac{1}{(s+2)(s+3)}$；

（5）$F(s)=\dfrac{1}{s^4-a^4}$；　　　　　　（6）$F(s)=\dfrac{5s+6}{s^2}$.

2. 求下列函数的拉普拉斯逆变换.

（1）$F(s)=\dfrac{2s-5}{s^2-5s+6}$；　　（2）$F(s)=\dfrac{s+3}{s^2-2s-3}$；　　（3）$F(s)=\dfrac{s+2}{s(s+3)^2}$.

3. 求下列卷积.

（1）$t*t$；　　　　　　（2）$t*\mathrm{e}^t$；　　　　　　（3）$\sin t*\cos t$.

9.3　拉普拉斯变换的应用

　　在电路分析和自动控制理论中,需要对一个线性系统进行分析和研究,这就要建立描述该系统特性的数学表达式,在很多场合,它的数学表达式可以用一个线性微分方程(组)来描述.本节将介绍用拉普拉斯变换来解线性微分方程(组)和建立线性系统的传递函数.

　　如何用拉普拉斯变换来求解微分方程呢? 我们可以分三个步骤:第一步,对方程两边取拉普拉斯变换,将微分方程转化为关于像函数的代数方程;第二步,用解代数方程的方法求解出像函数;第三步,对像函数取拉普拉斯逆变换,得像原函数,此即为所求的原方程的解.求解过程示意图 9-2 如下.

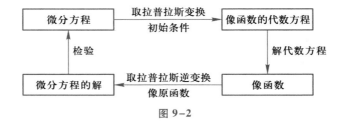

图 9-2

　　例 1　求微分方程 $y'+2y=\mathrm{e}^{-t}$ 满足初值条件 $y|_{t=0}=2$ 的特解.

　　解　对方程两边取拉普拉斯变换,并设 $\mathscr{L}[y]=Y(s)$,得

$$\mathscr{L}[y']+2\mathscr{L}[y]=\mathscr{L}[\mathrm{e}^{-t}],$$

$$s\mathscr{L}[y]-y(0)+2\mathscr{L}[y]=\frac{1}{s+1},$$

再将初值条件 $y|_{t=0}=2$ 即 $y(0)=2$ 和 $\mathscr{L}[y]=Y(s)$ 代入上式,得

$$sY(s)-2+2Y(s)=\frac{1}{s+1},$$

显然,上述方程为 $Y(s)$ 的代数方程,容易解得

$$Y(s)=\frac{2s+3}{(s+1)(s+2)}=\frac{1}{s+1}+\frac{1}{s+2}.$$

对以上像函数取拉普拉斯逆变换,则

9.3 例 1

$$y = \mathscr{L}^{-1}\left[\frac{1}{s+1} + \frac{1}{s+2}\right] = e^{-t} + e^{-2t},$$

即为所求微分方程的特解.

例 2 求微分方程 $y'' - 2y' + 2y = 2e^t \cos t$ 满足 $y(0) = y'(0) = 0$ 的解.

解 对方程两边取拉普拉斯变换,并设 $\mathscr{L}[y] = Y(s)$,得

$$\mathscr{L}[y'' - 2y' + 2y] = \mathscr{L}[2e^t \cos t],$$

即

$$[s^2 Y(s) - sy(0) - y'(0)] - 2[sY(s) - y(0)] + 2Y(s) = 2\frac{s-1}{(s-1)^2+1},$$

把初值条件 $y(0) = y'(0) = 0$ 代入上式,有

$$(s^2 - 2s + 2)Y(s) = \frac{2(s-1)}{(s-1)^2+1}.$$

于是

$$Y(s) = \frac{2(s-1)}{[(s-1)^2+1]^2}.$$

对像函数 $Y(s)$ 取拉普拉斯逆变换,得满足条件的方程的解

$$y(t) = \mathscr{L}^{-1}[Y(s)] = te^t \sin t.$$

例 3 求微分方程组 $\begin{cases} x'' - 2y' - x = 0 \\ x' - y = 0 \end{cases}$,满足初值条件 $x(0) = 0, x'(0) = y(0) = 1$ 的解.

解 对方程组各个方程两边取拉普拉斯变换,并设

$$\mathscr{L}[x] = X(s), \quad \mathscr{L}[y] = Y(s),$$

得

$$\begin{cases} s^2 X(s) - sx(0) - x'(0) - 2(sY(s) - y(0)) - X(s) = 0, \\ sX(s) - x(0) - Y(s) = 0. \end{cases}$$

将初值条件 $x(0) = 0, x'(0) = y(0) = 1$ 代入上式,整理后得

$$\begin{cases} (s^2 - 1)X(s) - 2sY(s) = -1, \\ sX(s) - Y(s) = 0, \end{cases}$$

解此代数方程组,得

$$\begin{cases} X(s) = \dfrac{1}{s^2+1}, \\ Y(s) = \dfrac{s}{s^2+1}. \end{cases}$$

取拉普拉斯逆变换,得所求方程的解为

$$\begin{cases} x = \sin t, \\ y = \cos t. \end{cases}$$

例 4 如图 9-3 所示的 R, C 并联电路中,外加电流为单位脉冲函数 $\delta(t)$ 的电流源,电容 C 上初始电压为零,求电路中的电压 $U(t)$.

解 设流经电阻 R 和电容 C 的电流分别为 $I_1(t)$ 和 $I_2(t)$,由电学原理知

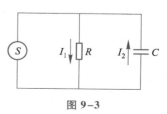

图 9-3

255

$$I_1(t) = \frac{U(t)}{R}, \quad I_2(t) = C\frac{\mathrm{d}U(t)}{\mathrm{d}R},$$

根据基尔霍夫定律,有

$$\begin{cases} C\dfrac{\mathrm{d}U(t)}{\mathrm{d}R} + \dfrac{U(t)}{R} = \delta(t), \\ U(0) = 0, \end{cases}$$

此即电路中的电压满足的微分方程.

现设 $\mathscr{L}[U(t)] = U(s)$,对方程两边取拉普拉斯变换,得

$$C[sU(s) - U(0)] + \frac{U(s)}{R} = 1,$$

把初值条件 $U(0) = 0$ 代入,得

$$U(s) = \frac{1}{Cs + \dfrac{1}{R}} = \frac{1}{C} \cdot \frac{1}{s + \dfrac{1}{RC}},$$

对像函数取拉普拉斯逆变换,有

$$U(t) = \mathscr{L}^{-1}[U(s)] = \frac{1}{C}\mathrm{e}^{-\frac{1}{RC}t}.$$

其物理意义是:由于在一瞬间电路受单位脉冲电流的作用,使电容的电压由零跃变为 $\dfrac{1}{C}$,然后电容 C 向电阻 R 按指数衰减规律放电.

习题 9.3

1. 求下列微分方程的解.

(1) $y' - y = 0, y(0) = 1$;　　　　　　　(2) $y' + 5y = 10\mathrm{e}^{-3t}, y(0) = 0$;

(3) $y' + 2y = 2t\mathrm{e}^{-2t}, y(0) = 1$;　　　　(4) $y'' + y = 0, y(0) = 0, y'(0) = 3$;

(5) $y'' + 9y = 9t, y(0) = 0, y'(0) = 1$;　　(6) $y'' - 2y' + y = \mathrm{e}^t, y(0) = 0, y'(0) = 1$.

2. 求下列微分方程组的解.

(1) $\begin{cases} x' + x - y = \mathrm{e}^t, \\ y' + 3x - 2y = 2\mathrm{e}^t, \end{cases}$　　$x(0) = y(0) = 1$;

(2) $\begin{cases} x'' + 2y = 0, \\ y' + x + y = 0, \end{cases}$　　$x(0) = 0, x'(0) = y'(0) = 1$.

9.4　数学实验　拉普拉斯变换

9.4.1　学习 MATLAB 命令

MATLAB 软件提供 laplace 函数用于求函数的拉普拉斯变换,调用格式如下:

syms t s a b …

ft = ft(t, a, b, …)

Fs = laplace(ft, t, s)

表示求函数 ft 的拉普拉斯变换,其中 ft 是关于变量 t 的函数,a,b,…均为参数;

MATLAB 软件提 ilaplace 函数用于求拉普拉斯逆变换,调用格式如下:

syms s t a b…

Fs= Fs(s,a,b,…)

ft=ilaplace(Fs,s,t)

表示求函数 Fs 的拉普拉斯变换,其中 Fs 是关于变量 s 的函数,a,b,…均为参数.

9.4.2 实验内容

例 1 求 $f(t)=\mathrm{e}^{5t}\cos 2t$ 的拉普拉斯变换.

解 调用 Fs=laplace(ft,t,s)格式的命令,在命令窗口中操作如图 9-4 所示.

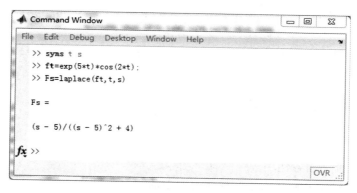

图 9-4

即计算结果为:$F(s)=\dfrac{s-5}{(s-5)^2+2^2}(s>5)$.

例 2 求 $F(s)=\dfrac{s\mathrm{e}^{-2s}}{s^2+16}$ 的拉普拉斯逆变换.

解 调用 ft=ilaplace(Fs,s,t)格式的命令,在命令窗口中操作如图 9-5 所示.

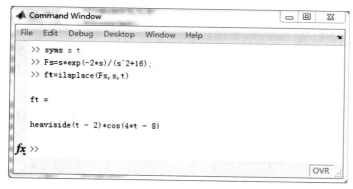

图 9-5

257

即计算结果为:$f(t) = \cos(4t-8)u(t-2) = \begin{cases} 0, & t>2, \\ \cos(4t-8), & t<2. \end{cases}$

例 3 求 $F(s) = \dfrac{2s-a-b}{(s-a)(s-b)}$ 的拉普拉斯逆变换.

解 调用 ft = ilaplace(Fs, s, t)格式的命令,在命令窗口中操作如图 9-6 所示.

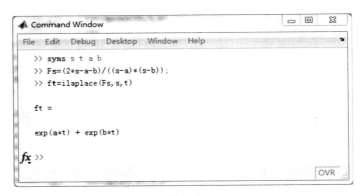

图 9-6

即计算结果为:$f(t) = e^{at} + e^{bt}$.

9.4.3 上机实验

1. 上机验证上面各例.
2. 运用 MATLAB 软件做本章课后习题中的相关题目.

单元检测题 9

1. 填空题.

(1) 若 $\displaystyle\int_0^{+\infty} e^{-st} dt = \dfrac{1}{s}\ (s>0)$,则像原函数 $f(t) = $ _____,像函数 $F(s) = $ _____;

(2) 设函数 $f(t) = 2$,则 $\mathscr{L}[f(t)] = $ _____;

(3) 利用拉氏变换定义求得 $\mathscr{L}(0) = $ _____;

(4) 若 $\mathscr{L}[f(t)] = F(s)$,则 $\mathscr{L}\left[\displaystyle\int_0^t f(u)du\right] = $ _____;

(5) 若 $\mathscr{L}[f(t)] = F(s)$,则 $\mathscr{L}[f'(t)] = $ _____;

(6) 设 $f(t), g(t)$ 为任意函数,a, b 为任意常数,则 $\mathscr{L}[af(t)+bg(t)] = $ _____;

(7) 卷积 $\sin t * \sin t = $ _____;

(8) $\mathscr{L}[e^{-3t}\sin 2t] = $ _____;

(9) $\mathscr{L}[4t-6] = $ _____;

(10) 设 $F(s) = \dfrac{1}{(s+5)^3}$,则 $\mathscr{L}^{-1}[F(s)] = $ _____.

2. 单项选择题.

(1) 在拉氏变换定义中以下结论正确的是(　　).

A. $f(t)$ 叫做 $F(s)$ 的像函数　　　　　　B. $F(s)$ 叫做 $f(t)$ 的像函数

C. $F(s)$ 叫做 $f(t)$ 的像原函数　　　　　D. 以上结论都不对

(2) 设 $F(s) = \int_0^{+\infty} 2e^{3t}e^{-st}dt$,则以下结果正确的是(　　).

A. $F(s) = \mathscr{L}[2]$　　　　　　　　　B. $F(s) = \mathscr{L}[e^{3t}]$

C. $F(s) = \mathscr{L}[2e^{3t}]$　　　　　　　D. $F(s) = \mathscr{L}[e^{-st}]$

(3) 设函数 $f(t) = 1$,则 $\mathscr{L}[f(t)] = ($　　$)$.

A. $\dfrac{1}{s}$　　　　　　B. $-\dfrac{1}{s}$　　　　　　C. $\dfrac{1}{s}(s>0)$　　　　　D. $-\dfrac{1}{s}(s>0)$

(4) $\mathscr{L}[2\sin t\cos t] = ($　　$)$.

A. $\dfrac{1}{s^2+1}$　　　　B. $\dfrac{2}{s^2+1}$　　　　C. $\dfrac{1}{s^2+4}$　　　　D. $\dfrac{2}{s^2+4}$

(5) $f(t) = \sin(\omega t+\alpha)$ 的拉氏变换为(　　).

A. $\dfrac{\omega}{s^2+\omega^2}$　　B. $\dfrac{s\sin\alpha+\omega\cos\alpha}{s^2+\omega^2}$　　C. $\dfrac{\omega}{(s-\alpha)^2+\omega^2}$　　D. $\dfrac{\omega}{(s+\alpha)^2+\omega^2}$

(6) 若 $F(s) = \dfrac{1}{s(s-1)^2}$,则 $\mathscr{L}^{-1}[F(s)]$ 为(　　).

A. $1+e^t(t-1)$　　B. $e^t(t-1)$　　　C. $1+e^t$　　　　　D. $t-1$

(7) 已知 $\mathscr{L}(e^{at}) = \dfrac{1}{s-a}$,则 $\mathscr{L}^{-1}\left[\dfrac{2s-3}{s^2-3s+2}\right]$ 为(　　)

A. $e^{-t}+e^{-2t}$　　B. e^t+e^{-2t}　　C. $e^{-t}+e^{2t}$　　D. e^t+e^{2t}

3. 计算题.

(1) 利用拉氏变换定义求 $f(t) = \cos 2t$ 的拉氏变换;

(2) 求 $F(s) = \dfrac{3}{2s-7}$ 的拉氏逆变换;

(3) 利用卷积定理求 $\mathscr{L}^{-1}\left[\dfrac{1}{(s^2+a^2)^2}\right]$;

(4) 用拉氏变换求微分方程 $y''(t)+4y'(t)-12y(t) = 0$,满足 $y(0) = 1, y'(0) = 0$ 的特解.

数学小故事

"我能一次走完这七桥吗?"

很多的数学研究"源于生活而高于生活".数学家们从实际生活中得到数学问题的原型,并从原型中得到启发和灵感,通过总结提高上升为理论,继而创立成为新的学科.这样的例子在数学中比比皆是.而最典型的例子要数著名数学家莱昂哈德·保罗·欧拉(1707—1783)通过解决"七桥问题",形成一套解决类似问题的方法和理论,从而创立了一门新的数学学科——图论.

18 世纪时,欧洲有一个名叫哥尼斯堡的小城,它包含两个岛屿及连接它们的七座桥.如图 9-7 所示:河中的小岛 C 与河的北边陆地 A、南岸 B 各有两座桥相连接,另一个小岛 D 与两岸陆地各有一座桥相连接,河中两个小岛间也有一座桥相连接.当时哥尼斯堡的居民中流传着一道难题:一个人怎样才能一次走遍七座桥,每座桥只能走过一次,最后回到出发点?这就是著名的"七桥问题".问题看似简单,但在相当长的一段时间内竟然没有人能给出答案.

莱昂哈德·保罗·欧拉

1736 年,年仅 29 岁的欧拉发表了《哥尼斯堡的七座桥》的论文,在论文中,欧拉将七桥问题抽象出来,把每一块陆地考虑成一个点,连接两块陆地的桥以线表示.并由此得到了如图 9-8 一样的几何图形.若我们分别用 A、B、C、D 四个点表示哥尼斯堡的四个区域.这样著名的"七桥问题"便转化为是否能够用一笔不重复地画出此七条线的问题了.

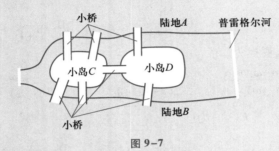

图 9-7   图 9-8

欧拉现在考虑这个图是否能一笔画成,如果能够的话,对应的"七桥问题"也就解决了.他首先把图形的顶点分成两类,经过该点的有奇数条边叫奇点,否则叫偶点.然后研究能一笔画成的图应该有什么样特点.他发现它们大体上也是两类,不是全都是偶点就是只有两个奇点.也就是说:如果一个图能一笔画成,那么一定有一个起点开始,也有一个终点结束.其他图上的点是"路过点"——即要经过的点."路过点"会有什么性质?它一定是进出"成双成对"的点,有一条边进入该点,那么就一定有一条边从该点出去;如果该点是有进无出,那它一定是终点,如果该点是有出无进,那它就是起点.因此在"路过点"进出的边总数应该是偶数,即"路过点"是偶点.如果起点和终点是同一点,那么它也是属于"有进有出"的类型,因此必须是偶点,这样图上的所有点都是偶点.如果起点和终点不一样,那么它们必须是奇点了.因此该图最多且只能有两个奇点.而"七桥问题"对应的图,四个顶点全是奇点,所以这个图肯定不能一笔画成.

欧拉通过对七桥问题的研究,不仅圆满地回答了哥尼斯堡居民提出的问题,而且引入欧拉通路,欧拉回路等概念以及判断连通图是否能"一笔画"的判定定理——"欧拉定理",即如果图中有一条经过每条边一次且仅一次的通路称为**欧拉通路**;如果图中有一条经过每条边一次且仅一次的回路称为**欧拉回路**;一个连通图是欧拉通路的充分必要条件是有且仅有两个奇点;一个连通图是欧拉回路的充分必要条件是有且所有顶点都是偶点.

这篇论文后来被数学界称为图论的第一篇论文,从而使图论成为数学的一个新的分支,也由此展开了数学史上的新进程.

线性代数与线性规划初步 第**10**章

行列式与矩阵是高等代数最基础的知识,是解决线性问题的重要工具.由于现实问题中许多非线性的模型可以近似表示为线性模型.因而行列式与矩阵在科学研究以及解决实际问题中得到了广泛应用.例如,

市场上甲、乙、丙三种产品的单位单价分别为 3,4,5,生产甲、乙、丙三种产品的单位的单位成本为 1,2,4,红星一、二、三厂平均每月生产这三种产品的数量分别为

$$30,40,50 \qquad 40,30,30 \qquad 40,20,60$$

问这三个厂每月这种产品的总收入与总利润为多少?

解决这一种问题比较容易.但我们能否有直观表示方法呢?

$$
\begin{array}{c}
\begin{smallmatrix}单价 & 成本 & 利润\end{smallmatrix}\\
\begin{matrix}甲\\乙\\丙\end{matrix}
\begin{bmatrix}3\\4\\5\end{bmatrix}
-
\begin{bmatrix}1\\2\\4\end{bmatrix}
=
\begin{bmatrix}2\\2\\1\end{bmatrix}
\end{array}
\qquad
\begin{array}{c}
\begin{smallmatrix}甲 & 乙 & 丙\end{smallmatrix}\\
\begin{matrix}一\\二\\三\end{matrix}
\begin{bmatrix}30 & 40 & 50\\40 & 30 & 30\\40 & 20 & 60\end{bmatrix}
\end{array}
\cdot
\begin{bmatrix}3 & 1 & 2\\4 & 2 & 2\\5 & 4 & 1\end{bmatrix}
\begin{matrix}甲\\乙\\丙\end{matrix}
=
\begin{array}{c}
总\\
\begin{smallmatrix}收入 & 成本 & 利润\end{smallmatrix}\\
\begin{matrix}一\\二\\三\end{matrix}
\begin{bmatrix}500 & 310 & 190\\240 & 240 & 150\\500 & 369 & 140\end{bmatrix}
\end{array}
$$

上述计算与表示方法就是矩阵最典型的应用.

另外,行列式与矩阵是研究线性方程组的解的结构及线性规划等各个领域的重要工具.

10.1　行列式的概念与性质

在工程技术和科学研究中,有很多问题需要用到"行列式",本节将由消元法求解二元、三元线性方程组入手引出行列式的概念.

10.1.1　行列式的基本概念

1. 二阶行列式

二元线性方程组的一般形式为

$$\begin{cases} a_{11}x_1 + a_{12}x_{12} = b_1, \\ a_{21}x_1 + a_{22}x_2 = b_2. \end{cases}$$

用加减消元法消去 x_2 得

$$(a_{11}a_{22} - a_{12}a_{21})x_1 = b_1 a_{22} - b_2 a_{12},$$

同样,消去 x_1,可得

$$(a_{11}a_{22} - a_{12}a_{21})x_2 = b_2 a_{11} - b_1 a_{21}.$$

记 $D = a_{11}a_{22} - a_{12}a_{21}$,若 $D \neq 0$,则

$$\begin{cases} x_1 = \dfrac{1}{D}(b_1 a_{22} - b_2 a_{12}), \\ x_2 = \dfrac{1}{D}(b_2 a_{11} - b_1 a_{21}). \end{cases}$$

为了便于表示上述结果,用算式 $\begin{vmatrix} a_{11} & a_{12} \\ a_{21} & a_{22} \end{vmatrix}$ 表示数 $a_{11}a_{22} - a_{12}a_{21}$,则称算式 $\begin{vmatrix} a_{11} & a_{12} \\ a_{21} & a_{22} \end{vmatrix}$ 为**二阶行列式**,其中 $a_{11}, a_{12}, a_{21}, a_{22}$ 称为二阶行列式的**元素**,横排叫**行**,竖排叫**列**,并记作

$$\begin{vmatrix} a_{11} & a_{12} \\ a_{21} & a_{22} \end{vmatrix} = a_{11}a_{22} - a_{12}a_{21}$$

求二阶行列式如下图所示,二阶行列式是实线(**主对角线**)上的两个元素的乘积取正,虚线(**副对角线**)上的两个元素的乘积取负的代数和.

$$\begin{vmatrix} a_{11} & a_{12} \\ a_{21} & a_{22} \end{vmatrix}$$

同样地,利用二阶行列式可以得到

$$D_1 = \begin{vmatrix} b_1 & a_{12} \\ b_2 & a_{22} \end{vmatrix} = b_1 a_{22} - b_2 a_{12}, \quad D_2 = \begin{vmatrix} a_{11} & b_1 \\ a_{21} & b_2 \end{vmatrix} = b_2 a_{11} - b_1 a_{21}.$$

故当上述方程组的系数行列式 $D \neq 0$ 时,它的解可简洁地表示为: $x_1 = \dfrac{D_1}{D}, x_2 = \dfrac{D_2}{D}$.

2. 三阶行列式

对三元线性方程组 $\begin{cases} a_{11}x_1 + a_{12}x_2 + a_{13}x_3 = b_1, \\ a_{21}x_1 + a_{22}x_2 + a_{23}x_3 = b_2, \\ a_{31}x_1 + a_{32}x_2 + a_{33}x_3 = b_3 \end{cases}$ 采用加减消元法可得

$$(a_{11}a_{22}a_{33} + a_{12}a_{23}a_{31} + a_{13}a_{21}a_{32} - a_{11}a_{23}a_{32} - a_{12}a_{21}a_{33} - a_{13}a_{22}a_{31})x_1$$
$$= b_1 a_{22}a_{33} + b_2 a_{13}a_{32} + b_3 a_{12}a_{23} - b_1 a_{23}a_{32} - b_2 a_{12}a_{33} - b_3 a_{13}a_{22}$$

记

$$D = a_{11}a_{22}a_{33} + a_{12}a_{23}a_{31} + a_{13}a_{21}a_{32} - a_{11}a_{23}a_{32} - a_{12}a_{21}a_{33} - a_{13}a_{22}a_{31},$$
$$D_1 = b_1 a_{22}a_{33} + b_2 a_{13}a_{32} + b_3 a_{12}a_{23} - b_1 a_{23}a_{32} - b_2 a_{12}a_{33} - b_3 a_{13}a_{22},$$

若 $D \neq 0$，则 $x_1 = \dfrac{D_1}{D}$. 为了便于记忆，我们用一个算式 $\begin{vmatrix} a_{11} & a_{12} & a_{13} \\ a_{21} & a_{22} & a_{23} \\ a_{31} & a_{32} & a_{33} \end{vmatrix}$ 表示数 $a_{11}a_{22}a_{33} +$

$a_{12}a_{23}a_{31} + a_{13}a_{21}a_{32} - a_{11}a_{23}a_{32} - a_{12}a_{21}a_{33} - a_{13}a_{22}a_{31}$，则称算式

$$\begin{vmatrix} a_{11} & a_{12} & a_{13} \\ a_{21} & a_{22} & a_{23} \\ a_{31} & a_{32} & a_{33} \end{vmatrix}$$

图 10-1

为三阶行列式. $a_{11}a_{22}a_{33} + a_{12}a_{23}a_{31} + a_{13}a_{21}a_{32} - a_{11}a_{23}a_{32} - a_{12}a_{21}a_{33} - a_{13}a_{22}a_{31}$ 称为三阶行列式的**展开式**. 其中 $a_{ij}(i = 1, 2, 3, j = 1, 2, 3)$ 为三阶行列式第 i 行、第 j 列上的元素.

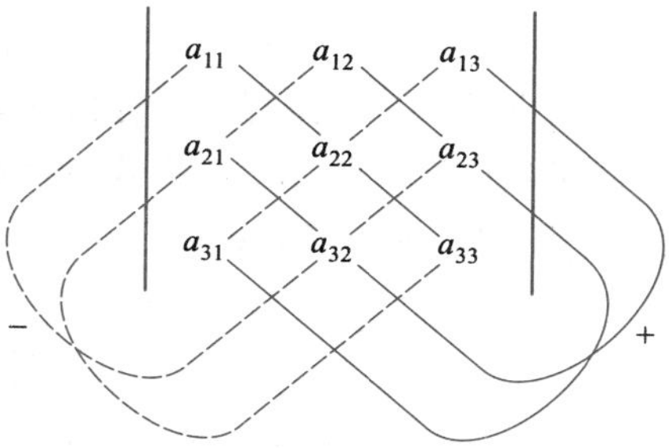

求三阶行列式如图 10-1 所示，三阶行列是实线上的三个元素的乘积取正，虚线上的三个元素的乘积取负的代数和.

同样地，记

$$D_1 = \begin{vmatrix} b_1 & a_{12} & a_{13} \\ b_2 & a_{22} & a_{23} \\ b_3 & a_{32} & a_{33} \end{vmatrix}, \quad D_2 = \begin{vmatrix} a_{11} & b_1 & a_{13} \\ a_{21} & b_2 & a_{23} \\ a_{31} & b_3 & a_{33} \end{vmatrix}, \quad D_3 = \begin{vmatrix} a_{11} & a_{12} & b_1 \\ a_{21} & a_{22} & b_2 \\ a_{31} & a_{32} & b_3 \end{vmatrix},$$

则三元线性方程组的解可简洁地表示为：$x_1 = \dfrac{D_1}{D}, x_2 = \dfrac{D_2}{D}, x_3 = \dfrac{D_3}{D}$.

例 1 设 $D = \begin{vmatrix} \lambda^2 & \lambda \\ 2 & 1 \end{vmatrix}$，问 λ 取何值时，(1) $D = 0$；(2) $D \neq 0$.

解 (1) 因为 $D = \begin{vmatrix} \lambda^2 & \lambda \\ 2 & 1 \end{vmatrix} = \lambda^2 - 2\lambda = 0$，解得 $\lambda_1 = 0$ 或 $\lambda_2 = 2$；

(2) 当 $\lambda_1 \neq 0$ 且 $\lambda_2 \neq 2$ 时，$D \neq 0$.

例 2 计算三阶行列式 $D = \begin{vmatrix} 1 & 2 & 3 \\ 4 & 5 & 6 \\ 7 & 8 & 9 \end{vmatrix}$.

解 $D = 1 \times 5 \times 9 + 2 \times 6 \times 7 + 4 \times 8 \times 3 - 3 \times 5 \times 7 - 1 \times 6 \times 8 - 2 \times 4 \times 9 = 0$.

3. n 阶行列式

定义 由 n^2 个数组成的一个 n 行 n 列的算式 $\begin{vmatrix} a_{11} & a_{12} & \cdots & a_{1n} \\ a_{21} & a_{22} & \cdots & a_{2n} \\ \vdots & \vdots & & \vdots \\ a_{n1} & a_{n2} & \cdots & a_{nn} \end{vmatrix}$ 称作 n 阶行

列式.

由二阶与三阶行列式的定义，可以得到下面等式：

$$\begin{vmatrix} a_{11} & a_{12} & a_{13} \\ a_{21} & a_{22} & a_{23} \\ a_{31} & a_{32} & a_{33} \end{vmatrix} = a_{11}a_{22}a_{33} + a_{12}a_{23}a_{31} + a_{13}a_{21}a_{32} - a_{11}a_{23}a_{32} - a_{12}a_{21}a_{33} - a_{13}a_{22}a_{31}$$

$$= (a_{11}a_{22}a_{33} - a_{11}a_{23}a_{32}) - (a_{12}a_{21}a_{33} - a_{12}a_{23}a_{31}) + (a_{13}a_{21}a_{32} - a_{13}a_{22}a_{31})$$

$$= a_{11}(a_{22}a_{33} - a_{23}a_{32}) - a_{12}(a_{21}a_{33} - a_{23}a_{31}) + a_{13}(a_{21}a_{32} - a_{22}a_{31})$$

$$= a_{11}\begin{vmatrix} a_{22} & a_{23} \\ a_{32} & a_{33} \end{vmatrix} - a_{12}\begin{vmatrix} a_{21} & a_{23} \\ a_{31} & a_{33} \end{vmatrix} + a_{13}\begin{vmatrix} a_{21} & a_{22} \\ a_{31} & a_{32} \end{vmatrix}.$$

上式中的三个二阶行列式分别是划掉 a_{11}, a_{12}, a_{13} 所在行与列的元素后,余下的元素按原来顺序组成的二阶行列式,我们把三个二阶行列式分别称之为 a_{11}, a_{12}, a_{13} 的**余子式**,记作 M_{11}, M_{12}, M_{13}. 即

$$M_{11} = \begin{vmatrix} a_{22} & a_{23} \\ a_{32} & a_{33} \end{vmatrix}, M_{12} = \begin{vmatrix} a_{21} & a_{23} \\ a_{31} & a_{33} \end{vmatrix}, M_{13} = \begin{vmatrix} a_{21} & a_{22} \\ a_{31} & a_{32} \end{vmatrix}.$$

类似地,在 n 阶行列式中,划掉第 i 行、第 j 列上的元素,余下的元素按原来顺序组成的 $n-1$ 阶行列式,叫元素 a_{ij} 的**余子式**,记作 M_{ij}. 并称 $A_{ij} = (-1)^{i+j}M_{ij}$ 叫元素 a_{ij} 的**代数余子式**.

于是,$\begin{vmatrix} a_{11} & a_{12} & a_{13} \\ a_{21} & a_{22} & a_{23} \\ a_{31} & a_{32} & a_{33} \end{vmatrix} = a_{11}A_{11} + a_{12}A_{12} + a_{13}A_{13}$,叫做按第 1 行展开三阶行列式. 由此推广到:

按第 i 行展开 n 阶行列式

$$\begin{vmatrix} a_{11} & a_{12} & \cdots & a_{1n} \\ a_{21} & a_{22} & \cdots & a_{2n} \\ \vdots & \vdots & & \vdots \\ a_{n1} & a_{n2} & \cdots & a_{nn} \end{vmatrix} = a_{i1}A_{i1} + a_{i2}A_{i2} + \cdots + a_{in}A_{in}.$$

同上述方法,可得到

按第 j 列展开 n 阶行列式

$$\begin{vmatrix} a_{11} & a_{12} & \cdots & a_{1n} \\ a_{21} & a_{22} & \cdots & a_{2n} \\ \vdots & \vdots & & \vdots \\ a_{n1} & a_{n2} & \cdots & a_{nn} \end{vmatrix} = a_{1j}A_{1j} + a_{2j}A_{2j} + \cdots + a_{nj}A_{nj}.$$

例 3　计算三阶行列式 $\begin{vmatrix} 1 & 0 & 2 \\ 2 & 3 & 2 \\ 1 & 2 & 3 \end{vmatrix}$.

解　因 $A_{11} = (-1)^{1+1}\begin{vmatrix} 3 & 2 \\ 2 & 3 \end{vmatrix} = 5, A_{12} = (-1)^{1+2}\begin{vmatrix} 2 & 2 \\ 1 & 3 \end{vmatrix} = -4, A_{13} = (-1)^{1+3}\begin{vmatrix} 2 & 3 \\ 1 & 2 \end{vmatrix} = 1$,

按第 1 行展开得

10.1 例3

$$
\begin{vmatrix} 1 & 0 & 2 \\ 2 & 3 & 2 \\ 1 & 2 & 3 \end{vmatrix} = 1 \times A_{11} + 0 \times A_{12} + 2 \times A_{13}
$$

$$
= 5 + 0 + 2 = 7.
$$

10.1.2　n 阶行列式的性质

行列式的计算是一个重要的问题,也是一个比较麻烦的问题.对二阶、三阶行列式来说按定义计算,其计算量相对较小.但对四阶及四阶以上的行列式,按某一行(或列)展开来计算就不是一件容易的事,因此有必要进一步讨论行列式的性质.

由行列式按行(或列)展开不难推出行列式的性质 1、性质 2、性质 4 与性质 5.

性质 1　如果行列式中某一行(列)的元素都为零,则此行列式的值为零.

性质 2　行列式的任意两行(列)互换,行列式的值仅改变符号.

一般地,用记号 $r_i \leftrightarrow r_j (c_i \leftrightarrow c_j)$ 表示第 i 行(列)与第 j 行(列)互换.

例如,互换三阶行列式的第 2 行与第 3 行

$$
\begin{vmatrix} a_{11} & a_{12} & a_{13} \\ a_{21} & a_{22} & a_{23} \\ a_{31} & a_{32} & a_{33} \end{vmatrix} \xrightarrow{r_2 \leftrightarrow r_3} - \begin{vmatrix} a_{11} & a_{12} & a_{13} \\ a_{31} & a_{32} & a_{33} \\ a_{21} & a_{22} & a_{23} \end{vmatrix}.
$$

由性质 2 易知:

性质 3　若行列式中有两行(列)的对应元素相同,则此行列式的值为零.

性质 4　一个常数 k 乘以行列式的某一行(列)的各元素,等于用数 k 乘此行列式.

一般地,用记号 $kr_i(kc_i)$ 表示行列式第 i 行(列)的所有元素乘以数 k.

推论　若行列式某两行(列)的对应元素成比例,此行列式的值为零.

性质 5　用同一常数 k 乘以行列式某一行(列)的各元素,加到另一行(列)的对应元素上去,行列式的值不变.

一般地,用记号 $r_i + kr_j(c_i + kc_j)$ 表示第 j 行(列)的所有元素乘以数 k 后分别加到第 i 行(列)的对应元素上.例如,

$$
\begin{vmatrix} a_{11} & a_{12} & \cdots & a_{1n} \\ a_{21} & a_{22} & \cdots & a_{2n} \\ \vdots & \vdots & & \vdots \\ a_{n1} & a_{n2} & \cdots & a_{nn} \end{vmatrix} \xrightarrow{r_1 + kr_2} \begin{vmatrix} a_{11}+ka_{21} & a_{12}+ka_{22} & \cdots & a_{1n}+ka_{2n} \\ a_{21} & a_{22} & \cdots & a_{2n} \\ \vdots & \vdots & & \vdots \\ a_{n1} & a_{n2} & \cdots & a_{nn} \end{vmatrix}.
$$

10.1.3　行列式的计算

例 4　计算对角行列式　$D = \begin{vmatrix} a_{11} & 0 & \cdots & 0 \\ 0 & a_{22} & \cdots & 0 \\ \vdots & \vdots & \ddots & \vdots \\ 0 & 0 & \cdots & a_{nn} \end{vmatrix}.$

解　$D \xrightarrow{\text{按第 1 行展开}} a_{11}A_{11} = a_{11} \begin{vmatrix} a_{22} & 0 & \cdots & 0 \\ 0 & a_{33} & \cdots & 0 \\ \vdots & \vdots & \ddots & \vdots \\ 0 & 0 & \cdots & a_{nn} \end{vmatrix}$

$\xrightarrow{\text{按第 1 行展开}} a_{11}a_{22}A_{11} = \cdots = a_{11}a_{22}\cdots a_{nn}.$

类似例 4 的方法，不难得到上三角行列式 $\begin{vmatrix} a_{11} & a_{12} & \cdots & a_{1n} \\ 0 & a_{22} & \cdots & a_{2n} \\ \vdots & \vdots & \ddots & \vdots \\ 0 & 0 & \cdots & a_{nn} \end{vmatrix} = a_{11}a_{22}\cdots a_{nn}.$

由此得到：对角行列式、上三角行列式与下三角行列式的值等于主对角线上元素的乘积. 在计算行列式时，同学们可以把它当作公式用.

例 5　计算行列式 $\begin{vmatrix} 246 & 427 & 327 \\ 1\,014 & 543 & 443 \\ -342 & 721 & 623 \end{vmatrix}$.

解　$\begin{vmatrix} 246 & 427 & 327 \\ 1\,014 & 543 & 443 \\ -342 & 721 & 621 \end{vmatrix} \xrightarrow[c_1+c_3]{c_1+c_2} \begin{vmatrix} 1\,000 & 427 & 327 \\ 2\,000 & 543 & 443 \\ 1\,000 & 721 & 621 \end{vmatrix} \xrightarrow{c_2+c_3\times(-1)} \begin{vmatrix} 1\,000 & 100 & 327 \\ 2\,000 & 100 & 443 \\ 1\,000 & 100 & 621 \end{vmatrix}$

$= 10^5 \begin{vmatrix} 1 & 1 & 327 \\ 2 & 1 & 443 \\ 1 & 1 & 621 \end{vmatrix} \xrightarrow[r_3+r_1\times(-1)]{r_2+r_1\times(-2)} 10^5 \begin{vmatrix} 1 & 1 & 327 \\ 0 & -1 & -211 \\ 0 & 0 & 294 \end{vmatrix}$

$= -2.94\times 10^7.$

例 6　计算行列式 $D = \begin{vmatrix} 2 & -5 & 1 & 2 \\ -3 & 7 & -1 & 4 \\ 5 & -9 & 2 & 7 \\ 0 & -7 & 1 & 2 \end{vmatrix}$.

解　利用行列式性质，将其化为上三角形行列式，再求其值. 即

$D \xrightarrow{c_1 \leftrightarrow c_3} - \begin{vmatrix} 1 & -5 & 2 & 2 \\ -1 & 7 & -3 & 4 \\ 2 & -9 & 5 & 7 \\ 1 & -7 & 0 & 2 \end{vmatrix} \xrightarrow[\substack{r_3+(-2)r_1 \\ r_4+(-1)r_1}]{r_2+r_1} - \begin{vmatrix} 1 & -5 & 2 & 2 \\ 0 & 2 & -1 & 6 \\ 0 & 1 & 1 & 3 \\ 0 & -2 & -2 & 0 \end{vmatrix}$

$\xrightarrow{r_2 \leftrightarrow r_3} \begin{vmatrix} 1 & -5 & 2 & 2 \\ 0 & 1 & 1 & 3 \\ 0 & 2 & -1 & 6 \\ 0 & -2 & -2 & 0 \end{vmatrix} \xrightarrow[r_4+2r_2]{r_3+(-2)r_2} \begin{vmatrix} 1 & -5 & 2 & 2 \\ 0 & 1 & 1 & 3 \\ 0 & 0 & -3 & 0 \\ 0 & 0 & 0 & 6 \end{vmatrix} = -18.$

例 7　计算行列式 $\begin{vmatrix} 3 & 2 & 0 & 8 \\ 4 & -9 & 2 & 10 \\ -1 & 6 & 0 & -7 \\ -2 & 4 & -1 & -5 \end{vmatrix}$.

解
$$\begin{vmatrix} 3 & 2 & 0 & 8 \\ 4 & -9 & 2 & 10 \\ -1 & 6 & 0 & -7 \\ -2 & 4 & -1 & -5 \end{vmatrix} \xlongequal{r_2+2r_4} \begin{vmatrix} 3 & 2 & 0 & 8 \\ 0 & -1 & 0 & 0 \\ -1 & 6 & 0 & -7 \\ -2 & 4 & -1 & -5 \end{vmatrix} = -1 \times (-1)^{4+3} \times \begin{vmatrix} 3 & 2 & 8 \\ 0 & -1 & 0 \\ -1 & 6 & -7 \end{vmatrix}$$

$$= -1 \times (-1)^{2+2} \times \begin{vmatrix} 3 & 8 \\ -1 & -7 \end{vmatrix} = -(-21+8) = 13.$$

例 8 解方程
$$\begin{vmatrix} 1 & 4 & 3 & 2 \\ 2 & x+4 & 6 & 4 \\ 3 & -2 & x & 1 \\ -3 & 2 & 5 & -1 \end{vmatrix} = 0.$$

解 利用行列式的性质,将其化为下三角形行列式,它是未知量 x 的二次方程,即

$$\begin{vmatrix} 1 & 4 & 3 & 2 \\ 2 & x+4 & 6 & 4 \\ 3 & -2 & x & 1 \\ -3 & 2 & 5 & -1 \end{vmatrix} \xlongequal[\substack{r_3+r_4 \\ r_4+3r_1}]{r_2+(-2)r_1} \begin{vmatrix} 1 & 4 & 3 & 2 \\ 0 & x-4 & 0 & 0 \\ 0 & 0 & x+5 & 0 \\ 0 & 14 & 14 & 5 \end{vmatrix} = \begin{vmatrix} x-4 & 0 & 0 \\ 0 & x+5 & 0 \\ 14 & 14 & 5 \end{vmatrix} = 5(x-4)(x+5).$$

由 $5(x-4)(x+5)=0$ 解得方程的解是 $x_1=4,x_2=-5.$

10.1.4 克拉默法则

定理 如果线性方程组 $\begin{cases} a_{11}x_1+a_{12}x_2+\cdots+a_{1n}x_n=b_1, \\ a_{21}x_1+a_{22}x_2+\cdots+a_{2n}x_n=b_2, \\ \cdots\cdots\cdots\cdots \\ a_{n1}x_1+a_{n2}x_2+\cdots+a_{nn}x_n=b_n \end{cases}$ 的系数行列式 $D=$

$$\begin{vmatrix} a_{11} & a_{12} & \cdots & a_{1n} \\ a_{21} & a_{22} & \cdots & a_{2n} \\ \vdots & \vdots & & \vdots \\ a_{n1} & a_{n2} & \cdots & a_{nn} \end{vmatrix} \neq 0, \text{ 且 } D_1 = \begin{vmatrix} b_1 & a_{12} & \cdots & a_{1n} \\ b_2 & a_{22} & \cdots & a_{2n} \\ \vdots & \vdots & & \vdots \\ b_n & a_{n2} & \cdots & a_{nn} \end{vmatrix}, D_2 = \begin{vmatrix} a_{11} & b_1 & \cdots & a_{1n} \\ a_{21} & b_2 & \cdots & a_{2n} \\ \vdots & \vdots & & \vdots \\ a_{n1} & b_n & \cdots & a_{nn} \end{vmatrix}, \cdots,$$

$$D_n = \begin{vmatrix} a_{11} & a_{12} & \cdots & b_1 \\ a_{21} & a_{22} & \cdots & b_2 \\ \vdots & \vdots & & \vdots \\ a_{n1} & a_{n2} & \cdots & b_n \end{vmatrix}, \text{则线性方程组有唯一解}$$

$$x_1 = \frac{D_1}{D}, x_2 = \frac{D_2}{D}, \cdots, x_n = \frac{D_n}{D}.$$

例 9 用克拉默法则解方程组
$$\begin{cases} x_1 - x_2 \quad\quad +2x_4 = -5, \\ 3x_1+2x_2 - x_3 -2x_4 = 6, \\ 4x_1+3x_2 - x_3 - x_4 = 0, \\ 2x_1 \quad\quad - x_3 \quad\quad = 0. \end{cases}$$

267

解　$D = \begin{vmatrix} 1 & -1 & 0 & 2 \\ 3 & 2 & -1 & -2 \\ 4 & 3 & -1 & -1 \\ 2 & 0 & -1 & 0 \end{vmatrix} \xlongequal{c_1+2c_3} \begin{vmatrix} 1 & -1 & 0 & 2 \\ 1 & 2 & -1 & -2 \\ 2 & 3 & -1 & -1 \\ 0 & 0 & -1 & 0 \end{vmatrix}$

$= (-1) \times (-1)^{4+3} \begin{vmatrix} 1 & -1 & 2 \\ 1 & 2 & -2 \\ 2 & 3 & -1 \end{vmatrix} \xlongequal[r_3-2r_1]{r_2-r_1} \begin{vmatrix} 1 & -1 & 2 \\ 0 & 3 & -4 \\ 0 & 5 & -5 \end{vmatrix} = \begin{vmatrix} 3 & -4 \\ 5 & -5 \end{vmatrix} = 5 \neq 0.$

用类似方法求出　$D_1 = 10$，　$D_2 = -15$，　$D_3 = 20$，　$D_4 = -25$.

所以方程组的解为：$x_1 = \dfrac{D_1}{D} = 2, x_2 = \dfrac{D_2}{D} = -3, x_3 = \dfrac{D_3}{D} = 4, \dfrac{D_4}{D} = -5.$

习题 10.1

1. 计算下列行列式.

(1) $\begin{vmatrix} 1 & 3 \\ 1 & 4 \end{vmatrix}$；

(2) $\begin{vmatrix} 2 & 1 \\ -1 & 2 \end{vmatrix}$；

(3) $\begin{vmatrix} a & b \\ a^2 & b^2 \end{vmatrix}$；

(4) $\begin{vmatrix} 1 & -1 & -2 \\ 0 & 3 & -1 \\ -2 & 2 & -4 \end{vmatrix}$.

2. 求下列行列式中 a_{11}, a_{21}, a_{33} 的代数余子式.

(1) $\begin{vmatrix} 2 & -1 & 0 \\ 4 & 1 & 2 \\ -1 & -1 & -1 \end{vmatrix}$；

(2) $\begin{vmatrix} 3 & -1 & 9 & 7 \\ 1 & 0 & 1 & 5 \\ 2 & 3 & -3 & 1 \\ 0 & 0 & 1 & -2 \end{vmatrix}$.

3. 已知 $\begin{vmatrix} 0 & 2 & 0 \\ 1 & 2 & 3 \\ a & b & c \end{vmatrix} = 2\,012$，则 $A_{12} = \underline{\hspace{2cm}}$，$A_{21} + 2A_{22} + 3A_{23} = \underline{\hspace{2cm}}$. $aA_{21} + bA_{22} + cA_{23} = \underline{\hspace{2cm}}$.

4. 计算下列行列式.

(1) $\begin{vmatrix} \cos^2 x & \sin^2 x \\ \sin^2 x & \cos^2 x \end{vmatrix}$；

(2) $\begin{vmatrix} 1 & 2 & 3 \\ 2 & 3 & 4 \\ 3 & 4 & 5 \end{vmatrix}$；

(3) $\begin{vmatrix} 36 & 64 & 54 \\ 25 & 75 & 65 \\ 16 & 84 & 64 \end{vmatrix}$；

(4) $\begin{vmatrix} 5 & 0 & 4 & 2 \\ 1 & -1 & 2 & 1 \\ 4 & 1 & 2 & 0 \\ 1 & 1 & 1 & 1 \end{vmatrix}$；

(5) $\begin{vmatrix} 1 & 1 & 1 & 1 \\ 2 & 3 & 4 & 5 \\ 4 & 9 & 16 & 25 \\ 8 & 27 & 64 & 125 \end{vmatrix}$.

5. 计算下列 n 阶行列式.

（1） $\begin{vmatrix} 1+a_1 & a_2 & a_3 & \cdots & a_n \\ a_1 & 1+a_2 & a_3 & \cdots & a_n \\ a_1 & a_2 & 1+a_3 & \cdots & a_n \\ \vdots & \vdots & \vdots & & \vdots \\ a_1 & a_2 & a_3 & \cdots & 1+a_n \end{vmatrix}$ ； （2） $\begin{vmatrix} x & a & \cdots & a \\ a & x & \cdots & a \\ \vdots & \vdots & & \vdots \\ a & a & \cdots & x \end{vmatrix}$.

6. 用克拉默法则解下列线性方程组 $\begin{cases} x_1 + x_2 + 2x_3 + 3x_4 = 1, \\ 3x_1 - x_2 - x_3 - 2x_4 = -4, \\ 2x_1 + 3x_2 - x_3 - x_4 = -6, \\ x_1 + 2x_2 + 3x_3 - x_4 = -4. \end{cases}$

10.2 矩阵的概念与运算

10.2.1 矩阵的概念

1. 矩阵的基本概念

在自然科学、工程技术科学、经济学以及管理科学中经常会出现一些数表. 例如, 在物资调运中, 某物资有 2 个产地（分别用 1, 2 表示）, 3 个销售地（分别用 1, 2, 3 表示）调运方案如表 10-1 所示.

表 10-1

	销售地 1	销售地 2	销售地 3
产地 1	12	20	15
产地 2	21	32	18

这个调运方案可简写成一个 2 行 3 列的数阵 $\begin{pmatrix} 12 & 20 & 15 \\ 21 & 32 & 18 \end{pmatrix}$. 其中第 $i(i=1,2)$ 行第 $j(j=1,2,3)$ 列的数表示从第 i 个产地运往第 j 个销售地的数量.

我们把这种描述某种状态或数量关系的数阵称之为矩阵.

定义 1 由 $m \times n$ 个数 $a_{ij}(i=1,2,3\cdots m; j=1,2,3\cdots n)$ 排成 m 行 n 列的数阵

$$\begin{pmatrix} a_{11} & a_{12} & \cdots & a_{1n} \\ a_{21} & a_{22} & \cdots & a_{2n} \\ \vdots & \vdots & & \vdots \\ a_{m1} & a_{m2} & \cdots & a_{mn} \end{pmatrix}$$

称为 m 行 n 列矩阵, 简称 $m \times n$ **矩阵**, 其中 a_{ij} 表示位于矩阵的第 i 行、第 j 列的元素.

矩阵通常用大写字母 $\boldsymbol{A}, \boldsymbol{B}, \boldsymbol{C}, \cdots$ 或 $(a_{ij}), (b_{ij})$ 表示. 有时为了标明矩阵的行数 m 和列数 n, 把矩阵记作 $\boldsymbol{A}_{m \times n}$ 或 $(a_{ij})_{m \times n}$.

从表达形式上看,矩阵与行列式很相似,但矩阵与行列式是两个完全不同的概念,矩阵是一个数阵,而行列式是一个数值.

例如,$\boldsymbol{A} = \begin{pmatrix} 2 & 1 & 3 \\ 3 & 5 & 4 \end{pmatrix}$　是一个 2 行 3 列矩阵.

2. 几种特殊的矩阵

(1) 行矩阵:只有一行的矩阵. 如,$(a_1, a_2, \cdots a_n)$.

(2) 列矩阵:只有一列的矩阵. 如,$\begin{pmatrix} a_1 \\ a_2 \\ \vdots \\ a_n \end{pmatrix}$.

(3) 零矩阵:所有元素都是零的矩阵,记为 $\boldsymbol{O}_{m \times n}$,例如,$\begin{pmatrix} 0 & 0 & 0 \\ 0 & 0 & 0 \end{pmatrix} = \boldsymbol{O}_{2 \times 3}$.

(4) n 阶方阵:行数与列数相等的矩阵 $\boldsymbol{A}$ 称为 n **阶方阵**,记作 $\boldsymbol{A}$.

　　n 阶方阵 $\boldsymbol{A}$ 对应的**行列式**记作 $|\boldsymbol{A}|$ 或 $\det(\boldsymbol{A})$.

3. 几种特殊的 n 阶方阵

我们把 n 阶方阵从左上角到右下角的连线,称为 n 阶方阵的**主对角线**.

(1) 除主对角线上元素以外,其他元素都为 0 的 n 阶方阵 $\boldsymbol{A}$ 称为 n **阶对角矩阵**,记作

$$\boldsymbol{A} = \begin{pmatrix} a_{11} & 0 & \cdots & 0 \\ 0 & a_{22} & \cdots & 0 \\ \vdots & \vdots & & \vdots \\ 0 & 0 & \cdots & a_{nn} \end{pmatrix}.$$

(2) 如果对角矩阵 $\boldsymbol{A}$ 中的元素满足 $a_{11} = a_{22} = \cdots a_{nn} = a$,则称 $\boldsymbol{A}$ 为 n **阶数量矩阵**,即

$$\boldsymbol{A} = \begin{pmatrix} a & 0 & \cdots & 0 \\ 0 & a & \cdots & 0 \\ \vdots & \vdots & & \vdots \\ 0 & 0 & \cdots & a \end{pmatrix}.$$

(3) 主对角线上的元素都是 1,其他元素都是零的方阵称为 n **阶单位矩阵**,记为 $\boldsymbol{E}$. 即

$$\boldsymbol{E} = \begin{pmatrix} 1 & 0 & \cdots & 0 \\ 0 & 1 & \cdots & 0 \\ \vdots & \vdots & & \vdots \\ 0 & 0 & \cdots & 1 \end{pmatrix}.$$

(4) 主对角线下方的元素都是零的方阵称为 n **阶上三角形矩阵**,即

$$\begin{pmatrix} a_{11} & a_{12} & \cdots & a_{1n} \\ 0 & a_{22} & \cdots & a_{2n} \\ \vdots & \vdots & & \vdots \\ 0 & 0 & \cdots & a_{nn} \end{pmatrix}.$$

主对角线上方的元素都是零的方阵称为 n **阶下三角形矩阵**. 即

$$\begin{pmatrix} a_{11} & 0 & \cdots & 0 \\ a_{21} & a_{22} & \cdots & 0 \\ \vdots & \vdots & & \vdots \\ a_{n1} & a_{n2} & \cdots & a_{nn} \end{pmatrix}.$$

10.2.2 矩阵的运算

1. 矩阵的相等

定义 2 如果 $\boldsymbol{A} = (a_{ij})_{m \times n}$, $\boldsymbol{B} = (b_{ij})_{m \times n}$ 满足 $a_{ij} = b_{ij}(i = 1, 2, 3 \cdots m; j = 1, 2, 3 \cdots n)$, 则称矩阵 $\boldsymbol{A}$ 与 $\boldsymbol{B}$ 相等, 记作 $\boldsymbol{A} = \boldsymbol{B}$. 例如

设有 $\boldsymbol{A} = \begin{pmatrix} 1 & 2 \\ 3 & 4 \end{pmatrix}$, $\boldsymbol{B} = \begin{pmatrix} x & 2 \\ 3 & y \end{pmatrix}$, 如果 $\boldsymbol{A} = \boldsymbol{B}$, 则有 $x = 1, y = 4$.

2. 矩阵的加减法

定义 3 设两个 $m \times n$ 阶矩阵 $\boldsymbol{A} = (a_{ij})_{m \times n}$, $\boldsymbol{B} = (b_{ij})_{m \times n}$, 则 $\boldsymbol{A} \pm \boldsymbol{B} = (a_{ij} \pm b_{ij})_{m \times n}$. 例如

$$\begin{pmatrix} 3 & 6 \\ 7 & 1 \\ 2 & 0 \end{pmatrix} + \begin{pmatrix} 2 & 4 \\ 7 & 1 \\ 1 & 1 \end{pmatrix} = \begin{pmatrix} 5 & 10 \\ 14 & 2 \\ 3 & 1 \end{pmatrix}.$$

设 $\boldsymbol{A}, \boldsymbol{B}, \boldsymbol{C}$ 都是 $m \times n$ 矩阵, 矩阵的加法满足

(1) 交换律 $\boldsymbol{A} + \boldsymbol{B} = \boldsymbol{B} + \boldsymbol{A}$.

(2) 结合律 $(\boldsymbol{A} + \boldsymbol{B}) + \boldsymbol{C} = \boldsymbol{A} + (\boldsymbol{B} + \boldsymbol{C})$.

3. 矩阵的数乘

定义 4 数 k 乘以矩阵 $\boldsymbol{A} = (a_{ij})_{m \times n}$ 等于数 k 乘以矩阵 $\boldsymbol{A} = (a_{ij})_{m \times n}$ 的每一个元素. 即

$$k\boldsymbol{A} = (ka_{ij})_{m \times n}$$

称为**数 k 与矩阵 $\boldsymbol{A}$ 的乘积**, 简称**矩阵 $\boldsymbol{A}$ 的数乘**. 例如

设 $\boldsymbol{A} = \begin{pmatrix} 2 & 3 \\ 4 & 1 \end{pmatrix}$, 则 $-2\boldsymbol{A} = \begin{pmatrix} -4 & -6 \\ -8 & -2 \end{pmatrix}$, $|\boldsymbol{A}| = -10$, $|-2\boldsymbol{A}| = -40$. 于是,

若 $\boldsymbol{A}$ 为 n 阶方阵, 则 $|k\boldsymbol{A}| = k^n |\boldsymbol{A}|$ (k 为常数).

矩阵 $\boldsymbol{A}$ 的数乘满足以下运算规律 (k, l 为常数)

(1) $(kl)\boldsymbol{A} = k(l\boldsymbol{A})$.

(2) $(k+l)\boldsymbol{A} = k\boldsymbol{A} + l\boldsymbol{A}$.

(3) $k(\boldsymbol{A} + \boldsymbol{B}) = k\boldsymbol{A} + k\boldsymbol{B}$.

4. 矩阵的乘法

定义 5 设矩阵 $\boldsymbol{A} = (a_{ij})_{m \times p}$, $\boldsymbol{B} = (b_{ij})_{p \times n}$, $\boldsymbol{A}$ 与 $\boldsymbol{B}$ 的乘积是一个 $m \times n$ 阶矩阵: $\boldsymbol{C} = (c_{ij})_{m \times n}$, 记作 $\boldsymbol{C} = \boldsymbol{A}\boldsymbol{B}$. 其中

$$c_{ij} = a_{i1}b_{1j} + a_{i2}b_{2j} + \cdots + a_{ip}b_{pj} \quad (i = 1, 2, 3 \cdots m; j = 1, 2, 3 \cdots n).$$

例如, 设 $\boldsymbol{A} = \begin{pmatrix} a_{11} & a_{12} \\ a_{21} & a_{22} \end{pmatrix}$, $\boldsymbol{B} = \begin{pmatrix} b_{11} & b_{12} \\ b_{21} & b_{22} \end{pmatrix}$, 则

$$AB = \begin{pmatrix} a_{11} & a_{12} \\ a_{21} & a_{22} \end{pmatrix} \begin{pmatrix} b_{11} & b_{12} \\ b_{21} & b_{22} \end{pmatrix} = \begin{pmatrix} a_{11}b_{11}+a_{12}b_{21} & a_{11}b_{12}+a_{12}b_{22} \\ a_{21}b_{11}+a_{22}b_{21} & a_{21}b_{12}+a_{22}b_{22} \end{pmatrix}.$$

注意:(1) 仅当左乘矩阵 A 的列数与右乘矩阵 B 行数相同时,两个矩阵才能相乘.

(2) AB 的行数等于 A 的行数, AB 的列数等于 B 的列数.

(3) AB 位于第 i 行、第 j 列的元素等于 A 的第 i 行与 B 的第 j 列对应元素乘积的和.

特别地,

(1) 若矩阵 A 为 n 阶方阵,则称 $\underbrace{AA\cdots A}_{k} = A^k$ 叫**矩阵 A 的 k 次幂**.

(2) 若矩阵 A 与 B 是 n 阶方阵,则 $|AB| = |A| \cdot |B|$(证明略).

例1 设 $A = \begin{pmatrix} 1 & 6 \\ 2 & 7 \\ 3 & 8 \end{pmatrix}$, $B = \begin{pmatrix} 4 & 3 \\ 1 & 4 \end{pmatrix}$,求 AB.

10.2 例 1

解 $AB = \begin{pmatrix} 1 & 6 \\ 2 & 7 \\ 3 & 8 \end{pmatrix} \begin{pmatrix} 4 & 3 \\ 1 & 4 \end{pmatrix} = \begin{pmatrix} 1\times4+6\times1 & 1\times3+6\times4 \\ 2\times4+7\times1 & 2\times3+7\times4 \\ 3\times4+8\times1 & 3\times3+8\times4 \end{pmatrix} = \begin{pmatrix} 10 & 27 \\ 15 & 34 \\ 20 & 41 \end{pmatrix}.$

例2 设 $A = (3 \quad 5 \quad 7)$, $B = \begin{pmatrix} 1 \\ 2 \\ -1 \end{pmatrix}$ 求 AB 及 BA.

解 $AB = (3 \quad 5 \quad 7) \begin{pmatrix} 1 \\ 2 \\ -1 \end{pmatrix} = (3\times1+5\times2+7\times(-1)) = 6$,

$BA = \begin{pmatrix} 1 \\ 2 \\ -1 \end{pmatrix} (3 \quad 5 \quad 7) = \begin{pmatrix} 3 & 5 & 7 \\ 6 & 10 & 14 \\ -3 & -5 & -7 \end{pmatrix}.$

矩阵乘法满足以下运算规律

(1) 结合律: $(AB)C = A(BC)$.

(2) 数乘结合律: $k(AB) = (kA)B = A(kB)$.

(3) 分配律: $(A+B)C = AC+BC, C(A+B) = CA+CB$.

例3 设 $A = \begin{pmatrix} 1 & 1 \\ -1 & -1 \end{pmatrix}, B = \begin{pmatrix} 1 & -1 \\ -1 & 1 \end{pmatrix}$, 求 AB 和 BA.

解 $AB = \begin{pmatrix} 1 & 1 \\ -1 & -1 \end{pmatrix} \begin{pmatrix} 1 & -1 \\ -1 & 1 \end{pmatrix} = \begin{pmatrix} 0 & 0 \\ 0 & 0 \end{pmatrix}$,

$BA = \begin{pmatrix} 1 & -1 \\ -1 & 1 \end{pmatrix} \begin{pmatrix} 1 & 1 \\ -1 & -1 \end{pmatrix} = \begin{pmatrix} 2 & 2 \\ -2 & -2 \end{pmatrix}.$

显然 $AB \neq BA$.

由例3知

(1) 矩阵的乘法不满足交换律,即 AB 不一定等于 BA;

(2) A, B 都是非零矩阵,但 $AB = O$,即两个非零矩阵相乘可能是零矩阵.

例 4 设有二阶单位矩阵 $E = \begin{pmatrix} 1 & 0 \\ 0 & 1 \end{pmatrix}$ 及 $A = \begin{pmatrix} 1 & 2 & 3 \\ 4 & 5 & 6 \end{pmatrix}$，$B = \begin{pmatrix} a & b \\ c & d \end{pmatrix}$，求 EA，BE 与 EB.

解 $EA = A$，$BE = B$，$EB = B$.

由此知：任意矩阵 A 与单位矩阵 E 的乘积等于 A.

10.2.3 矩阵的转置

定义 6 把 $m \times n$ 矩阵 A 的行列互换所得的 $n \times m$ 矩阵，称为 A 的转置矩阵，记作 A^{T}. 即

$$A = \begin{pmatrix} a_{11} & a_{12} & \cdots & a_{1n} \\ a_{21} & a_{22} & \cdots & a_{2n} \\ \vdots & \vdots & & \vdots \\ a_{m1} & a_{m2} & \cdots & a_{mn} \end{pmatrix}, \quad 则\ A^{\mathrm{T}} = \begin{pmatrix} a_{11} & a_{21} & \cdots & a_{m1} \\ a_{12} & a_{22} & \cdots & a_{m2} \\ \vdots & \vdots & & \vdots \\ a_{1n} & a_{2n} & \cdots & a_{mn} \end{pmatrix}.$$

矩阵的转置满足下列运算规律

（1）$(A^{\mathrm{T}})^{\mathrm{T}} = A$；　　　　　　（2）$(A+B)^{\mathrm{T}} = A^{\mathrm{T}} + B^{\mathrm{T}}$；

（3）$(kA)^{\mathrm{T}} = kA^{\mathrm{T}}$；　　　　　　（4）$(AB)^{\mathrm{T}} = B^{\mathrm{T}}A^{\mathrm{T}}$.

例 5 设 $A = \begin{pmatrix} 2 & 0 & -1 \\ 1 & 3 & 2 \end{pmatrix}$，$B = \begin{pmatrix} 1 & 7 & -1 \\ 4 & 2 & 3 \\ 2 & 0 & 1 \end{pmatrix}$，试验证 $(AB)^{\mathrm{T}} = B^{\mathrm{T}}A^{\mathrm{T}}$.

解 因 $AB = \begin{pmatrix} 2 & 0 & -1 \\ 1 & 3 & 2 \end{pmatrix}\begin{pmatrix} 1 & 7 & -1 \\ 4 & 2 & 3 \\ 2 & 0 & 1 \end{pmatrix} = \begin{pmatrix} 0 & 14 & -3 \\ 17 & 13 & 10 \end{pmatrix}$，$(AB)^{\mathrm{T}} = \begin{pmatrix} 0 & 17 \\ 14 & 13 \\ -3 & 10 \end{pmatrix}$，

$$B^{\mathrm{T}}A^{\mathrm{T}} = \begin{pmatrix} 1 & 4 & 2 \\ 7 & 2 & 0 \\ -1 & 3 & 1 \end{pmatrix}\begin{pmatrix} 2 & 1 \\ 0 & 3 \\ -1 & 2 \end{pmatrix} = \begin{pmatrix} 0 & 17 \\ 14 & 13 \\ -3 & 10 \end{pmatrix},$$

所以　　　　　　　　　　　　$(AB)^{\mathrm{T}} = B^{\mathrm{T}}A^{\mathrm{T}}$.

习题 10.2

1. 已知 $A = \begin{pmatrix} 3 & 6 & 2 \\ 2 & 4 & 7 \\ -1 & 2 & 5 \end{pmatrix}$，求 $A + A^{\mathrm{T}}$.

2. 已知 $A = \begin{pmatrix} 3 & 2 & 5 \\ 1 & 6 & 1 \\ 4 & 5 & 7 \end{pmatrix}$，$B = \begin{pmatrix} 4 & 3 & 7.5 \\ 1.5 & 8.5 & 1.5 \\ 6 & 7.5 & 10 \end{pmatrix}$，求 $3A - 2B$.

3. 计算.

（1）$(1 \quad 2 \quad 3)\begin{pmatrix} 1 \\ 2 \\ 3 \end{pmatrix}$；　　　　　　（2）$\begin{pmatrix} 2 \\ 1 \\ 3 \end{pmatrix}(-1 \quad 2)$；

(3) $\begin{pmatrix} 1 & 0 \\ 0 & 1 \end{pmatrix}\begin{pmatrix} 3 & 2 \\ 5 & 6 \end{pmatrix}$;　　　　　(4) $(x \quad y)\begin{pmatrix} 9 & -12 \\ -12 & 16 \end{pmatrix}\begin{pmatrix} x \\ y \end{pmatrix}$;

(5) $\begin{pmatrix} 2 & 1 & 4 & 0 \\ 1 & -1 & 3 & 4 \end{pmatrix}\begin{pmatrix} 1 & 3 & 1 \\ 0 & -1 & 2 \\ 1 & -3 & 1 \\ 4 & 0 & -2 \end{pmatrix}$;　　(6) $\begin{pmatrix} 1 & 2 & 1 & 0 \\ 0 & 1 & 0 & 1 \\ 0 & 0 & 2 & 1 \\ 0 & 0 & 0 & 3 \end{pmatrix}\begin{pmatrix} 1 & 0 & 3 & 1 \\ 0 & 1 & 2 & -1 \\ 0 & 0 & -2 & 3 \\ 0 & 0 & 0 & -3 \end{pmatrix}$.

4. 若已知 3 阶方阵 A 的行列式 $|A| = 5$,则 $|-2A| = $ ＿＿＿＿＿＿＿.

5. 设矩阵 A 与 B 的乘积为 AB,下列命题正确的是(　　　).

A. 若 $A = O$ 或 $B = O$,则 $AB = O$　　　　B. 若 $A \neq O$ 且 $B \neq O$,则 $AB \neq O$

C. 若 $AB = O$,则 $A = O$ 且 $B = O$　　　　D. 若 $AB = O$,则 $A = O$ 或 $B = O$

6. 设任意 n 阶方阵 A 与 n 阶单位矩阵 E,试证

$$(E-A)(E+A+A^2+\cdots A^{m-1}) = E - A^m.$$

7. 某企业一年出口到三个国家的两种货物的数量以及两种货物的单位价格、重量、体积如表 10-2 所示.

表 10-2

货物	美国	德国	日本	单价/万元	单位重量/t	单位体积/m³
A_1	3 000	1 500	2 000	0.05	0.04	0.2
A_2	1 400	1 300	800	0.4	0.06	0.4

利用矩阵的乘法计算出口到三个国家的货物总收入、总重量与总体积各是多少?

10.3　矩阵的初等变换与秩

10.3.1　矩阵初等变换的概念

先看一个线性方程组的例子,下面采用熟知的加减消元法:

$$\begin{cases} -2x_1 - 3x_2 + 4x_3 = 2 & (1) \\ x_1 + 2x_2 - x_3 = -1 & (2) \\ 2x_1 + 2x_2 - 8x_3 = -2 & (3) \end{cases} \xrightarrow[\frac{1}{2}\times(3)]{(1)\leftrightarrow(2)} \begin{cases} x_1 + 2x_2 - x_3 = -1, & (1) \\ -2x_1 - 3x_2 + 4x_3 = 2, & (2) \\ x_1 + x_2 - 4x_3 = -1, & (3) \end{cases}$$

$$\xrightarrow[(3)+(-1)\times(1)]{(2)+2\times(1)} \begin{cases} x_1 + 2x_2 - x_3 = -1, & (1) \\ x_2 + 2x_3 = 0, & (2) \\ -x_2 - 3x_3 = 0, & (3) \end{cases}$$

$$\xrightarrow[(3)+(2)]{(1)+(-2)\times(2)} \begin{cases} x_1 \qquad -5x_3 = -1, & (1) \\ x_2 + 2x_3 = 0, & (2) \\ -3x_3 = 0, & (3) \end{cases}$$

$$\Rightarrow \begin{cases} x_1 = -1, \\ x_2 = 0, \\ x_3 = 0. \end{cases}$$

在解方程组的过程中,我们对方程组实施了下列**三种变换**:

(1) 交换两个方程的位置;

(2) 用数 $k(k \neq 0)$ 乘以某一个方程;

(3) 把一个方程的 $k(k \neq 0)$ 倍加到另一个方程上.

上述解法书写比较烦琐,实际上,这三种变换只是对方程组的系数与常数项进行了操作,而方程组的系数与常数项按原来的位置恰好构成矩阵. 于是我们引入矩阵来解线性方程组.

由线性方程组未知数前面的系数按原有位置构成的矩阵叫**系数矩阵**,记为 A.

由线性方程组未知数前面的系数以及常数项按原有位置构成的矩阵叫**增广矩阵**,记作 $(A \vdots B)$.

于是解上面线性方程组就转化为对其增广矩阵进行三种行变换来求解:

$$(A \vdots B) = \begin{pmatrix} -2 & -3 & 4 & \vdots & 2 \\ 1 & 2 & -1 & \vdots & -1 \\ 2 & 2 & -8 & \vdots & -2 \end{pmatrix} \xrightarrow[\frac{1}{2} \times r_3]{r_1 \leftrightarrow r_2} \begin{pmatrix} 1 & 2 & -1 & \vdots & -1 \\ -2 & -3 & 4 & \vdots & 2 \\ 1 & 1 & -4 & \vdots & -1 \end{pmatrix}$$

$$\xrightarrow[r_3 + (-1) \times r_1]{r_2 + 2 \times r_1} \begin{pmatrix} 1 & 2 & -1 & \vdots & -1 \\ 0 & 1 & 2 & \vdots & 0 \\ 0 & -1 & -3 & \vdots & 0 \end{pmatrix} \xrightarrow[r_3 + r_2]{r_1 + (-2) \times r_2} \begin{pmatrix} 1 & 0 & -5 & \vdots & -1 \\ 0 & 1 & 2 & \vdots & 0 \\ 0 & 0 & -1 & \vdots & 0 \end{pmatrix}$$

$$\xrightarrow[r_2 + r_3 \times 2]{r_1 + r_3 \times (-5)} \begin{pmatrix} 1 & 0 & 0 & \vdots & -1 \\ 0 & 1 & 0 & \vdots & 0 \\ 0 & 0 & -1 & \vdots & 0 \end{pmatrix} \xrightarrow{r_3 \times (-1)} \begin{pmatrix} 1 & 0 & 0 & \vdots & -1 \\ 0 & 1 & 0 & \vdots & 0 \\ 0 & 0 & 1 & \vdots & 0 \end{pmatrix} \Rightarrow \begin{cases} x_1 = -1, \\ x_2 = 0, \\ x_3 = 0. \end{cases}$$

我们把上面对矩阵的行进行的变换称作矩阵的初等行变换. 于是引入下列定义:

定义 1 下列三种变换称为矩阵的**初等行变换**:

(1) 交换矩阵的任意两行位置(第 i 行与第 j 行交换位置,记为 $r_i \leftrightarrow r_j$);

(2) 用数 $k(k \neq 0)$ 乘某行的所有元素(数 k 乘以第 i 行,记为 $k \times r_i$);

(3) 某一行(例如 j 行)所有元素的 $k(k \neq 0)$ 倍分别加到另一行(例如 i 行)对应的元素上(记为 $r_i + k \times r_j$).

在上述定义中将行换成列,即得矩阵的初等列变换定义(记号由字母 r 换成 c)

矩阵的**初等行变换**与**初等列变换**统称为**矩阵的初等变换**.

实际上,线性方程组的解有三种情况:(1) 有唯一解;(2) 有无穷多解;(3) 无解. 上面例子表述了对线性方程组的增广矩阵进行初等行变换求线性方程组有唯一解的解法. 能否借助对线性方程组的增广矩阵进行初等行变换来判断线性方程组什么情况下有唯一解、有无穷多解、无解. 为此我们需要讨论矩阵的一个重要概念:**秩**.

10.3.2 矩阵的秩

1. 矩阵的秩的概念

定义 2 从矩阵 A 中取出 k 行 k 列,位于这些行、列交叉处的元素按原来的次序构成的 k 阶行列式,称为矩阵 A 的 k **阶子式**.

例如,在矩阵 $A = \begin{pmatrix} 1 & -1 & 3 & 2 \\ 4 & 1 & -5 & 1 \\ 2 & 3 & -11 & -3 \end{pmatrix}$ 中,取矩阵 A 的第 1,3 行与第 2,4 列交叉处

的元素构成的二阶行列式 $\begin{vmatrix} -1 & 2 \\ 3 & -3 \end{vmatrix}$ 为 A 的一个二阶子式.

取矩阵 A 的第 1,2,3 行与第 2,3,4 列交叉处的元素构成的三阶行列式

$\begin{vmatrix} -1 & 3 & 2 \\ 1 & -5 & 1 \\ 3 & -11 & -3 \end{vmatrix}$ 为 A 的一个三阶子式.

定义 3　矩阵 A 的不等于零的最高阶子式的阶 r,称为矩阵 A 的**秩**,记作 $r = R(A)$.

例 1　求矩阵 $A = \begin{pmatrix} 1 & 2 & 2 & 11 \\ 1 & -3 & -3 & -14 \\ 3 & 1 & 1 & 8 \end{pmatrix}$ 的秩.

解　因为矩阵 A 的四个三阶子式都为零,即

$$\begin{vmatrix} 1 & 2 & 2 \\ 1 & -3 & -3 \\ 3 & 1 & 1 \end{vmatrix} = 0, \quad \begin{vmatrix} 1 & 2 & 11 \\ 1 & -3 & -14 \\ 3 & 1 & 8 \end{vmatrix} = 0, \quad \begin{vmatrix} 1 & 2 & 11 \\ 1 & -3 & -14 \\ 3 & 1 & 8 \end{vmatrix} = 0, \quad \begin{vmatrix} 2 & 2 & 11 \\ -3 & -3 & -14 \\ 1 & 1 & 8 \end{vmatrix} = 0,$$

而它有一个二阶子式: $\begin{vmatrix} 1 & 2 \\ 1 & -3 \end{vmatrix} = -5 \neq 0$ 所以,矩阵 A 的秩 $R(A) = 2$.

但这种求矩阵的秩的方法计算量太大,下面介绍用初等变换求矩阵的秩.

2. 用初等变换求矩阵的秩

定理　矩阵经初等变换后,其秩不变.

在讨论定理的应用之前,先来介绍两个特殊的矩阵:对矩阵

$$\begin{pmatrix} a_{11} & a_{12} & a_{13} & \cdots & a_{1r} & \cdots & a_{1n} \\ 0 & a_{22} & a_{23} & \cdots & a_{2r} & \cdots & a_{2n} \\ 0 & 0 & a_{33} & \cdots & a_{3r} & \cdots & a_{3n} \\ \vdots & \vdots & \vdots & & \vdots & & \vdots \\ 0 & 0 & 0 & \cdots & a_{rr} & \cdots & a_{rn} \\ 0 & 0 & 0 & \cdots & 0 & 0 & 0 \\ \vdots & \vdots & \vdots & & \vdots & & \vdots \\ 0 & 0 & 0 & \cdots & 0 & 0 & 0 \end{pmatrix}$$

（1）当 $a_{11}, a_{22}, \cdots, a_{rr}$ 不全为零时,则称其为**阶梯形矩阵**.

（2）当 $a_{11}a_{22}\cdots a_{rr} \neq 0$ 时,则称其为**梯形矩阵**.

显然,梯形矩阵是阶梯形矩阵的一种特殊情形.但阶梯形矩阵可以通过矩阵的初等列变换化成梯形矩阵,因而其秩不变.例如,

$$
\text{阶梯形矩阵}\begin{pmatrix} 1 & * & * & * & * & * & * \\ 0 & 3 & * & * & * & * & * \\ 0 & 0 & 0 & 2 & * & * & * \\ 0 & 0 & 0 & 0 & 0 & 4 & * \\ 0 & 0 & 0 & 0 & 0 & 0 & 0 \end{pmatrix} \xrightarrow[c_4 \leftrightarrow c_6]{c_3 \leftrightarrow c_4} \text{梯形矩阵}\begin{pmatrix} 1 & * & * & * & * & * & * \\ 0 & 3 & * & * & * & * & * \\ 0 & 0 & 2 & * & * & 0 & * \\ 0 & 0 & 0 & 4 & 0 & 0 & * \\ 0 & 0 & 0 & 0 & 0 & 0 & 0 \end{pmatrix}
$$

利用此定理,我们可以对矩阵 A 进行初等变换,把矩阵化为阶梯形矩阵,进一步

化为梯形矩阵,因梯形矩阵的一个最高阶子式 $\begin{vmatrix} a_{11}^* & a_{12}^* & \cdots & a_{1r}^* \\ 0 & a_{22}^* & \cdots & a_{2r}^* \\ \vdots & \vdots & \vdots & \vdots \\ 0 & 0 & \cdots & a_{rr}^* \end{vmatrix} \neq 0$,所以矩阵 A 的

秩 $R(A) = r$.

由此得求矩阵 A 的秩的第二种方法:运用初等变换将矩阵化为梯形矩阵,梯形矩阵中不全为零的行数,即为矩阵 A 的秩.

例 2 用初等变换求矩阵 $A = \begin{pmatrix} 1 & 2 & 2 & 11 \\ 1 & 2 & -3 & -14 \\ 3 & 1 & 1 & 3 \\ 2 & 5 & 5 & 28 \end{pmatrix}$ 的秩.

解 $A = \begin{pmatrix} 1 & 2 & 2 & 11 \\ 1 & 2 & -3 & -14 \\ 3 & 1 & 1 & 3 \\ 2 & 5 & 5 & 28 \end{pmatrix} \xrightarrow[\substack{r_2-r_1 \\ r_3-3\times r_1 \\ r_4-2\times r_1}]{} \begin{pmatrix} 1 & 2 & 2 & 11 \\ 0 & 0 & -5 & -25 \\ 0 & -5 & -5 & -30 \\ 0 & 1 & 1 & 6 \end{pmatrix}$

$\xrightarrow{r_4 \leftrightarrow r_2} \begin{pmatrix} 1 & 2 & 2 & 11 \\ 0 & 1 & 1 & 6 \\ 0 & -5 & -5 & -30 \\ 0 & 0 & -5 & -25 \end{pmatrix} \xrightarrow{r_3+5\times r_2} \begin{pmatrix} 1 & 2 & 2 & 11 \\ 0 & 1 & 1 & 6 \\ 0 & 0 & 0 & 0 \\ 0 & 0 & -5 & -25 \end{pmatrix}$

$\xrightarrow{r_4 \leftrightarrow r_3} \begin{pmatrix} 1 & 2 & 2 & 11 \\ 0 & 1 & 1 & 6 \\ 0 & 0 & -5 & -25 \\ 0 & 0 & 0 & 0 \end{pmatrix} = B$.

因为 $R(B) = 3$,所以 $R(A) = 3$.

习题 10.3

1. 用矩阵定义求下列矩阵的秩.

(1) $A = \begin{pmatrix} 1 & 2 & -3 \\ -1 & -3 & 4 \\ 1 & 1 & -2 \end{pmatrix}$；

(2) $A = \begin{pmatrix} 1 & 2 & 2 & 11 \\ 1 & -3 & -3 & -14 \\ 3 & 1 & 1 & 8 \end{pmatrix}$.

2. 用初等变换求下列矩阵的秩.

（1）$A = \begin{pmatrix} 2 & 0 & 2 & 2 \\ 0 & 1 & 0 & 0 \\ 2 & 1 & 0 & 1 \\ 0 & 1 & 0 & 0 \end{pmatrix}$;

（2）$A = \begin{pmatrix} 1 & 0 & 1 & 0 & 0 \\ 1 & 1 & 0 & 0 & 0 \\ 0 & 1 & 1 & 0 & 0 \\ 0 & 0 & 1 & 1 & 0 \\ 0 & 1 & 0 & 1 & 1 \end{pmatrix}$;

（3）$A = \begin{pmatrix} 3 & 1 & 0 & 2 \\ 1 & -1 & 2 & -1 \\ 1 & 3 & -4 & 4 \end{pmatrix}$;

（4）$A = \begin{pmatrix} 1 & 4 & -1 & 2 & 2 \\ 2 & -2 & 1 & 1 & 0 \\ -2 & -1 & 3 & 2 & 0 \end{pmatrix}$.

3. 用矩阵的初等行变换求下列线性方程组的解.

$$\begin{cases} 2x_1 - x_2 + 3x_3 = 1, \\ 4x_1 + 2x_2 + 5x_3 = 4, \\ 2x_1 + \quad\quad 2x_3 = 6. \end{cases}$$

10.4　逆　矩　阵

对于一元一次方程 $ax = b(a \neq 0)$ 我们可以采用在方程两边同时乘以 a^{-1} 的方法得到它的解 $x = a^{-1}b$, 若已知 n 阶方阵 A 与矩阵 C, 若 $AX = C$, 能否求出矩阵 X? 若存在 n 阶方阵 B, 使得 $AB = E$, 因 $EX = X$, 则 $X = BC$. 那么什么情况下存在 n 阶方阵 B, 使得 $AB = E$? 下面我们将通过讨论逆矩阵来解决上述问题.

10.4.1　逆矩阵的概念与性质

1. 逆矩阵的概念

定义 1　对于 n 阶方阵 A, 如果存在一个 n 阶方阵 B, 使 $AB = BA = E$, 则称方阵 A 是**可逆的**（简称 A **可逆**）, 并称 B 是 A 的**逆矩阵**, 记作

$$A^{-1} = B.$$

由定义: $AA^{-1} = A^{-1}A = E$. 例如, 对于方阵 $A = \begin{pmatrix} 4 & 0 \\ 0 & 4 \end{pmatrix}$, 若取 $B = \begin{pmatrix} \dfrac{1}{4} & 0 \\ 0 & \dfrac{1}{4} \end{pmatrix}$,

因为 $AB = \begin{pmatrix} 4 & 0 \\ 0 & 4 \end{pmatrix} \begin{pmatrix} \dfrac{1}{4} & 0 \\ 0 & \dfrac{1}{4} \end{pmatrix} = \begin{pmatrix} 1 & 0 \\ 0 & 1 \end{pmatrix}$, $BA = \begin{pmatrix} \dfrac{1}{4} & 0 \\ 0 & \dfrac{1}{4} \end{pmatrix} \begin{pmatrix} 4 & 0 \\ 0 & 4 \end{pmatrix} = \begin{pmatrix} 1 & 0 \\ 0 & 1 \end{pmatrix}$,

从而 $AB = BA = E$,

所以, B 是 A 的逆矩阵, 即 $A^{-1} = B$.

2. 可逆矩阵的性质定理

定理 1　设方阵 A 是可逆的, 则 A 的逆矩阵是唯一的.

证 设 A 有两个逆矩阵 B 和 C，那么

$$AB = BA = E, AC = CA = E,$$

显然 $\qquad C = CE = C(AB) = (CA)B = EB = B$，即 $C = B$.

定理 2 方阵 A 可逆的充要条件是 $|A| \neq 0$.

证 必要性：因为 A 可逆，所以存在 A^{-1}，使 $AA^{-1} = E$，则 $|AA^{-1}| = |A| \cdot |A^{-1}| = 1$，因此 $|A| \neq 0$.

充分性的证明略.

定理 3 若 A, B 都为 n 阶可逆矩阵，数 $\lambda \neq 0$，则

（1）A^{-1} 可逆，且 $(A^{-1})^{-1} = A$；

（2）λA 可逆，且 $(\lambda A)^{-1} = \dfrac{1}{\lambda} A^{-1}$；

（3）AB 可逆，且 $(AB)^{-1} = B^{-1} A^{-1}$；

（4）A^{T} 可逆，且 $(A^{\mathrm{T}})^{-1} = (A^{-1})^{\mathrm{T}}$.

10.4.2 逆矩阵求法

1. 利用伴随矩阵求逆矩阵

定义 2 由 n 阶方阵 $A = \begin{pmatrix} a_{11} & a_{12} & \cdots & a_{1n} \\ a_{21} & a_{22} & \cdots & a_{2n} \\ \vdots & \vdots & & \vdots \\ a_{n1} & a_{n2} & \cdots & a_{nn} \end{pmatrix}$ 的行列式 $|A|$ 中元素 a_{ij} 的代数余子式

A_{ij} 所构成的 n 阶方阵的转置矩阵 $\begin{pmatrix} A_{11} & A_{21} & \cdots & A_{n1} \\ A_{12} & A_{22} & \cdots & A_{n2} \\ \vdots & \vdots & & \vdots \\ A_{1n} & A_{2n} & \cdots & A_{nn} \end{pmatrix}$ 称为 A 的**伴随矩阵**，记作 A^*.

由矩阵的乘法与行列式的按某一行展开不难证明.

定理 4 若 $|A| \neq 0$，则方阵 A 可逆，且 $A^{-1} = \dfrac{1}{|A|} A^*$.

例 1 求矩阵 $A = \begin{pmatrix} 1 & 2 \\ 2 & 6 \end{pmatrix}$ 的逆矩阵.

解 因为 $|A| = \begin{vmatrix} 1 & 2 \\ 2 & 6 \end{vmatrix} = 2 \neq 0$，所以 A^{-1} 存在.

$$A_{11} = (-1)^{1+1} \times 6 = 6, \qquad A_{12} = (-1)^{1+2} \times 2 = -2,$$

$$A_{21} = (-1)^{2+1} \times 2 = -2, \qquad A_{22} = (-1)^{2+2} \times 1 = 1,$$

所以 $\qquad A^{-1} = \dfrac{1}{|A|} A^* = \dfrac{1}{2} \begin{pmatrix} 6 & -2 \\ -2 & 1 \end{pmatrix} = \begin{pmatrix} 3 & -1 \\ -1 & \dfrac{1}{2} \end{pmatrix}$.

例 2 求矩阵 $A = \begin{pmatrix} 2 & 2 & 3 \\ 1 & -1 & 0 \\ -1 & 2 & 1 \end{pmatrix}$ 的逆矩阵.

10.4 例 2

解　因为 $|\boldsymbol{A}| = \begin{vmatrix} 2 & 2 & 3 \\ 1 & -1 & 0 \\ -1 & 2 & 1 \end{vmatrix} = -1 \neq 0$，　　所以 $\boldsymbol{A}^{-1}$ 存在.

$$A_{11} = (-1)^{1+1} \begin{vmatrix} -1 & 0 \\ 2 & 1 \end{vmatrix} = -1, \quad A_{12} = (-1)^{1+2} \begin{vmatrix} 1 & 0 \\ -1 & 1 \end{vmatrix} = -1,$$

$$A_{13} = (-1)^{1+3} \begin{vmatrix} 1 & -1 \\ -1 & 2 \end{vmatrix} = 1, \quad A_{21} = (-1)^{2+1} \begin{vmatrix} 2 & 3 \\ 2 & 1 \end{vmatrix} = 4,$$

$$A_{22} = (-1)^{2+2} \begin{vmatrix} 2 & 3 \\ -1 & 1 \end{vmatrix} = 5, \quad A_{23} = (-1)^{2+3} \begin{vmatrix} 2 & 2 \\ -1 & 2 \end{vmatrix} = -6,$$

$$A_{31} = (-1)^{3+1} \begin{vmatrix} 2 & 3 \\ -1 & 0 \end{vmatrix} = 3, \quad A_{32} = (-1)^{3+2} \begin{vmatrix} 2 & 3 \\ 1 & 0 \end{vmatrix} = 3, \quad A_{33} = (-1)^{3+3} \begin{vmatrix} 2 & 2 \\ 1 & -1 \end{vmatrix} = -4,$$

于是
$$\boldsymbol{A}^* = \begin{pmatrix} -1 & 4 & 3 \\ -1 & 5 & 3 \\ 1 & -6 & -4 \end{pmatrix},$$

所以
$$\boldsymbol{A}^{-1} = \frac{1}{|\boldsymbol{A}|} \boldsymbol{A}^* = - \begin{pmatrix} -1 & 4 & 3 \\ -1 & 5 & 3 \\ 1 & -6 & -4 \end{pmatrix} = \begin{pmatrix} 1 & -4 & -3 \\ 1 & -5 & -3 \\ -1 & 6 & 4 \end{pmatrix}.$$

例 3　设对角矩阵 $\boldsymbol{A} = \begin{bmatrix} a & 0 & 0 & 0 \\ 0 & b & 0 & 0 \\ 0 & 0 & c & 0 \\ 0 & 0 & 0 & d \end{bmatrix}$，试判别 $\boldsymbol{A}$ 是否可逆？当 $\boldsymbol{A}$ 可逆时，求 $\boldsymbol{A}^{-1}$.

解　因为 $|\boldsymbol{A}| = abcd$，所以当 $abcd \neq 0$ 时，$\boldsymbol{A}$ 可逆；否则 $\boldsymbol{A}$ 不可逆.

当 $abcd \neq 0$ 时，因
$$\boldsymbol{A}^* = \begin{bmatrix} bcd & 0 & 0 & 0 \\ 0 & acd & 0 & 0 \\ 0 & 0 & abd & 0 \\ 0 & 0 & 0 & abc \end{bmatrix},$$

所以
$$\boldsymbol{A}^{-1} = \frac{1}{abcd} \boldsymbol{A}^* = \begin{bmatrix} \dfrac{1}{a} & 0 & 0 & 0 \\ 0 & \dfrac{1}{b} & 0 & 0 \\ 0 & 0 & \dfrac{1}{c} & 0 \\ 0 & 0 & 0 & \dfrac{1}{d} \end{bmatrix}.$$

但对于 3 阶或 3 阶以上的可逆矩阵求逆矩阵，伴随矩阵法的计算量较大，下面介绍求逆矩阵的另一种方法.

2. 矩阵的初等变换求逆矩阵

定理5　可逆矩阵 A 经过一系列初等行变换后，一定可化为单位矩阵 E. 同时，同样的初等行变换作用于 E，可将 E 化为 A^{-1}.

由定理5，要求矩阵 A 的逆矩阵 A^{-1}，只需将 $n\times(2n)$ 阶矩阵 $(A \vdots E)$ 经过一系列初等行变换化为 $(E \vdots A^{-1})$. 即 $(A \vdots E) \xrightarrow{\text{若干初等行变换}} (E \vdots A^{-1})$.

例4　求 $A=\begin{pmatrix} 2 & 4 \\ 0 & 2 \end{pmatrix}$ 的逆矩阵 A^{-1}.

解　因 $(A \vdots E) = \begin{pmatrix} 2 & 4 & \vdots & 1 & 0 \\ 0 & 2 & \vdots & 0 & 1 \end{pmatrix} \xrightarrow[r_2\times\frac{1}{2}]{r_1\times\frac{1}{2}} \begin{pmatrix} 1 & 2 & \vdots & \frac{1}{2} & 0 \\ 0 & 1 & \vdots & 0 & \frac{1}{2} \end{pmatrix}$

$\xrightarrow{r_1+r_2\times(-2)} \begin{pmatrix} 1 & 0 & \vdots & \frac{1}{2} & -1 \\ 0 & 1 & \vdots & 0 & \frac{1}{2} \end{pmatrix} = (E \vdots A^{-1})$.

所以，$A^{-1} = \begin{pmatrix} \frac{1}{2} & -1 \\ 0 & \frac{1}{2} \end{pmatrix}$.

例5　解矩阵方程 $\begin{bmatrix} 1 & 1 & 0 \\ 2 & 1 & -1 \\ 3 & 4 & 2 \end{bmatrix} X = \begin{bmatrix} 1 & -4 \\ 0 & 2 \\ 3 & -1 \end{bmatrix}$.

解　若 A 可逆，则 $X = A^{-1}B$. 因为

$[A \vdots E] = \begin{bmatrix} 1 & 1 & 0 & \vdots & 1 & 0 & 0 \\ 2 & 1 & -1 & \vdots & 0 & 1 & 0 \\ 3 & 4 & 2 & \vdots & 0 & 0 & 1 \end{bmatrix} \xrightarrow[r_3+(-3)r_1]{r_2+(-2)r_1} \begin{bmatrix} 1 & 1 & 0 & \vdots & 1 & 0 & 0 \\ 0 & -1 & -1 & \vdots & -2 & 1 & 0 \\ 0 & 1 & 2 & \vdots & -3 & 0 & 1 \end{bmatrix}$

$\xrightarrow[(-1)r_2]{r_3+r_2} \begin{bmatrix} 1 & 1 & 0 & \vdots & 1 & 0 & 0 \\ 0 & 1 & 1 & \vdots & 2 & -1 & 0 \\ 0 & 0 & 1 & \vdots & -5 & 1 & 1 \end{bmatrix} \xrightarrow{r_2+(-1)r_3} \begin{bmatrix} 1 & 1 & 0 & \vdots & 1 & 0 & 0 \\ 0 & 1 & 0 & \vdots & 7 & -2 & -1 \\ 0 & 0 & 1 & \vdots & -5 & 1 & 1 \end{bmatrix}$

$\xrightarrow{r_1+(-1)r_2} \begin{bmatrix} 1 & 0 & 0 & \vdots & -6 & 2 & 1 \\ 0 & 1 & 0 & \vdots & 7 & -2 & -1 \\ 0 & 0 & 1 & \vdots & -5 & 1 & 1 \end{bmatrix}$.

所以　　　　　　　　　$A^{-1} = \begin{bmatrix} -6 & 2 & 1 \\ 7 & -2 & -1 \\ -5 & 1 & 1 \end{bmatrix}$.

于是　　　　$X = A^{-1}B = \begin{bmatrix} -6 & 2 & 1 \\ 7 & -2 & -1 \\ -5 & 1 & 1 \end{bmatrix}\begin{bmatrix} 1 & -4 \\ 0 & 2 \\ 3 & -1 \end{bmatrix} = \begin{bmatrix} -3 & 27 \\ 4 & -31 \\ -2 & 21 \end{bmatrix}$.

习题 10.4

1. 判别下列矩阵 A，B 是否互为逆矩阵.

（1）$A = \begin{bmatrix} 1 & -1 \\ 1 & 1 \end{bmatrix}$ 与 $B = \dfrac{1}{2}\begin{bmatrix} 1 & 1 \\ -1 & 1 \end{bmatrix}$；　（2）$A = \begin{bmatrix} 1 & 1 & 2 \\ 1 & 2 & 2 \\ 1 & 2 & 3 \end{bmatrix}$ 与 $B = \begin{bmatrix} 2 & -1 & 0 \\ 1 & 1 & -1 \\ -2 & 0 & 1 \end{bmatrix}$.

2. 求下列矩阵的逆矩阵.

（1）$A = \begin{bmatrix} 2 & 0 \\ 0 & 2 \end{bmatrix}$；　（2）$A = \begin{bmatrix} 1 & 2 & 3 \\ 0 & 1 & 2 \\ 0 & 0 & 1 \end{bmatrix}$；　（3）$A = \begin{bmatrix} 1 & 2 & -1 \\ 3 & -2 & 1 \\ 1 & -1 & -1 \end{bmatrix}$.

3. 求下列矩阵方程中的未知矩阵 X.

（1）$\begin{bmatrix} 2 & 5 \\ 1 & 3 \end{bmatrix} X = \begin{bmatrix} 4 & -6 \\ 2 & 1 \end{bmatrix}$；　（2）$\begin{bmatrix} 2 & 1 \\ 3 & 2 \end{bmatrix} X \begin{bmatrix} -3 & 2 \\ 5 & -3 \end{bmatrix} = \begin{bmatrix} 2 & 4 \\ 3 & -1 \end{bmatrix}$.

4. 已知 $A = \begin{bmatrix} 1 & 1 & -1 \\ 0 & 1 & 1 \\ 0 & 0 & -1 \end{bmatrix}$，且 $A^2 - AB = E$，求矩阵 B.

*5. 已知 A，B 为 3 阶矩阵，且满足 $2A^{-1}B = B - 4E$.

（1）证明矩阵 $A - 2E$ 可逆；

（2）若矩阵 $B = \begin{bmatrix} 1 & -2 & 0 \\ 1 & 2 & 0 \\ 0 & 0 & 2 \end{bmatrix}$，求矩阵 A.

10.5　解线性方程组

　　克拉默法则解线性方程组有其局限性，即线性方程组的方程个数和未知数个数必须相等，且它的系数行列式不能等于零时，才有唯一解，但计算量较大. 而且克拉默法则对于线性方程组有无穷多个解及无解的情形不适用. 在本章 10.3 节中，曾讲到过用矩阵的初等行变换解线性方程组，但并未讨论线性方程组（1）有唯一解；（2）有无穷多解；（3）无解的判断及求法.

10.5.1　非齐次线性方程组有解的判别定理

　　定义　设在线性方程组

$$\begin{cases} a_{11}x_1 + a_{12}x_2 + \cdots + a_{1n}x_n = b_1, \\ a_{21}x_1 + a_{22}x_2 + \cdots + a_{2n}x_n = b_2, \\ \qquad\qquad \cdots\cdots\cdots \\ a_{m1}x_1 + a_{m2}x_2 + \cdots + a_{mn}x_n = b_m. \end{cases}$$

如果常数项 $b_i(i = 1, 2, \cdots m)$ 中至少有一个不为 0，则称方程组为**非齐次线性方程组**. 否则称为**齐次线性方程组**.

满足方程组的一组数 $x_1 = c_1$, $x_2 = c_2$, $\cdots$, $x_n = c_n$,称为方程组的一个**解**.

我们讨论一个非齐次线性方程组的解,需要解决以下问题

（1）非齐次线性方程组在什么情况下有解？什么情况下无解？

（2）如果有解,有多少解？

（3）如何求出全部解？

在引入矩阵的初等变换时,我们知道可以用矩阵的初等变换来求解线性方程组.下面讨论几个用矩阵的初等变换来求解非齐次线性方程组的例题,从而归纳出非齐次线性方程组的解判断方法.

例 1 解非齐次线性方程组 $\begin{cases} 2x_1 + x_2 - 3x_3 = -9, \\ x_1 - 2x_2 + x_3 = 8, \\ -3x_1 + 3x_2 - 2x_3 = -15, \\ 2x_1 - x_2 + 4x_3 = 16. \end{cases}$

解 用初等行变换将增广矩阵化成阶梯形矩阵

$$(\boldsymbol{A} \vdots \boldsymbol{B}) = \begin{pmatrix} 2 & 1 & -3 & -9 \\ 1 & -2 & 1 & 8 \\ -3 & 3 & -2 & -15 \\ 2 & -1 & 4 & 16 \end{pmatrix} \xrightarrow{r_1 \leftrightarrow r_2} \begin{pmatrix} 1 & -2 & 1 & 8 \\ 2 & 1 & -3 & -9 \\ -3 & 3 & -2 & -15 \\ 2 & -1 & 4 & 16 \end{pmatrix}$$

$$\xrightarrow[\substack{r_2 - 2r_1 \\ r_3 + 3r_1 \\ r_4 - 2r_1}]{} \begin{pmatrix} 1 & -2 & 1 & 8 \\ 0 & 5 & -5 & -25 \\ 0 & -3 & 1 & 9 \\ 0 & 3 & 2 & 0 \end{pmatrix} \xrightarrow[\substack{\frac{1}{5}r_2 \\ r_3 + 3r_2 \\ r_4 - 3r_2}]{} \begin{pmatrix} 1 & -2 & 1 & 8 \\ 0 & 1 & -1 & -5 \\ 0 & 0 & -2 & -6 \\ 0 & 0 & 5 & 15 \end{pmatrix} （阶梯形矩阵）$$

$$\xrightarrow[\substack{\frac{1}{5}r_4 \\ r_3 \leftrightarrow r_4 \\ r_4 + 2r_3}]{} \begin{pmatrix} 1 & -2 & 1 & 8 \\ 0 & 1 & -1 & -5 \\ 0 & 0 & 1 & 3 \\ 0 & 0 & 0 & 0 \end{pmatrix} （梯形矩阵）\xrightarrow[\substack{r_1 + 2r_2 + r_3 \\ r_2 + r_3}]{} \begin{pmatrix} 1 & 0 & 0 & 1 \\ 0 & 1 & 0 & -2 \\ 0 & 0 & 1 & 3 \\ 0 & 0 & 0 & 0 \end{pmatrix} = \boldsymbol{D}.$$

由矩阵 $\boldsymbol{D}$,得 $R(\boldsymbol{A}) = R(\boldsymbol{A} \vdots \boldsymbol{B}) = 3 = n$,所以

$$\begin{cases} x_1 = 1, \\ x_2 = -2, \\ x_3 = 3, \end{cases}$$

即为原方程组的解.

由此可见,当 $R(\boldsymbol{A}) = R(\boldsymbol{A} \vdots \boldsymbol{B}) = 3 = n$ 时,非齐次线性方程组有唯一解.

例 2 解非齐次线性方程组 $\begin{cases} x_1 - 2x_2 + x_3 - x_4 = 1, \\ -3x_1 + 6x_2 + x_4 = -2, \\ 3x_1 - 6x_2 + 9x_3 - 7x_4 = 5, \\ 2x_1 - 4x_2 + 5x_3 - 4x_4 = 3. \end{cases}$

10.5 例 2

解　首先将增广矩阵化成阶梯形矩阵

$$(A \,\vdots\, B) = \begin{pmatrix} 1 & -2 & 1 & -1 & \vdots & 1 \\ -3 & 6 & 0 & 1 & \vdots & -2 \\ 3 & -6 & 9 & -7 & \vdots & 5 \\ 2 & -4 & 5 & -4 & \vdots & 3 \end{pmatrix} \xrightarrow[r_4-2r_1]{\substack{r_2+3r_1 \\ r_3-3r_1}} \begin{pmatrix} 1 & -2 & 1 & -1 & \vdots & 1 \\ 0 & 0 & 3 & -2 & \vdots & 1 \\ 0 & 0 & 6 & -4 & \vdots & 2 \\ 0 & 0 & 3 & -2 & \vdots & 1 \end{pmatrix} \xrightarrow[r_4-r_2]{r_3-2r_2} \begin{pmatrix} 1 & -2 & 1 & -1 & \vdots & 1 \\ 0 & 0 & 3 & -2 & \vdots & 1 \\ 0 & 0 & 0 & 0 & \vdots & 0 \\ 0 & 0 & 0 & 0 & \vdots & 0 \end{pmatrix} = C,$$

由矩阵 C, 得 $R(A) = R(A \,\vdots\, B) = 2 < n$, 再将阶梯形矩阵 C 继续进行初等行变换, 使每行第一个非零元素为 1, 它所在列的其余元素全为零为止

$$\begin{pmatrix} 1 & -2 & 1 & -1 & \vdots & 1 \\ 0 & 0 & 3 & -2 & \vdots & 1 \\ 0 & 0 & 0 & 0 & \vdots & 0 \\ 0 & 0 & 0 & 0 & \vdots & 0 \end{pmatrix} \xrightarrow[r_1-r_2]{\frac{1}{3}r_2} \begin{pmatrix} 1 & -2 & 0 & -\dfrac{1}{3} & \vdots & \dfrac{2}{3} \\ 0 & 0 & 1 & -\dfrac{2}{3} & \vdots & \dfrac{1}{3} \\ 0 & 0 & 0 & 0 & \vdots & 0 \\ 0 & 0 & 0 & 0 & \vdots & 0 \end{pmatrix} = D.$$

矩阵 D 所对应的线性方程组 $\begin{cases} x_1 - 2x_2 \quad\quad - \dfrac{1}{3}x_4 = \dfrac{2}{3}, \\ \quad\quad\quad x_3 - \dfrac{2}{3}x_4 = \dfrac{1}{3} \end{cases}$ 与原线性方程组同解.

由此得原线性方程组的解为 $\begin{cases} x_1 = 2x_2 + \dfrac{1}{3}x_4 + \dfrac{2}{3}, \\ x_3 = \dfrac{2}{3}x_4 + \dfrac{1}{3}, \end{cases}$ 其中 x_2, x_4 为自由未知量, 可取

任意数.

由此可见, 当 $R(A) = R(A \,\vdots\, B) = 2 < n$ 时, 线性方程组有无穷多解.

例 3　解非齐次线性方程组 $\begin{cases} x_1 - x_2 + 2x_3 + 3x_4 = 1, \\ 2x_1 - x_2 + 4x_3 + 7x_4 = 3, \\ 3x_1 - 2x_2 + 6x_3 + 10x_4 = 5. \end{cases}$

解　首先用初等行变换将增广矩阵化为阶梯形矩阵

$$(A \,\vdots\, B) = \begin{pmatrix} 1 & -1 & 2 & 3 & \vdots & 1 \\ 2 & -1 & 4 & 7 & \vdots & 3 \\ 3 & -2 & 6 & 10 & \vdots & 5 \end{pmatrix} \xrightarrow{\substack{r_2-2r_1 \\ r_3-3r_1}} \begin{pmatrix} 1 & -1 & 2 & 3 & \vdots & 1 \\ 0 & 1 & 0 & 1 & \vdots & 1 \\ 0 & 1 & 0 & 1 & \vdots & 2 \end{pmatrix} \xrightarrow{r_3-r_2} \begin{pmatrix} 1 & -1 & 2 & 3 & \vdots & 1 \\ 0 & 1 & 0 & 1 & \vdots & 1 \\ 0 & 0 & 0 & 0 & \vdots & 1 \end{pmatrix} = C.$$

由矩阵 C 知 $R(A) = 2$, $R(A \,\vdots\, B) = 3$, 即 $R(A) < R(A \,\vdots\, B)$, 由于矩阵 C 中的第三个方程 $0x_1 + 0x_2 + 0x_3 + 0x_4 = 1$ 为无解方程, 而矩阵 C 表示的线性方程组和原方程组同解, 所以原方程组无解.

由此可见, 当 $R(A) < R(A \,\vdots\, B)$ 时, 线性方程组无解.

综合上述三个例题, 得到非齐次线性方程组有解的判定定理.

定理 1　（1）非齐次线性方程组有**唯一解的充分必要条件**: $R(A) = R(A \,\vdots\, B) = n$.

（2）当 $R(A) = R(A \,\vdots\, B) = r < n$ 时, 非齐次线性方程组有**无穷多解**. 此时在阶梯形非齐次线性方程组中选取 $n-r$ 个未知量作为自由变量, 把非齐次线性方程组的其余 r 个未知量用这 $n-r$ 个自由变量线性表示. 即为非齐次线性方程组的有无

穷多解.

（3）当 $R(A) < R(A \vdots B)$ 时，非齐次线性方程组**无解**.

10.5.2 齐次线性方程组有解的判定定理

对于齐次线性方程组

$$\begin{cases} a_{11}x_1 + a_{12}x_2 + \cdots + a_{1n}x_n = 0, \\ a_{21}x_1 + a_{22}x_2 + \cdots + a_{2n}x_n = 0, \\ \cdots\cdots\cdots\cdots \\ a_{m1}x_1 + a_{m2}x_2 + \cdots + a_{mn}x_n = 0 \end{cases}$$

恒有 $R(A) = R(A \vdots B)$，所以齐次线性方程组一定有解. 其中 $x_i = 0, (i = 1, 2, \cdots, n)$ 就是它的一个解，称为**零解**，那么齐次线性方程组什么情况下有非零解呢？

定理 2 齐次线性方程只有零解的充分必要条件是 $R(A) = n$.

定理 3 齐次线性方程组有非零解的充分必要条件是 $R(A) < n$.

推论 如果齐次线性方程组中方程数 m 小于未知量的个数 n，则齐次线性方程组一定有非零解.

这是因为 $R(A) \leqslant m$，而 $m < n$，所以 $R(A) < n$，从而齐次线性方程组一定有非零解.

例 4 解齐次线性方程组

$$\begin{cases} x_1 \quad\quad -x_3 - 2x_4 = 0, \\ 2x_1 + x_2 + x_3 + x_4 = 0, \\ x_1 - x_2 - 4x_3 - 7x_4 = 0. \end{cases}$$

解 对方程组的系数矩阵进行初等行变换

$$\begin{pmatrix} 1 & 0 & -1 & -2 \\ 2 & 1 & 1 & 1 \\ 1 & -1 & -4 & -7 \end{pmatrix} \xrightarrow[r_3-r_1]{r_2-2r_1} \begin{pmatrix} 1 & 0 & -1 & -2 \\ 0 & 1 & 3 & 5 \\ 0 & -1 & -3 & -5 \end{pmatrix} \xrightarrow{r_3+r_2} \begin{pmatrix} 1 & 0 & -1 & -2 \\ 0 & 1 & 3 & 5 \\ 0 & 0 & 0 & 0 \end{pmatrix}.$$

因 $R(A) = 2 < n = 4$，所以齐次线性方程组有非零解

$$\begin{cases} x_1 = x_3 + 2x_4, \\ x_2 = -3x_3 - 5x_4, \end{cases} \quad 其中 x_3, x_4 为自由未知量.$$

习题 10.5

1. 求下列非齐次线性方程组的解.

（1）$\begin{cases} 2x_1 \quad -x_2 +3x_3 = 9, \\ x_1 +3x_2 -x_3 = -4, \\ 3x_1 -2x_2 +x_3 = 7; \end{cases}$

（2）$\begin{cases} x_1 +3x_2 -x_3 = 3, \\ 3x_1 -x_2 +4x_3 = 2, \\ x_1 -x_2 +2x_3 = 0; \end{cases}$

（3）$\begin{cases} x_1 -x_2 +2x_3 = 3, \\ x_1 \quad -x_3 = 5, \\ x_1 +x_2 -4x_3 = 7; \end{cases}$

（4）$\begin{cases} x_1 +2x_2 -3x_3 -x_4 = -11, \\ 2x_1 -3x_2 +x_3 +5x_4 = 6, \\ -3x_1 +x_2 +2x_3 -4x_4 = 5; \end{cases}$

$$(5)\begin{cases} x_1 & +x_2 & +2x_3 & -8x_4 & =7, \\ 2x_1 & +x_2 & +4x_3 & -13x_4 & =12, \\ x_1 & +2x_2 & +2x_3 & -11x_4 & =9, \\ x_1 & +x_2 & +4x_3 & -11x_4 & =11; \end{cases} (6)\begin{cases} x_1 & +x_2 & +x_3 & =7, \\ 3x_1 & +2x_2 & +x_3 & =-2, \\ & x_2 & +2x_3 & =23, \\ 5x_1 & +4x_2 & +3x_3 & =12. \end{cases}$$

2. 求下列齐次线性方程组的解.

$$(1)\begin{cases} x_1 & +x_2 & +3x_3 & +5x_4 & =0, \\ 2x_1 & +x_2 & +2x_3 & +2x_4 & =0, \\ & x_2 & +3x_3 & +3x_4 & =0, \\ 3x_1 & +2x_2 & +5x_3 & +8x_4 & =0; \end{cases} (2)\begin{cases} x_1+3x_2 & -x_3=3, \\ 3x_1 & -x_2+4x_3=2, \\ x_1 & -x_2+2x_3=0. \end{cases}$$

3. 若齐次线性方程组

$$\begin{cases} (\lambda+3)x_1 & +14x_2 & +2x_3 & =0, \\ -2x_1 & +(\lambda-8)x_2 & -x_3 & =0, \\ -2x_1 & -3x_2 & +(\lambda-2)x_3 & =0 \end{cases}$$

有非零解,试求 λ 的值.

*10.6　线性规划简介

线性规划是运筹学的一个分支,主要解决生产和经营管理中经常提出的如何合理安排,使人力、物力等各种资源得到充分利用,获得最大的效益.线性规划是指如何最有效或最佳地谋划经济活动.它所研究的问题有两类:一类是指一定资源的条件下,达到最高产量、最高产值、最大利润;另一类是任务量一定,如何统筹安排,以最小的消耗完成这项任务,如最低成本、最小投资、最短时间、最短距离等问题.前者是求极大值问题,后者是求极小值问题.总之,线性规划是在一定限制条件下,求目标函数极值的问题.

10.6.1　线性规划的有关概念

我们先从一个例题进行分析.

例 1　某企业在生产 Ⅰ 、Ⅱ 两种产品时必须用 A、B、C、D 四种不同设备进行加工,其加工两个产品在各设备上所需时间(单位:h)、两种产品的利润(百万元)及这四种设备在规定时间内的最长使用时间如表 10-3 所示.问该企业在规定时间内应如何安排生产这两种产品的产量,能使总的利润为最大?

表 10-3

	设备 A	设备 B	设备 C	设备 D	利润/百万元
产品 Ⅰ	2	1	4	0	2
产品 Ⅱ	2	2	0	4	3
设备使用最长时间/h	12	8	16	12	

设 x_1, x_2 分别表示 Ⅰ、Ⅱ 两种产品在规定时间内的产量. 由题意可知设备 A 在规定时间内的最多可用时间为 12 h,因此 $2x_1+2x_2 \leq 12$. 同理,对设备 B、C、D 也可列出类似的不等式:$x_1+2x_2 \leq 8$;$4x_1 \leq 16$;$4x_2 \leq 12$. 企业的目标是在各种设备能力允许的条件下,使总的利润 $z=2x_1+3x_2$ 最大. 因此,例 1 的数学模型如下:

目标函数 $\max z=2x_1+3x_2,$

约束条件 $\begin{cases} 2x_1+2x_2 \leq 12, \\ x_1+2x_2 \leq 8, \\ 4x_1 \leq 16, \\ 4x_2 \leq 12, \\ x_1, x_2 \geq 0. \end{cases}$

我们可以把上述的例题推广到更多变量的情况.

目标函数 $\max(\min) z=c_1x_1+c_2x_2+\cdots+c_n,$

约束条件 $\begin{cases} a_{11}x_1+a_{12}x_2+\cdots+a_{1n}x_n \leq b_1, \\ a_{21}x_1+a_{22}x_2+\cdots+a_{2n}x_n \leq b_2, \\ \cdots\cdots\cdots\cdots \\ a_{m1}x_1+a_{m2}x_2+\cdots+a_{mn}x_n \leq b_m, \\ x_1, x_2, \cdots, x_n \geq 0. \end{cases}$

其中,变量 $x_1, x_2, \cdots, x_n$ 为**决策变量**.

决策变量、约束条件、目标函数是构成线性规划模型的三个要素. 其建立模型的步骤如下:(1) 根据题设,确定问题的决策变量;(2) 建立问题的约束条件;(3) 确定问题的目标函数. **线性规划问题**就是从满足约束条件的方程组中找出一个解,使目标函数达到最大.

满足上述约束条件的解 $X=(x_1, \cdots, x_n)^T$,称为线性规划问题的**可行解**. 全部可行解的集合称为**可行域**,其中 $(x_1, \cdots, x_n)^T$ 为转置矩阵.

使目标函数达到最大值的可行解称为**最优解**.

10.6.2 线性规划的求解

对于线性规划的求解有很多,如纯代数解法、图形解法、表上作业法以及图上作业法.

这里我们主要介绍线性规划的**图解法**.

对于约束条件的每一个不等式都表示坐标中第一象限的一个区域. 如 $2x_1+2x_2 \leq 12$ 在坐标中表示直线 $2x_1+2x_2=12$ 及它下方的三角形部分,如图 10-2 所示.

满足约束条件的所有的不等式就确定了一个区域,如图 10-3 所示,是一个凸多边形. 所以凸多边形上的五个顶点 O, Q_1, Q_2, Q_3, Q_4 都满足约束条件.

而目标函数 $z=2x_1+3x_2$,当 z 为常数时,是一条直线,当 z 取不同值时,可得一组平行直线(如图 10-4 所示). 当 z 取适当的值,使目标函数 $z=2x_1+3x_2$ 与约束条件确定的凸多边形交于顶点位置时,所得的交点就是既满足约束条件,又使得 z 取得最大值的最优解. 如图 10-5 所示.

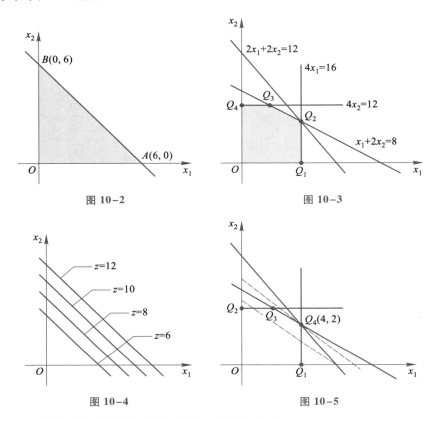

图 10-2　　　　　　　　　　图 10-3

图 10-4　　　　　　　　　　图 10-5

由上述分析可得,线性规划模型例 1 的求解方法:

(1) 求约束条件在第一象限的交点. 如图 10-5 所示,Q_1,Q_2,Q_3,Q_4 及坐标原点 O 是约束条件在第一象限所围成的凸多边形的交点. 坐标分别为 $Q_1(4,0),Q_2(0,3),Q_3(2,3),Q_4(4,2)$ 和 $O(0,0)$.

(2) 将四个交点坐标对应的 x_1,x_2 分别带入目标函数 $z=2x_1+3x_2$ 中,比较得:当 $x_1=4,x_2=2$ 时,$z=2\times4+3\times2=14$(百万元)为最大利润.

从上例中我们得到了最大值的唯一解. 除此之外,线性规划问题解可能出现以下几种情况:

(1) 无穷多最优解:由目标函数所对应的平行直线族与约束条件所确定的凸多边形的一条边平行时,如图 10-6 所示,则该边两顶点间的线段上的所有点都是最优解.

(2) 无界解:例 1 中如果约束条件只剩下 $4x_1\leqslant16$,$x_1,x_2\geqslant0$ 两条件. 如图 10-7 所示,用图解法求解时,可以看到变量 x_2 的取值可以无限增大,因而目标函数的值 z 也可以一直增大到无穷. 这种情况下称问题具有无界解或无最优解. 其原因是在建立实际问题的数学模型时遗漏了某些必要的约束.

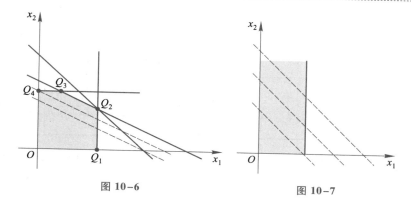

图 10-6　　　　　　　　　图 10-7

（3）无可行解. 如果线性规划模型如下

$$\max z = 2x_1 + 3x_2,$$

$$\begin{cases} 2x_1 + 2x_2 \leqslant 12, \\ x_1 + 2x_2 \geqslant 14, \\ x_1, x_2 \geqslant 0. \end{cases}$$

用图解法求解时找不到满足所有约束条件的公共范围,如图 10-8 所示,这时问题无可行解. 其原因是模型本身错误,约束条件之间相互矛盾,应检查修正.

图解法虽只能用来求解只具有两个变量的线性规划问题,但它的解题思路和几何上直观得到的一些概念判断,对下面要讲的求解一般线性规划问题的单纯形法有很大启示:

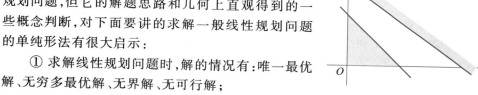

图 10-8

① 求解线性规划问题时,解的情况有:唯一最优解、无穷多最优解、无界解、无可行解;

② 若线性规划问题解的区域是一个凸多边形;

③ 若线性规划问题的最优解存在,则最优解或最优解之一(如果有无穷多的话)一定能够在凸多边形的某个顶点找到;

④ 解题思路是,先找出凸多边形的任一顶点,计算在顶点处的目标函数值. 比较周围相邻顶点的目标函数值是否比这个值更优,如果为否,则该顶点就是最优解的点或最优解的点之一,否则转到比这个点的目标函数值更优的另一顶点,重复上述过程,一直到找出使目标函数值达到最优的顶点为止.

上述方法可以推广到更多变量的线性规划模型中.

例 2　某食品厂每天生产三种不同的点心,需要 A、B、C、D 四种不同的原料. 三种点心每个单位产品(箱)所需原料的费用、单位产品的利润,以及四种原料当天的库存如表 10-4 所示,问在现有原料库存量的情况下,如何生产三种点心使得利润最大?

表 10-4

	原料 A	原料 B	原料 C	原料 D	利润/百元
产品 I	1	2	3	1	2
产品 II	2	3	1	3	3
产品 III	3	1	2	2	4
库存/kg	400	440	480	460	

解　设 x_1, x_2, x_3 分别表示三种点心当天的产量. 其线性规划模型为

目标函数　　$\max z = 2x_1 + 3x_2 + 4x_3$,

约束条件　$\begin{cases} x_1 + 2x_2 + 3x_3 \leqslant 400, \\ 2x_1 + 3x_2 + x_3 \leqslant 440, \\ 3x_1 + x_2 + 2x_3 \leqslant 480, \\ x_1 + 3x_2 + 2x_3 \leqslant 460, \\ \quad x_1, x_2, x_3 \geqslant 0. \end{cases}$

由线性方程组的求解可得, 约束条件是在第一卦限凸多面体的四个顶点, 分别为 $(100,60,60),(30,110,50),(75,65,95),(105,95,35)$. 将顶点坐标的四组值分别代入目标函数得 $620,590,725,635$, 由此可得, 当 $x_1 = 75, x_2 = 65, x_3 = 95$ 时, 目标函数最大, 最大值为 725. 即当天分别生产 75 (箱), 65 (箱), 95 (箱) I、II、III 种点心时, 其利润最大为 725 (百元).

习题 10.6

1. 用图解法求解下列线性规划问题, 并指出问题具有唯一解、无穷多最优解、无界解还是无可行解.

（1）$\max z = x_1 + x_2$,

$\begin{cases} 6x_1 + 10x_2 \leqslant 120, \\ 5 \leqslant x_1 \leqslant 10, \\ 3 \leqslant x_2 \leqslant 8; \end{cases}$

（2）$\min z = 2x_1 + 3x_2$,

$\begin{cases} 2x_1 + 3x_2 \geqslant 3, \\ 2x_1 + x_2 \geqslant 2, \\ x_1, x_2 \geqslant 0. \end{cases}$

2. 某制药厂生产甲、乙两种药品需要 A、B、C、D 四种原料, 甲、乙药品需要四种原料的数量、库存以及利润如表 10-5 所示.

表 10-5

	原料 A	原料 B	原料 C	原料 D	利润
药品 I	2	3	4	0	3
药品 II	3	1	0	2	2
原料库存	420	280	280	220	

问在现有原料库存量的情况下, 如何生产两种药品使得利润最大?

10.7 数学实验 线性代数初步

10.7.1 学习 MATLB 命令

MATLAB 软件提供的关于矩阵的基本运算命令,调用格式如下:

矩阵的加减法运算符为"+""−"书写格式为 $A+B$,$A-B$,其中,矩阵 A 和矩阵 B 是同阶的;

矩阵的乘法运算符为" $*$ ",书写格式为 $A*B$. 其中. 矩阵 A 的列数等于矩阵 B 的行数;

$\det(A)$:表示求矩阵 A 的行列式;

A':表示求矩阵 A 的转置;

$\mathrm{rank}(A)$:表示求矩阵 A 的秩;

$\mathrm{inv}(A)$:表示求矩阵 A 的逆矩阵;

$\mathrm{null}(A)$:表示求解齐次方程组 $AX=O$ 的基础解系,A 为系数矩阵;

$\mathrm{rref}(B)$:表示求解非齐次方程组 $AX=b$ 的解,B 为系数矩阵 A 与常数项 b 构成的增广矩阵.

10.7.2 实验内容

例1 计算行列式 $\begin{vmatrix} 1 & 2 & 3 \\ 2 & 3 & 4 \\ 3 & 4 & 5 \end{vmatrix}$.

解 使用 $\det(A)$ 格式的命令,在命令窗口中操作如图 10-9 所示.

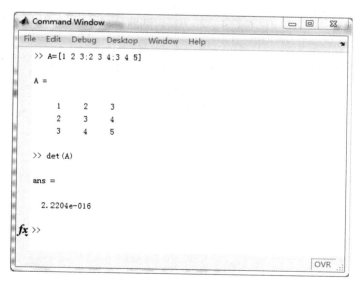

图 10-9

即计算结果为：$\begin{vmatrix} 1 & 2 & 3 \\ 2 & 3 & 4 \\ 3 & 4 & 5 \end{vmatrix} = 0.$

例 2　已知 $A = \begin{pmatrix} 3 & 2 & 5 \\ 1 & 6 & 1 \\ 4 & 5 & 7 \end{pmatrix}$，$B = \begin{pmatrix} 4 & 3 & 7.5 \\ 1.5 & 8.5 & 1.5 \\ 6 & 7.5 & 10 \end{pmatrix}$，求 $3A - 2B$.

解　在命令窗口中操作如图 10-10 所示.

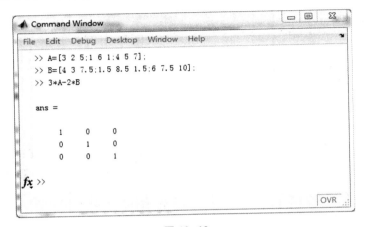

图 10-10

即计算结果为：$3A - 2B = \begin{pmatrix} 1 & 0 & 0 \\ 0 & 1 & 0 \\ 0 & 0 & 1 \end{pmatrix}$.

例 3　设 $A = \begin{pmatrix} 2 & 0 & -1 \\ 1 & 3 & 2 \end{pmatrix}$，$B = \begin{pmatrix} 1 & 7 & -1 \\ 4 & 2 & 3 \\ 2 & 0 & 1 \end{pmatrix}$，试验证：$(AB)^{\mathrm{T}} = B^{\mathrm{T}} A^{\mathrm{T}}$.

解　使用矩阵运算命令，在命令窗口中操作如图 10-11 所示.

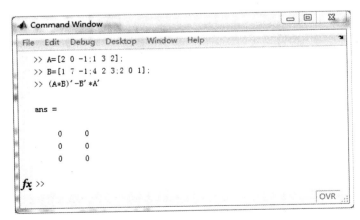

图 10-11

即 $(AB)^{\mathrm{T}}=B^{\mathrm{T}}A^{\mathrm{T}}$ 得证.

例 4　求矩阵 $A = \begin{pmatrix} 1 & 2 & 2 & 11 \\ 1 & -3 & -3 & -14 \\ 3 & 1 & 1 & 8 \end{pmatrix}$ 的秩.

解　使用 rank(A)格式的命令,在命令窗口中操作如图 10-12 所示.

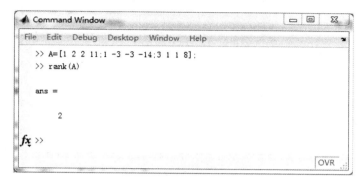

图 10-12

即矩阵 A 的秩为 2.

例 5　求矩阵 $A = \begin{pmatrix} 1 & 2 \\ 2 & 6 \end{pmatrix}$ 的逆矩阵.

解　使用 inv(A)格式的命令,在命令窗口中操作如图 10-13 所示.

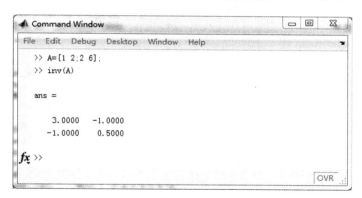

图 10-13

即矩阵 $A = \begin{pmatrix} 1 & 2 \\ 2 & 6 \end{pmatrix}$ 的逆矩阵为 $A^{-1} = \begin{pmatrix} 3 & -1 \\ -1 & 0.5 \end{pmatrix}$.

例 6　求非齐次线性方程组 $\begin{cases} x_1 + 3x_2 - x_3 = 3 \\ 3x_1 - x_2 + 4x_3 = 2 \\ x_1 - x_2 + 2x_3 = 0 \end{cases}$ 的解.

解　先用 rank(B)求出增广矩阵的秩,判断方程组解的个数,再使用 rref(B)命令求解,在命令窗口中操作如图 10-14 所示.

293

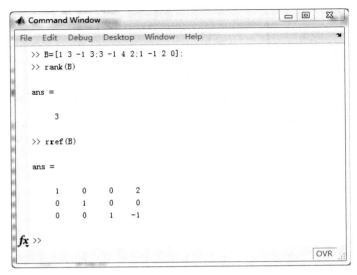

图 10-14

即所求方程组的解为 $\begin{cases} x_1 = 2, \\ x_2 = 0, \\ x_3 = -1. \end{cases}$

例 7　求齐次线性方程组 $\begin{cases} x_1 + x_2 + 3x_3 + 5x_4 = 0, \\ 2x_1 + x_2 + 3x_3 + 2x_4 = 0, \\ x_2 + 3x_3 + 3x_4 = 0, \\ 3x_1 + 2x_2 + 5x_3 + 8x_4 = 0 \end{cases}$ 的解.

解　先用 rank(A)求出系数矩阵的秩,判断方程组解的个数,再使用 null(A)命令求解,在命令窗口中操作如图 10-15 所示.

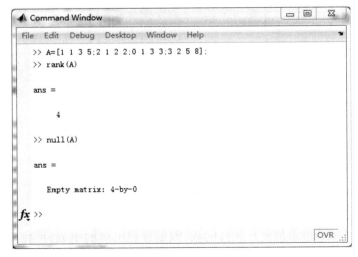

图 10-15

294

即该齐次线性方程组无解.

10.7.3 上机实验

1. 上机验证上面各例.

2. 运用 MATLAB 软件做本章课后习题中的相关题目.

单元检测题 10

1. 填空题.

（1）三阶行列式的展开式中，$a_{13}a_{22}a_{31}$ 的符号取_____.

（2）已知 $\begin{vmatrix} 1 & 2 & 3 \\ 0 & 1+x & 3 \\ 0 & 0 & 1-x \end{vmatrix} = 0$，则 $x =$ _____.

（3）已知 $\begin{vmatrix} 0 & 1 & 0 \\ 1 & 2 & 3 \\ a & b & c \end{vmatrix} = 2\ 012$，则 $A_{21} + 2A_{22} + 3A_{23} =$ _____，$aA_{21} + bA_{22} + cA_{23} =$

_____.

（4）设 3 阶方阵 A 的行列式 $|A| = 5$，则 $|-2A| =$ _____.

（5）若 3 阶方阵 A 的行列式 $|A| = 0$，则秩 $R(A)$ _____ 3.

（6）非齐次线性方程组 $\begin{cases} a_{11}x_1 + a_{12}x_2 + \cdots + a_{1n}x_n = b_1, \\ a_{21}x_1 + a_{22}x_2 + \cdots + a_{2n}x_n = b_2, \\ \cdots\cdots\cdots\cdots \\ a_{m1}x_1 + a_{m2}x_2 + \cdots + a_{mn}x_n = b_m \end{cases}$ 有唯一解的充要条件是：

_____；当_____时，非齐次线性方程组有无解.

2. 单项选择题.

（1）设矩阵 A 与 B 的乘积为 AB，下列命题正确的是（   ）.

A. 若 $A = O$ 或 $B = O$，则 $AB = O$　　　　B. 若 $A \neq O$ 且 $B \neq O$，则 $AB \neq O$

C. 若 $AB = O$，则 $A = O$ 且 $B = O$　　　　D. 若 $AB = O$，则 $A = O$ 或 $B = O$

（2）设 $A = \begin{pmatrix} 1 & -1 \\ 1 & 0 \\ 1 & 1 \end{pmatrix}$，$B = \begin{pmatrix} 1 & 1 & 0 \\ 0 & 1 & 1 \end{pmatrix}$，则必有（   ）.

A. $AB = BA$　　　B. $(AB)^{\mathrm{T}} = A^{\mathrm{T}}B^{\mathrm{T}}$　　C. $|AB| = O$　　　D. $AB = O$

（3）若 n 阶方阵 A 与 B 及 n 阶单位矩阵 E 满足 $AB = A + E$，则 $A^{-1} = ($ $)$.

A. $B-1$　　　B. $B-E$　　　C. $B+1$　　　D. $B+E$

（4）非齐次线性方组有解的充要条件是（   ）.

A. $R(A) = R(A \vdots B)$　　　　B. $R(A) = R(A \vdots B) = n$

C. $R(A) < R(A \vdots B)$　　　　D. $R(A) = R(A \vdots B) < n$

（5）已知齐次线性方程组 $\begin{cases} \lambda x_1 + x_2 + x_3 = 0, \\ x_1 + \lambda x_2 + x_3 = 0, \\ x_1 + x_2 + \lambda x_3 = 0 \end{cases}$ 只有零解，则 λ 满足的条件是（　　　）.

A. $\lambda \neq 1$ 或 $\lambda \neq 2$　　B. $\lambda \neq 1$ 且 $\lambda \neq 2$　　C. $\lambda \neq 1$ 或 $\lambda \neq -2$　　D. $\lambda \neq 1$ 且 $\lambda \neq -2$

*（6）设 A 为 4 阶非零方阵，且其伴随矩阵 A^* 的秩 $R(A^*) = 0$，则 $R(A) = （　　　）$.

A. 1 或 2　　　　　　B. 1 或 3　　　　　　C. 2 或 3　　　　　　D. 3 或 4

3. 计算下列行列式.

（1）$\begin{vmatrix} 456 & 322 & 222 \\ 256 & 422 & 322 \\ 626 & 422 & -48 \end{vmatrix}$;　　　　（2）$\begin{vmatrix} x & a & \cdots & a \\ a & x & \cdots & a \\ \vdots & \vdots & & \vdots \\ a & a & \cdots & x \end{vmatrix}$.

4. 解下列矩阵方程.

（1）$\begin{pmatrix} 1 & 0 & 1 \\ 0 & 1 & 0 \\ 0 & 0 & 1 \end{pmatrix} X = \begin{pmatrix} 1 & 0 \\ 0 & 1 \\ 1 & 0 \end{pmatrix}$;　　　（2）$\begin{pmatrix} 2 & 1 \\ 3 & 2 \end{pmatrix} X \begin{pmatrix} -3 & 2 \\ 5 & -3 \end{pmatrix} = \begin{pmatrix} 2 & 4 \\ 3 & -1 \end{pmatrix}$.

5. 解下列线性方程组.

（1）$\begin{cases} x_1 & +x_2 & +3x_3 & +5x_4 & = 0, \\ 2x_1 & +x_2 & +2x_3 & +2x_4 & = 0, \\ & x_2 & +3x_3 & +3x_4 & = 0, \\ 3x_1 & +2x_2 & +5x_3 & +8x_4 & = 0; \end{cases}$　　（2）$\begin{cases} x_1 & +3x_2 & -x_3 & = 3, \\ 3x_1 & -x_2 & +4x_3 & = 2, \\ x_1 & -x_2 & +2x_3 & = 0. \end{cases}$

数学小故事

你了解无理数 e 吗？

π 和 e 是数学中两个重要的无理数，在数学上的应用极其广泛. 但我们对于无理数 e 的产生、应用却知之甚少.

1. e 的产生

e 是作为一个数列极限而出现的，即 $\lim\limits_{n \to \infty} \left(1 + \dfrac{1}{n}\right)^n = e$. 它是一个无理数，其近似值为 2. 718 28……. 最早发现它的是瑞士数学家欧拉（1707—1783），并用自己姓名的第一个字母的小写 e 来命名这个无理数；最先猜测 e 是超越数的是法国数学家刘维尔（1809—1882），而最早证明 e 是超越数的是法国数学家厄米特（1822—1901）.

2. e 有哪些方面的应用

人们在进行理论研究中，发现使用 e 为底的对数比使用常用对数更为方便，特别是，反映自然界规律的函数关系，若是以指数形式或对数形式出现，则必定是而且只是以 e 为底的. 如在原子物理和地质科学中考察放射性物质的衰变规律或地球年龄时要用到 e，在用齐奥尔科夫斯基公式计算火箭速度时要用到 e；在计算储蓄复利及生物增殖问题时，也离不开 e.

3. e 与 π,i,1,0 的关系

π 和 e 都与许多数学问题和自然现象中的理论问题有关,它们之间也有着内在联系,1740 年欧拉又给出了一个重要公式——欧拉公式:$e^{ix}=\cos x+i\sin x$,当 $x=\pi$ 时,这个公式也将 π,e,i,1 和 0 巧妙而简单地联系在一起,即 $e^{i\pi}+1=0$. 这个公式的使用使复数除代数运算和三角运算外又有了一种新的指数运算. 这个恒等式也叫做**欧拉公式**.

4. 采用"e 进制"是计算机的最佳选择

在计算机中表示十进制 $0\sim10^2-1=99$ 个数需要 20 个设备来表示;而 20 个设备可以表示 2^{10} 个二进制数,它相应表示十进制的数为 $0\sim2^{10}-1=1\ 023$;经过计算发现最佳进制为"e 进制",而 $e=2.718\ 2\cdots$不是整数. 与 e 最接近的整数有 2 和 3. 所以,三进制为最佳. 但二进制比三进制在计算机的设备中更容易实现,如灯泡的亮与灭,开关电路中开和关等. 所以,最早计算机的设计者采用了设计容易实现的二进制.

概率论与数理统计初步 第11章

本章导读

在自然界和人类社会生活中普遍存在着两类现象，一类是在一定条件下必然出现的现象，称为确定性现象，另一类是在一定条件下事先无法预知其结果的现象，我们把它称为随机现象，例如

在标准大气压下，水加热到 $100\,℃$，就必然会沸腾.

每一次投掷硬币，不能事先预知硬币出现正面还是反面.

随机现象从表面上看，似乎是杂乱无章的、没有什么规律的. 但实践证明，如果同类的随机现象大量重复出现，它的总体就呈现出一定的规律性. 我们把这种由大量同类随机现象所呈现出来的集体规律性，叫做统计规律性. 概率论和数理统计就是研究大量同类随机现象的统计规律性的数学科学.

概率论产生于 17 世纪，本来是由赌博与保险事业的发展而产生的，其中来自赌博者的请求，是数学家们思考概率论问题的源泉.

早在 1654 年，有一个赌徒梅累向当时的数学家帕斯卡提出一个使他苦恼了很久的问题："两个赌徒相约赌若干局，谁先赢 m 局就算赢，全部赌本就归谁. 但是当其中一个人赢了 $a(a<m)$ 局，另一个人赢了 $b(b<m)$ 局的时候，赌博中止. 问：赌本应该如何分才合理？"荷兰著名的天文、物理兼数学家惠更斯企图自己解决这一问题，结果写成了《论机会游戏的计算》一书，这就是最早的概率论著作.

随着社会的发展，概率与统计大量应用到各个领域. 现代许多新鲜学科，如信息论、线性规划、模糊数学等，都是以概率论作为基础的.

概率与统计根据大量同类随机现象可能性的大小作出数量上的描述，并作出一种客观的科学判断，从而形成一整套数学理论和方法. 应用概率与统计，我们能从一组样本来判定是否能以相当大的概率来保证某一判断是正确的，并可以控制发生错误的概率，从而为科学推断与决策提供依据.

概率论主要研究随机现象与其在数量方面的规律性，是数学的一个重要分支学科，现已广泛应用于自然科学和社会人文科学的各个领域，成为处理信息、制定决策的

重要理论基础.

本章主要介绍随机事件、概率、事件的独立性、条件概率等基本概念,并给出一些随机事件概率的计算公式.

11.1 随机事件及概率

11.1.1 随机事件

自然界有许多现象,有些事件在一定条件下必然发生;有些事件在一定条件下必然不发生;而有些事件可能发生,也可能不发生. 于是我们将事件分为三类.

1. 必然事件

在一定条件下必然发生的事件,称为**必然事件**,记为 Ω.

例如,"在一个标准大气压下,水加热到 100 ℃ 时必定沸腾"是必然事件.

2. 不可能事件

在一定条件下不可能发生的事件,称为**不可能事件**,记为 $\varnothing$.

例如,"同性电荷互相吸引"是不可能事件.

3. 随机事件

在一定条件下可能发生也可能不发生的事件称为**随机事件**. 随机事件一般用 A, B, C, … 表示.

例如,一次投掷两枚 5 分硬币,则以下事件都是随机事件.

A = "两枚都是正面朝上",

B = "两枚都是正面朝下",

C = "一枚正面朝上,一枚正面朝下".

为了讨论问题方便起见,后面将必然事件 Ω 和不可能事件 $\varnothing$ 也看作随机事件.

4. 样本空间

在概率论中,**随机试验**具备三个显著的特征:

(1) 可重复性:试验可以在相同条件下重复进行;

(2) 可观察性:每次试验的可能结果不止一个,且能事先明确试验的所有可能结果;

(3) 不确定性:每次试验出现的结果不能准确预知,但可以肯定会出现上述所有可能结果中的一个.

我们把一个随机试验中每一种可能的结果称为一个**样本点**(或称**基本事件**). 所有样本点构成的集合称为这个随机试验的**样本空间**. 用 Ω(或 S)表示.

例如,一次投掷两枚 5 分硬币,该试验中有四个样本点:ω_1 = "正正",ω_2 = "正反",ω_3 = "反正",ω_4 = "反反". 于是样本空间为

$$\Omega = \{\omega_1, \omega_2, \omega_3, \omega_4\},$$

事件 A = "两枚都是正面朝上" = $\{\omega_1\}$;

事件 C = "一枚正面朝上,一枚正面朝下" = $\{\omega_2, \omega_3\}$.

事件 A、C 都是样本空间 Ω 的子集.

又如,在一批灯泡中任意抽取一个,测试其寿命,其样本点有无穷多个: t(单位:h)表示灯泡寿命,$0 \leqslant t < +\infty$,样本空间则记为

$$\Omega = \{ t \mid 0 \leqslant t < +\infty \}.$$

11.1.2 事件的关系及运算

设一随机试验中的样本空间为 Ω ,而 A,B 是 Ω 的子集.

1. 若 $A \subset B$,则称事件 B **包含**事件 A. 其含义是事件 A 发生必然导致事件 B 发生.

若 $A \subset B$ 且 $B \subset A$,则 $A = B$,则称事件 A 与事件 B **相等**.

2. 事件 $A + B = \{x \in A$ 或 $x \in B\}$ 称为事件 A 与事件 B 的**和**. 当且仅当 A 与 B 中至少有一个发生时,事件 $A + B$ 发生. $A + B$ 也可记为 $A \cup B$.

3. 事件 $AB = \{x \in A$ 且 $x \in B\}$ 称为事件 A 与事件 B 的**积**. 当且仅当 A 与 B 同时发生时,事件 AB 发生. AB 也可记为 $A \cap B$.

4. 事件 $A - B = \{x \in A$ 且 $x \notin B\}$ 称为事件 A 与事件 B 的**差**. 当且仅当 A 发生,B 不发生时,事件 $A - B$ 发生.

5. 若 $AB = \varnothing$,则称为事件 A 与事件 B 是**互不相容的**(或称**互斥的**). 其含义是事件 A 与事件 B 不可能同时发生,

由此可知:基本事件是两两互不相容的.

6. 若 $A + B = \Omega$ 且 $AB = \varnothing$,则称为事件 A 与事件 B 是**互逆事件**,或称为事件 A 与事件 B 互为**对立事件**. 其含义是对每次试验而言,事件 A 与事件 B 中必有一个发生,且仅有一个发生. A 的对立事件记为 $\overline{A}$.

以上事件间的关系可用文氏图表示,如图 11-1 所示,用矩形来代表 Ω ,其中的子区域代表一个事件.

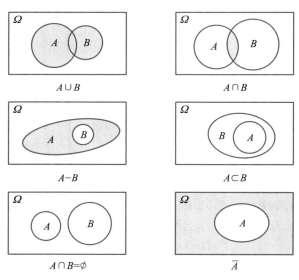

图 11-1

设 A,B,C 为事件,事件间的关系的**运算律**如下:

交换律　$A \cup B = B \cup A, A \cap B = B \cap A$;

结合律　$A \cup (B \cup C) = (A \cup B) \cup C$,

$A \cap (B \cap C) = (A \cap B) \cap C$;

分配律　$A \cup (B \cap C) = (A \cup B) \cap (A \cup C)$,

$A \cap (B \cup C) = (A \cap B) \cup (A \cap C)$.

德·摩根律　$\overline{A \cup B} = \overline{A} \cap \overline{B}, \overline{A \cap B} = \overline{A} \cup \overline{B}$.

例 1　如果 x 表示一个沿数轴作随机运动的质点的位置,试说明下列各事件的关系.

$A = \{x \mid x \leq 20\}$, 　$B = \{x \mid x > 3\}$, 　$C = \{x \mid x < 9\}$, 　$D = \{x \mid x < -5\}$, 　$E = \{x \mid x \geq 9\}$.

解　$D \subset C \subset A; E \subset B$;

D 与 B,D 与 E 互不相容;

C 与 E 为对立事件;

B 与 C,B 与 A,E 与 A 相容;显然 A 与 C,A 与 D,B 与 E 也是相容的.

11.1.3　频率与概率

对于随机事件,在一次试验中是否发生,虽然不能预先知道,但是它们在一次试验中发生的可能性是有大小之分的.

对于随机事件 A,如果在相同条件下的 n 次试验中出现了 m 次,则称 m 为随机事件 A 在 n 次试验中出现的**频数**.并称比值 $f_n(A) = \dfrac{m}{n}$ 为随机事件 A 发生的**频率**.如果当试验次数 n 逐渐增大时,频率 $f_n(A)$ 在一个常数 p 附近摆动而且逐渐稳定于这个常数 p,则称这种现象为**频率的稳定性**,而称常数 p 为**频率稳定值**.

例如,在一定条件下作投掷一枚 5 分硬币的试验,规定如下:"硬币放在手心上,用一定的动作向上抛,使硬币自由地落在地面上……".

$$A = \text{"正面朝上"}.$$

在大量重复试验的情况下,随机事件 A 发生的次数就能体现出一定的规律性,事实上约占总试验次数的一半(见表 11-1).于是

$$f_n(A) = \frac{\text{频数}}{\text{试验次数}} \approx \frac{1}{2},$$

即随机事件 A 具有频率的稳定性,且其频率稳定值为 $\dfrac{1}{2}$.

表 11-1

试 验 者	投掷次数 n	"正面向上"的次数 m	频率 $\dfrac{m}{n}$
德·摩根	2 048	1 061	0.518 1
蒲 丰	4 040	2 048	0.506 9
皮 尔 逊	12 000	6 019	0.501 6
皮 尔 逊	24 000	12 012	0.500 5

一般地,在实际问题中所遇到的随机事件都具有频率的稳定性,因而所谓某事件发生的可能性的大小,在数量上就可以用"频率稳定值"来刻画.

定义 1　在相同条件下的 n 次试验中,随机事件 A 的频率稳定值 p 就称为随机事件 A 发生的**概率**,记为 $P(A)$,即 $P(A)=p$.

由于频率 $f_n(A)$ 总介于 0 与 1 之间,由概率的定义,对任何随机事件 A 有

（1）非负性: $0 \leqslant P(A) \leqslant 1$;

（2）完备性: $P(\Omega)=1, P(\varnothing)=0$;

（3）可列可加性:设 $A_1, A_2, \cdots$ 是两两互斥的事件,则有

$$P\left(\sum_{i=1}^{\infty} A_i\right)=\sum_{i=1}^{\infty} P(A_i).$$

11.1.4　概率的性质

性质 1　对任意一事件 $A, 0 \leqslant P(A) \leqslant 1$. 特别地, $P(\Omega)=1, P(\varnothing)=0$.

性质 2（有限可加性）　设 $A_1, A_2, \cdots, A_n$ 是两两互斥的事件,则有

$$P\left(\bigcup_{i=1}^{n} A_i\right)=\sum_{i=1}^{n} P(A_i).$$

性质 3　$P(\bar{A})=1-P(A)$.

性质 4　$P(A-B)=P(A)-P(AB)$.

特别地,若 $B \subset A$,则 $P(A-B)=P(A)-P(B)$.

性质 5　$P(A+B)=P(A)+P(B)-P(AB)$

例 2　两种报纸 A, B 的订户中,订阅 A 报的有 45%,订阅 B 报的有 35%,同时订阅两种报纸 A, B 的有 10%,求只订一种报纸的概率 α.

解　记事件 $A=\{$订阅 A 报$\}$,事件 $B=\{$订阅 B 报$\}$,

$$\{只订一种报\}=(A-B) \cup (B-A)=(A-AB) \cup (B-AB),$$

而 $A-AB$ 与 $B-AB$ 是互斥的, $AB \subset A, AB \subset B$,所以

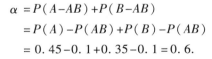

$$\alpha = P(A-AB)+P(B-AB)$$
$$= P(A)-P(AB)+P(B)-P(AB)$$
$$= 0.45-0.1+0.35-0.1=0.6.$$

11.1.5　古典概型

1. 古典概型的定义

定义 2　如果一个事件组 $A_1, A_2, \cdots, A_n$ 具有下列三条性质

（1）等可能性: $A_1, A_2, \cdots, A_n$ 发生的可能性大小相同;

（2）互不相容性:在每一次试验中, $A_1, A_2, \cdots, A_n$ 中有且仅有一个发生;

（3）完全性: $\Omega = \sum_{i=1}^{n} A_i$,

则称事件组 $A_1, A_2, \cdots, A_n$ 为**等可能事件完备组**,其中每一事件 $A_i(i=1,2,\cdots,n)$ 是一个**基本事件**.

因 $\Omega = \{A_1, A_2, \cdots, A_n\}$，而事件 A 由 Ω 中的某 m 个基本事件 $A_{i_1}, A_{i_2}, \cdots, A_{i_m}(m \leqslant n)$ 所构成，于是

$$1 = P(\Omega) = P\left(\bigcup_{i=1}^{n} A_i\right) = \sum_{i=1}^{n} P(A_i) = nP(A_i),$$

由此得

$$P(A_i) = \frac{1}{n},$$

所以

$$P(A) = P(A_{i_1}) + P(A_{i_2}) + \cdots + P(A_{i_m}) = \frac{m}{n},$$

即

$$P(A) = \frac{A \text{ 包含的基本事件数 } N(A)}{\Omega \text{ 包含的基本事件数 } N(\Omega)} = \frac{m}{n}.$$

我们称上述等可能事件完备组的概率为**古典概型**.

例如，掷硬币、掷骰子或抽取扑克牌中的一张，都符合古典概型的特征.

例 3 有三个子女的家庭，设每个孩子是男是女的概率相等，则至少有一个男孩的概率是多少？

解 设 $A = \{\text{至少有一个男孩}\}$. $H = \{\text{某个孩子是男孩}\}$, $T = \{\text{某个孩子是女孩}\}$. 则有

$$\Omega = \{HHH, HHT, HTH, THH, HTT, TTH, THT, TTT\}.$$

而

$$A = \{HHH, HHT, HTH, THH, HTT, TTH, THT\},$$

即基本事件总数 $N(\Omega) = 8$. A 中包含基本事件个数 $N(A) = 7$，则

$$P(A) = \frac{N(A)}{N(\Omega)} = \frac{7}{8}.$$

2. 古典概型的几类基本问题

（1）抽球问题

例 4 设盒中有 3 个白球，2 个红球，现从盒中任抽 2 个球，求取到一红一白的概率.

解 设 $A = \{\text{取到一红一白两球}\}$. Ω 为样本空间. 则

$$N(\Omega) = C_5^2, \quad N(A) = C_3^1 C_2^1,$$

所以

$$P(A) = \frac{C_3^1 C_2^1}{C_5^2} = \frac{3}{5}.$$

（2）分球入盒问题

例 5 将 3 个球随机地放入 3 个盒子中去，问

① 每盒恰有一球的概率是多少？

② 有一个盒子是空的概率是多少？

解 设 $A = \{\text{每盒恰有一球}\}$, $B = \{\text{一盒是空的}\}$. Ω 为样本空间.

则 $N(\Omega) = 3^3$, $N(A) = 3!$, $P(A) = \frac{2}{9}$.

所以

$$P(B) = 1 - P\{\text{两盒是空的}\} - P\{\text{全有球}\}$$

$$= 1 - \frac{3}{3^3} - \frac{2}{9} = \frac{2}{3}.$$

（3）分组问题

例 6 30 名学生中有 3 名运动员,将这 30 名学生平均分成 A,B,C 3 个组,求

① 每组有一名运动员的概率;

② 3 名运动员集中在一个组的概率.

解 设 $A = \{$ 每组有一名运动员 $\}$. $B = \{$ 3 名运动员集中在一组 $\}$. Ω 为样本空间.

则

$$N(\Omega) = C_{30}^{10} C_{20}^{10} C_{10}^{10} = \frac{30!}{10!\ 10!\ 10!}.$$

$$N(A) = 3!\cdot C_{27}^9 \cdot C_{18}^9 \cdot C_9^9. \qquad N(B) = 3 C_{27}^7 C_{20}^{10} C_{10}^{10}.$$

所以

$$P(A) = \frac{N(A)}{N(\Omega)} = \frac{50}{203}, \qquad P(B) = \frac{N(B)}{N(\Omega)} = \frac{18}{203}.$$

（4）随机取数问题

例 7 从 1 到 200 这 200 个自然数中任取一个,

① 求取到的数能被 6 整除的概率;

② 求取到的数能被 8 整除的概率;

③ 求取到的数既能被 6 整除也能被 8 整除的概率.

解 设 $A = \{$ 取到的能被 6 整除的数 $\}$, $B = \{$ 取到的能被 8 整除的数 $\}$, $C = \{$ 取到的既能被 6 整除也能被 8 整除的数 $\}$. Ω 为样本空间. 易知

$$N(\Omega) = 200, \quad N(A) = \left[\frac{200}{6}\right] = 33, \quad N(B) = \left[\frac{200}{8}\right] = 25, \quad N(C) = \left[\frac{200}{24}\right] = 8,$$

所以

$$P(A) = \frac{N(A)}{N(\Omega)} = \frac{33}{200}, \qquad P(B) = \frac{N(A)}{N(\Omega)} = \frac{25}{200} = \frac{1}{8}, \qquad P(C) = \frac{N(C)}{N(\Omega)} = \frac{8}{200} = \frac{1}{25}.$$

习题 11.1

1. 设 A,B,C 表示三个事件,试用 A,B,C 及其运算表示下列事件.

（1）A 发生,B 及 C 都不发生;　　　　　（2）A,B 都发生,而 C 不发生;

（3）A,B,C 都发生;　　　　　　　　　　（4）A,B,C 都不发生;

（5）A,B,C 中至多一个事件发生;　　　　（6）A,B,C 中至少有一个事件发生.

2. 说出下列事件间的关系.

（1）$|x-a|<1$ 和 $|x-a|\geqslant 1$;

（2）$x>10$ 和 $x\leqslant 5$;

（3）10 个产品中有 1 个废品和 10 个产品中至少有 1 个废品;

（4）10 个产品全是合格品和 10 个产品中至少有 1 个废品.

3. 设 10 只晶体管中有 2 只次品. 今从中抽取 2 只,求下列事件的概率.

（1）2 只都是正品;　　　　（2）2 只都是次品;　　　　（3）1 只是正品,1 只是次品.

4. 假如当你上街购物时,你的室友叫你帮他捎一盒牙膏和一瓶漱口液,但你的室友忘了告诉你它们的品牌. 现在商店里有 6 种品牌的牙膏和 4 种品牌的漱口液. 问你恰好买到你室友想要的牙膏和漱口液的概率是多少?

5. 从 1 到 1 000 中任取一个整数,求该数能被 2 或 5 整除的概率.

6. 布袋内有六只黑球、四只红球和两只绿球,随机地逐个取出两只球,取后不放回.求下列事件的概率.

（1）两只球都是黑的；　　　　　　　（2）两只球都是红的；

（3）两只球都是绿的；　　　　　　　（4）两只球颜色相同.

7. 某市有 50% 的住户订日报,65% 的住户订晚报,85% 的住户至少订这两种报纸中的一种,求两种报纸都订的住户的百分比.

11.2　条件概率与事件的独立性

11.2.1　条件概率与乘法公式

1. 条件概率

除了计算"事件 A"的概率 $P(A)$ 外,有时还要计算"已知事件 A 发生的条件下,事件 B 发生"的概率.我们先看下面的例子.例如,

某班有 30 名学生,其中 20 名男生,10 名女生.身高 1.70 m 以上的有 15 名,其中 12 名是男生.

（1）任选 1 名学生,问该学生的身高在 1.70 m 以上的概率是多少？

（2）任选 1 名学生,选出来后发现是个男生,问该学生的身高在 1.70 m 以上的概率是多少？

我们不难求出（1）$\dfrac{15}{30}=0.5$,（2）$\dfrac{12}{20}=0.6$.虽然都是求该学生的身高 1.70 m 以上的概率,但是这两个问题不是同一种问题,令 B 表示随机事件"是男生",A 表示随机事件"身高 1.70 m 以上".于是第一个问题是不知道事件 B 是否发生,事件 A 发生的概率是多少；第二个问题知道事件 B 发生的条件下,事件 A 发生的概率是多少.我们把这种在事件 B 发生的条件下,事件 A 发生的概率,称为条件概率,记为 $P(A\mid B)$.

注意到　$P(B)=\dfrac{20}{30}$,　$P(AB)=\dfrac{12}{30}$,从而有

$$P(A\mid B)=\frac{12}{20}=\frac{12/30}{20/30}=\frac{P(AB)}{P(B)}.$$

由此引出了条件概率的概念.

定义 1　设 A,B 是两个随机事件,$P(B)>0$,则称

$$P(A\mid B)=\frac{P(AB)}{P(B)}$$

为在事件 B 发生的条件下,事件 A 发生的**条件概率**.

例 1　一盒中混有 100 只新、旧乒乓球,各有红、白两色,如表 11-2 所示,从盒中随机取出一球,若取得的是一只红球,试求该红球是新球的概率.

表 11-2

	红	白
新	40	30
旧	20	10

解　设 $A = \{$从盒中随机取到一只红球$\}$，$B = \{$从盒中随机取到一只新球$\}$. 则

$$AB = \{$从盒中随机取到一只球既是红球又是新球$\}.$$

则　　$N(A) = 60, N(AB) = 40, N(\Omega) = 100.$ 所以

$$P(B \mid A) = \frac{P(AB)}{P(A)} = \frac{N(AB)/N(\Omega)}{N(A)/N(\Omega)} = \frac{2}{3}.$$

2. 乘法公式

定理 1　对任意两个随机事件 A, B，若 $P(B) > 0$，则有

$$P(AB) = P(B)P(A \mid B),$$

这个公式称为**乘法公式**. 它还可以推广到三个事件的情形

$$P(ABC) = P(A)P(B \mid A)P(C \mid AB).$$

例 2　设在一盒子中装有 10 只电子元件，4 只是次品，6 只是正品，从中接连地取两次，每次任取一只，取后不再放回. 问两次都拿到正品元件的概率是多少？

解　设 $A = \{$第一次拿到的是正品元件$\}$，$B = \{$第二次拿到的是正品元件$\}$，则

$$AB = \{$两次都拿到正品元件$\}.$$

因为　　　　　　　$P(A) = \frac{6}{10}, \quad P(B \mid A) = \frac{5}{9},$

所以　　　　　$P(AB) = P(A)P(B \mid A) = \frac{6}{10} \cdot \frac{5}{9} = \frac{1}{3}.$

例 3　一批产品共 100 件，次品率为 10%，每次从中任取一件，取后不再放回，求连取三次而在第三次才取得合格品的概率.

解　设 $A_i = \{$第 i 次取出的产品是合格品$\}$ $(i = 1, 2, 3)$，则所求的概率为

$$P(\overline{A_1}\overline{A_2}A_3) = P(\overline{A_1})P(\overline{A_2} \mid \overline{A_1})P(A_3 \mid \overline{A_1}\overline{A_2})$$

因　　　　　　　$P(\overline{A_1}) = \frac{C_{10}^1}{C_{100}^1} = \frac{10}{100},$

$$P(\overline{A_2} \mid \overline{A_1}) = \frac{C_9^1}{C_{99}^1} = \frac{9}{99},$$

$$P(A_3 \mid \overline{A_1}\overline{A_2}) = \frac{C_{90}^1}{C_{98}^1} = \frac{90}{98},$$

所以　　　$P(\overline{A_1}\overline{A_2}A_3) = \frac{10}{100} \cdot \frac{9}{99} \cdot \frac{90}{98} = 0.008\ 3.$

11.2.2　事件的独立性

在给出独立性概念之前，先看一个简单的例子.

在 20 个产品中有 2 个次品,现有放回地抽取两次,每次任取一个产品. 如果记 $A = \{$第一次取到次品$\}$,$B = \{$第二次取到次品$\}$,则 $\overline{A} = \{$第一次取到正品$\}$.

因为
$$P(A) = P(B) = \frac{1}{10}, \quad P(\overline{A}) = \frac{9}{10},$$

$$P(AB) = \frac{C_2^1 C_2^1}{20^2} = \frac{1}{100}, \quad P(\overline{A}B) = \frac{C_{18}^1 C_2^1}{20^2} = \frac{9}{100},$$

所以
$$P(B \mid A) = \frac{P(AB)}{P(A)} = \frac{1/100}{1/10} = \frac{1}{10},$$

$$P(B \mid \overline{A}) = \frac{P(\overline{A}B)}{P(\overline{A})} = \frac{9/100}{9/10} = \frac{1}{10}.$$

因此
$$P(B \mid A) = P(B \mid \overline{A}) = P(B).$$

这说明事件 A 的发生或不发生均不影响事件 B 发生的概率. 由此引出如下的定义.

定义 2 若 A, B 两事件满足
$$P(AB) = P(A)P(B),$$
则称事件 A 与事件 B **相互独立**.

定理 2 设事件 A 与事件 B 相互独立,则 $P(A \mid B) = P(A)$,$P(B \mid A) = P(B)$.

证 因 $P(AB) = P(B)P(A \mid B) = P(A)P(B)$,

所以
$$P(A \mid B) = P(A).$$

同理可证
$$P(B \mid A) = P(B).$$

定理 3 如果下列 4 对事件:

(1) A 与 B.   (2) A 与 $\overline{B}$.   (3) $\overline{A}$ 与 B.   (4) $\overline{A}$ 与 $\overline{B}$

中有一对相互独立,则另外三对也相互独立.

注意:事件的独立和互斥是不同的概念,例如掷一颗骰子,得到奇数点或偶数点,这两个事件是互斥的,也是对立的;但是如果掷两次,第一次掷得奇数点,第二次掷得偶数点,这两个事件是相互独立的,但不是互斥的,也不是对立的.

例 4 小王和小李彼此独立地射击同一个目标各一次. 设小王击中目标的概率为 0.9,小李击中目标的概率为 0.8,求目标被击中的概率.

解 设 $A = \{$小王击中目标$\}$,$B = \{$小李击中目标$\}$. 于是
$$P(A) = 0.9, \quad P(B) = 0.8.$$

方法一 A 与 B 互相独立,但不一定互不相容,而
$$A \cup B = \{$小王和小李至少有一人击中目标$\},$$
于是
$$
\begin{aligned}
P(A \cup B) &= P(A) + P(B) - P(AB) \\
&= P(A) + P(B) - P(A)P(B) \\
&= 0.9 + 0.8 - 0.9 \times 0.8 \\
&= 0.98.
\end{aligned}
$$

方法二　$\overline{AB}=\{$小王和小李都击不中目标$\}$，A 与 B，$\overline{A}$ 与 $\overline{B}$ 互相独立，

$$P(\overline{A}\,\overline{B})=P(\overline{A})P(\overline{B})=[1-P(A)][1-P(B)]$$
$$=(1-0.9)(1-0.8)=0.02.$$

因此，目标被击中的概率为

$$1-P(\overline{A}\,\overline{B})=1-0.02=0.98.$$

习题 11.2

1. 已知 $P(A)=\dfrac{1}{4}$，$P(B|A)=\dfrac{1}{3}$，$P(A|B)=\dfrac{1}{2}$，则 $P(A\cup B)=$ ＿＿＿＿＿＿＿.

2. 设有 10 件产品，其中 4 件是不合格品，现从中依次取出 2 件产品，试求

（1）已知第一次取出的是合格品，第二次取出不合格品的概率；

（2）两次取出的都是不合格品的概率.

3. 12 个乒乓球中有 9 个新的，3 个旧的. 第一次比赛取出了 3 个，用完后放回去. 第二次比赛又取出 3 个，求第二次比赛取到的 3 个球中有 2 个新球的概率.

4. 从一副不含大小王的扑克牌中任取一张，记 $A=\{$抽到 K$\}$，$B=\{$抽到的牌是黑色的$\}$，问事件 A 与 B 是相互独立的吗？若是，请说明理由.

5. 加工某一零件需经过两道工序. 第一道工序的废品率为 0.015，第二道工序的废品率为 0.02. 假定两工序出废品是彼此无关的，求产品的合格率.

6. 3 人独立地去破译同一个密码，他们能破译出的概率分别为 $\dfrac{1}{5}$，$\dfrac{1}{3}$，$\dfrac{1}{4}$. 问这一密码能被破译的概率是多少？

*7. 甲、乙两人进行乒乓球比赛，每局甲获胜的概率为 $\alpha(0<\alpha<1)$，试讨论

（1）α 为何值时，三局两胜制对甲有利？

（2）α 为何值时，五局三胜制对甲有利？

11.3　随机变量及其分布

为了全面研究随机事件的结果，揭示其客观存在着的统计规律，在本章中，将引入随机变量及其概率分布的概念.

11.3.1　随机变量

例如，掷一硬币的结果可能是正面向上或反面向上. 现取一变量 X，如果正面向上，规定 X 取值为 0，如果反面向上，规定 X 取值为 1. 于是

$$P(X=0)=\frac{1}{2},\quad P(X=1)=\frac{1}{2}.$$

变量 X 的两个不同取值就描述了上述两种随机现象.

从上面问题可以看到，引入变量 X，就可以把对随机现象的研究转为对变量 X 的取值的研究. 由此引入以下概念.

定义1　设 Ω 是随机试验的样本空间,如果对于试验的每一个可能结果(样本点) $\omega \in \Omega$,都唯一地对应一个实数值 $X(\omega)$,则称 $X(\omega)$ 为定义在 Ω 上的随机变量,简记为 X.

注意:$X(\omega)$ 是定义在 **R** 上的实数单值函数.如图 11-2 所示.

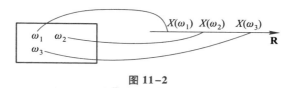

图 11-2

对于随机变量,通常分两类:离散型随机变量和非离散型随机变量.非离散型随机变量中最重要的是连续型随机变量.下面只讨论离散型随机变量和连续型随机变量.

11.3.2　离散型随机变量及其分布律

1. 离散型随机变量的概念

定义2　如果一个随机变量 X 只能取有限个或可列个可能值,则称 X 为**离散型随机变量**.如果离散型随机变量 X 可能取到的值为 $x_1, x_2, \cdots, x_n, \cdots$(有限个或可列个),则称

$$p_i = P(X = x_i) \quad (i = 1, 2, 3, \cdots)$$

为离散型随机变量 X 的**概率分布律**,简称**分布律**.

分布律也可以用表 11-3 所示的形式写出.

表 11-3

X	x_1	x_2	x_3	$\cdots$
P	p_1	p_2	p_3	$\cdots$

2. 概率分布律的性质

根据概率的性质:任意一个离散型随机变量的分布律,都具有以下两条基本性质.

(1)随机变量取任何值时,其概率不会是负数,即 $p_i \geq 0, i = 1, 2, 3, \cdots$.

(2)随机变量取遍所有可能值的概率之和等于1,即 $\sum\limits_{i=1}^{\infty} p_i = 1$.

例1　表 11-4 中的 p_i 是否满足分布律的两条性质?

表 11-4

X	-1	0	1	3
P	$\dfrac{1}{6}$	$\dfrac{1}{5}$	$\dfrac{1}{15}$	$\dfrac{17}{30}$

解　因为 $p_i \geq 0$,所以满足性质 1.又因为

$$\sum_{i=1}^{4} p_i = P(X = -1) + P(X = 0) + P(X = 1) + P(X = 3) = \frac{1}{6} + \frac{1}{5} + \frac{1}{15} + \frac{17}{30} = 1,$$

所以满足性质 2.

例 2　设袋中有 5 只球,其中有 2 只白球 3 只黑球. 现从中任取 3 只球(不放回),求抽得的白球数 X 的概率分布律.

解　设 $\{$抽得白球数 $k\} = \{X = k\}$,则

$$P(X = k) = \frac{C_2^k C_3^{3-k}}{C_5^3} \quad (k = 0, 1, 2).$$

所以 X 的分布律见表 11-5.

表 11-5

X	0	1	3
$P(X = k)$	$\dfrac{1}{10}$	$\dfrac{3}{5}$	$\dfrac{3}{10}$

3. 几个常用的离散型随机变量的分布律

(1) 两点分布

定义 3　若离散型随机变量 X 的分布律见表 11-6.

表 11-6

X	0	1
P	q	p

其中 $0 < p < 1, p + q = 1$ 则称 X 服从**两点分布**(或 0-1 分布).

例 3　设一飞靶射击运动员,射击命中的概率为 0.7,求一次射击时命中次数的分布律.

解　设一次射击时命中的次数为 X,则 X 仅取 0 和 1 两个可能值,

$$P(X = 1) = 0.7, \quad P(X = 0) = 1 - 0.7 = 0.3.$$

因此所求的分布律见表 11-7.

表 11-7

X	0	1
P	0.3	0.7

(2) 二项分布

定义 4　若离散型随机变量 X 的分布律为

$$P(X = k) = C_n^k p^k (1-p)^{n-k} \quad (k = 0, 1, 2, \cdots, n),$$

则称 X 服从参数为 n, p 的**二项分布**,记为 $X \sim B(n, p)$.

当 $n = 1$ 时就是两点分布.

例 4　从某大学到火车站途中有 6 个交通岗,假设在各个交通岗是否遇到红灯相互独立,并且遇到红灯的概率都是 1/3.

① 设 X 为汽车行驶途中遇到的红灯数,求 X 的分布律;

② 求汽车行驶途中至少遇到 5 次红灯的概率.

解　① 由题意, $X \sim B\left(6, \dfrac{1}{3}\right)$, 于是, X 的分布律为

$$P\{X=k\} = C_6^k\left(\frac{1}{3}\right)^k\left(\frac{2}{3}\right)^{6-k}, \quad k=0,1,2,3,4,5,6.$$

② $P(X \geqslant 5) = P(X=5) + P(X=6)$

$$= \frac{4}{243} + \frac{1}{729} = 0.017\,83.$$

（3）泊松分布

定义 5　若离散型随机变量 X 的分布律为 $P(X=k) = \dfrac{\lambda^k}{k!}e^{-\lambda}, k=0,1,2,\cdots$, 则称 X **服从参数为 $\lambda(\lambda>0)$ 的泊松分布**, 记为 $X \sim P(\lambda)$.

例 5　设某国每对夫妇的子女数 X 服从参数为 $\lambda=2$ 的泊松分布, 求任选一对夫妇, 至少有 3 个孩子的概率.

解　由题意可知 X 的分布律为

$$P(X=k) = \frac{2^k}{k!\ e^2} \quad (k=0,1,2,\cdots).$$

从而可得

$$P(X \geqslant 3) = 1 - P(X=0) - P(X=1) - P(X=2)$$

$$= 1 - e^{-2} - \frac{2^1}{1!}e^{-2} - \frac{2^2}{2!}e^{-2} = 1 - 5e^{-2} \approx 0.323.$$

11.3.3　随机变量的分布函数

1. 分布函数的概念

定义 6　设 X 是随机变量, 对任意实数 x, 函数

$$F(x) = P(X \leqslant x) \quad (-\infty \leqslant x \leqslant +\infty)$$

称为**随机变量 X 的分布函数**. 其中 X 的取值范围如图 11-3 所示.

由分布函数定义可知:

$F(x)$ 是定义在 $(-\infty, +\infty)$ 上, 值域为 $[0,1]$ 的一个函数. 易知, 对任意实数 $a, b(a<b)$,

图 11-3

$$P(a<X \leqslant b) = P(X \leqslant b) - P(X \leqslant a) = F(b) - F(a).$$

2. 分布函数的性质

性质 1　若 $x_1<x_2$, 则 $F(x_1) \leqslant F(x_2)$.

性质 2　对任意实数 $x, 0 \leqslant F(x) \leqslant 1$.

性质 3　$F(x)$ 至少是右连续, 即 $F(x+0)=F(x)$.

性质 4　$F(-\infty)=0, F(+\infty)=1$.

3. 离散型随机变量的分布函数

设离散型随机变量 X 的概率分布为

$$P(X=x_i) = p_i(i=,2,3,\cdots),$$

由加法公式可得离散型随机变量 X 的**分布函数**

$$F(x) = P(X \leqslant x) = \sum_{x_i \leqslant x} P(X = x_i) = \sum_{x_i \leqslant x} p_i.$$

例 6　设随机变量 X 的分布律见表 11–8.

表 11–8

X	0	1	2
P	0.1	0.6	0.3

试求出 X 的分布函数.

解　X 的可能取值为 $0,1,2$.

把区间 $(-\infty, +\infty)$ 划分为 $(-\infty, 0), [0, 1), [0, 2), [2, +\infty)$.

当 $x \in (-\infty, 0)$ 时,

$$F(x) = P(X \leqslant x) = \sum_{x_i \leqslant x} P(X = x_i) = 0,$$

当 $x \in [0, 1)$ 时,

$$F(x) = P(X \leqslant x) = \sum_{x_i \leqslant x} P(X = x_i) = P(X = 0) = 0.1,$$

当 $x \in [1, 2)$ 时,

$$F(x) = P(X \leqslant x) = \sum_{x_i \leqslant x} P(X = x_i)$$
$$= P(X = 0) + P(X = 1) = 0.1 + 0.6 = 0.7,$$

当 $x \in [2, +\infty]$ 时,

$$F(x) = P(X \leqslant x) = \sum_{x_i \leqslant x} P(X = x_i)$$
$$= P(X = 0) + P(X = 1) + P(x = 2)$$
$$= 0.1 + 0.6 + 0.3 = 1.$$

因此分布函数为

$$F(x) = \begin{cases} 0, & x < 0, \\ 0.1, & 0 \leqslant x < 1, \\ 0.7, & 1 \leqslant x < 2, \\ 1, & x \geqslant 2. \end{cases}$$

11.3.4　连续型随机变量及其概率密度

定义 7　如果对于随机变量 X 的分布函数 $F(x)$, 存在非负函数 $p(x)(-\infty < x < +\infty)$, 使对任意实数 x, 都有

$$F(x) = P(X \leqslant x) = \int_{-\infty}^{x} p(t) \, dt,$$

则称 X 为**连续型随机变量**, $p(x)$ 为 X 的**概率密度函数**, 简称**密度函数**.

密度函数的**几何意义**: 随机变量 X 落入区间 $[a, b]$ 内的概率恰好等于 $p(x)$ 在该区间上的定积分, 即阴影部分的面积, 如图 11–4 所示.

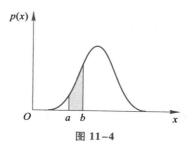

图 11-4

$$P(a<x\leqslant b)=\int_a^b p(x)\,\mathrm{d}x.$$

1. 密度函数的性质

性质 1 $p(x)\geqslant 0.$

性质 2 $\int_{-\infty}^{+\infty}p(x)\,\mathrm{d}x=1.$

性质 3 $P(a<x\leqslant b)=\int_a^b p(x)\,\mathrm{d}x.$

性质 4 若在 x 处连续,则 $F'(x)=p(x).$

性质 5 $P(X=a)=0.$

2. 几个常用的连续型分布

（1）均匀分布 如果随机变量 X 的密度函数为

$$p(x)=\begin{cases}\dfrac{1}{b-a}, & a\leqslant x\leqslant b, \\ 0, & x<a \text{ 或 } x>b,\end{cases}$$

这里 a,b 为任意实数,且 $a<b$,则称 X 服从 $[a,b]$ 上的**均匀分布**,记为 $X\sim U[a,b]$.

例 7 设 $X\sim U[a,b]$,

① 求 X 的分布函数 $F(x)$;

② 对任意实数 $c,d(a<c<d<b)$,求 $P(c<X<d)$.

解 ① 当 $x<a$ 时

$$F(x)=\int_{-\infty}^x P(t)\,\mathrm{d}t=\int_{-\infty}^x 0\cdot\mathrm{d}t=0.$$

当 $a\leqslant x\leqslant b$ 时

$$F(x)=\int_{-\infty}^x P(t)\,\mathrm{d}t=\int_{-\infty}^a p(t)\cdot\mathrm{d}t+\int_a^x p(t)\,\mathrm{d}t$$
$$=\int_a^x\frac{1}{b-a}\mathrm{d}t=\frac{x-a}{b-a}.$$

当 $x>b$ 时

$$F(x)=\int_{-\infty}^x P(t)\,\mathrm{d}t$$
$$=\int_{-\infty}^a p(t)\,\mathrm{d}t+\int_a^b p(t)\,\mathrm{d}t+\int_b^x p(t)\,\mathrm{d}t$$
$$=\int_a^b\frac{1}{b-a}\mathrm{d}t+\int_b^x 0\cdot\mathrm{d}t=1.$$

于是所求分布函数为

$$F(x)=\begin{cases}0, & x<a, \\ \dfrac{x-a}{b-a}, & a\leqslant x\leqslant b, \\ 1, & x>b.\end{cases}$$

② $P(c<X<d)=P(c<X\leqslant d)=F(d)-F(c)$
$$=\frac{d-a}{b-a}-\frac{c-a}{b-a}=\frac{d-c}{b-a},$$

或　$P(c<X<d)=\int_c^d p(x)\mathrm{d}x=\int_c^d \dfrac{1}{b-a}\mathrm{d}x=\dfrac{d-c}{b-a}.$

（2）指数分布　如果随机变量 X 的密度函数为

$$p(x)=\begin{cases} \lambda \mathrm{e}^{-\lambda x}, & x>0, \\ 0, & x\leqslant 0 \end{cases}\quad (\lambda>0).$$

则称 X 服从参数为 λ 的**指数分布**，记为 $X\sim e(\lambda)$.

易知，$p(x)\geqslant 0$ 且 $\int_{-\infty}^{+\infty}p(x)\mathrm{d}x=1.$

若 X 服从参数为 λ 的指数分布，则其分布函数为

$$F(x)=P(X\leqslant x)=\begin{cases} 1-\mathrm{e}^{-\lambda x}, & x>0, \\ 0, & x\leqslant 0. \end{cases}$$

例 8　某元器件的寿命 X 服从指数分布，且其参数 $\lambda=\dfrac{1}{1\,000}$，求 3 个元器件使用 1 000 小时，至少有一个损坏的概率.

解　因 $F(x)=P(X\leqslant x)=\begin{cases} 1-\mathrm{e}^{-\frac{x}{1\,000}}, & x>0, \\ 0, & x\leqslant 0, \end{cases}$ 所以

$$P(X>1\,000)=1-P(X\leqslant 1\,000)=\mathrm{e}^{-1}.$$

令随机变量 Y 表示三个元器件中使用 1 000 小时损坏的元器件的个数. 则

$$Y\sim B(3,1-\mathrm{e}^{-1}),$$

于是

$$\begin{aligned} P(Y\geqslant 1)&=1-P(Y=0)\\ &=1-C_3^0(1-\mathrm{e}^{-1})^0(\mathrm{e}^{-1})^3=1-\mathrm{e}^{-3}. \end{aligned}$$

（3）正态分布　如果随机变量 X 的密度函数为

$$p(x)=\dfrac{1}{\sqrt{2\pi}\,\sigma}\mathrm{e}^{-\frac{(x-\mu)^2}{2\sigma^2}}\quad (-\infty<x<+\infty),$$

其中 μ,σ 为常数且 $\sigma>0$，则称 X 服从参数为 μ,σ 的**正态分布**，记为 $X\sim N(\mu,\sigma^2)$.

正态分布的分布函数为

$$F(x)=\dfrac{1}{\sqrt{2\pi}\,\sigma}\int_{-\infty}^{x}\mathrm{e}^{-\frac{(t-\mu)^2}{2\sigma^2}}\mathrm{d}t\quad (-\infty<x<+\infty).$$

由正态分布密度函数 $p(x)$ 的图像（如图 11-5）知**正态分布的密度函数 $p(x)$ 的性质**：

① 密度曲线 $p(x)$ 关于直线 $x=\mu$ 对称.

② 密度函数 $p(x)$ 的最大值为 $p(u)=p_{\max}(x)=\dfrac{1}{\sqrt{2\pi}\cdot\sigma}.$

③ σ 越大，曲线越平坦；σ 越小，曲线越陡峭.

④ μ 确定了密度曲线 $p(x)$ 的位置.

特别地，参数 $\mu=0,\sigma^2=1$ 的正态分布称为**标准正态分布**，记作 $X\sim N(0,1)$. 其密度函数表示为（如图 11-6）

$$\varphi(x)=\frac{1}{\sqrt{2\pi}\,\sigma}e^{-\frac{x^2}{2}} \quad (-\infty<x<+\infty),$$

分布函数表示为

$$\varPhi(x)=p(X\leqslant x)=\frac{1}{\sqrt{2\pi}}\int_{-\infty}^{x}e^{-\frac{t^2}{2}}dt \quad (-\infty<x<+\infty).$$

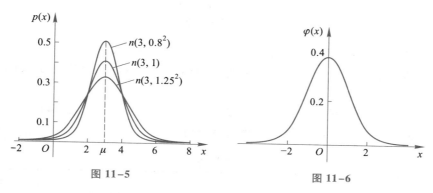

图 11-5 　　　　　　　图 11-6

标准正态分布的密度函数和分布函数具有如下性质.

性质 1 $\varphi(x)=\varphi(-x)$,即密度函数是偶函数.

性质 2 当 $x=0$ 时,$\varphi(x)$ 取得最大值 $\frac{1}{\sqrt{2\pi}}$.

性质 3 $\varPhi(-x)=1-\varPhi(x)$.

性质 4 如果 $X\sim N(\mu,\sigma^2)$,则 X 的分布函数

$$F(x)=\varPhi\left(\frac{x-\mu}{\sigma}\right).$$

性质 4 告诉我们,通过变换 $t=\dfrac{x-\mu}{\sigma}$ 可以把任何一个正态分布化为标准正态分布,

我们把变换 $t=\dfrac{x-\mu}{\sigma}$ 称为标准变换.

例 9 已知随机变量 $X\sim N(0,1)$,求分布函数 $P(X\leqslant 0)$.

解 因为

$$P(X\leqslant 0)=\int_{-\infty}^{0}\frac{1}{\sqrt{2\pi}}e^{-\frac{x^2}{2}}dx,$$

又

$$\int_{-\infty}^{+\infty}\frac{1}{\sqrt{2\pi}}e^{-\frac{x^2}{2}}dx=1.$$

利用 $\varphi(x)$ 的奇偶性可得

$$\int_{-\infty}^{+\infty}\frac{1}{\sqrt{2\pi}}e^{-\frac{x^2}{2}}dx=2\int_{-\infty}^{0}\frac{1}{\sqrt{2\pi}}e^{-\frac{x^2}{2}}dx=1.$$

所以

$$P(X\leqslant 0)=\int_{-\infty}^{0}\frac{1}{\sqrt{2\pi}}e^{-\frac{x^2}{2}}dx=\frac{1}{2}.$$

对于标准正态分布函数 $\Phi(x)$ 的数值,可以查书末附录 2 的标准正态分布表.

例 10　设 $X \sim N(0,1)$,求 $P(|X|<x)$,并计算 $P(|x|<1.28)$.

解　$P(|X|<x)=P(-x<X<x)=P(X<x)-P(X \leqslant -x)$
$$=\Phi(x)-\Phi(-x)=\Phi(x)-[1-\Phi(x)]=2\Phi(x)-1,$$
$P(|X|<1.28)=2\Phi(1.28)-1=2\times0.8997-1=0.7994.$

习题 11.3

1. 从 13 只正品、2 只次品中,任取 3 只,求抽取次品数 X 的分布列.

2. 对某一目标进行射击,直到击中为止. 如果每次射击的命中率为 p,求射击次数 X 的分布列.

3. 设随机变量 X 服从泊松分布,且 $P(X=1)=P(X=2)$,求 $P(X=4)$.

4. 设随机变量 X 的概率分布如表 11-9 所示

表 11-9

X	0	1	2	3	5	6
P	0.1	0.2	0.1	?	0.1	0.2

试求:(1) $P(X=3)$;　(2) $P(0<X \leqslant 2)$;　(3) $P(X \geqslant 0)$;　(4) $P(X<0)$.

5. 设随机变量 X 的分布列为 $P(X=k)=\dfrac{kC}{n}(k=1,2,\cdots,n)$.试确定常数 C.

6. 设随机变量 X 的概率分布如表 11-10 所示

表 11-10

X	0	1	2
P	0.3	0.2	0.5

试求随机变量 X 的分布函数并画出图像.

7. 设连续型随机变量 X 的分布函数为
$$F(x)=\begin{cases}0, & x \leqslant 0, \\ Ax, & 0<x<1/4, \\ 1, & x \geqslant 1/4.\end{cases}$$

试求:(1) 常数 A;　(2) X 落在区间 $(0.15,1)$ 内的概率.

8. 设连续型随机变量 X 的密度函数为
$$p(x)=\begin{cases}\dfrac{1}{2}\mathrm{e}^{\frac{x}{2}}, & 0 \leqslant x \leqslant a, \\ 0, & \text{其他}.\end{cases}$$

试求:(1) 常数 a;　(2) $P\left(X \leqslant \dfrac{1}{2}\right)$;　(3) $P\left(X>\dfrac{1}{2}\right)$.

9. 若 $X \sim N(5,4)$,求 α 使下列等式成立.

(1) $P(X<\alpha)=0.90$;　　　　　　　(2) $P(|X-5|>\alpha)=0.01$.

10. 假定某地区成年男性的身高(单位:cm)$X \sim N(170, 7.69^2)$,求该地区成年男性的身高超过 175 cm 的概率.

11. 已知某台机器生产的螺栓长度(单位:cm)服从 $X \sim N(10.05, 0.06^2)$ 的正态分布,规定螺栓长度在 10.05±0.12 cm 为合格品,试求螺栓为合格品的概率.

11.4　随机变量的数字特征

前面讨论了随机变量的分布函数,我们知道随机变量的分布函数虽然完全描述了随机变量的统计规律性,但在许多实际问题中,并不需要全面考察随机变量的具体变化情况,而只需要随机变量的某些数字特征即可.

随机变量常用的数字特征有:数学期望、方差、相关系数与矩. 本节只介绍数学期望与方差.

11.4.1　数学期望

平均值是日常生活中最常用的一个数字特征,它对评判事件,做出决策等具有重要作用. 例如,某商场计划于 5 月 1 日在户外搞促销活动. 统计资料表明,若在商场内进行,可获 3 万元经济效益;若晴天在户外进行可获 12 万元经济效益;若雨天在户外进行,则亏损 5 万元. 现知"五一"的天气预报称当日下雨的概率为 40%,则商场应如何选择促销方式?

户外促销活动预期获得经济效益 X 是个随机变量,其概率分布为
$$p_1 = P(X = x_1) = P(X = -5) = 0.4, \quad p_2 = P(X = x_2) = P(X = 12) = 0.6.$$

若是做出决策,就要将户外促销活动的平均经济效益与 3 万元进行比较. 如何求户外促销活动的平均经济效益呢? 既要考虑 X 的所有取值,又要考虑 X 取每一个值时的概率,即
$$\sum_{i=1}^{2} p_i x_i = -5 \times 0.4 + 12 \times 0.6 = 5.2(万元),$$
这个平均效益称为随机变量 X 的数学期望. 由此引出以下的定义.

1. 数学期望的定义

定义 1　设离散型随机变量 X 的分布律为
$$p_i = P(X = x_i) \quad (i = 1, 2, 3, \cdots),$$
如果级数 $\sum_{i=1}^{\infty} x_i p_i$ 绝对收敛,则称该级数的和为随机变量 X 的**数学期望**或**均值**,记为
$$E(X) = \sum_{i=1}^{\infty} x_i p_i.$$

例 1　掷一颗均匀的骰子,以 X 表示掷得的点数,求 X 的数学期望.

解
$$E(X) = \sum_{k=1}^{6} k \cdot \frac{1}{6} = \frac{7}{2}.$$

定义 2　设连续型随机变量 X 的密度函数为 $p(x)$，如果反常积分

$$\int_{-\infty}^{+\infty} xp(x)\,\mathrm{d}x$$

绝对收敛，则称该积分值为连续型随机变量 X 的**数学期望或均值**，记为

$$E(x) = \int_{-\infty}^{+\infty} xp(x)\,\mathrm{d}x.$$

2. 数学期望的性质

（1）$E(c) = c$，c 是常数.

（2）$E(aX+bY) = aE(X)+bE(Y)$（a,b 是常数）.

3. 几个重要分布的数学期望

（1）两点分布的数学期望

因 $P(X=0)=q$，$P(X=1)=p$，其中 $p+q=1$，所以两点分布的数学期望为

$$E(X) = 0\times P(X=0)+1\times P(X=1) = 0\times q+1\times p = p.$$

（2）二项分布的数学期望

因离散型随机变量 X 的二项分布律为

$$P(X=k) = \mathrm{C}_n^k p^k (1-p)^{n-k} \quad (k=0,1,2,\cdots,n),$$

所以二项分布的数学期望

$$E(X) = \sum_{k=0}^{n} kP(X=k) = \sum_{k=0}^{n} k\mathrm{C}_n^k p^k (1-p)^{n-k}$$

$$= np\sum_{k=1}^{n} \mathrm{C}_{n-1}^{k-1} p^{k-1} (1-p)^{(n-1)-(k-1)}$$

$$= np.$$

（3）泊松分布的数学期望

设离散型随机变量 $X \sim P(\lambda)$，试证数学期望 $E(X)=\lambda$.

因离散型随机变量 X 的泊松分布律为

$$P(X=k) = \frac{\lambda^k}{k!}\mathrm{e}^{-\lambda}, \quad k=0,1,2,\cdots,\text{且级数} \sum_{k=0}^{n} \frac{\lambda^k}{k!} \text{收敛于 } \mathrm{e}^{\lambda},$$

所以泊松分布的数学期望为

$$E(X) = \sum_{k=0}^{n} kP(X=k) = \sum_{k=0}^{n} k\frac{\lambda^k}{k!}\mathrm{e}^{-\lambda}$$

$$= \lambda\mathrm{e}^{-\lambda}\sum_{k=1}^{n} \frac{\lambda^{k-1}}{(k-1)!} = \lambda\mathrm{e}^{-\lambda}\mathrm{e}^{\lambda} = \lambda.$$

（4）均匀分布的数学期望

因为随机变量 X 的均匀分布的密度函数为

$$p(x) = \begin{cases} \dfrac{1}{b-a}, & a \leqslant x \leqslant b, \\ 0, & x<-a \text{ 或 } x>a, \end{cases}$$

所以

$$E(X) = \int_a^b \frac{x}{b-a}\mathrm{d}x = \frac{a+b}{2}.$$

（5）指数分布的数学期望

因随机变量 X 的指数分布的密度函数为

$$p(x) = \begin{cases} \lambda e^{-\lambda x}, & x > 0 \\ 0, & x \leq 0 \end{cases} (\lambda > 0),$$

指数分布的数学期望为

$$E(X) = \int_{-\infty}^{+\infty} x p(x)\,dx = \int_0^{+\infty} \lambda x e^{-\lambda x}\,dx = -\lim_{h \to +\infty} \int_0^h x\,d(e^{-\lambda x})$$

$$= -\lim_{h \to +\infty} \left(x e^{-\lambda x}\Big|_0^h - \int_0^h e^{-\lambda x}\,dx \right)$$

$$= -\lim_{h \to +\infty} \left(x e^{-\lambda x}\Big|_0^h + \frac{e^{-\lambda x}}{\lambda}\Big|_0^h \right) = \frac{1}{\lambda}.$$

（6）正态分布的数学期望

$$E(X) = \mu.$$

11.4.2　方差

数学期望仅从加权平均值一个角度描述了随机变量的特征,但并不能反映随机变量的各个取值是怎样围绕着平均值分布的. 因此,有必要考察随机变量的各个取值偏离数学期望的程度. 例如

设有甲、乙两个工人生产同一种零件,已知他们生产零件的长度 X_1 及 X_2 的分布律分别为

$$X_1: \begin{pmatrix} 28, & 29, & 30, & 31, & 32 \\ 0.1, & 0.15, & 0.5, & 0.15, & 0.1 \end{pmatrix};$$

$$X_2: \begin{pmatrix} 28, & 29, & 30, & 31, & 32 \\ 0.13, & 0.17, & 0.4, & 0.17, & 0.13 \end{pmatrix},$$

则有

$$E(X_1) = E(X_2) = 30.$$

$E(X_1)$ 与 $E(X_2)$ 相等,由数学期望无法判断两个工人的技术水平,必须进一步考虑零件长度关于平均长度的波动程度,波动越大,技术水平就越低. 这就是说,要考虑 X 与 $E(X)$ 的偏差 $X-E(X)$,如果以 $E[X-E(X)]$ 来表示偏差的程度,则有 $E[X-E(X)] = 0$,这是由于正负偏差抵消而引起的. 因此,进一步必须考虑 $E[|X-E(X)|]$. 经计算得

$$E[|X_1 - E(X_1)|] = 0.7, \quad E[|X - E(X)|] = 0.86,$$

即甲生产的零件长度关于平均长度的波动较小,所以甲的技术水平较乙为高.

然而,$E[|X-E(X)|]$ 在数学上处理不方便,通常以 $E[X-E(X)]^2$ 代替,这样就引入了方差的概念.

1. 方差的定义

定义 3　设 X 是随机变量,若 $E[X-E(X)]^2$ 存在,则称它为随机变量 X 的**方差**,记为

$$D(X) = E[X-E(X)]^2,$$

并称 $\sqrt{D(X)}$ 为随机变量 X 的**标准差**或**均方差**.

　　注意:方差是衡量随机变量取值波动程度的一个数字特征.若随机变量 X 的取值比较集中,则方差较小;反之,若随机变量 X 的取值比较分散,则方差较大.

2. 方差的计算

由于
$$\begin{aligned} D(X) &= E[X-E(X)]^2 \\ &= E\{X^2-2XE(X)+[E(X)]^2\} \\ &= E(X^2)-2E(X)E(X)+[E(X)]^2 \\ &= E(X^2)-[E(X)]^2. \end{aligned}$$

所以
$$D(X) = E(X^2)-[E(X)]^2.$$

于是得到

(1) 离散型随机变量
$$D(X) = \sum_{i=1}^{\infty} x_i^2 p_i - \left(\sum_{i=1}^{\infty} x_i p_i\right)^2.$$

(2) 连续型随机变量
$$D(X) = \int_{-\infty}^{+\infty} x^2 p(x)\,\mathrm{d}x - \left[\int_{-\infty}^{+\infty} xp(x)\,\mathrm{d}x\right]^2.$$

例 2　设随机变量 X 的概率密度为
$$p(x) = \begin{cases} 1+x, & -1<x<0, \\ 1-x, & 0 \leqslant x<1, \end{cases} \quad 求\ D(X).$$

解　$E(X) = \int_{-1}^{0} x(1+x)\,\mathrm{d}x + \int_{0}^{1} x(1-x)\,\mathrm{d}x = 0,$

$$E(X^2) = \int_{-1}^{0} x^2(1+x)\,\mathrm{d}x + \int_{0}^{1} x^2(1-x)\,\mathrm{d}x = \frac{1}{6},$$

$$D(X) = E(X^2)-[E(X)]^2 = \frac{1}{6}.$$

3. 方差的性质

性质 1　设 c 是常数,则 $D(c)=0$.

性质 2　设 c 是常数,则 $D(cX)=c^2 D(X)$.

性质 3　设随机变量 X,Y 相互独立[①],则 $D(X+Y)=D(X)+D(Y)$.

推论　设有限多个随机变量 $X_1,X_2,\cdots,X_n$ 相互独立,则有
$$D(X_1+X_2+\cdots+X_n) = D(X_1)+D(X_2)+\cdots+D(X_n).$$

4. 几个重要分布的方差

(1) 两点分布的随机变量 X 的方差:$D(X)=E(X^2)-[E(X)]^2=p-p^2=p(1-p)$.

(2) 二项分布的随机变量 X 的方差:$D(X)=np(1-p)$.

(3) 均匀分布的随机变量 X 的方差:$D(X)=\dfrac{(b-a)^2}{12}$.

---

　　① 若两个随机变量 X,Y,对任意实数 x,y,有 $P(X<x,Y<y)=P(\{X<x\}\cap\{Y<y\})=P(X<x)\cdot P(Y<y)$,则称 X,Y 相互独立. 它的意义是:事件 $\{X<x\}$ 与事件 $\{Y<y\}$ 相互独立.

（4）指数分布的随机变量 X 的方差：$D(X) = \dfrac{1}{\lambda^2}$.

（5）正态分布的随机变量 X 的方差：$D(X) = \sigma^2$.

习题 11.4

1. 随机变量 X 的概率分布为 $P(X=k) = \dfrac{k}{15}(k=1,2,3,4,5)$，试求 X 的数学期望.

2. 设随机变量 X 为掷一颗均匀骰子出现的点数，试求随机变量 X 的方差.

3. 某批产品的次品率为 0.1，求从中任取 20 个产品中所含次品数 X 的方差.

4. 某单位举行联欢会抽奖，一等奖 250 元，二等奖 100 元，三等奖 50 元；一等奖一个，二等奖两个，三等奖五个. 共有 1 000 个职工，每人一个号码. 问每人得到奖金的数学期望是多少？

5. 求下列各题的数学期望及方差：

（1）X 的概率密度函数为 $f(x) = \begin{cases} \dfrac{1}{\pi}, & |x| < \dfrac{\pi}{2}, \\ 0, & \text{其他}; \end{cases}$

（2）X 的概率密度函数为 $f(x) = \begin{cases} x, & 0 < x \leqslant 1, \\ 2-x, & 1 < x \leqslant 2, \\ 0, & \text{其他}. \end{cases}$

6. 设在一次射击中，射手甲得 1 分、2 分、3 分的概率分别为 0.4，0.1，0.5；射手乙得 1 分、2 分、3 分的概率分别为 0.1，0.6，0.3，问谁获胜的希望大些？

*7. 对某一目标进行射击，直到击中为止，如果每次射击的命中率为 p，求射击次数的数学期望与方差.

11.5 数学实验 概率论初步

11.5.1 学习 MATLB 命令

MATLAB 软件提供 pdf 函数用于计算概率密度，调用格式如下（MATLAB 提供的常用分布的概率密度计算函数名称及使用说明请查阅 MATLAB 相关书籍）：

pdf（'name'，x，a），pdf（'name'，x，a，b），pdf（'name'，x，a，b，c），表示在 x 处返回以 name 为分布类型，以 a，b，c 为分布参数的概率密度；

MATLAB 软件提供 cdf 函数用于计算已知分布的分布函数，调用格式如下（MATLAB 提供的常用分布的分布函数计算函数名称及使用说明请查阅 MATLAB 相关书籍）：

cdf（'name'，x，a），cdf（'name'，x，a，b），cdf（'name'，x，a，b，c），表示在 x 处返回以 name 为分布类型，以 a，b，c 为分布参数的分布函数.

MATLAB 软件提供如下命令用于样本数字特征的计算：

　　mean(X):表示求样本 X 的数学期望,若 X 为向量,则得到向量 X 的数学期望,若 X 为矩阵,则得到由 X 每列的数学期望构成的行向量;mean(X,dim):表示按样本矩阵 X 的第 dim 维方向求数学期望,若 dim=1,为按列操作,若 dim=2,为按行操作;

　　var(X):表示求样本 X 的样本方差,若 X 为向量,则得到向量 X 的方差,若 X 为矩阵,则得到由 X 每列的方差构成的行向量;var(X,1):表示求样本 X 的简单方差.

11.5.2　实验内容

　　例 1　计算正态分布 $N(0,1)$ 在点 $x=0.5$ 处的值.

　　解　使用 pdf('name',x,a,b)格式的命令,在命令窗口中操作如图 11-7 所示.

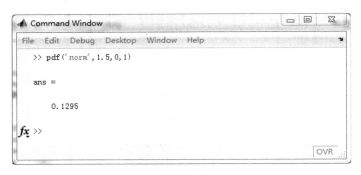

图 11-7

　　即正态分布 $N(0,1)$ 在点 $x=0.5$ 处的值为 0.129 5.

　　例 2　已知 $X \sim N(1,2^2)$,使用 cdf 函数计算 $P(1<X<5)$.

　　解　使用 cdf('name',x,a,b)格式的命令,在命令窗口中操作如图 11-8 所示.

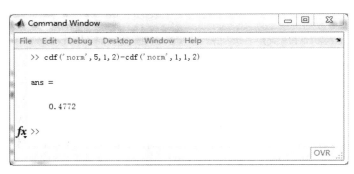

图 11-8

　　即对于正态分布 $X \sim N(1,2^2)$,$P(1<X<5)=0.477\ 2$.

　　例 3　某工厂生产某种型号的灯泡,从中抽取 15 个做灯泡寿命实验,测得结果如下(单位:h):1 400,1 540,1 570,1 490,1 420,1 470,1 510,1 500,1 420,1 510,1 580,1 450,1 560,1 380,1 440. 使用 MATLAB 计算样本均值.

　　解　使用 mean(X)格式的命令,在命令窗口中操作如图 11-9 所示.

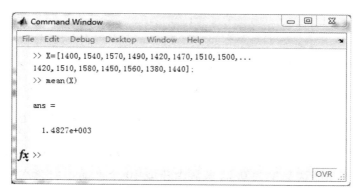

图 11-9

即该 15 个灯泡寿命的均值为 1 482.7 h.

11.5.3 上机实验

上机验证上面各例.

运用 MATLAB 软件做本章课后习题中的相关题目.

单元检测题 11

1. 填空题.

（1）已知 $P(A)=\dfrac{1}{4}$，$P(B\mid A)=\dfrac{1}{3}$，$P(A\mid B)=\dfrac{1}{2}$，则 $P(A+B)=$ _____.

（2）3 人独立地去破译同一个密码，他们能破译的概率分别为 $\dfrac{1}{2}$，$\dfrac{1}{3}$，$\dfrac{1}{4}$. 密码能被破译的概率是_____.

（3）设随机变量 X 服从泊松分布，且 $P(X=1)=P(X=2)$，则参数 $\lambda=$ _____.

（4）设随机变量 X 的分布列为 $P(X=k)=\dfrac{kC}{n}(k=1,2,\cdots,n)$. 则常数 $C=$ _____.

（5）若随机变量 X 的概率分布为 $P(X=k)=\dfrac{k}{6}(k=1,2,3)$，则 X 的数学期望 $E(X)=$ _____.

2. 单项选择题.

（1）设样本空间为 $\Omega=\mathbf{R}$，那么下列两个事件是对立关系的是（　　）.

A. $x>1$ 与 $x<1$　　B. $x>1$ 与 $x<2$　C. $x\geqslant 1$ 与 $x<1$　　D. $x>-1$ 与 $x<1$

（2）在一次随机试验中，事件 A 发生的概率为 $p(0<p<1)$，则事件 A 直到第 k 次试验才发生的概率为（　　）.

A. $p(1-p)^{k-1}$　　　B. $p^{k-1}(1-p)$　　C. $C_n^k p^k(1-p)^{n-k}$　　D. $C_n^k p^{n-k}(1-p)^k$

（3）设随机变量 X 的分布函数 $F(x)=a+b\arctan x(-\infty<x<+\infty)$，则下列正确的是（　　）.

A. $a=\dfrac{1}{\pi},b=\dfrac{1}{2}$　　　B. $a=\dfrac{1}{2},b=\dfrac{1}{\pi}$　　　C. $a=\pi,b=2$　　　D. $a=2,b=\pi$

（4）对于标准正态的密度函数 $\varphi(x)=\dfrac{1}{\sqrt{2\pi}\sigma}\mathrm{e}^{-\frac{x^2}{2}}$（$-\infty<x<+\infty$）及分布函数 $\varPhi(x)$，下列叙述不正确的是（　　）.

A. $\varphi(x)=\varphi(-x)$　　　　　　　　　B. 当 $x=0$ 时，$\varphi(x)$ 取得最大值 $\dfrac{1}{\sqrt{2\pi}}$

C. $\varPhi(-x)=\varPhi(x)$　　　　　　　　　D. $\varPhi(-x)=1-\varPhi(x)$

（5）某批产品的次品率为 0.2，求从中任取 10 个产品中所含次品数 X 的方差是（　　）.

A. 1.6　　　　　　B. 2　　　　　　C. 8　　　　　　D. 1.8

3．计算题.

（1）张三参加同一门课程的两次考试，第一次及格的概率为 p，若第一次及格，则第二次及格的概率为 p，若第一次不及格，则第二次及格的概率为 $\dfrac{p}{2}$. 求

① 至少有一次及格的概率.

② 若已知第二次及格，则他第一次及格的概率是多少？

（2）已知甲、乙、丙、丁四人向同一目标射击，击中目标的概率分别为 $\dfrac{1}{2},\dfrac{1}{3},\dfrac{1}{4},\dfrac{1}{5}$，求目标被击中的概率.

（3）设随机变量 X 的所有可能取值为 0，1，2，且其概率分别为 $\dfrac{1}{2k},\dfrac{2}{3k},\dfrac{5}{6k}$，试求常数 k 及 $P(0<X<2)$.

（4）某公共汽车站从上午 7 时起，每 15 分钟来一班车，即 7：00，7：15，7：30，7：45 等时刻有一班车到达此站，如果甲乙两人约定 7：00 到 8：00 到此车站乘车，求

① 见车就乘，两人乘同一辆车的概率；

② 最多等 10 分钟车，两人乘同一辆车的概率.

（5）设随机变量 X 的密度函数为

$$F(x)=\begin{cases}0, & x\leqslant 0, \\ ax, & 0<x\leqslant\dfrac{1}{2}, \\ 1, & x>\dfrac{1}{2}.\end{cases}$$

求　① 常数 a.

② X 落在区间 $\left(\dfrac{1}{4},1\right)$ 内的概率.

（6）公共汽车车门的高度是按男子与车门碰头的机会在 0.01 以下来设计的，如果男子身高（单位：cm）$X\sim N(168,7^2)$，问车门的高度应不低于多少？.

数学小故事

国际主要数学大奖简介

世界上先后树起了两个国际性的数学大奖:一个是国际数学家联合会主持评定的,在四年召开一次的国际数学家大会上颁发的菲尔兹奖;另一个是由沃尔夫基金会设立的一年一度的沃尔夫数学奖.这两个数学大奖的权威性、国际性,以及所享有的荣誉都不亚于诺贝尔奖.

1. 菲尔兹奖

菲尔兹奖(Fields Medal,全名 The International Medals for Outstanding Discoveries in Mathematics)是一个在国际数学联盟的国际数学家大会上颁发的奖项.每四年颁奖一次,颁给有卓越贡献的年轻数学家,每次最多四人得奖.得奖者须在该年元旦前未满四十岁.它是据加拿大数学家约翰·查尔斯·菲尔兹的要求设立的.菲尔兹奖被视为数学界的诺贝尔奖.

菲尔兹奖的一个最大特点是奖励年轻人,只授予40岁以下的数学家(这一点在刚开始时似乎只是个不成文的规定,后来则正式作出了明文规定),即授予那些能对未来数学发展起到重大作用的人.

菲尔兹奖是一枚金质奖章和1 500美元的奖金,奖章的正面是阿基米德的浮雕头像.就奖金数目来说与诺贝尔奖奖金相比可以说是微不足道,但为什么在人们的心目中,它的地位竟如此崇高呢?主要原因有三:第一,它是由数学界的国际权威学术团体——国际数学联合会主持,从全世界的第一流青年数学家中评定、遴选出来的;第二,它是在每隔四年才召开一次的国际数学家大会上隆重颁发的,且每次获奖者仅2—4名(一般只有2名),因此获奖的机会比诺贝尔奖还要少;第三,也是最根本的一条是由于得奖人的出色才干,赢得了国际社会的声誉.

2. 沃尔夫奖

1976年1月,R.沃尔夫及其家族捐献一千万美元成立了沃尔夫基金会,其宗旨是为了促进全世界科学、艺术的发展.沃尔夫基金会设有:数学、物理、化学、医学、农业五个奖(1981年又增设艺术奖).1978年开始颁发,通常是每年颁发一次,每个奖的奖金为10万美元,可以由几人分得.由于沃尔夫数学奖具有终身成就奖的性质,所有获得该奖项的数学家都是享誉数坛、闻名遐迩的当代数学大师.

3. 华人数学家获奖情况

1983年,美籍华人,34岁的邱成桐获得菲尔兹奖;

1983年,著名美籍华人数学家陈省身获得沃尔夫奖;

2006年,澳籍华人,31岁的陶哲轩获得菲尔兹奖;

2010年,美籍华人数学家丘成桐获得沃尔夫奖.

在中国,国家最高科学技术奖是科学界的最高奖项.每人奖金高达500万元人民币.我国著名数学家吴文俊在2000年与著名杂交水稻育种之父袁隆平一起获得首届国家最高科学技术奖;著名数学家谷超豪获得2009年度国家最高科学技术奖.

附录1 常用初等数学公式

一、代数部分

1. 绝对值与不等式

绝对值定义：$|a| = \begin{cases} a, & a \geqslant 0, \\ -a, & a < 0. \end{cases}$

（1）$\sqrt{a^2} = |a|,\ |-a| = |a|.$

（2）$-|a| \leqslant a \leqslant |a|.$

（3）若 $|a| \leqslant b$　（$b > 0$），则 $-b \leqslant a \leqslant b.$

（4）若 $|a| \geqslant b$　（$b > 0$），则 $a \geqslant b$ 或 $a \leqslant -b.$

（5）$|a+b| \leqslant |a| + |b|.$

（6）$|a-b| \geqslant |a| - |b|.$

（7）$|a \cdot b| = |a| \cdot |b|.$

（8）$\left| \dfrac{a}{b} \right| = \dfrac{|a|}{|b|}\ (b \neq 0).$

2. 指数运算

（1）$a^m \cdot a^n = a^{m+n}.$

（2）$\dfrac{a^m}{a^n} = a^{m-n}\ (a \neq 0).$

（3）$(a^m)^n = a^{m \cdot n}.$

（4）$(a \cdot b)^m = a^m \cdot b^m.$

（5）$\left(\dfrac{b}{a} \right)^m = \dfrac{b^m}{a^m}\ (a \neq 0).$

（6）$a^{\frac{m}{n}} = \sqrt[n]{a^m}.$

（7）$a^{-m} = \dfrac{1}{a^m}\ (a \neq 0).$

（8）$a^0 = 1\ (a \neq 0).$

3. 对数运算

（1）当 $a \leqslant 0$ 或 $a = 1$ 时，对数无意义.

（2）$\log_a a = 1.$

（3）$\log_a 1 = 0.$

（4）$\log_a(m \cdot n) = \log_a m + \log_a n.$

（5）$\log_a \left(\dfrac{m}{n} \right) = \log_a m - \log_a n.$

（6）$\log_a m^n = n \log_a m.$

（7）$a^{\log_a N} = N$（对数恒等式）.

（8）$\log_a b = \dfrac{\log_c b}{\log_c a}$（换底公式）.

4. 乘法与因式分解公式

（1）$(x \pm y)^2 = x^2 \pm 2xy + y^2$.

（2）$(x \pm y)^3 = x^3 \pm 3x^2 y + 3xy^2 \pm y^3$.

（3）$x^2 - y^2 = (x+y)(x-y)$.

（4）$x^3 \pm y^3 = (x \pm y)(x^2 \mp xy + y^2)$.

（5）$x^n - y^n = (x-y)(x^{n-1} + x^{n-2} y + x^{n-3} y^2 + \cdots + xy^{n-1} + y^{n-1})$.

5. 数列公式

（1）等差数列

通项公式 $a_n = a_1 + (n-1)d$.

前 n 项和 $s_n = \displaystyle\sum_{i=1}^{n} a_i = a_1 + (a_1 + d) + (a_1 + 2d) + \cdots + [a_1 + (n-1)d]$

$$= \frac{(a_1 + a_n)n}{2} = na_1 + \frac{n(n-1)}{2} d.$$

特例：$1 + 2 + 3 + \cdots + n = \dfrac{n(n+1)}{2}$,

$\qquad 1 + 3 + 5 + \cdots + (2n-3) + (2n-1) = n^2$.

（2）等比数列（公比 $q \neq 1$）

通项公式 $a_n = a_1 q^{n-1} = a_2 q^{n-1} = \cdots = a_{n-1} q$.

前 n 项和 $s_n = a_1 + a_1 q + a_1 q^2 + \cdots + a_1 q^{n-1} = a_1 \dfrac{1 - q^n}{1 - q}$.

（3）$1^2 + 2^2 + 3^3 + \cdots + n^2 = \dfrac{1}{6} n(n+1)(2n+1)$.

（4）$1^3 + 2^3 + 3^3 + \cdots + n^3 = \dfrac{1}{4} [n(n+1)]^2$.

（5）$(a+b)^n = a^n + C_n^1 a^{n-1} b + C_n^2 a^{n-2} b^2 + C_n^3 a^{n-3} b^3 + \cdots + C_n^{n-1} ab^{n-1} + b^n$.

二、三角函数

1. 同角三角函数关系式

（1）$\sin^2 \alpha + \cos^2 \alpha = 1$.

（2）$\tan \alpha = \dfrac{\sin \alpha}{\cos \alpha}$.

（3）$\cot \alpha = \dfrac{1}{\tan \alpha}$.

（4）$\sec \alpha = \dfrac{1}{\cos \alpha}$.

（5）$\csc \alpha = \dfrac{1}{\sin \alpha}$.

（6）$\sec^2 \alpha - 1 = \tan^2 \alpha$.

（7）$\csc^2\alpha-1=\cot^2\alpha$.

2. 诱导公式（"奇变偶不变，符号看象限"）

函数	$A=\dfrac{\pi}{2}\pm\alpha$	$A=\pi\pm\alpha$	$A=\dfrac{3\pi}{2}\pm\alpha$	$A=2\pi-\alpha$
$\sin A$	$\cos\alpha$	$\mp\sin\alpha$	$-\cos\alpha$	$-\sin\alpha$
$\cos A$	$\mp\sin\alpha$	$-\cos\alpha$	$\pm\sin\alpha$	$\cos\alpha$
$\tan A$	$\mp\cot\alpha$	$\pm\tan\alpha$	$\mp\cot\alpha$	$-\cot\alpha$
$\cot A$	$\mp\tan\alpha$	$\pm\cot\alpha$	$\mp\tan\alpha$	$-\cot\alpha$

3. 和差公式

（1）$\sin(\alpha\pm\beta)=\sin\alpha\cos\beta\pm\cos\alpha\sin\beta$.

（2）$\cos(\alpha\pm\beta)=\cos\alpha\cos\beta\mp\sin\alpha\sin\beta$.

（3）$\tan(\alpha\pm\beta)=\dfrac{\tan\alpha\pm\tan\beta}{1\mp\tan\alpha\tan\beta}$.

（4）$\cot(\alpha\pm\beta)=\dfrac{\cot\alpha\cot\beta\mp1}{\cot\alpha\pm\cot\beta}$.

（5）$\sin\alpha+\sin\beta=2\sin\dfrac{\alpha+\beta}{2}\cos\dfrac{\alpha-\beta}{2}$.

（6）$\sin\alpha-\sin\beta=2\cos\dfrac{\alpha+\beta}{2}\sin\dfrac{\alpha-\beta}{2}$.

（7）$\cos\alpha+\cos\beta=2\cos\dfrac{\alpha+\beta}{2}\cos\dfrac{\alpha-\beta}{2}$.

（8）$\cos\alpha-\cos\beta=-2\sin\dfrac{\alpha+\beta}{2}\sin\dfrac{\alpha-\beta}{2}$.

（9）$\sin\alpha\cos\beta=\dfrac{1}{2}\left[\sin(\alpha+\beta)+\sin(\alpha-\beta)\right]$.

（10）$\cos\alpha\cos\beta=\dfrac{1}{2}\left[\cos(\alpha+\beta)+\cos(\alpha-\beta)\right]$.

（11）$\sin\alpha\sin\beta=-\dfrac{1}{2}\left[\cos(\alpha+\beta)-\cos(\alpha-\beta)\right]$.

4. 半角和倍角公式

（1）$\sin 2\alpha=2\sin\alpha\cos\alpha$.

（2）$\cos 2\alpha=\cos^2\alpha-\sin^2\alpha$.

（3）$\tan 2\alpha=\dfrac{2\tan\alpha}{1-\tan^2\alpha}$.

（4）$\cot 2\alpha=\dfrac{\cot^2\alpha-1}{2\cot\alpha}$.

（5）$\sin\dfrac{\alpha}{2}=\sqrt{\dfrac{1-\cos\alpha}{2}}$.

（6）$\cos\dfrac{\alpha}{2}=\sqrt{\dfrac{1+\cos\alpha}{2}}$.

（7）$\tan\dfrac{\alpha}{2}=\sqrt{\dfrac{1-\cos\alpha}{1+\cos\alpha}}$.

（8）$\cot\dfrac{\alpha}{2}=\sqrt{\dfrac{1+\cos\alpha}{1-\cos\alpha}}$.

5. 斜三角形的基本公式

（1）正弦定理 $\dfrac{a}{\sin A}=\dfrac{b}{\sin B}=\dfrac{c}{\sin C}=2R$（$R$ 为外接圆半径）.

（2）$a^2=b^2+c^2-abc\cos A$.

（3）正切定理 $\dfrac{a-b}{a+b}=\dfrac{\tan\dfrac{A-B}{2}}{\tan\dfrac{A+B}{2}}$.

（4）面积公式 $s=\dfrac{1}{2}ab\sin C=\sqrt{p(p-a)(p-b)(p-c)}$，其中 $p=\dfrac{1}{2}(a+b+c)$.

三、初等几何

下列公式中，R、r 表示半径，h 表示高，l 表示斜高，s 表示弧长，S 表示面积（侧面积），V 表示体积.

1. 圆及圆扇形

圆周长 $=2\pi\cdot r$；面积 $=\pi\cdot r^2$.

圆扇形：圆弧长 $s=r\cdot\theta$（圆心角 θ 以弧度计）$=\dfrac{\pi\cdot r\theta}{180}$（$\theta$ 以度计），

扇形的面积 $S=\dfrac{1}{2}r\cdot s=\dfrac{1}{2}r^2\theta$（圆心角 θ 以弧度计）.

2. 正圆形及正棱锥

正圆锥：体积 $V=\dfrac{1}{3}\pi\cdot r^3$，侧面积 $S_{侧}=\pi\cdot r\cdot l$.

正棱锥：体积 $V=\dfrac{1}{3}\times$底面积$\times$高，侧面积 $S_{侧}=\dfrac{1}{2}\times$斜高$\times$底周长.

3. 圆台

体积 $V=\dfrac{\pi h}{3}(R^2+r^2+Rr)$，侧面积 $S_{侧}=\pi\cdot l(R+r)$.

4. 球体

体积 $V=\dfrac{4}{3}\pi\cdot r^3$，表面积 $S=4\pi\cdot r^2$.

附录 2　标准正态分布表

$$\Phi(x) = P(X \leqslant x) = \frac{1}{\sqrt{2\pi}} \int_{-\infty}^{x} e^{-\frac{t^2}{2}} dt$$

x	0.00	0.01	0.02	0.03	0.04	0.05	0.06	0.07	0.08	0.09
0.0	0.500 0	0.504 0	0.508 0	0.512 0	0.516 0	0.519 9	0.523 9	0.527 9	0.531 9	0.535 9
0.1	0.539 8	0.543 8	0.547 8	0.551 7	0.555 7	0.559 6	0.563 6	0.567 5	0.571 4	0.575 3
0.2	0.579 3	0.583 2	0.587 1	0.591 0	0.594 8	0.598 7	0.602 6	0.606 4	0.610 3	0.614 1
0.3	0.617 9	0.621 7	0.625 5	0.629 3	0.633 1	0.636 8	0.640 4	0.644 3	0.648 0	0.651 7
0.4	0.655 4	0.659 1	0.662 8	0.666 4	0.670 0	0.673 6	0.677 2	0.680 8	0.684 4	0.687 9
0.5	0.691 5	0.695 0	0.698 5	0.701 9	0.705 4	0.708 8	0.712 3	0.715 7	0.719 0	0.722 4
0.6	0.725 7	0.729 1	0.732 4	0.735 7	0.738 9	0.742 2	0.745 4	0.748 6	0.751 7	0.754 9
0.7	0.758 0	0.761 1	0.764 2	0.767 3	0.770 3	0.773 3	0.776 4	0.779 4	0.782 3	0.785 2
0.8	0.788 1	0.791 0	0.793 9	0.796 7	0.799 5	0.802 3	0.805 1	0.807 8	0.810 6	0.813 3
0.9	0.815 9	0.818 6	0.821 2	0.823 8	0.826 4	0.828 9	0.835 5	0.834 0	0.836 5	0.838 9
1.0	0.841 3	0.843 8	0.846 1	0.848 5	0.850 8	0.853 1	0.855 4	0.857 7	0.859 9	0.862 1
1.1	0.864 3	0.866 5	0.868 6	0.870 8	0.872 9	0.874 9	0.877 0	0.879 0	0.881 0	0.883 0
1.2	0.884 9	0.886 9	0.888 8	0.890 7	0.892 5	0.894 4	0.896 2	0.898 0	0.899 7	0.901 5
1.3	0.903 2	0.904 9	0.906 6	0.908 2	0.909 9	0.911 5	0.913 1	0.914 7	0.916 2	0.917 7
1.4	0.919 2	0.920 7	0.922 2	0.923 6	0.925 1	0.926 5	0.927 9	0.929 2	0.930 6	0.931 9
1.5	0.933 2	0.934 5	0.935 7	0.937 0	0.938 2	0.939 4	0.940 6	0.941 8	0.943 0	0.944 1
1.6	0.945 2	0.946 3	0.947 4	0.948 4	0.949 5	0.950 5	0.951 5	0.952 5	0.953 5	0.953 5
1.7	0.955 4	0.956 4	0.957 3	0.958 2	0.959 1	0.959 9	0.960 8	0.961 6	0.962 5	0.963 3
1.8	0.964 1	0.964 8	0.965 6	0.966 4	0.967 2	0.967 8	0.968 6	0.969 3	0.970 0	0.970 6
1.9	0.971 3	0.971 9	0.972 6	0.973 2	0.973 8	0.974 4	0.975 0	0.975 6	0.976 2	0.976 7
2.0	0.977 2	0.977 8	0.978 3	0.978 8	0.979 3	0.979 8	0.980 3	0.980 8	0.981 2	0.981 7
2.1	0.982 1	0.982 6	0.983 0	0.983 4	0.983 8	0.984 2	0.984 6	0.985 0	0.985 4	0.985 7
2.2	0.986 1	0.986 4	0.986 8	0.987 1	0.987 4	0.987 8	0.988 1	0.988 4	0.988 7	0.989 0
2.3	0.989 3	0.989 6	0.989 8	0.990 1	0.990 4	0.990 6	0.990 9	0.991 1	0.991 3	0.991 6
2.4	0.991 8	0.992 0	0.992 2	0.992 5	0.992 7	0.992 9	0.993 1	0.993 2	0.993 4	0.993 6
2.5	0.993 8	0.994 0	0.994 1	0.994 3	0.994 5	0.994 6	0.994 8	0.994 9	0.995 1	0.995 2
2.6	0.995 3	0.995 5	0.995 6	0.995 7	0.995 9	0.996 0	0.996 1	0.996 2	0.996 3	0.996 4
2.7	0.996 5	0.996 6	0.996 7	0.996 8	0.996 9	0.997 0	0.997 1	0.997 2	0.997 3	0.997 4
2.8	0.997 4	0.997 5	0.997 6	0.997 7	0.997 7	0.997 8	0.997 9	0.997 9	0.998 0	0.998 1
2.9	0.998 1	0.998 2	0.998 2	0.998 3	0.998 4	0.998 4	0.998 5	0.998 5	0.998 6	0.998 6

x	0.0	0.1	0.2	0.3	0.4	0.5	0.6	0.7	0.8	0.9
3.0	0.998 7	0.999 0	0.999 3	0.999 5	0.999 7	0.999 8	0.999 8	0.999 9	0.999 9	1.000 0

参 考 文 献

[1]　柳重堪.高等数学.北京:中央广播电视大学出版社,1999.

[2]　陈志敏.高等数学.2版.上海:复旦大学出版社,2010.

[3]　杨树清.计算机数学基础.上海:复旦大学出版社,2012.

[4]　张文俊.数学欣赏.北京:科学出版社,2011.

[5]　同济大学数学系.高等数学(上/下册).7版.北京:高等教育出版社,2016.

[6]　刘树利,等.计算机数学基础.2版.北京:高等教育出版社,2004.

[7]　顾静相.经济数学基础(上/下册).5版.北京:高等教育出版社,2019.

[8]　同济大学.高等数学(本科少学时类型).3版.北京:高等教育出版社,2006.

[9]　吴振奎.数学大师的创造与失误.天津:天津教育出版社,2004.

[10]　胡运权.运筹学基础及应用.3版.哈尔滨:哈尔滨工业大学出版社,1998.